AF836772

→ PROF. DR. ING. H.C. FERRY PORSCHE
→ GÜNTHER MOLTER

FERRY PORSCHE

MEIN LEBEN

Motor buch Verlag

→ »ICH BIN DER MEINUNG, DASS DER SPORTWAGEN EIGENTLICH DER VORREITER FÜR NEUE DINGE IST UND ES AUCH SCHON IN DER VERGANGENHEIT WAR. ER WIRD ES AUCH IN ZUKUNFT BLEIBEN.«

»Am Anfang schaute ich mich um, konnte aber den Wagen, von dem ich träumte, nicht finden. Also beschloss ich, ihn mir selbst zu bauen.« Dr.-Ing. h.c. Ferdinand Anton Ernst »Ferry« Porsche

PROLOG ZUR 4. AUFLAGE (1998)

Die Idee zu dieser Autobiographie wurde in Bad Gastein geboren, jenem österreichischen Kurort, in dem einst Könige und Kaiser Erholung suchten. Fürst Bismarck weilte mehrere Male dort und entwickelte anlässlich eines Kuraufenthaltes Mitte August des Jahres 1865 die sogenannte »Gasteiner Konvention«.

Ferry Porsche, der bereits in seiner Kindheit mit seinen Eltern Ferien in Bad Gastein verbracht hatte, erholte sich dort nach dem Zweiten Weltkrieg über Jahre hinweg, solange seine Frau Dodo noch lebte. Auch ich bin oft in Bad Gastein, einem landschaftlich und baulich sehr reizvollen Ort am Fuße der Hohen Tauern. So traf ich dort Ferry Porsche, den ich fast fünfzig Jahre persönlich kenne. Ich habe seinen Weg zum international bedeutenden Unternehmer und Automobilkonstrukteur journalistisch begleitet. Wir verabredeten uns zum Abendessen. Ich war damals noch Pressechef von Daimler-Benz. An jenem Abend sprachen wir – wie so oft zuvor – über das Automobil, seine Zukunft und die Probleme, die es zu bewältigen haben wird.

Ich merkte sehr bald, dass es ihn, der so oft im Schatten des berühmten Vaters gestanden hatte, danach drängte, in einem sehr persönlichen Rückblick sein Leben für das Automobil mitzuteilen. Wir beschlossen deshalb an diesem Abend im Juli 1983, nach meiner Pensionierung bei Daimler-Benz seine Biographie zu schreiben.

Nun gibt es viele Bücher über Porsche, vornehmlich über den Vater, aber auch über den Sohn und sein weltbekanntes Unternehmen, jedoch gab es noch keines, das die sehr persönliche Aussage von Ferry Porsche, heute Professor Dr. Ing. h.c. Ferry Porsche, gegeben in seiner Muttersprache, enthält. Das hier vorliegende Buch entstand in vielen Gesprächen, in Aussagen, die auf Tonband aufgezeichnet wurden, in seiner Villa am Feuerbacher Weg in Stuttgart, in seinem Werk in Stuttgart-Zuffenhausen und auf seinem Schüttgut im österreichischen Zell am See. Dort, wo in einer schlichten Kapelle seine Frau Dodo, die Eltern und sein Schwager, Dr. Anton Piëch, zur letzten Ruhe gebettet wurden.

Es ist die Autobiographie des Unternehmers, des Ingenieurs und Konstrukteurs, aber auch des sympathischen, stets bescheidenen Menschen Ferry Porsche in seinen eigenen, kaum geänderten Worten. Es ist sein Leben, sein Werk und, wenn man so will, auch sein Vermächtnis.

Die erste Auflage der Biographie kam 1988 heraus, im Frühjahr 1998 wurde die vierte Auflage aufgelegt. Sie erscheint zum 50jährigen Jubiläum des ersten Porsche-Sportwagens am 8. Juni 1998. Leider konnte Prof. Dr. h.c. Ferdinand »Ferry« Porsche, der zu dieser Auflage noch im Februar 1998 eine Ergänzung geliefert hat, dieses für ihn so wichtige Jubiläum nicht mehr erleben. Er verstarb am 27. März 1998 in Zell am See und fand dort seine letzte Ruhe in der Kapelle auf dem Schüttgut, wo bereits seine Frau Dodo und die Eltern ruhen.

Ferry Porsche wurde 88 Jahre alt.

GÜNTHER MOLTER
Stuttgart, April 1998

➜ **24-Stunden-Rennen in Le Mans 1953:** (v.r.n.l.) Rolf Wütherich, Richard von Frankenberg, Paul Frère, Willi Enz, Huschke von Hanstein, Bruno Trostmann, Hans Herrmann, Hubert Mimler, ich selbst, Hugo Heiner, Wilhelm Hild, Helm Glöckler, Hans Klauser, Ernst Fuhrmann (kniend), Herr Stubbe (Dunlop-Reifendienst).

VORWORT ZUR 4. AUFLAGE (1998)

1953 war das dritte Jahr der Teilnahme der Firma Porsche am 24-Stunden-Rennen von Le Mans und das erste, in dem zwei speziell für den Renneinsatz entwickelte Zuffenhausener Fahrzeuge eingesetzt wurden. Sie waren auch die ersten Mittelmotor-Wagen in der Geschichte dieses berühmten Rennens.

Ich war von Huschke von Hanstein, der als Rennleiter fungierte, eingeladen worden, zusammen mit Richard von Frankenberg einen der beiden Wagen zu fahren. Natürlich war auch »Herr Porsche« - für uns inzwischen »der Ferry« -, damals für alles im Hause von Porsche verantwortlich, mit von der Partie. Freundlich und zurückhaltend, ohne dass jemand den geringsten Druck verspürte, hatte er die ganze Organisation voll in der Hand.

Vierzig Jahre sind seitdem vergangen. Aus dem kleinen Familienunternehmen, das 1954, im 5. Produktionsjahr, die Presse zur Fertigstellung des 5000. Porsche-Wagens einlud, ist inzwischen die größte Sportwagenfabrik der Welt geworden. Und es gibt auf der Welt kaum ein Automobilwerk, das sich nicht mit Entwicklungsaufträgen an Porsches Technik-Zentrum in Weissach gewendet hätte. Ein erfolgreicheres Lebenswerk kann man sich kaum vorstellen.

Inzwischen hat es auch eine gebührende Anerkennung gefunden. Aus Ferry Porsche wurde Professor Dr. h.c. F. Porsche, aber die Freundlichkeit, die zurückhaltende Art sind geblieben, als ob der erfolgreiche Firmenchef immer noch das Gefühl hätte, im Schatten seines berühmten Vaters zu leben. Aber unter wessen Leitung ist Porsche das geworden, was es heute ist? Wer hat die Entwicklung des Porsche 356 und der Renn-Spyder der 50er-Jahre geleitet, die den Ruf der Marke Porsche etablierten? Wer schrieb das Lastenheft für die Entwicklung des legendären 911, des erfolgreichsten und vielseitigsten Sportwagens, den es je gab, der von Sieg zu Sieg eilte unter anderen in so weltberühmten Veranstaltungen wie dem 24-Stunden-Rennen von Le Mans, der Targa Florio, der Rallye Monte-Carlo sowie der Paris-Dakar-Wüstenrallye. 35 Jahre und bis heute zählte der regelmäßig systematisch weiterentwickelte luftgekühlte »Elfer« weltweit zu den begehrtesten und erfolgreichsten Sportwagen der zweiten Hälfte unseres Jahrhunderts. Kein Wunder, dass sein den heutigen Anforderungen angepasster, wassergekühlter Nachfolger ihm in Form und Technik fast wie ein Zwillingsbruder ähnelt. Und wer hatte den Mut, in den Motorsport und in das Technik-Zentrum von Weissach Hunderte von Millionen Mark zu investieren, die den Namen Porsche weltbekannt machten und die Zukunft der Firma auf Jahrzehnte sicherten?

Dafür hat er die erforderlichen Grundlagen geschaffen.

PAUL FRÉRE
Monaco, 1998

→ OBEN Austro Daimler Zugwagen M 12 aus dem Jahr 1915. Zweiter Wagen von rechts: Auf dem linken Kotflügel stehe ich, auf dem rechten meine Schwester Louise. **→ MITTE Typ 64 ›Berlin–Rom-Wagen‹** 1945 in Zell am See. **→ UNTEN Das Büro der Porsche GmbH in Stuttgart-Mitte** (1938).

VORWORT ZUR NEUAUFLAGE 2013

Die Erfolgsgeschichte der heutigen Porsche AG ist ohne das Lebenswerk von Professor Dr. h.c. Ferry Porsche nicht denkbar. Unter seiner Führung wurde aus dem 1931 gegründeten Konstruktionsbüro seines Vaters Ferdinand ein selbstständiger Automobilhersteller, der 1948 den ersten Sportwagen mit dem Namen Porsche baute. Mit dem 356 und später mit dem 911 realisierte Ferry Porsche seinen Traum vom *»Fahren in seiner schönsten Form«*. Als Unternehmerpersönlichkeit war es sein Verdienst, Porsche zu einem weltweit führenden Sportwagenhersteller entwickelt zu haben. Als Geschäftsführer und später als Aufsichtsratsvorsitzender prägte Ferry Porsche das Unternehmen über einen Zeitraum von fünf Jahrzehnten. Mit seiner bescheidenen und distinguierten Art war Ferry Porsche ein perfekter Markenbotschafter, der weltweit Sportwagenliebhaber begeisterte. Für ihn stand der Mensch im Mittelpunkt - unabhängig davon, ob er nun Kunde, Rennfahrer oder Mitarbeiter war. Mit Ferry Porsche verstarb am 27. März 1998 einer der letzten großen Männer der Automobilgeschichte. Seine Lebensleistung für das Automobil brachte ihm einen Platz in der »European Automotive Hall of Fame« ein - sein Name steht heute gleichbedeutend neben Größen wie Gottlieb Daimler, Carl Benz, Henry Ford oder Enzo Ferrari.

Würde man seinen Lebensweg in einem Satz fassen wollen, müsste dieser genau wie der Titel dieser Autobiographie lauten: »Ein Leben für das Auto«. Zusammen mit Günther Molter, Urgestein des Automobil-Journalismus, zeichnete Ferry Porsche Ende der achtziger Jahre seine Erinnerungen auf. Diese Memoiren sind sehr lesenswert, denn sie beschreiben nicht nur sein Leben und Wirken, sondern bringen uns auch den Menschen Ferry Porsche näher. Nicht zuletzt ist diese Autobiographie auch ein Spiegel der Zeitgeschichte, die auf den heutigen Leser viel Zuversicht ausstrahlt. 1909 geboren, hat Ferry Porsche zwei Kriege und mehrere Wirtschaftskrisen miterlebt. Und dennoch war er stets voller Optimismus und Tatendrang, davon beseelt, die Zukunft durch eigene Ideen und Visionen zu gestalten. Damit folgte er dem Vorbild seines Vaters Ferdinand Porsche, der schon mit neuen Fahrzeugkonzepten wie dem für den Volkswagen Geschichte geschrieben hatte.

Dass das Automobil sein Leben prägen sollte, ließ sich bereits bei seiner Geburt erahnen, denn sein Vater Ferdinand saß just an diesem Tag am Steuer eines von ihm konstruierten Austro-Daimler-Rennwagens und erzielte einen Klassensieg beim Semmering-Bergrennen. Zusammen mit seiner fünf Jahre älteren Schwester Louise wuchs Ferry in einem behüteten Elternhaus auf, in dem das Thema Automobil den Lebensmittelpunkt bildete. Als Chefkonstrukteur der österreichischen Austro Daimler AG arbeitete Ferdinand Porsche ununterbrochen an neuen Ideen und Konstruktionen. Diese Welt der Maschinen begeisterte Ferry Porsche schon früh, und so wurde das benachbarte Austro-Daimler-Werk zu seinem bevorzugten Aufenthaltsort. 1923 verließ der Vater Austro Daimler und wechselte als Technikvorstand zur Daimler-Motoren-Gesellschaft nach Stuttgart-Untertürkheim. Wie schon zuvor in Wiener Neustadt ließ Ferdinand Porsche den Sohn auch in Stuttgart an seiner Arbeit teilhaben. Mit nur 14 Jahren erhielt Ferry Porsche Dank einer Sondergenehmigung den Motorrad- und mit 16 Jahren einen Kraftfahrzeugführerschein und durfte fortan alle

Mein Vater Ferdinand Porsche (2.v.r.) bei der ersten Testfahrt des Typs 22 am Nürburgring, November 1933.

Prototypen fahren, die sein Vater aus dem Daimler-Werk mit nach Hause brachte. So war es nicht verwunderlich, dass für ihn nach dem Abschluss der Mittleren Reife feststand, dass er als Automobilkonstrukteur in die Fußstapfen seines Vaters treten würde. 1928 erhielt er die Chance, für ein Jahr bei der damaligen Robert Bosch AG als Praktikant zu arbeiten. Dann folgte er seinem Vater 1929 nach Österreich, nachdem dieser die Daimler-Benz AG verlassen und eine Position als Chefkonstrukteur der Steyr-Werke AG angenommen hatte.

Zur Vorbereitung eines technischen Studiums besuchte Ferry Porsche zunächst eine Privatschule in Wien, wo seine ältere Schwester Louise inzwischen mit ihrem Ehemann lebte, dem Rechtsanwalt Dr. Anton Piëch. Doch schon bald verbrachte er mehr Zeit in den Konstruktionsbüros und Werkstätten des Vaters als auf der Schulbank. Als Ferdinand Porsche die Steyr-Werke 1930 wieder verließ, stand für den Sohn fest, dass er anstatt eines theoretischen Studiums eine praktische Ausbildung an der Seite des Vaters absolvieren wollte. Aber inmitten der großen Weltwirtschaftskrise war die berufliche und wirtschaftliche Zukunft der Porsches ungewiss. In einem Alter, in dem andere bereits an den Ruhestand dachten, musste sich Ferdinand Porsche für einen Neuanfang als selbstständiger Automobilkonstrukteur entscheiden. Am 25. April 1931 wurde die »Dr. Ing. h.c. F. Porsche GmbH – Konstruktion und Beratung für Motoren- und Fahrzeugbau« ins Stuttgarter Handelsregister eingetragen. Das Arbeitsspektrum des zu Beginn zwölfköpfigen Teams um Ferdinand Porsche umfasste die gesamte Bandbreite der Kraftfahrzeugtechnik. Ferry Porsche war dabei von Beginn an in alle Projekte und Auftragsentwicklungen des Konstruktionsbüros einbezogen. Als jüngster Mitarbeiter absolvierte er zunächst eine Lehrzeit in den Bereichen Konstruktion und Versuch, wo er die theoretischen und rechnerischen Grundlagen der Automobiltechnik erlernte. Als die Porsche-Ingenieure 1931 für den Chemnitzer Automobilhersteller Wande-

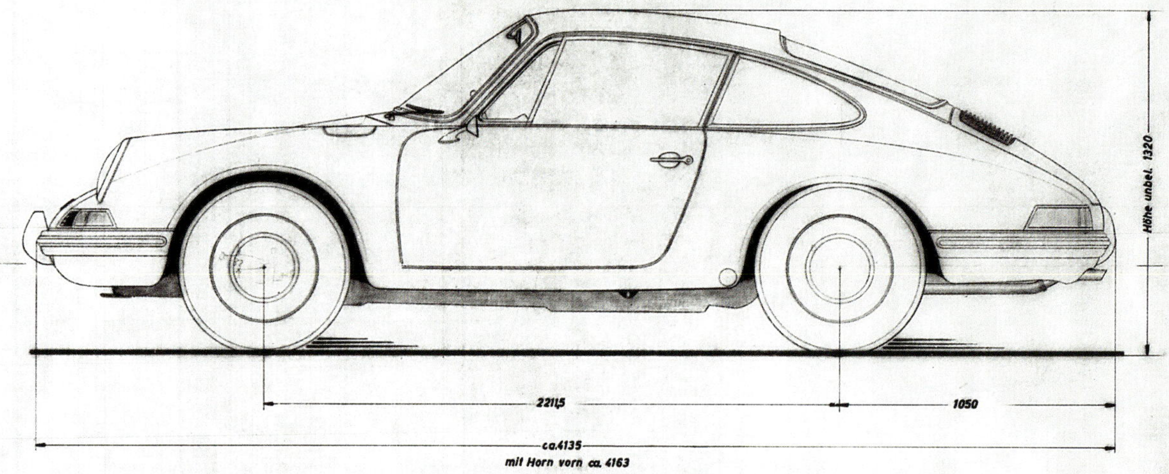

OBEN Zeichnung Typ 901 vom 24. April 1964. **LINKS An meinem 60. Geburtstag** mit Louise Piëch auf dem Schüttgut in Zell am See. **RECHTS Mit meinem 914/8 auf dem Schüttgut,** dem Familiensitz der Familien Porsche und Piëch. Das Fahrzeug erhielt ich zum 60. Geburtstag als Geschenk.

rer eine neue Mittelklasselimousine entwickelten, übernahm der 21-Jährige schon eigene Aufgaben wie die Verbesserung der Lenkung für den neuen Zweiliter-Wagen. Ein Lehrstück, das sich als unerwartet ergiebig erwies, denn die Lenkung wurde in weiterentwickelter Form später auch für den Auto-Union-Rennwagen und für den Volkswagen genutzt.

Im Konstruktionsbüro Porsche reihte sich in den dreißiger Jahren Projekt an Projekt. Und mit jeder Herausforderung trat Ferry Porsche ein wenig mehr aus dem Schatten seines Vaters Ferdinand. Denn obwohl er die größte Hochachtung vor den Fähigkeiten seines Vaters hatte, waren *»wir Porsches auf technischem Gebiet keineswegs immer derselben Meinung«*, wie er später konstatierte. Die Aufgaben von Ferry Porsche wurden mit der Zeit immer verantwortungsvoller, sodass er ab 1932 die Koordination der Konstrukteure leitete, die Versuche überwachte und zusammen mit dem Vater die Verbindungen zu Auftraggebern pflegte. Und dies mit Erfolg: Im Frühjahr 1933 erhielt das kleine Konstruktionsbüro Porsche von der sächsischen Auto Union den Auftrag, einen 16-Zylinder-Rennwagen zu entwickeln. Anfang 1934 fanden die ersten Versuchsfahrten mit dem Grand-Prix-Rennwagen statt, bei denen Ferry Porsche sein fahrerisches Talent so eindrucksvoll unter Beweis stellte, dass der Vater künftige rennsportliche Ambitionen seines Sohnes befürchten musste. Er verbot dem Sohn weitere Fahrten mit dem Hinweis auf eine vielversprechende Zukunft als Automobilkonstrukteur und den Worten: *»Rennfahrer habe ich viele, aber nur einen Sohn!«*

Dies war jedoch nur der Auftakt zu einem weiteren Meilenstein der Porsche-Historie: dem Volkswagen. Die 1934 unter Zeit- und Geldnot begonnene Entwicklung erwies sich allerdings als so anspruchsvoll, dass Ferry Porsche später die Entwicklung des Auto-Union-Rennwagens im Vergleich zu der des Volkswagens als »Kinderspiel« einstufte. Im Umfeld der hochkarätigen

Porsche-Ingenieure hatte Ferry Porsche unterdessen viel gelernt und sich vom Praktikanten zum Junior-Chef entwickelt. Ferdinand Porsche förderte und forderte den Sohn, als er ihm 1935 die Leitung der Fahrerprobung des Volkswagens übertrug. Als Versuchsleiter übernahm Ferry Porsche so 1936 die Aufgabe, die umfangreiche Fahrerprobung der Volkswagen-Prototypen zu koordinieren. Um die provisorischen Zustände in der Garage der Porsche-Villa zu beenden und die Bereiche Versuch und Konstruktion zusammenzuführen, ließ Ferdinand Porsche 1938 im Stadtteil Zuffenhausen ein neues Werk errichten. Das Grundstück hatte Ferry Porsche bereits im Mai 1937 erworben und somit zugleich den Ort des heutigen Porsche-Stammwerks bestimmt. Im Juni 1938 entstand in Zuffenhausen die Nullserie des späteren VW-Käfers, für dessen Entwicklung Ferry Porsche immer mehr Verantwortung übernahm. Die vielfältigen Arbeiten am Volkswagen bedeuteten jedoch nicht, dass Vater und Sohn Porsche ihre Lieblingsprojekte, die Konstruktion von Renn- und Sportwagen, aufgegeben hätten. Ferry Porsche dachte schon 1938 über einen kleinen Sportwagen auf Volkswagen-Basis nach. Versuchsweise rüstete er sein VW39-Cabriolet mit einem Kompressor-Motor aus. Besondere Bedeutung sollte ein im VW-Auftrag konstruiertes Wettbewerbsfahrzeug auf Volkswagen-Basis erhalten: Mit dem Typ 64 »Berlin-Rom-Wagen« entstand 1939 ein Automobil, das als Urahn aller späteren Porsche-Sportwagen in die Automobilgeschichte einging. Mit seiner windschnittigen Stromlinienkarosserie aus Aluminium sowie einem modifizierten VW-Vierzylinder-Boxermotor wurde der Typ 64 zum direkten Vorläufer des späteren Porsche 356.

Nach dem Ausbruch des Zweiten Weltkriegs beschäftigten sich die Porsche-Ingenieure vorwiegend mit der Entwicklung militärischer Fahrzeuge. Das Konstruktionsbüro und seine Entwicklungswerkstätten wurden während der ersten Kriegsjahre ständig vergrößert, und auch die Belegschaft verdoppelte sich zwischen 1939 und 1944 auf rund 600 Mitarbeiter. Darunter befanden sich auch Zwangsarbeiter aus besetzten Ländern, die in den Werkstätten als Schlosser, Dreher, Schweißer oder für Montagearbeiten eingesetzt wurden. Neben dem VW-Kastenwagen entwickelte die damalige Porsche KG unter anderem den als VW-Kübelwagen bekannt gewordenen Typ 82 sowie den mit Allradantrieb ausgestatteten VW-Schwimmwagen. Aber auch die Entwicklung von Panzerfahrzeugen sowie von landwirtschaftlichen Maschinen wie dem Volksschlepper zählte zum Pensum der Konstrukteure. Als ab 1943 das Leben der Porsche-Mitarbeiter immer stärker durch die Luftangriffe belastet wurde, musste die Porsche KG schließlich im Herbst 1944 das Konstruktionsbüro von Stuttgart nach Gmünd in Kärnten verlagern. Nach Kriegsende wurden die Zuffenhausener Produktionsanlagen dann von den Alliierten besetzt. Das Porsche-Werk im österreichischen Gmünd erhielt unterdessen eine provisorische Bewilligung zur Wiederaufnahme der Arbeit. Im November 1945 folgte Ferdinand Porsche der Einladung einer französischen Kommission nach Baden-Baden, um eine Fortsetzung des Volkswagen-Projekts in Frankreich zu besprechen. Dabei wurde er zusammen mit seinem Sohn Ferry und Schwiegersohn Dr. Anton Piëch vom französischen Geheimdienst in Baden-Baden verhaftet. Im Gegensatz zu seinem Vater und seinem Schwager kam Ferry im März 1946 wieder aus dem Gefängnis frei.

Zusammen mit seiner Schwester Louise war er nun allein für die Firma und ihre Mitarbeiter verantwortlich. Trotz dieser schwierigen Situation nahm er aber gleich wieder neue Projekte in Angriff, die auf die veränderten Verhältnisse zugeschnitten waren. So benutzte man die Werkzeugmaschinen, um Zubehör für Traktoren sowie Handkarren oder Seilwinden zu bauen. Das große Ziel von Ferry Porsche war es aber, wieder Autos zu konstruieren. Auf Vermittlung seiner Geschäftsfreunde Karl Abarth und Rudolf Hruska unterzeichnete er im Dezember 1946 einen Vertrag mit dem Turiner Industriellen Piero Dusio über umfangreiche Entwicklungsaufträge für dessen Firma Cisitalia. Neben einem kleinen Traktor und einer Wasserturbine arbeiteten die Konstrukteure der Gmünder Porsche KG auch an einem neuen Grand-Prix-Rennwagen, der als Typ 360 »Cisitalia« Geschichte machen sollte. Das erstmals komplett unter der Regie von Ferry Porsche entwickelte Fahrzeug war mit Allrad-Antrieb und einem 1,5-Liter-Zwölfzylinder mit Kompressoraufladung seiner Zeit weit voraus. Obwohl das Rennfahrzeug aufgrund von Kapitalmangel des Auftraggebers nicht über ein Versuchsstadium hinausgeführt werden konnte, war das Projekt von entscheidender Bedeutung. Durch das Honorar konnte Ferry Porsche eine Kaution für seinen inhaftierten Vater in Höhe von einer Million französischer Franc aufbringen, der daraufhin am 1. August 1947 entlassen wurde. Als der zurückgekehrte Vater wenig später in Gmünd die Zeichnungen des Typs 360 betrachtete, gab er der Arbeit seines Sohnes sein bestmögliches Urteil: *»Keine Schraube hätte ich anders gemacht.«*

Im Frühjahr 1947 formulierte Ferry Porsche seine ersten Überlegungen zum Bau eines auf dem Volkswagen basierenden Sportwagens, der, zunächst als »VW-Sport« bezeichnet, die Konstruktionsnummer 356 erhielt. Die Ingenieure um Ferry Porsche waren fasziniert von der Sportwagen-Idee, und so gingen sie mit Hochdruck an deren Umsetzung. Der Prototyp des mit der Fahrgestellnummer 356-001 versehenen Mittelmotor-Sportwagens erhielt am 8. Juni 1948 den offiziellen Segen der Behörden. Dies war die Geburtsstunde der Sportwagenmarke Porsche. Das wirtschaftliche Risiko dieser Unternehmung lässt noch heute erstaunen. Ganz Europa befand sich im Wiederaufbau, die Massenmotorisierung lief gerade erst an, und es waren vor allem praktische und preiswerte Fahrzeuge, die ihren Weg auf den Markt fanden. In dieser Situation realisierte Ferry Porsche seinen Traum vom eigenen Sportwagen - und stellte fest, dass andere Automobil-Liebhaber diesen Traum mit ihm teilten. Noch in der zweiten Jahreshälfte 1948 begann in Gmünd die Fertigung der ersten serienmäßigen Coupés und Cabriolets vom Typ 356/2. Dass Ferry Porsche neben einem guten technischen Gespür auch unternehmerische Weitsicht besaß, bewies der am 17. September 1948 mit dem Volkswagenwerk-Geschäftsführer Heinrich Nordhoff ausgehandelte Vertrag. Ferry Porsche erreichte, dass VW für jeden gebauten Käfer eine Lizenzgebühr an Porsche zahlte, da dieser schließlich vor dem Krieg von Porsche entwickelt worden war. Zudem vereinbarte er die Zulieferung von VW-Teilen sowie die Nutzung des VW-Vertriebsnetzes. Diese Vereinbarungen mit dem Volkswagenwerk bedeuteten Sicherheit für das junge Unternehmen Porsche - besonders in finanzieller Hinsicht. Die Grundlage für den Ausbau der Porsche KG als Sportwagenhersteller war geschaffen.

Dass die Zukunft des Unternehmens letztendlich im Sportwagenbau liegen würde, war zu diesem Zeitpunkt noch nicht entschieden. Zwar stimmten die ersten Verkaufserfolge des Typs 356/2 optimistisch, doch das Augenmerk des Senior-Chefs Ferdinand Porsche lag noch auf den Diesel-Schleppern und Wasserturbinen. Im traditionellen Bereich der Auftragsentwicklung erwartete er mehr Erfolg als mit einer eigenen Fahrzeugfertigung. Ferry Porsche hingegen glaubte an die Kraft seiner Idee und wollte zumindest eine Serie von einigen hundert Fahrzeugen des Typs 356 realisieren. Doch dazu musste er in die Autostadt Stuttgart zurückkehren, in Österreich waren die Möglichkeiten zu begrenzt. Da aber das ehemalige Porsche-Werk in Zuffenhausen noch immer vom amerikanischen Militär genutzt wurde, entschied Ferry Porsche, vorläufig ein Büro und eine kleine Versuchswerkstatt in der Stuttgarter Porsche-Villa einzurichten. An das in Stuttgart-Zuffenhausen ansässige Karosseriewerk Reutter vergab er einen Fertigungsauftrag über 500 Karosserien und zum Jahresende 1949 mietete er eine 600 Quadratmeter große Halle an. Im März 1950 wurde dort der erste Porsche 356 in Stuttgart gebaut. Während sich Ferry Porsche in der Folge aus Zeitgründen zunehmend aus der Konstruktion und Entwicklung zurückziehen musste und Managementaufgaben übernahm, entwickelte sich der 356 von da an zu einem Bestseller. Sein Vater Ferdinand konnte diesen Erfolg nicht mehr miterleben. Er verstarb am 30. Januar 1951.

Ein wichtiger Erfolgsfaktor für das junge Unternehmen Porsche war die frühe Exportorientierung. Auf dem Genfer Salon wurde der Porsche 356 als Coupé und Cabriolet 1949 erstmals der Öffentlichkeit präsentiert. Ein Jahr darauf ließ Ferry Porsche die ersten Wagen nach Amerika verschiffen, um sie über das Händlernetz des geschäftstüchtigen Automobilimporteurs Max Hoffman verkaufen zu lassen. Mit Modellen wie dem 356 Speedster traf Porsche den Geschmack der amerikanischen Kunden, an die bereits 1955 die Hälfte der Jahresproduktion verkauft wurde. Porsche hatte auf dem größten Absatzmarkt der Welt schnell die Herzen der Sportfahrer - und nicht zuletzt auch die vieler Hollywoodstars - im Sturm erobert. Neben dem Export war es Ferry Porsches Leidenschaft für den Motorsport, die zum Erfolgsgaranten der Marke wurde. Statt Werbung zu betreiben, sollten seine Sportwagen vor den Augen des Publikums durch Rennsiege für sich selbst sprechen. Der Rennsport bedeutete für Ferry Porsche ständigen technischen Fortschritt, denn die dort gesammelten Erfahrungen flossen direkt in die Perfektionierung der Serienmodelle ein. *»Rennen sind praktisch Kriegszustand für die Konstrukteure, und der Druck dieses Notstands beschleunigt die Entwicklung«,* fasste er einmal seine Überzeugung zusammen. Dieses Konzept ging auf, und so konnte Ferry Porsche bereits 1956 auf mehr als 400

→ OBEN Porsche 914/8-Zylinder von 1969 mit 3-Liter-Achtzylindermotor von 300 PS. Ferry Porsche erhielt diesen Wagen von seiner Belegschaft als Geschenk zu seinem 60. Geburtstag. **→ UNTEN Als Ehrenvorsitzender des Aufsichtsrats** mit dem Vorstandsvorsitzenden Wendelin Wiedeking auf der Porsche-Hauptversammlung 1997.

→ OBEN Das Forschungsprojekt Langzeit-Auto (Typ 1989) wurde 1973 auf der IAA präsentiert. **→ UNTEN Zu meinem 75. Geburtstag** schenkten mir meine Mitarbeiter einen 928 S in viersitziger Ausführung. In der ersten Reihe von links: Peter Schulz, Rudi Noppen, Helmuth Bott, Ferry Porsche, Heinz Branitzki, Heiko Lange, M-Jon Neldecu.

Rennsiege zurückblicken. Der Name Porsche wurde zu einem Synonym für Sportlichkeit.

Als Unternehmer verstand es Ferry Porsche, geschickt die Zeichen der Zeit zu deuten und Marktveränderungen zu erkennen. Ende der fünfziger Jahre bestanden für den 356, der trotz aller »Fitness«-Programme seine Verwandtschaft mit dem Käfer nicht verleugnen konnte, nur noch geringe Zukunftsaussichten. Statt einer Weiterentwicklung des bewährten Modells entschied sich Ferry Porsche daraufhin für eine Neukonstruktion, die sich am bewährten Porsche-Konzept mit dem luftgekühlten Boxer-Heckmotor orientieren sollte. Keine leichte Aufgabe, denn der 356 war nach nur eineinhalb Jahrzehnten längst zum Klassiker geworden. Doch sie gelang. Auf der Internationalen Automobil-Ausstellung in Frankfurt präsentierte Porsche 1963 einen komplett neuen Sportwagen, der als Typ 901 bzw. 911 Geschichte schreiben sollte. Die Entscheidung für den von seinem ältesten Sohn Ferdinand Alexander gestalteten 911 war visionär, unterschied er sich doch sowohl stilistisch wie auch technisch erheblich von seinem erfolgreichen Vorgängermodell 356. Aber auch unternehmerisch war die Einführung des 911 ein großes Wagnis für Ferry Porsche. Zur notwendigen Erweiterung der Produktionsstätten übernahm Porsche die benachbarte Reutter GmbH samt ihrer 1000 Mitarbeiter, die fortan Teil der Porsche-Belegschaft waren. Für Porsche bedeutete dies einen finanziellen Kraftakt, denn nur kurz zuvor, im Oktober 1961, hatte Ferry Porsche den ersten Spatenstich für ein aufwändiges Forschungs- und Entwicklungszentrum getan. Neben der Fahrzeugentwicklung sollte in Weissach auch das Geschäftsfeld der Kundenentwicklung als zweites Standbein des Unternehmens weiter ausgebaut werden. Und auch diese strategische Entscheidung sollte sich als fruchtbar erweisen: Als Entwicklungsdienstleister für externe Auftraggeber realisierten die Porsche-Ingenieure fortan tausende von Projekten, sodass Porsche Engineering heute als einer der renommiertesten und vielseitigsten Ingenieurdienstleister der Welt gilt.

Dass Ferry Porsche das Zukunfts- und Erfolgspotenzial des durch und durch innovativen 911-Konzeptes erkannt und umgesetzt hat, ist eines seiner großen Verdienste. Gegen viele interne und externe Zweifler hat er Anfang der sechziger Jahre am Prinzip des luftgekühlten Heckmotor-Sportwagens festgehalten und den Design-Fähigkeiten seines Sohnes vertraut. Das Resultat, der Porsche 911, feiert im Jahr 2013 in der siebten Generation sein 50-jähriges Jubiläum und gilt weltweit als Automobilikone und als der Sportwagen schlechthin. Mehr als 800.000 Porsche 911 wurden seit seiner Präsentation auf der Frankfurter IAA 1963 produziert. Kein anderer Sportwagen auf der Welt hat jemals mehr Automobilfreunde begeistert.

Aber auch ungewöhnlichen und riskanten Ideen gab Ferry Porsche immer wieder eine Chance. Beispielhaft steht hierfür der VW-Porsche 914. Das Fahrzeug, obwohl in Design und Image nicht unumstritten, wurde mit fast 120.000 Exemplaren der erfolgreichste Sportwagen der frühen siebziger Jahre. Auch Ferry Porsche fuhr einen 914, den er als Geschenk seiner Belegschaft zum 60. Geburtstag erhielt. In dem äußerlich fast unveränderten Auto arbeitete allerdings der Dreiliter-Achtzylinder des Rennsportwagens Typ 908 in einer für den Alltag gezähmten Version. Von da ab wurde das individuelle Geburtstagsauto als Geschenk zu runden Geburtstagen des Porsche-Chefs zur Tradition. Auf die Frage, ob er sich denn selber auch einen Porsche kaufen würde, antwortete Ferry Porsche einem Journalisten: *»Nein, ich warte einfach, bis ich Geburtstag habe.«*

Die Persönlichkeit von Ferry Porsche war geprägt von Bescheidenheit und Menschlichkeit sowie von einem ausgeprägten sozialen Verantwortungsgefühl und steter Bereitschaft, den Belangen seiner Mitarbeiter Rechnung zu tragen und sie am Erfolg seiner Firma teilhaben zu lassen. Nicht nur auf technischer Ebene, sondern auch auf sozialem Gebiet wollte Ferry Porsche seine Firma ganz nach vorne bringen. Unternehmer sein und Mensch bleiben war für ihn kein Gegensatz, sondern eine logische Ergänzung. Mit den zahlreichen sozialen Projekten, die er anstieß, wie der Porsche-Stiftung, der betrieblichen Altersversorgung oder der Einführung von Weihnachts- und Urlaubsgeld, war Ferry Porsche auch ein Pionier auf dem Gebiet der unternehmerischen Sozialleistungen. Darüber hinaus verstand er es auch, als Chef seinen Mitarbeitern viel Freiraum zu geben und sie auf diese Weise zu Höchstleistungen zu motivieren. Am Herzen lagen ihm aber auch die Kunden. Ihre Wünsche und Anregungen nahm er stets ernst und suchte auf Treffen der zahlreichen Porsche-Clubs den direkten Kontakt zu den Käufern seiner Automobile. Nur zu gerne prämierte oder gar signierte er die von ihren Besitzern liebevoll gepflegten Fahrzeuge. Dies war seine Art, Respekt zu zollen dafür, dass viele seiner Kunden viel Zeit und Geld in ihre Porsche-Sportwagen investierten.

Nachdem sein unternehmerischer und technischer Weitblick das Unternehmen über mehr als zwei Jahrzehnte hinweg geprägt hatte, erfolgte 1972 sein Abschied aus dem operativen Geschäft. Zusammen mit allen weiteren Familienmitgliedern zog sich Ferry Porsche aus innerfamiliären Gründen aus der operativen Geschäftsleitung der Porsche KG zurück. Ein Entschluss, der ihm nicht leicht fiel, doch das Wohl des Unternehmens stellte er vor seine eigene Person. Als Vorsitzender des Aufsichtsrats beeinflusste er die Entwicklung der Porsche AG bis 1990 jedoch weiterhin. Und auch in dieser Lebensphase ließ er sich immer wieder von den innovativen Ideen seiner Ingenieure überzeugen und begeistern. Wenn auch gelegentlich skeptisch, befürwortete er doch zukunftsträchtige Sportwagenbaureihen wie 924, 944 oder 928. Mit seinem sicheren Gespür für Autos lag er bei der Beurteilung neuer Modelle immer richtig. Dabei war auch die Frage nach der Zukunft des Automobils von zentraler Bedeutung für ihn. Seine Einschätzung aus dem Jahr 1979 erscheint heute aktueller denn je: *»In der Zukunft kommt es besonders auf den Verbrauch an. Der Verbrauch ist seit jeher abhängig von Gewicht und Luftwiderstand. In beiden Punkten ist der Sportwagen im Vorteil.«* Und auch der Aspekt der Nachhaltigkeit beschäftige Ferry Porsche. In Weissach ließ er in den siebziger Jahren an einem Konzept für ein Langzeitauto forschen, in Zuffenhausen wurden bereits 1975 serienmäßig feuerverzinkte Karosserien gebaut. Das Resultat dieser Anstrengungen ist bis heute auf den Straßen zu sehen: Zwei Drittel aller jemals gebauten Porsche existieren noch.

Auch in seinen Vorstellungen hinsichtlich zukünftiger Modelle war Ferry Porsche seiner Zeit häufig weit voraus. Über deren mögliche Bandbreite sagte er einmal: *»Porsche kann und darf alles bauen. Das Produkt muss nur besser als alles Vergleichbare sein.«* So hatte er seine Konstrukteure bereits Anfang der siebziger Jahre ein allradangetriebenes Fahrzeug mit Sechszylindermotor entwerfen lassen, um, so Ferry Porsche, einmal *»als zweites Standbein eine Art Range Rover zu bauen.«* Überzeugt von dem Erfolg eines künftigen Porsche-Geländewagens, sagte er 1989 in einem Interview: *»Wenn wir ein Geländefahrzeug nach unseren Qualitätsvorstellungen bauten, und vorne steht Porsche drauf, würde es auch verkauft.«* Und er hat Recht behalten, wie der 2002 eingeführte Porsche Cayenne eindrücklich beweisen sollte. Eine weitere Idee von ihm konnte ebenfalls zu Lebzeiten aus technischen und modellpolitischen Gründen nicht verwirklicht werden: Es war der Wunsch nach einer viertürigen Porsche-Reiselimousine. Seit den Tagen des 356 hatte er sich mit diesem Thema beschäftigt und im Entwicklungsbereich mehrfach Studien in Auftrag gegeben. Und deshalb war es auch als eine Hommage an den langjährigen Firmenchef zu verstehen, als im Jahr 2009 der viertürige Gran Turismo Panamera zeitlich genau passend zum 100. Geburtstag von Ferry Porsche auf den Markt kam.

Um die Zukunft seiner Sportwagenidee war Ferry Porsche nicht bange. *»Das letzte Auto, das gebaut werden wird, wird ein Sportwagen sein«*, hat er einmal gesagt. Bis zum letzten Auto ist es jedoch gewiss noch ein langer Weg, denn für das Unternehmen Porsche hat die Zukunft gerade erst begonnen. Im August 2012 wurde die Integration der Porsche AG in den Volkswagen-Konzern vollzogen. Als starke und eigenständige Marke geht Porsche den Weg als erfolgreichster Hersteller exklusiver Sportwagen weiter. Ohne Zweifel wäre Ferry Porsche stolz auf die positive Entwicklung seines Unternehmens, das 1948 unter so schwierigen Bedingungen gestartet war. Den wirtschaftlichen Turnaround in der ersten Hälfte der neunziger Jahre konnte er noch ebenso miterleben wie die Einführung des Porsche Boxster. Mit neuen Baureihen und innovativen Antriebskonzepten geht Porsche voran und wird seine Position als Marktführer im sportlichen Premiumsegment weiter ausbauen. 1984 traf Ferry Porsche eine Aussage, die bei Porsche bis heute als ein Vermächtnis gilt: *»Der Sportwagen ist Vorreiter für neue Dinge und war es auch schon in der Vergangenheit. Er wird es auch in Zukunft bleiben.«* Dieser Vision wird Porsche auch künftig treu bleiben.

DIETER LANDENBERGER
Leiter Historisches Archiv, Dr. Ing. h.c. F. Porsche AG

OBEN Porsche-Parade im Hof des Neuen Schlosses in Stuttgart am 21. September 1984 anlässlich meines 75. Geburtstages. **RECHTS 1984 in meinem Arbeitszimmer** vor dem Bild meines Vaters Ferdinand Porsche.

IIIA 43028
Versuchswagen

INHALT

→ KAPITEL 1

ES WIRD KRIEG GEBEN

→ Auf dem Schnelldampfer Bremen während unserer Reise in die USA im Juli 1937. Von rechts nach links: Ferry Porsche, Dipl.-Ing. Hundt, Ernst von Delius, Bernd Rosemeyer, Dr. Bodo Lafferentz, Jakob Werlin, Frau Werlin.

Der Mann, der da in seiner imponierenden Gestalt vor uns stand, hatte Automobilgeschichte geschrieben. Mit der von ihm geschaffenen Großserienfertigung am Band hatte er den Grundstock für die Herstellung preiswerter Automobile gelegt, die sich auch Leute mit weniger Geld leisten konnten. Dieser Mann hieß Henry Ford und war der Schöpfer des berühmten Modells T, einem einfach aufgebauten, robusten Viersitzer mit universellen Eigenschaften.

Es war genau so gut als Arbeitsgerät auf einer Farm wie als Familienauto zu verwenden. Mehr als 15 Millionen Stück wurden von diesem Typ gebaut, eine Produktionszahl, die nur noch vom Volkswagen übertroffen werden sollte.

Wir schrieben das Jahr 1937. Mein Vater hatte mich auf eine Reise in die Vereinigten Staaten mitgenommen, wo wir moderne Produktionsmethoden studieren wollten. Sie sollten bei der Einrichtung eines nach dem neuesten Stand der Technik aufgebauten Automobilwerkes angewendet werden. Dieses Werk war für die Serienfertigung des neuen Volkswagens vorgesehen, der sich gerade in der Entwicklung befand. Zu unserer Begleitung gehörten Ghislaine Kaes, der Sekretär meines Vaters, Direktor Jakob Werlin von Daimler-Benz, Direktor Otto Dieckhoff, früher Wanderer, jetzt bei uns tätig, ein Fachmann auf dem Gebiet der Fertigungstechnik, und Dr. Lafferentz von der Deutschen Arbeitsfront.

Es war für uns selbstverständlich, einen Besuch bei Henry Ford in Dearborn zu machen, der damals schon zu den Großen der Automobilgeschichte gehörte. Ford empfing uns in seinem Werk, und nach einer eingehenden Besichtigung der Produktionsanlagen trafen wir uns zu einem Abschlussgespräch im Büro von Mr. Ford. Das Gespräch fand in einer gelösten, zwanglosen Atmosphäre statt, wobei natürlich der Dialog zwischen Henry Ford und meinem Vater im Vordergrund stand, während Ghislaine Kaes als Übersetzer fungierte.

Im Laufe dieses Gesprächs stellte Mr. Ford die Frage, wie man wohl in Europa das Automobil der Zukunft sehe. Mein Vater fühlte sich angesprochen und setzte zur Antwort an, doch da unterbrach ihn Ford und sagte, dabei auf mich deutend: *»Lassen wir den jungen Mann antworten, er repräsentiert die Jugend und damit die Zukunft!«*

Ich brauchte nicht lange zu überlegen, denn das Auto, das ich zum Gegenstand meiner Betrachtung machen wollte, entsprach weitgehend der Volkswagen-Philosophie. Ich sagte also: *»Das Auto der Zukunft, wie wir es in Europa sehen, sollte vier Personen, ganz gleich welcher Größe, bequem Platz bieten, aber trotzdem kompakt ausgelegt sein. Es sollte in der Lage sein, auf der Autobahn eine Dauergeschwindigkeit von 100 Stundenkilometer einzuhalten und einen niedrigen Kraftstoffverbrauch aufweisen. Es muss ein wirtschaftliches Auto sein, da in Europa die Verhältnisse anders sind als in den USA, Europa muss sparen!«* Ford hörte mir aufmerksam zu, kommentierte aber meine Darlegungen nicht.

Zum Abschluss des Gesprächs lud dann mein Vater Henry Ford ein, nach Europa zu kommen und die deutsche Industrie zu besuchen. Er wolle sich gerne als Begleiter zur Verfügung stellen, sagte mein Vater. Doch Mr. Ford winkte ab und meinte: *»Das wird leider nicht möglich sein, denn es wird Krieg geben!«* Er sagte das sehr überzeugend, und seine Worte verfehlten nicht ihre Wirkung auf uns, denn wer dachte im Jahre 1937 schon an Krieg!

Diese Reise nach Nordamerika hinterließ auf mich mit meinen 28 Jahren einen tiefen Eindruck und stimmte mich sehr nachdenklich. Ich dachte mir, den Hitler sollte man einmal zwei Jahre auf Weltreise schicken. Die Reise hatte mir ein Gefühl der Freiheit vermittelt und mir aufgezeigt, welche Möglichkeiten eine freie Wirtschaft in einer Demokratie doch bot. Wie anders war da alles bei uns zu Hause. So waren uns zum Beispiel bei der Entwicklung

➔ **Mein Vater Ferdinand Porsche** 1910 in Wiener Neustadt.

des Volkswagens doch sehr große Einschränkungen auferlegt worden. Deutschland verfügte in jenen Jahren nur über sehr begrenzte Devisen-Reserven, und es herrschte Rohstoffknappheit. Außerdem hatte die Aufrüstung Vorrang. Bei der Schaffung des Volkswagens konnten wir uns deshalb technisch nur in einem sehr engen Rahmen bewegen. So hatten wir zum Beispiel kaum Kupfer oder Gummi zur Verfügung. Auch bei Lizenzen ausländischer Patentinhaber musste man Zurückhaltung üben, denn sie kosteten ebenfalls Devisen.

Nachdem die neue Regierung im Jahre 1933 die Besteuerung vom Automobilen aufgehoben hatte, nahm diese Industrie einen großen Aufschwung, was allerdings auch zur weiteren Verknappung von Rohstoffen beitrug. Es war uns nicht möglich, beim Volkswagen eine hydraulische Bremse vorzusehen. So hat damals zum Beispiel die Firma Teves eine hydraulische Bremse nach einer englischen Lizenz gebaut, der Patente der Firma Lockheed zugrunde lagen. Da floss dann von jeder Bremse, die in Deutschland erzeugt und in ein Auto eingebaut wurde, eine Lizenzgebühr in Form von Devisen nach England.

Gummi, Kupfer und andere Rohstoffe mussten aus dem Ausland bezogen werden. Es sollte also beim Volkswagen alles vermieden werden, was Devisen kostete. Das bedeutete unter anderem, wir hatten eine mechanische Bremse zu verwenden und mussten an Gummi zum Beispiel bei der Aufhängung des Motors sparen. Das war natürlich ein großes Handicap für uns.

Als ich nun als junger Mensch zum ersten Mal Amerika erlebte mit all seiner Großzügigkeit, seiner industriellen und technischen Leistungsfähigkeit und der endlosen Weite des Landes, da war ich hellauf begeistert. Wäre ich damals nicht schon verheiratet gewesen und hätte ich nicht einen Sohn gehabt, ich hätte es mir in der Tat überlegt, drüben zu bleiben.

Übrigens hatten vor der Abreise die Nazis ähnliches vermutet und waren gar nicht begeistert von meinen amerikanischen Reiseplänen gewesen. Erst durch die Unterstützung von Dr. Lafferentz von der Deutschen Arbeitsfront wurden die parteiamtlichen Hindernisse aus dem Weg geräumt.

Viele Jahre später, als wir unser eigenes Werk aufgebaut hatten und nach den Grundsätzen der freien Wirtschaft arbeiten konnten, erinnerte ich mich sehr oft an diesen Besuch im Jahre 1937 in den USA. Bis wir aber unseren heutigen Leistungsstandard erreicht hatten, war ein langer, schwieriger Weg zurückzulegen. Dieser mein Lebensweg ist sehr eng mit dem Automobil verbunden, und zwar von frühester Jugend an. Meine Laufbahn war entscheidend von meinem Vater beeinflusst, von dem ich sehr viel gelernt habe, trotzdem trägt vieles, was in dieser Zeit geschaffen wurde, meine Handschrift.

Ich werde oft gefragt, wie man denn aus dem Schatten eines so berühmten Vaters heraustreten könne. Dazu möchte ich ein Erlebnis aus jener Zeit anführen, als der Volkswagen entstand. Ein technischer Vorläufer des VW war der Porsche Typ 32, den wir für NSU entwickelt hatten. Mit Wilhelm Sebastian zusammen arbeitete ich in unserer Garage am Feuerbacher Weg in Stuttgart am Motor dieses Wagens, den wir zerlegten. Dabei griff ich tüchtig zu und scheute mich auch nicht vor schmutzigen Händen. Ich merkte dabei, dass mich Sebastian genau beobachtete. Nach einiger Zeit sagte er in seinem badischen Dialekt kopfschüttelnd: *»Sie sind ja gar nicht so, wie man Sie mir geschildert hat. Sie können ja zupacke und toll schaffe und was Sie mache, ist ja bestens!«*

Das zeigte mir deutlich, wie genau ich als der ›Sohn des Professors Ferdinand Porsche‹ von den Mitarbeitern beobachtet wurde.

Angefangen hat das alles in der Geborgenheit der österreichisch-ungarischen Monarchie des Jahres 1909, genauer gesagt in dem Ort Wiener Neustadt in Niederösterreich.

→ KAPITEL 2

DIE WELT WAR NOCH IN ORDNUNG

→ »WAREN WIR MIT DEM AUTO UNTERWEGS, DER VATER FUHR UND ICH SASS AUF DEM SCHOSS MEINER MUTTER NEBEN IHM AUF DEM BEIFAHRERSITZ, DANN HATTE ICH IN GEDANKEN VOR MIR EIN LENKRAD, MIT DEM ICH WÄHREND DER GANZEN FAHRT MITLENKTE.«

Die Welt zu Beginn des 20. Jahrhunderts war noch in Ordnung. Stefan Zweig beschreibt jene Zeit in seiner Biographie ›Die Welt von Gestern – Erinnerungen eines Europäers‹: — *»Es war das goldene Zeitalter der Sicherheit. Alles in unserer fast tausendjährigen österreichischen Monarchie schien auf Dauer gegründet und der Staat selbst der oberste Garant dieser Beständigkeit. Die Rechte, die er seinen Bürgern gewährte, waren verbrieft vom Parlament, der frei gewählten Vertretung des Volkes, und jede Pflicht genau begrenzt. Alles stand in diesem weiten Reiche fest und unverrückbar an seiner Stelle. Niemand glaubte an Kriege, an Revolutionen und Umstürze. Alles Radikale, alles Gewaltsame schien bereits unmöglich in einem Zeitalter der Vernunft!«*

Die industrielle Entwicklung hatte große Fortschritte gemacht und den Wohlstand der Völker vermehrt. Auch in sozialer Hinsicht waren Schritte zum Besseren vollzogen worden, und die Entwicklung ging weiter. In Europa konnte man frei reisen, ohne bürokratische Hindernisse überwinden zu müssen. Man brauchte weder Pass noch Visum, und die Währungen waren frei konvertierbar.

Noch einmal traf sich das traditionelle Europa zu den Feierlichkeiten, die aus Anlass des sechzigjährigen Regierungsjubiläums von Kaiser Franz Joseph im Jahre 1908 in Wien stattfanden.

Viele unterschiedliche Stämme und Völker waren unter der Krone der Habsburger vereint, in einer Form übernational, wie sie später nie mehr erreicht werden sollte. Für mich persönlich repräsentierte das damalige Österreich-Ungarn eine Art Vorstufe für die Vereinigten Staaten von Europa. Leider haben die Politiker, die für die Friedensverträge von Versailles und St. Germain verantwortlich waren, dies nicht begriffen. Jedenfalls herrschte in dieser Zeit vor dem Ersten Weltkrieg eine ich möchte sagen glückliche Atmosphäre, in der ich am 19. September 1909 in Wiener Neustadt geboren wurde. Mein Vater bekleidete damals bei der Firma Austro-Daimler die Position eines technischen Direktors, später rückte er noch in den Vorstand dieses Unternehmens auf.

Austro-Daimler war aus der Firma der Gebrüder Fischer hervorgegangen, die 1865 gegründet wurde und im Maschinenbau tätig war. Gottlieb Daimler selbst führte noch die Vorverhandlungen, die schließlich zur Gründung der Firma ›Österreichische Daimler-Motoren-Kommanditgesellschaft Bierenz, Fischer & Co.‹ führten mit der Aufgabenstellung »zur Aufnahme der Herstellung von Automobilen in den Werkstätten der Brüder Fischer in Wiener Neustadt«. Das war im Jahre 1899, 1900 starb Gottlieb Daimler. Sein Sohn Paul übernahm noch die technische Leitung dieses österreichischen Unternehmens, auf ihn folgte dann im Jahre 1906 mein Vater. Mit dem Amtsantritt meines Vaters nahm die österreichische Daimler-Gesellschaft nun auch eigene Entwicklungen auf. Als technischer Direktor des Werkes verstärkte mein Vater das Engagement bei den Personenwagen, aber er befasste sich auch mit dem Bau von Rennfahrzeugen. Für ihn waren Rennen eine echte Herausforderung für den Techniker.

Das wichtigste Modell des Personenwagen-Programms war damals ein Vierzylinder von 30 PS Leistung und dem schönen Namen ›Maja‹. Nun hatte dieser Typ natürlich nichts mit Bonsels' bekanntem Buch ›Die Biene Maja‹ zu tun, sondern der Wagen war nach der Tochter des österreichischen Kaufmannes Konsul Emil Jellinek benannt, der in Nizza residierte und an die Reichen der Côte d'Azur Automobile verkaufte. Emil Jellinek war Großabnehmer von Automobilen der Marken Daimler und Austro-Daimler. Er nahm selbst an Rennen teil und fuhr unter dem Pseudonym ›Mercedes‹. Seine älteste Tochter

Ferdinand Porsche im Alter von 35 Jahren als Direktor der Österreichischen Daimler-Motoren-Gesellschaft m.b.H., später Austro-Daimler genannt, ein Jahr, nachdem ich auf die Welt gekommen war.

Mein Vater am Lenkrad des von ihm konstruierten Lohner-Porsche im Jahre 1902 vor seinem Elternhaus in Maffersdorf. Im Garten Dritte von links seine spätere Frau Aloisia, meine Mutter. Der Wagen hatte einen benzin-elektrischen Antrieb, bei dem ein Daimler-Motor einen Dynamo antrieb, der die beiden Elektromotoren an den Radnaben der Vorderräder mit Strom versorgte. Diese Elektromotoren trieben direkt die Räder an.

hieß Mercedes Adrienne Manuela Ramona Jellinek. Sie war seine Lieblingstochter. Übrigens wurde ihm offiziell mit Erlass des Magistratischen Bezirksamtes für den I. Bezirk der k. k. Reichhauptstadt und Residenzstadt Wien vom 7. Juli des Jahres 1903 genehmigt, sich ›Jellinek-Mercedes‹ zu nennen. Für die von ihm importierten Daimler-Personenwagen verwendete er dann den Vornamen seiner Tochter Mercedes als Markenbezeichnung. Auch die Daimler-Motoren-Gesellschaft in Stuttgart-Untertürkheim übernahm diese Bezeichnung für die von ihr produzierten Fahrzeuge, die von nun an ›Mercedes‹ hießen. Nach der Fusion von Daimler und Benz wurden dann die von diesem Unternehmen hergestellten Automobile ›Mercedes-Benz‹ genannt, eine Markenbezeichnung, die sich bis heute erhalten hat.

Maja dagegen hieß die jüngste Tochter von Jellinek-Mercedes, jedoch konnte sich der Name ›Maja‹ als Bezeichnung für die Automobile der Marke Austro-Daimler nicht durchsetzen. Nimmt es Wunder, nachdem der Vater den Namen seiner ältesten Tochter offiziell seinem eigenen, dem Familiennamen hinzugefügt hatte!

1909, also im Jahr meiner Geburt, konstruierte mein Vater aus diesem ›Maja‹ ein neues Modell mit 32 PS Leistung und ausgestattet mit einem Vierganggetriebe. Mit diesem Wagen, der den ›Maja‹ ablöste, startete mein Vater an jenem Sonntag, dem 19. September, beim Semmering-Bergrennen, einer damals sehr bekannten Rennveranstaltung, und konnte deshalb bei meiner Geburt nicht anwesend sein. Übrigens gewann er an diesem 19. September seine Klasse, Gesamtsieger wurde allerdings der berühmte Schwabe Christian Lautenschlager auf Mercedes.

Mein Vater aber fand dann bei seiner Heimkehr einen – wie ich meine – viel wertvolleren Preis vor, nämlich einen Sohn, der auf die Namen Ferdinand Anton Ernst getauft wurde. Ferdinand hieß bekanntlich mein Vater mit Vornamen, Anton der Großvater und Ernst der Bruder meiner Mutter.

Mit dem Nachfolger des Maja war mein Vater auch bei der berühmten Prinz-Heinrich-Fahrt 1909 gestartet. Zusammen mit Direktor Fischer von Austro-Daimler und Hugo Boos-Waldeck, ebenfalls Österreicher wie Fischer, bildete er eine Mannschaft. Prinz Heinrich von Preußen, der automobilsportbegeistert war, hatte diesen Wettbewerb ins Leben gerufen. 1909 führte er von Berlin über Breslau, Tatrafüred, Budapest, Wien, Salzburg nach München über eine Gesamtdistanz von 1839,1 km. Die Mannschaft von Austro-Daimler errang zwar nicht den Sieg, erreichte aber strafpunktfrei das Ziel und platzierte sich im hinteren Feld. Meinem Vater ließ das keine Ruhe.

Er fuhr nach Untertürkheim und machte den Daimler-Technikern den Vorschlag, gemeinsam einen Wagen für den Wettbewerb des Jahres 1910 zu bauen. Die Daim-

➜ **Bei Austro Daimler** konstruierte mein Vater 1906 diesen hübschen Zweisitzer, den ›Maja‹, dessen Vierzylindermotor 30 PS abgab. ➜ **UNTEN LINKS Für die Prinz-Heinrich-Fahrt 1910** hatte mein Vater einen viersitzigen Tourenwagen von 86 PS entwickelt und siegte damit, ja, das Austro-Daimler-Team belegte im Gesamtklassement sogar die ersten drei Plätze und schlug das Daimler-Team aus Untertürkheim. ➜ **UNTEN RECHTS Als Fünfjähriger 1914** bei einem Eisfest in einem Schottenkostüm, das mir die Eltern von einer Englandreise mitgebracht hatten.

ler-Motoren-Gesellschaft war ja noch immer an Austro-Daimler beteiligt. Bereits kurz nach dem Misserfolg von 1909 hatte mein Vater schon bestimmte Vorstellungen für ein neues Fahrzeug entwickelt gehabt. Die Daimler-Techniker saßen jedoch auf einem hohen Ross und meinten: *»Nein, nein, wir entwickeln unseren eigenen Wagen allein, und sie den Ihren!«*

Mein Vater kehrte nach Wiener Neustadt zurück und baute einen viersitzigen Tourenwagen mit 86 PS Leistung, der eine Höchstgeschwindigkeit von 140 km/h erreichte.

Für die Prinz-Heinrich-Fahrt, die ja den sportlichen Tourenwagen förderte, waren 1910 siebzehn Sonderprüfungen ausgeschrieben, bei denen die erzielte Geschwindigkeit das entscheidende Kriterium war. Der Wettbewerb dauerte vom 2. bis 8. Juni und ging über eine Distanz von 1944,6 km. Die Sensation war fällig, als die Austro-Daimler-Mannschaft, bestehend aus meinem Vater, Direktor Fischer und Heinrich Graf Schönfeld, in dieser Reihenfolge die ersten drei Plätze im Gesamtklassement belegte, während der beste Mercedes mit Pilette Siebter und Fritz Erle auf Benz Fünfter wurden. Dieser Sieg wirkte sich sehr günstig auf den Verkauf von Austro-Daimler-Automobilen aus. Der 1. Preis dieser bedeutenden Veranstaltung hat übrigens heute noch einen Ehrenplatz in meinem Haus.

In dieser Welt des Automobils wuchs ich auf. Schon als kleiner Knirps fühlte ich mich zum Automobil hingezogen. Waren wir mit dem Auto unterwegs, der Vater fuhr und ich saß auf dem Schoß meiner Mutter neben ihm auf dem Beifahrersitz, dann hatte ich in Gedanken vor mir ein Lenkrad, mit dem ich während der ganzen Fahrt mitlenkte. Etwas verrückt, mag der Leser denken, aber es deutet eben doch auf eine frühe Fixierung auf das Automobil hin ... !

Ich hatte alles in allem eine wundervolle Kindheit, an die ich gerne zurückdenke. Wir wohnten in unmittelbarer Nähe des Werkes von Austro-Daimler, und es verging kein Tag, an dem ich nicht im Werk herumspazierte. Ich hatte nahezu völlige Bewegungsfreiheit in einer Welt, die mich von frühester Jugend an interessierte, ja, man kann sagen, faszinierte. Die Zeit, die ich eigentlich besser für die Schularbeiten hätte aufwenden sollen, verbrachte ich viel lieber in der Fabrik. Ich war mit allen Meistern gut Freund und hatte Zutritt zu allen Werkstätten.

--> **Bruder und Schwester** im Jahr 1910.

--> **Mit meiner Schwester Louise** in einem Austro-Daimler Prinz-Heinrich-Wagen (1912).

--> **Mit meiner Schwester Louise im Jahr 1915.**

-➜ **Im Alter von drei Jahren** mit meinem Vater Ferdinand Porsche (1912).

Am Sonntag zum Beispiel ging mein Vater stets in das Konstruktionsbüro des Werkes und nahm mich dabei mit. Ich war zwar noch ein kleiner Bub, von dem man hätte annehmen können, er wolle am Sonntag lieber spielen gehen; aber mich hat dieser sonntägliche Werksbesuch in keiner Weise gelangweilt, obwohl die Erwachsenen, die mit meinem Vater technische Angelegenheiten besprachen, der Meinung waren: *»der Bub versteht eh nix!«* Ich verstand aber trotzdem eine ganze Menge von dem, was da diskutiert wurde. Ja, durch das Zuhören und Betrachten der Zeichnungen lernte ich schließlich, eine technische Zeichnung zu ›lesen‹. Auf diese Weise war ich eigentlich nie gezwungen, technisches Zeichnen zu lernen. Ich konnte es einfach und war fähig, genau zu sagen, das hier ist ein Motorquerschnitt, das ist ein Pleuel, jenes der Kolben, die Kurbelwelle und so weiter. Ich bekam das einfach so mit durch meinen täglichen Umgang mit der Technik.

Diese Nähe zum Werk führte auch dazu, dass ich im Laufe der Zeit einen guten Blick für praktische Lösungen bekam, eine Fähigkeit, die mir später sehr viel nützen sollte.

Ich war der Jüngste der Familie. Außer mir gab es noch meine um fünf Jahre ältere Schwester, die nach meiner Mutter Louise hieß. Ich hatte dafür den Vornamen meines Vaters, Ferdinand, erhalten, wurde jedoch allgemein Ferdy gerufen. Ich bekam dann eine Erzieherin, eine Wienerin, deren Name Edith Reichmann war. Der gefiel der Name Ferdy überhaupt nicht. Viele Jahre später, als ich bereits meine spätere Frau kennengelernt hatte, erzählte diese einer österreichischen Freundin: *»Du, ich habe einen Österreicher kennengelernt, der heißt Ferdy!«*, worauf ihre Freundin erwiderte: *»Ferdy heißt bei uns jeder Schusterbub!«*

So wurde durch den Einspruch der Edith Reichmann und das Erlebnis meiner späteren Frau aus Ferdy schließlich Ferry, und dabei ist es bei heute geblieben. Trotz der Fixierung auf den Vater, der ja auf Grund seiner Tätigkeit alles zu bieten hatte, was einen jungen Menschen begeisterte, bestand doch eine sehr starke Bindung an meine Mutter. Ganz besonders in meiner frühesten Jugend. Ich war das, was man unter einem Muttersöhnchen versteht. Ich habe meine Mutter sehr geliebt, und das ist eigentlich im weiteren Verlauf meines Lebens immer so geblieben.

In die Schule bin ich nicht gerne gegangen, das muss ich heute ehrlich gestehen. Als die Anmeldung zu dieser Institution fällig wurde, brachte mich meine Mutter hin, und da wir ja eine in der Stadt sehr bekannte Familie waren, war der Rektor der Gesprächspartner. Natürlich benötigte man auch damals für die Anmeldung einen Geburtsschein, den meine Mutter auch dem Rektor vorlegte, der daraufhin sagte: *»Gut, Frau Porsche, lassen Sie ihn nur da, ich sperr' ihn ein bis zum Schulbeginn!«*

Ich aber verstand den Rektor falsch und dachte, der meint mich. Da die Schule jedoch erst in vier Wochen anfangen sollte, geriet ich in Panik bei dem Gedanken, einen ganzen Monat lang in diesem nüchternen, ungemütlichen Schulgebäude ausharren zu müssen, und fing bitterlich an zu weinen. Weder meine Mutter noch der Rektor hatten die geringste Ahnung, warum plötzlich Tränen flossen, und es dauerte seine Zeit, bis sie die Ursache für meine Betrübnis herausgefunden hatten.

Als ich dann in die Schule kam, war bereits der I. Weltkrieg ausgebrochen. Bewusst habe ich diese tragische Epoche nicht erlebt, dazu war ich noch zu jung. Natürlich verfehlten die verstärkten militärischen Aktivitäten nicht ihren Eindruck auf mich. Ich kann mich auch daran erinnern, dass wir den Kanonendonner von der österreichisch-italienischen Front hören konnten, wenn wir in Badgastein die Ferien verbrachten. Und zwar war der Kanonendonner im Nassfeld oberhalb des Gasteiner Tales von den südlichen Gebirgskämmen her zu vernehmen. Auch in der Schule machte sich der Krieg bemerkbar, denn es wurden immer mehr Lehrer zum Militär eingezogen. Sehr bald herrschte Lehrermangel, sodass schließlich jeweils zwei Klassen zusammengefasst in einem Raum untergebracht wurden. Das schuf natürlich Probleme. So kam es zum Beispiel dazu, dass die 4. Klasse einen Aufsatz schreiben musste, während für die 5. Klasse in demselben Raum Geographie auf dem Stundenplan stand, Thema: Hamburg. Ich selbst hatte einen Aufsatz zu schreiben. Zu diesem Zweck hing an der Tafel das Bild eines Tanzbären, der Gegenstand unseres Aufsatzes. Wir sollten nun in Form eines Briefes an einen Freund von der Begegnung mit einem Tanzbären auf dem Heimweg von der Schule berichten. Mich beschäftigte jedoch Hamburg wesentlich mehr als der Tanzbär, sodass ich den Aufsatz völlig vergaß. Erst im letzten Augenblick fiel mir ein, dass ich ja einen Aufsatz zu schreiben hatte.

Geistesgegenwärtig schrieb ich also:

»Lieber Max! Auf dem Heimweg von der Schule habe ich einen Tanzbären gesehen. Näheres darüber schreibe ich Dir im nächsten Brief! Dein Ferry.«

Meinem Lehrer war das natürlich zu wenig, und ich bekam ein ›nicht genügend‹.

Max war übrigens der Sohn unseres Gärtners.

Man mag daraus ersehen, dass mich Geographie mehr interessierte als Deutsch. Als kleiner Junge war ich von einem Atlas fasziniert, ich habe ihn jedem Bilderbuch vorgezogen. Ich schaute mir die verschiedenen Landkarten an, und meine Phantasie beflügelte mich, mir vorzustellen, wie es dort aussehen könnte. Am liebsten hatte ich allerdings die Mathematikstunde. Mathematik bereitete mir überhaupt keine Schwierigkeiten, sodass ich meine Hausaufgaben bereits in der Schule erledigen konnte.

Zwei Ereignisse der Kriegszeit sind mir ganz besonders in Erinnerung geblieben. In der Nähe von Wiener Neustadt lag eine Munitionsfabrik, die zweimal in die Luft flog. Dabei wurden die Dächer abgedeckt und die Fensterscheiben gingen in Trümmer. Die nächste Katastrophe war eine Windhose, die die Stadt in Mitleidenschaft zog, ebenfalls viele Menschenleben forderte und große Zerstörungen anrichtete.

Das Ende des Krieges 1918 stellte uns alle vor eine neue Situation. Österreich wurde Republik. Die Siegermächte forderten Reparationen, was zu erheblichen Einschränkungen führte. Die Produktion des Werkes musste von der Rüstung auf zivile Güter umgestellt werden. Das brachte aber einen wesentlichen Abbau an Personal mit sich. Die Personalstärke betrug im letzten Kriegsjahr 6000, allerdings rekrutierte sich ein Teil davon aus Kriegsgefangenen. Übrigens arbeitete auch der jugoslawische Staatschef Tito, damals unter seinem bürgerlichen Namen Josip Broz, bei Austro-Daimler. Er kam 1912 zur Firma und wurde als Einfahrer eingestellt. In seiner Biographie beurteilt Tito diese Zeit positiv und spricht in Hochachtung von meinem Vater. Anfang 1913 wurde er allerdings bereits zum Militär eingezogen. Aus dem großen Reich Österreich-Ungarn war ein kleines Land geworden, dessen Industrie nun auch in beträchtlichem Ausmaß auf den Export angewiesen war.

Unmittelbar nach Kriegsende gab es für einen Jungen meines Alters noch eine Menge aufregender Erlebnisse.

Die Fabrik wurde von der sogenannten Arbeiterwehr besetzt. Da mein Vater aber zu seinen Arbeitern immer ein gutes Verhältnis gehabt hatte, gab es für ihn keine Schwierigkeiten, im Gegenteil, die Arbeiterwehr stellte sogar eine Wache für unsere Villa ab, um unsere Sicherheit in dieser turbulenten Zeit zu garantieren. Die Arbeiterwehr war mit Armbinden in den österreichischen Landesfarben Rot-Weiß-Rot ausgestattet, die allerdings so getragen wurden, dass nur das Rot zu sehen war. Ein deutliches Zeichen dafür, wohin die politische Richtung ging.

Die Heimat meines Vaters, Maffersdorf in Böhmen, lag nun in der durch die Friedensverträge von Versailles und St. Germain neu geschaffenen Tschechoslowakei, wozu man bemerken muss, dass es sich eigentlich um eine rein deutsche Gegend handelte, allerdings früher zu Österreich-Ungarn gehörig. Dabei sollte ich noch darauf hinweisen, dass in der Zeit vor dem Krieg dort kein übertriebener Nationalismus praktiziert wurde. Es existierten zum Beispiel Schüler-Austauschprogramme, bei denen junge Tschechen ihre Schulferien bei deutschen Gastfamilien verbrachten und umgekehrt deutsche Jugendliche bei tschechischen Gasteltern wohnten. So verlebte auch mein Vater seine Schulferien bei einer tschechischen Familie. Er lernte dabei die tschechische Sprache und, was allgemein galt, Vorurteile und Schranken wurden abgebaut. Der übertriebene, ja oft radikale Nationalismus nach dem Ende des Krieges war deshalb ein für meinen Vater absolut unverständlicher Vorgang.

Hätte nun mein Vater abgelehnt, tschechoslowakischer Staatsbürger zu werden, dann wäre nicht nur der Besitz seiner Eltern beschlagnahmt worden, sondern er hätte auch nicht die Möglichkeit gehabt, unmittelbar nach dem Krieg wieder ins Ausland zu fahren. Als Österreicher hätte er ja zu denjenigen gehört, die den Krieg verloren haben. Es wäre ihm also auch nicht möglich gewesen, zum Beispiel nach Paris zu fahren, wo mit dem Salon im Grand Palais wohl die damals international bedeutendste Automobilausstellung stattfand. Für den technischen Direktor und seit 1917 Generaldirektor einer Automobilfabrik, ganz besonders aber für einen mit der Automobilentwicklung so eng verbundenen, engagierten Techniker wie meinen Vater war der Besuch einer so wichtigen Ausstellung einfach eine Existenznotwendigkeit. Außerdem meinte mein Vater, Maffersdorf sei nun einmal seine Heimat, sein Zuhause, und er wechsle nicht die Zugehörigkeit zu diesem Teil des früheren Österreich-Ungarn wie ein Hemd.

Der erste Personenwagen, der bei Austro-Daimler nach dem Krieg in Serie ging, war ein Sechszylinder mit 4,4 Li-

Ferry Porsche im Alter von elf Jahren in seinem ersten Auto, das sein Vater, damals Generaldirektor bei Austro-Daimler, für ihn bauen ließ. Es war ein Zweisitzer mit 3,5-PS-Viertaktmotor und Zweiganggetriebe, wenn man es so will: der erste »Porsche«.

Austro Daimler AD 617 Double Phaeton, aufgenommen vor der ›Louisenhütte‹, dem Jagdhaus meines Vaters Ferdinand Porsche in Hochwolkersdorf. Am Lenkrad sitze ich im Alter von elf Jahren, rechts neben mir meine Mutter Aloisia. Links am Fahrzeug Louise Porsche, rechts neben Aloisia Porsche Ghislaine Kaes (1920).

Stolzer Autobesitzer im Alter von elf Jahren. 1920 zu Weihnachten erhielt ich diesen hübschen Zweisitzer. Das Bild zeigt mich am Lenkrad des ›Ziegenbockwagens‹.

Mit dem ›Ziegenbockwagen‹ während eines Automobil-Wettbewerbs in Wien (1921).

--➔ **LINKS** In jungen Jahren. --➔ **RECHTS Im Alter von 13 Jahren** mit meinem Vater Ferdinand Porsche (im Bild links neben mir stehend, mit Schirmmütze) an der Rennstrecke in Monza.

tern Hubraum und 60 PS Leistung, ein sportliches Fahrzeug, das sich gut im Ausland verkaufen ließ und wertvolle Devisen einbrachte. Diese Devisen waren auch der Anlass zu ersten ernsten Spannungen zwischen den Aktionären und meinem Vater, die später dann zur Trennung führen sollten. Mein Vater war nämlich der Meinung, dass die Devisen der Firma gehörten. Das war verständlich, man musste ja Kapital bilden, um investieren zu können. Die Aktionäre waren jedoch der Meinung, dass diese Devisen ihnen gehörten.

Für mich ging in jener Zeit ein Traum in Erfüllung. Der Traum vom eigenen Auto. Ich hatte natürlich schon heimlich Autofahren gelernt. Auf dem Werksgelände oder bei der Garage der Villa bot sich immer wieder einmal die Gelegenheit, ein Auto zu ›bewegen‹. Als ich elf Jahre alt war, kam zu Weihnachten 1920 die große Überraschung. Mein Vater hatte mir ein kleines Auto bauen lassen. Einen offenen Zweisitzer mit luftgekühltem Zweizylinder-Viertaktmotor. Die Familie tat natürlich furchtbar geheimnisvoll. Sprach ich das Thema Auto an, dann erklärte die Familie stets: *»Du bekommst kein Auto, sondern einen Ziegenbock mit Wagen!«*, obwohl ja alle außer mir Bescheid wussten.

Aber dann passierte es: Der Wagen wurde in die Vorhalle unseres Hauses gestellt, wo sich der Weihnachtsbaum befand. Damit er überhaupt durch die Haustür ging, mussten vorher die Räder abmontiert werden. Das besorgte unser Josef Goldinger, der Fahrer meines Vaters und eine Art Mädchen für alles, dem bei der Demontage der Räder der Schraubenschlüssel aus der Hand fiel. Meine Schwester und ich durften natürlich die Vorhalle, in der die Geschenke aufgebaut wurden, vor der Bescherung nicht betreten, aber wir spitzten die Ohren, und so war für mich der fallende Schraubenschlüssel ein Signal zu vermuten, was mich erwartete: das heiß ersehnte Automobil, und so war es auch. Ich aber kommentierte das Geräusch, das der fallende Schlüssel machte, mit den Worten: *»Aha, der Ziegenbock mit Wagen wird zusammengebaut!«*

OBEN »Mein Vater hat mich schon als Kind überall mitgenommen und dabei meinen überdurchschnittlichen Wissensdrang nie gebremst.« Mit meinem Vater Ferdinand (hinter dem linken Vorderrad) vor dem Austro Daimler ›Sascha‹ 1922 beim Riesrennen in Graz/Steiermark. **UNTEN Alfred Neubauer** 1922 am Steuer des Austro-Daimler »Sascha«.

Der spätere Mercedes-Rennleiter Alfred Neubauer auf dem Sascha bei der 13. Targa Florio am 2. April des Jahres 1922. Er wurde auf dieser 1,5-Liter-Version des Sascha Sechster in der Rennwagenklasse.

Der Sascha sollte als Kleinwagen in Produktion gehen, was sich leider nicht realisieren ließ. Hier der zweite Versuchswagen mit 15-PS-Vierzylindermotor, der mit seiner Leichtmetallkarosserie 775 kg wog.

Empfang der erfolgreichen Targa-Florio-Mannschaft auf Sascha im Austro-Daimler-Werk. Vorn Neubauer im Wagen Nr. 46, der dritte Junge von links daneben bin ich.

Am Tag nach der Bescherung, dem ersten Weihnachts-Feiertag, wurde der Zweisitzer wieder nach draußen geschafft, die Räder montiert, der Motor angelassen, und zur großen Überraschung meines Vaters fuhr ich mit dem neuen Auto sofort los. Damit hatte er natürlich nicht gerechnet.

Der Wagen hatte so seine Eigenarten. So gab es für die verwendete Radgröße keine passenden Autoreifen, man musste deshalb Motorradreifen montieren. Diese verhielten sich jedoch auf der Felge anders als Autoreifen. Der Zweisitzer besaß nämlich kein Differenzial, weshalb die beiden angetriebenen Hinterräder in den Kurven stets mit der gleichen Umdrehungszahl liefen, mit dem Effekt, dass die Vorderräder nach außen schoben und dabei die Reifen von den Rädern sprangen. Ich habe versucht, das zu ändern, indem ich anstatt der üblichen drei Reifenspanner nun deren sechs verwendete. Das Fahrverhalten verbesserte sich zwar dadurch in den Kurven, aber ein hundertprozentiger Erfolg blieb aus.

Das fehlende Differenzial hatte aber einen anderen Vorteil. Mein Vater war Jäger, und wir besaßen in den Bergen eine Jagdhütte. Fuhren wir nun im Winter zur Jagdhütte, dann blieben die anderen mit ihren normalen Autos im tiefen Schnee stecken, während mein kleiner Wagen mit seinem ›Sperrdifferenzial‹ sich durch den Schnee und hinauf zur Hütte ›mahlte‹.

Da mein Auto mit dem Besten ausgerüstet werden musste, das es gab, beeindruckten mich natürlich die verrippten Renn-Zündkerzen sehr, und ich wollte sie deshalb für meinen 3,5-PS-Motor haben. Nun sind ja Rennkerzen für wesentlich höhere Betriebstemperaturen geschaffen, als sie mein Motor erreichte, das Resultat war, dass die Rennkerzen dauernd verölten.

Mein Wagen, der mit einem Zweiganggetriebe ausgestattet war, besaß eine Lederkonuskupplung, die aber oft genug am Schwungrad undicht wurde und dann zu rutschen begann. Ich habe den Reibwert einfach dadurch wieder hergestellt, dass ich Sand in die Kupplung gab, und dann funktionierte sie wieder. Übrigens hatte das Getriebe keinen Rückwärtsgang.

Da mein Wagen keine Zulassung hatte, also auch kein Nummernschild, ich aber nicht nur im Werk herumfuhr, sondern auch in Wiener Neustadt, drehten sich die Polizisten immer weg, wenn ich kam. In Österreich ging eben alles gemütlicher zu, später, in Deutschland, sollte ich dann sehr bald den Unterschied merken.

1

→ **Bei Austro-Daimler** ist man stolz auf die bei der Targa Florio 1922 erzielten Ergebnisse.

Bei Austro-Daimler setzte man weiterhin auf große, repräsentative Wagen, mein Vater beschäftigte sich jedoch mit der Idee eines Kleinwagens, einem Fahrzeugtyp, der im Europa der Nachkriegszeit immer populärer wurde. Nicht zuletzt waren wirtschaftliche Ursachen dafür verantwortlich, aber man wollte das Automobil auch einem größeren Kreis erschließen. Das Management von Austro-Daimler war jedoch nicht willens, seine Modellpolitik zu verändern, erklärte sich aber schließlich dazu bereit, dass mein Vater eine kleine Serie dieses Fahrzeugs als Renn-und Sportwagen auflegte. So entstand der ›Sascha‹ mit einem 1,1-Liter-Vierzylindermotor.

Der Name Sascha ging auf einen guten Bekannten meines Vaters zurück, den Grafen Kolowrat, der im Filmgeschäft tätig war und die Idee meines Vaters, einen Kleinwagen zu bauen, sehr positiv beurteilte. Jener Graf Kolowrat gab aber gleichzeitig die Anregung, einen Sportwagen zu entwickeln, der dieser Konzeption entsprach. Da der Graf mit Vornamen Sascha hieß, wurde der kleine Renn- und Sportwagen, der schließlich im Jahre 1922 erschien, ›Sascha‹ genannt.

Dieser im Vergleich zur Konkurrenz kleine ›Sascha‹ wurde bereits in seinem Erscheinungsjahr bei der berühmten Targa Florio in Sizilien, dem damals wohl schwierigsten Rundstreckenrennen, eingesetzt. Ein ehemaliger Artillerie-Offizier der früheren österreichisch-ungarischen Armee mit Namen Alfred Neubauer startete mit einer auf 1,5 Liter aufgebohrten Version des ›Sascha‹ in der Rennwagenklasse und belegte am Ende in dieser Kategorie den sechsten Platz gegen den 4,5-Liter-Grand-Prix-Mercedes des Siegers Masetti. Neubauer wurde damit im Gesamtklassement Achtzehnter, konnte sich aber noch vor seinen Teamkollegen Kuhn und Pöcher platzieren, die mit dem 1,1-Liter-Sascha in der Kategorie der Serienwagen bis 1100 cm^3 siegten. Im Gesamtklassement belegte Kuhn den 20., Pöcher den 22. Platz. Das war zweifellos für diese Neukonstruktion ein großartiger Erfolg.

Besagter Neubauer, den mein Vater wegen seines Organisationstalentes bei Austro-Daimler eingestellt hatte, war kein anderer als der berühmte spätere Rennleiter von Daimler-Benz.

Alfred Neubauer hat übrigens später öffentlich die Meinung vertreten, der ›Sascha‹ sei eine Art Vorläufer des Volkswagens gewesen. Von der Grundidee her betrachtet, die zu diesem Fahrzeug führte, mag er wohl recht gehabt haben.

→ **Jugendportrait** (um 1923).

→ »**GING ICH ZUR SCHULE, DANN BEKAM ICH AN EINEM TAG ZUM BEISPIEL 10 MILLIONEN MARK FAHRGELD FÜR DIE STRASSENBAHN MIT. DAS REICHTE ZWAR, UM IN DIE STADT ZU FAHREN, ABER FÜR DIE RÜCKFAHRT HATTE ICH SCHON NICHT MEHR GENUG GELD ...**«

Der Vierzylindermotor des ›Sascha‹ hatte eine durch Königswelle und Stirnräder angetriebene obenliegende Nockenwelle und dürfte in der Rennwagen-Ausführung maximal etwa 50 PS erreicht haben. Als Höchstgeschwindigkeit erzielte er 144,05 Stundenkilometer, die bei einem Kilometer mit fliegendem Start gemessen wurden.

Der Motorsport war damals genau wie heute nicht nur ein technisches Experimentierfeld, das die Techniker zur Höchstleistung herausforderte, sondern er trug auch wesentlich mit dazu bei, eine Automobilmarke international bekannt zu machen. Übrigens war das damals eine allgemein geübte Praxis, ich erinnere hier nur an Mercedes, Fiat oder Peugeot.

Der ›Sascha‹ war zwar als Renn- und Sportwagen ein Erfolg, der von meinem Vater entwickelte Tourenwagen des Sascha wurde jedoch nicht gebaut. Die wirtschaftliche Lage Österreichs war damals sehr angespannt. Es herrschte Inflation. Das kleine Land, das sich gerne an den größeren Partner Deutschland angelehnt hätte, stand vor großen Problemen. Auch an Austro-Daimler gingen diese Schwierigkeiten nicht spurlos vorüber, die Freiheit, die mein Vater bisher im Kreativen wie im Technischen gehabt hatte, sollte entschieden eingeschränkt werden. Aber mein Vater war nicht der Typ, der sich in einen engen Rahmen zwingen ließ. Die nach seiner Ansicht falsche Verwendung der wertvollen Devisen gab dann den letzten, entscheidenden Anstoß für ihn, Austro-Daimler zu verlassen.

Bei der Daimler-Motoren-Gesellschaft in Stuttgart hatte sich der damalige Leiter des zentralen Konstruktionsbüros, Paul Daimler, der Sohn Gottlieb Daimlers, mit dem Aufsichtsrat überworfen und schied kurzfristig aus dem Unternehmen aus. Dies ereignete sich etwa zur selben Zeit, als mein Vater sich mit dem Aufsichtsrat von Austro-Daimler auseinanderzusetzen hatte. Da erhielt er von der Daimler-Motoren-Gesellschaft das Angebot, als technischer Direktor und Vorstandsmitglied die Leitung des zentralen Konstruktionsbüros zu übernehmen. Mein Vater nahm das Angebot an, jedoch sollte es noch bis April 1923 dauern, bevor er sich von seinen Verpflichtungen bei Austro-Daimler lösen konnte und in der Lage war, sein neues Amt in Deutschland anzutreten.

Für seine Familie und damit auch für mich bedeutete das den Umzug von Wiener Neustadt nach Stuttgart. Ich war gerade 13 Jahre alt, als ich im Januar 1923 erstmals nach Stuttgart kam, im September siedelte die Familie dann endgültig um. Wir wohnten in einem kleinen Haus, einem sogenannten Amerikaner-Haus, in der Parlerstraße, das mein Vater gemietet hatte. Es lag in der Nähe des Feuerbacher Weges, wo wir sehr bald unser eigenes Haus beziehen sollten. Für mich war die Umstellung nicht einfach. Das fing schon damit an, dass ich mein kleines Auto in Stuttgart nicht fahren durfte. Es war bei der deutschen Gründlichkeit undenkbar, hier eine Ausnahme zu machen. Es war schon ein Entgegenkommen, dass ich eine Sondergenehmigung bekam, mit der man ein Leichtmotorrad fahren durfte. Normalerweise war hierfür die Vollendung des 16. Lebensjahres Voraussetzung.

→ **OBEN Ferry Porsche** auf dem Hof der Porsche-Villa im Stuttgarter Norden (1924).
→ **UNTEN Die 2-Liter-Version des Sascha als Sportwagen.** Sein Vierzylindermotor war obengesteuert mit zwei Nockenwellen. Am Lenkrad mein Vater, daneben Graf Kolowrat.

Ein weiteres Problem war die Schule. Die Schulpläne von Wiener Neustadt und dem Schwabenland waren grundverschieden. Ich ging in Bad Cannstatt in die Schule, und zwar deshalb, weil ein Bekannter meines Vaters, ein pensionierter Lehrer der Gottlieb-Daimler-Realschule in Cannstatt, mich dorthin empfohlen hatte. In der Daimler-Schule stand Englisch als Fremdsprache auf dem Lehrplan, in Wiener Neustadt hatten wir jedoch überhaupt noch kein Englisch gehabt. Ich bekam deshalb Privatunterricht, um das aufholen zu können, was mir an Wissen fehlte.

Von der Parlerstraße nach Cannstatt war es auch nicht gerade ein kurzer Weg in die Schule. Mein Vater nahm mich deshalb immer mit, wenn er morgens nach Untertürkheim ins Werk fuhr. In Cannstatt stieg ich dann jeweils aus. Eines Tages hatten wir einen Reifendefekt, und ich kam deshalb zu spät in den Unterricht. Ich entschuldigte mich, worauf der Lehrer ironisch meinte: *»Wärst Du mit der Straßenbahn gefahren statt mit dem Auto, dann hättest Du keinen Defekt gehabt!«*

Es war ausgerechnet auch noch mein ›Lieblingslehrer‹, mit dem ich ohnehin auf Kriegsfuß stand. Eine Woche danach war meine Klasse pünktlich zum Unterricht versammelt, nur der Lehrer – mein Lieblingslehrer – fehlte. Als er schließlich mit erheblicher Verspätung eintraf, sagte er: *»Ihr müsst meine Verspätung entschuldigen, aber die Straßenbahn konnte nicht fahren, der Strom war ausgefallen, setzen!«* Alle setzten sich, nur ich blieb stehen und schaute ihn groß an. Da meinte er: *»Porsche, ich weiß genau, was Sie jetzt denken, setzen Sie sich!«*

Es gab eben schon immer Leute, die im Nahverkehrssystem größere Vorteile sahen als in dem unabhängigen System Auto!

Es war damals eine abenteuerliche Zeit. Die Inflation lief auf vollen Touren. Im Juli 1923 musste man für einen Dollar 354.000 Mark bezahlen, im August waren es bereits 4,6 Millionen, und während der Hochinflation im Oktober 1923 kostete 1 US-Dollar sage und schreibe 25 Milliarden Mark. Ging ich zur Schule, dann bekam ich an einem Tag zum Beispiel 10 Millionen Mark Fahrgeld für die Straßenbahn mit. Das reichte zwar, um in die Stadt zu fahren, aber für die Rückfahrt hatte ich schon nicht mehr genug Geld und musste zu Fuß gehen.

Inzwischen machte der Bau unseres Hauses am Feuerbacher Weg gute Fortschritte. Entworfen hatten es die Architekten Bonatz und Scholer, von denen übrigens auch die Pläne für den Neubau des Stuttgarter Hauptbahnhofes stammten. Am 13. Dezember zogen wir in das neue Haus ein. Wir waren zwar nicht abergläubisch, damit aber der Umzug nicht nur am 13. stattfand, teilten wir ihn auf zwei Tage auf.

Bei der Daimler-Motoren-Gesellschaft in Untertürkheim war mein Vater bereits in vollem Einsatz, als am 30. Mai beim berühmten 500-Meilen-Rennen von Indianapolis (USA) ein Werksteam von Daimler startete. Mein Vater hatte auf die technische Entwicklung der dort eingesetzten Wagen allerdings keinen Einfluss mehr gehabt, denn das Team war bei seiner Amtsübernahme schon nach Amerika unterwegs gewesen. Leider brachte das Rennen nicht den erwarteten Erfolg. Der Wagen, ein Zweiliter-Vierzylinder mit Kompressor, hatte Schwierigkeiten mit den Auslassventilen, sodass Max Sailer zwar als bester Europäer abschnitt, aber im Gesamtklassement mit dem Mercedes nur den 8., sein Teamkollege Christian Werner den 11. Platz belegte.

Für Daimler war das enttäuschend, denn ein Mercedes hatte bereits in Indianapolis einen Sieg erringen können, als im Kriegsjahr 1915 der Italoamerikaner Ralph de Palma mit einem 1914er-Grand-Prix-Wagen dort den ersten Platz belegte. Er bewältigte damals die 500 Meilen gleich 800 km lange Strecke mit einem Gesamtdurchschnitt von 144,6 Stundenkilometer, während Sailer 1923 nur einen Durchschnitt von 129 km/h geschafft hatte.

Mein Vater befasste sich sofort mit der Weiterentwicklung des Zweiliter-Kompressor-Rennwagens, mit dem Erfolg, dass im Jahre 1924 die Mercedes bei der Targa Florio die ersten drei Plätze im Gesamtklassement belegten, und zwar wurden Christian Werner Erster, Christian Lautenschlager Zweiter und Alfred Neubauer Dritter.

Besondere Genugtuung bereitete meinem Vater am 14. September desselben Jahres der Einsatz beim Semmering-Rennen. Dort kam es nicht nur zu einem Gesamtsieg durch Werner, der mit dem Zweiliter-Vierzylinder-Rennwagen mit Kompressor Tagesbestzeit und einen neuen Rekord fuhr, sondern es gab auch Siege in den Klassen Tourenwagen über 4,5 Liter und Rennwagen über 3 Liter. Letzteren holte sich Otto Salzer mit der ›Großmutter‹. So bezeichnet wurde der 1914er-Grand-Prix-Rennwagen, dessen Vierzylindermotor mit vier Ventilen pro Zylinder 115 PS abgab. Salzer fuhr damit einen neuen Klassenrekord. Drei Jahre später sollte die Großmutter,

OBEN Keinen Einfluss hatte mein Vater auf den 2-Liter-Vierzylinder mit Kompressor von Mercedes, der 1923 in Indianapolis startete. Hier Max Sailer mit dem Wagen in Indianapolis. **UNTEN Dagegen befasste sich mein Vater bei Daimler** sofort mit der Weiterentwicklung des 120-PS-Kompressor-Rennwagens für die Targa Florio, die Christian Werner 1924 dann auch mit diesem Wagen gewann.

-➔ OBEN In der Zeit von 1923 bis 1928, als mein Vater der verantwortliche Chefkonstrukteur bei Daimler in Untertürkheim war, entstanden eine Reihe berühmter Fahrzeuge, wie hier der Mercedes-Benz Typ S, ein Sechszylinder mit 6,8-Liter-Kompressormotor von 180 PS. **-➔ UNTEN Der Mercedes-Benz SSK** mit 7,1-Liter-Kompressormotor folgte 1928 und leistete 225 PS.

-➔ **OBEN Der 1914er-Rennwagen,** der mit Lautenschlager damals den Grand Prix von Frankreich gewann, wurde 1927 zu neuem Leben erweckt und gewann, nun mit Kompressor ausgestattet, noch mehrere Rennen. Hier Louis Wagner 1914 mit dem Mercedes, der in Lyon beim Grand Prix Zweiter geworden war. Auf dem Foto ist deutlich zu sehen: Der Wagen hatte nur Hinterradbremsen. -➔ **UNTEN Mercedes-Benz Typ SS beim Eröffnungsrennen am 18. Juni 1927 auf dem Nürburgring.** Nr. 1 der spätere Sieger Caracciola, daneben Nr. 2, Adolf Rosenberger, der Zweiter wurde. Den dritten Platz belegte von Mosch auf Nr. 3.

--➔ **Adolf Rosenberger.**

dann mit Kompressor ausgestattet, wiedererstehen.

Am 15. November 1923 war die neue Rentenmark eingeführt worden, die in einem Verhältnis von 4,2 Billionen Papiermark zu 1 Rentenmark ab sofort gesetzliches Zahlungsmittel wurde. Auf dieser Grundlage begann sich die deutsche Wirtschaft langsam zu erholen.

Mein Vater entwickelte bei Daimler eine Reihe hochwertiger sportlicher Modelle, die weltberühmt werden sollten. Zunächst entstand 1923 der Achtzylinder-Rennwagen mit Kompressor, auf den 1924 ein Sechszylinder-Tourenwagen mit Kompressor folgte. Es kamen neben anderen die Typen 200 Stuttgart und Mannheim und der Sechszylinder-Sportwagen K mit Kompressor. Mit dem Kompressor-Modell S schuf mein Vater die Grundlage für eine Baureihe, die über die Typen SS und SSK schließlich 1931 zum SSKL führte. Die S-Reihe war im Sport besonders erfolgreich und brachte Daimler und später Daimler-Benz mit Fahrern wie Rudolf Caracciola, Christian Werner, Otto Merz, Manfred von Brauchitsch, Adolf Rosenberger, Hans Stuck und anderen viele bedeutende internationale Erfolge ein.

Für das Jahr 1927 erweckte mein Vater besagte Großmutter unter den Mercedes-Rennwagen wieder zum Leben. Dieser von Paul Daimler konstruierte Rennwagen hatte beim Grand Prix des französischen Automobilclubs 1914 die ersten drei Plätze belegt, mit Christian Lautenschlager als Sieger. Mein Vater stattete nun den 4,5-Liter-Vierzylindermotor mit einem Kompressor aus und setzte ihn in mehreren Bergrennen ein. Adolf Rosenberger gewann damit:

--➔ am 22. Mai 1927 das Herkules-Bergrennen (beste Zeit des Tages),

--➔ am 26. Mai das Bergrennen auf die Hohe Wurzel (beste Zeit des Tages),

--➔ am 6./7. August den Freiburger Bergrekord des ADAC am Schauinsland, diesmal war der 4,5-Liter-Kompressormotor allerdings im Fahrwerk des Zweiliter-Rennwagens eingebaut (beste Zeit des Tages),

--➔ und am 13./14. August das Klausenpassrennen in der Schweiz (Klausenrekord).

Mir gab das die Möglichkeit, viele dieser interessanten Wagen selbst zu fahren und ihre technischen Besonderheiten kennenzulernen. Als ich dann am 11. November 1925 meinen Führerschein für Personenwagen machte – ich war am 19. September gerade 16 Jahre alt geworden –, verzichtete der Prüfer auf technische Fragen. Ich musste lediglich neben dem amtlich bestellten Fahrlehrer eine kurze Strecke fahren, die ich natürlich ohne Schwierigkeiten absolvierte. Im Gegenteil, der Prüfer attestierte mir fahrerisches Talent. Natürlich bekam ich auch diesen Führerschein nur mit einer Sondergenehmigung.

Heute, nach mehr als sechzig Jahren, kann ich es ja verraten: Ich bin natürlich schon gefahren, bevor ich den Führerschein besaß. Bei einer dieser Exkursionen hatte ich auch meinen ersten Unfall, der zum Glück aber glimpflich ausging. Mit dem späteren Mercedes-Rennleiter Al-

LINKS Während seiner Tätigkeit bei Daimler schuf mein Vater auch diesen Achtzylinder-Kompressor-Rennwagen, mit dem Caracciola in der ›Sportwagen‹-Ausführung 1926 den Großen Preis von Deutschland auf der AVUS gewann. Das Foto zeigt Caracciola bei der Ehrenrunde. **RECHTS Zur Freude der Porsche-Familie gewann der Mercedes-Benz SSK 1928 das Semmering-Rennen.** Hier der Sieger Caracciola, der einen neuen Rekord aufstellte. Mercedes belegte die ersten drei Plätze.

fred Neubauer hatte ich schon in Wiener Neustadt einen guten Kontakt gehabt, als er dort die Einfahrabteilung leitete. Diesen Kontakt pflegte ich natürlich auch nach der Übersiedlung zu Daimler nach Stuttgart weiter, um zu den Probefahrten eingeladen zu werden, für die Neubauer auch bei Daimler zuständig war.

Ich glaube, es war im Jahr 1924, als eines Tages Versuchsfahrten zum Kniebis im Schwarzwald angesagt waren. Ein für Wettbewerbszwecke präparierter Mercedes von 45 PS, bei dem die Benzinzufuhr mittels Unterdruck funktionierte, bekam aufgrund von Dampfblasenbildung im Kraftstoffsystem Motorstörungen. Die Ursache sollte bei dieser Versuchsfahrt ermittelt werden. Neubauer nahm mich bei dieser Fahrt mit und ließ mich auf der Heimfahrt auch ans Lenkrad. Unterwegs hatten wir mehrere Reifendefekte, mit der Folge, dass sich danach auf allen vier Rädern Stollenreifen befanden. Auf dem damals vorherrschenden Stöckelpflaster fuhren diese Reifen sich wie auf Glatteis, größte Vorsicht war also geboten.

Zwischen Böblingen und Stuttgart kamen wir dann aus einer Kurve und sahen uns plötzlich einem bereits entladenen Langholzfuhrwerk auf der falschen Straßenseite gegenüber. Da der Wagen kein Holz mehr geladen hatte, waren die Räder zusammengeschoben, sodass am Wagenende eine lange Stange herausschaute. Als uns der Kutscher kommen sah, zog er seine Pferde, die er am Zügel hielt, auf die rechte Straßenseite, und damit war die Straße zu, die Fahrbahn blockiert. Ich bremste mit viel Gefühl und sehr vorsichtig, aber Neubauer wurde nervös, griff mir in das Lenkrad und lenkte den Wagen nach rechts von der Straße weg. Am Straßenrand befand sich jedoch eine hohe Erdkante, die in ein mit Gras bewachsenes Feld überging, das von tiefen Regenrinnen durchzogen war. Durch den plötzlichen Eingriff von Neubauer drehte sich der Wagen, schlug gegen die Erdkante und kippte um. Zum Glück flogen wir in eine der Regenrinnen und blieben unverletzt. Sogar die Windschutzscheibe, die wir kurz zuvor umgelegt hatten, war heil geblieben. Wir stellten also den Wagen wieder auf die Räder und fuhren nach Hause. Neubauer war allerdings der Meinung, er habe durch seinen Eingriff die Situation gerettet, ich jedoch meinte, wenn er nicht ins Lenkrad gegriffen hätte, wären wir auch nicht umgekippt.

Bei dieser Gelegenheit fällt mir ein Erlebnis mit meiner Schwester Louise ein, die selbst eine begeisterte Autofahrerin ist und damals sogar Wettbewerbe im Daimler-Team mitfuhr. Ich brachte einmal einen interessanten Mercedes mit nach Hause, den meine Schwester gerne fahren wollte. Ich gab ihr also die Autoschlüssel, sagte aber dabei: *»Du musst aufpassen, wenn du den Wagen fährst, der Vergaser hat ein Loch!«* Worauf sie sagte: *»Kann da nix passieren?«* – Nun, es ist nichts passiert, nur bereiteten eben damals schon Vergaser Probleme.

Die im Jahre 1924 zu einer ›Interessengemeinschaft‹ vereinigten Vorstände der Daimler-Motoren-Gesellschaft und der Benz & Cie. AG beschlossen am 5. Mai 1925 die ›Schaffung eines einheitlichen Konstruktionsbüros‹. In dieser neuen Institution stand der langjährige Konstruktionschef der Mannheimer Benz-Werke, Hans

LINKS Auf meinem BMW-Motorrad auf dem Hof der Porsche-Villa (1927).
RECHTS Ferry Porsche (1927).

Nibel, gewissermaßen gleichberechtigt neben dem technischen Direktor der Daimler-Werke, meinem Vater. Nibel stammte aus Mähren, mein Vater aus Böhmen, die beiden waren also praktisch Landsleute. Zwei so starke eigenwillige Persönlichkeiten mit eigenen Auffassungen auf technischem Gebiet, die manchmal nicht übereinstimmten, das konnte auf die Dauer nicht gut gehen.

Am 28. Juni 1926 fusionierten dann die beiden Firmen Benz und Daimler zur Daimler-Benz AG. Mein Vater verlängerte seinen Vertrag mit der neuen Gesellschaft nicht und schied am 31. Dezember 1928 aus der Daimler-Benz AG aus. Den ihm angebotenen Beratervertrag akzeptierte er nicht, jedoch sollten die Kontakte zu dem Stuttgarter Unternehmen eigentlich nie abreißen.

In der Zwischenzeit hatte mein Vater von den österreichischen Steyr-Werken das Angebot erhalten, dort als Vorstandsmitglied die technische Leitung des Werkes zu übernehmen. Die Steyr-Werke waren damals Österreichs größte Automobilfabrik, die aus der Firma J. u. F. Werndl hervorgegangen war, die zunächst Waffen fabrizierte, sich aber gegen 1916 auf Vorschlag von Regierungsstellen auch mit Flugmotoren befasste. Bereits während des Krieges hatte man sich bei Werndl, wahrscheinlich angeregt durch die Flugmotoren, auch für das Automobil zu interessieren begonnen. Nach dem Ende des Weltkrieges trat man diesem Gedanken näher und stieg schließlich in das Automobilgeschäft ein. 1920 erschien das erste Steyr-Automobil auf dem Markt, und inzwischen hatte Steyr sogar Austro-Daimler überflügelt. Steyr konnte gegenüber der Konkurrenz noch einen wichtigen Vorteil geltend machen, es wurde nämlich alles im eigenen Haus produziert, vom Guss bis zur Karosserie.

Der Wechsel meines Vaters von Daimler-Benz zu Steyr wurde von den österreichischen Medien, besonders von der Fachpresse, begeistert begrüßt.

Ich selbst hatte nach der Mittleren Reife die Realschule in Bad Cannstatt verlassen und bei der Firma Bosch in Stuttgart ein Praktikum begonnen, das mir viel Freude bereitete. Bei dieser Gelegenheit lernte ich einen jungen Mann in meinem Alter kennen, der die gleichen Interessen wie ich hatte, die Technik.

Wir verstanden uns so gut, dass wir enge Freunde wurden. Dieser junge Mann hieß Manfred Behr. Sein Vater hatte die Süddeutsche Kühlerfabrik Julius Fr. Behr, Stuttgart, gegründet, die Klimaanlagen, Kühler und ähnliches Gerät vornehmlich für die Automobilindustrie produziert. Manfred Behr führte die väterliche Firma weiter zum Erfolg.

Manfred Behr und ich hatten auch gemeinsame sportliche Interessen, wie zum Beispiel Skilaufen. Wir entwickelten dabei eine besondere Form dieses Sportes, indem wir uns im Winter mit unseren Ski von einem Auto ziehen ließen und dabei Geschwindigkeiten bis zu 70 km/h erreichten. Wir betrieben damals also eine Art Skikjöring mit dem Automobil. Mein Praktikum bei der Firma Bosch dauerte ein Jahr. Inzwischen war ich achtzehn Jahre alt geworden und konnte nun den regulären Führerschein für Personenkraftwagen und Motorräder erwerben. Das gab mir auch die Möglichkeit, von dem großen Tourenwagen, der uns zur Verfügung stand, auf ein Motorrad, also auf eine sportlichere Fortbewegung, überzuwechseln, ich erwarb eine Fünfhunderter BMW-Maschine.

Die neue Tätigkeit meines Vaters bei Steyr bedeutete für die Familie natürlich erneut einen Wohnungswechsel. Unser Haus am Feuerbacher Weg vermieteten wir an Dr. Hans Nibel, den Nachfolger meines Vaters bei der Daimler-Benz AG.

Was mich betrifft, so bestand mein Vater darauf, dass ich bei meiner Berufsausbildung einen Abschluss vorweisen konnte, ich sollte die Wiener Technische Hochschule besuchen. Zunächst musste ich aber das Abitur machen und ging zu diesem Zweck in eine Privatschule in Wien. Quartier nahm ich bei meiner Schwester Louise, die 1928 den Wiener Rechtsanwalt Dr. Anton Piëch geheiratet hatte und nun in Wien im eigenen Haus wohnte.

Wie man weiß, habe ich die Schule eigentlich nie besonders gemocht, da aber die Steyr-Werke AG nicht sehr weit von Wien entfernt waren, konnte ich jedes Wochenende dort verbringen und an der Arbeit meines Vaters teilhaben. Das machte mir das Lernen in Wien leichter, denn die Arbeit in einer Automobilfabrik hat mich schon immer fasziniert.

Unter der Leitung meines Vaters brachte Steyr im Jahre 1929 ein neues Modell heraus. Einen Zweiliterwagen mit obengesteuertem Motor und Schwingachse. Darauf folgte ein 5,3-Liter-Achtzylinder, ebenfalls mit obengesteuerter Maschine, die eine Leistung von 100 PS entwickelte.

Mein Vater fuhr dieses elegante Cabriolet, das fünf Personen Platz bot, selbst zum Pariser Salon, der im Oktober im Grand Palais der Seine-Stadt stattfand.

Während sich mein Vater in Paris aufhielt, hatten sich jedoch in Wien interessante Dinge ereignet. Als Folge des New Yorker Bankenkrachs war in Wien die Österreichische Boden-Credit-Anstalt, praktisch die Hausbank von Steyr, in Konkurs gegangen und wurde von der Credit-Anstalt übernommen. Das aber war wiederum die Bank, mit der Austro-Daimler zusammenarbeitete. Die Repräsentanten jener Bank waren aber der eigentliche Grund dafür gewesen, warum mein Vater 1922 Austro-Daimler verlassen hatte. Es kam, wie es kommen musste, der Handlungsspielraum meines Vaters wurde erheblich eingeengt. Im Grunde lief es darauf hinaus, dass Steyr nur noch ein begrenztes Programm, nämlich die Fahrzeuge der unteren Klasse, bauen durfte, während die großen Typen bei Austro-Daimler gefertigt wurden. Das bedeutete natürlich auch das Ende für ein so schönes Fahrzeug wie das Achtzylinder-Cabriolet, das übrigens unter dem Namen ›Austria‹ auf den Markt gekommen war.

Mein Vater war aber nicht der Mann, der sich so erhebliche Einschränkungen auferlegen ließ, und somit endete der Dreijahresvertrag mit der Steyr-Werke AG bereits nach einem Jahr. Für mich waren jedenfalls die Wochenend-Besuche bei Steyr bzw. bei meinem Vater doch ausschlaggebend für meine spätere Entwicklung gewesen.

Die Tatsache, dass man bei Steyr viele Dinge selbst gemacht hat, bot natürlich für einen so engagierten Konstrukteur wie meinen Vater große Möglichkeiten für neue Entwicklungen. In der Zeit, während der mein Vater für die technische Entwicklung verantwortlich war, wurde bei Steyr damit angefangen, Leichtmetallguss in Kokille herzustellen. So war das Kurbelgehäuse des Zweiliter-Sechszylinders von Steyr in Kokillen-Leichtmetallguss gefertigt. Damit wurde auch der Verwendung von Leichtmetall in der Großserie die Tür geöffnet. Ähnlich war der Steyr vom Typ XXX ein Vorreiter für eine neue Konzeption, nämlich der selbsttragenden Bauweise, das heißt, der Wagen hatte zwar einen Rahmen, an dem schon Karosserieteile befestigt waren, aber es gab keinen eigentlichen Karosserie-Rahmen mehr. Dies war im Grunde eine neue Auffassung im Automobilbau.

Der Steyr Typ XXX war ein Vorreiter für die neue Konzeption der selbsttragenden Bauweise. Hier befinde ich mich auf Versuchsfahrt mit dem Steyr XXX.

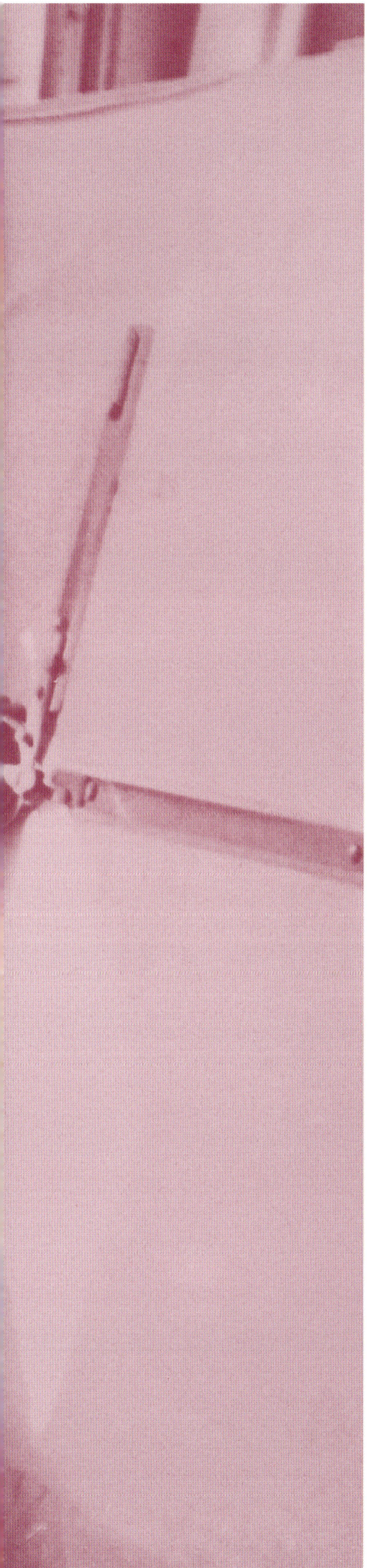

→ KAPITEL 3

ENTSCHEIDUNG FÜR STUTTGART

Mein Vater Ferdinand Porsche (links) mit Karl Rabe vor einer Zeichnung des VW38 (1938).

Nach seinem Ausscheiden bei Steyr überlegte mein Vater natürlich sehr gründlich, welcher Weg nun zu gehen sei. Es lagen zwar Angebote von Škoda, dem bekannten tschechischen Konzern, und von General Motors vor, aber schließlich fasste er den Entschluss, sich selbständig zu machen und ein eigenes Konstruktionsbüro zu gründen. Selbstverständlich führte mein Vater auch Gespräche über seine Pläne mit seinen alten Mitarbeitern, besonders mit unserem Konstrukteur Karl Rabe, seinem ältesten Wegbegleiter, den er 1913 bei Austro-Daimler eingestellt hatte. Herr Rabe meinte, es sei eine gute Idee, wenn mein Vater sich selbständig machen wolle, und er erklärte sich bereit, hierbei mitzuarbeiten.

Vater besprach sich auch mit mir, und im Laufe dieses Gesprächs wurde Stuttgart als Standort für das neue Unternehmen erwähnt. Für Stuttgart sprachen viele Gründe. Zunächst liegt diese Stadt ziemlich zentral in Europa. Alle wichtigen Industrieländer sind gut zu erreichen. In Stuttgart, wo neben Mannheim ja das Automobil erfunden wurde, gab es damals schon viele Werke, die entweder Automobile bauten oder Teile dafür produzierten. Sie alle kamen als Kunden in Frage und boten bei Entwicklungen die Möglichkeit, schnell zu Lösungen zu kommen.

Für mich persönlich gab es aber noch einen anderen Grund, Stuttgart den Vorzug zu geben. Ich hatte dort im Jahre 1927 meine spätere Frau kennengelernt. Sie war Stuttgarterin und hieß Dorothea Reitz, ich nannte sie ›Dodo‹.

Die Entscheidung fiel schließlich für Stuttgart, wo wir ja am Feuerbacher Weg bereits ein Haus besaßen. Räume für die Verwaltung und die Konstruktionsabteilung des neuen Unternehmens fanden wir in der Kronenstraße 24 im Norden von Stuttgart. Dort zogen wir gegen Ende 1930 ein, und am 25. April 1931 wurde die neue Firma als ›Dr. Ing. h.c. F. Porsche GmbH Konstruktionen und Beratungen für Motoren- und Fahrzeugbau‹ mit Sitz in Stuttgart in das Handelsregister eingetragen.

➔ Mit meiner Schwester Louise und meiner späteren Ehefrau Dorothea (geb. Reitz) bei einer Ausfahrt mit einem Mercedes-Benz Typ 24/100/140 im Winter 1927/28.

Der Firma gehörten außer meinem Vater als dem Chef und mir noch neben anderen Adolf Rosenberger als kaufmännischem Direktor, Oberingenieur Karl Rabe als Chefkonstrukteur, Karl Fröhlich, zuständig für Getriebe, Josef Kales (Motor), Josef Zahradnik (Fahrwerk), Ghislaine Kaes (Sekretär meines Vaters), Josef Goldinger (Fahrmeister) und Franz Sieberer (Pausen, Kopieren) an, später kamen dann noch Erwin Komenda (Karosserie) und Josef Mickl (Berechnungen) hinzu.

Die Kronenstraße 24 im sogenannten Ulrichs-Haus hatte für mich noch einen anderen Vorteil. In unmittelbarer Nachbarschaft befand sich das Café ›Lehrenkraus‹, und das gehörte der Mutter von Dodo. Es sollte später ein beliebter Aufenthaltsort unserer Ingenieure werden. Herr Mickl fiel dabei besonders auf, er fand nämlich heraus, dass die Tische des Cafés sehr gut zum Skizzieren neuer technischer Lösungen geeignet waren.

Mein erstes Zusammentreffen mit Dodo lag damals schon ein paar Jahre zurück. Ich hatte sie zum ersten Mal im Sommer 1927 gesehen, und zwar bei einer Straßenbahnfahrt. Ich fuhr damals im Triebwagen und stand auf der hinteren Plattform, mir gegenüber, auf der Plattform des Anhängers, entdeckte ich zwei hübsche junge Mädchen. Die eine von beiden gefiel mir auf den ersten Blick. Mich traf es wie ein ›coup de foudre‹, als ich sie sah, und das will etwas heißen. Es war Dodo!

➔ Karl Rabe (um 1936).

Später erzählte sie mir ihren Eindruck von dieser ersten Begegnung. Sie hatte zu ihrer Freundin damals gesagt, auf mich weisend: *»Du, ist das ein Neger, der da vorn?«* Ich muss an jenem Tag tatsächlich wie ein Afrikaner ausgesehen haben, denn ich war gerade vom Wörthersee zurückgekommen, wo ich die Sommerferien verbracht hatte, und war von der Sonne tiefbraun gebrannt.

➔ OBEN Kronenstraße 24 in Stuttgart (um 1931).
➔ UNTEN Mein Vater Ferdinand Porsche (links) im Büro in der Kronenstraße 24 in Stuttgart.

Nach dieser Episode in der Straßenbahn dauerte es einige Zeit, bis ich meine Angebetete wiedersah. Ich traf sie eines Tages zufällig beim Aufstieg von der Helfferichstraße zum Feuerbacher Weg, und ich tat das, was ich sonst eigentlich nie zu tun pflegte, ja, was in der damaligen Zeit sogar als ungehörig galt, ich sprach sie an. Jedenfalls musste schon unsere erste Begegnung auf der Straßenbahn nicht ohne Eindruck auf sie geblieben sein, denn sie wies mich nicht ab. Nachdem wir gemeinsam ein Stück Weges gegangen waren, trennten wir uns, ohne dass ein Wiedersehen vereinbart worden war. Ich suchte also nach der nächsten Gelegenheit, sie erneut zu treffen. Und siehe da, eines Tages fuhr ich mit dem Wagen in Richtung Stadt, da sah ich sie, wie sie mit dem Geigenkasten in der Hand den Tazzelwurm (eine Straße nahe des Feuerbacher Weges) hinunterging. Ich hielt neben ihr an und fragte, ob ich sie mitnehmen dürfe. Wie sich herausstellte, befand sie sich auf dem Weg zur Schule. Sie stieg ein, und ich fuhr sie hinüber zum Kanonenweg in die Waldorfschule. Natürlich erkundigte ich mich, wann die Schule zu Ende war, und stand dann auch prompt wieder bereit, sie abzuholen. Als sie erschien, schlug ich vor, aufs Volksfest zu fahren. Sie erwiderte jedoch: *»Das kann ich nicht, ich muss nach Hause!«* Worauf ich meinte: *»Mit der Straßenbahn dauert das eine Dreiviertelstunde, die können wir dazu benutzen, auf das Volksfest zu gehen, denn mit dem Auto bist Du gleich zu Hause!«* Sie war einverstanden.

Von da an trafen wir uns regelmäßig und wurden unzertrennlich. Dodo war in jenem Jahr 1927 gerade sechzehn Jahre alt, ich achtzehn.

Doch zurück zu unserem Konstruktionsbüro in der Kronenstraße, wo das Leben ja weiterging. Mein Vater hatte unseren Chefkonstrukteur, Oberingenieur Karl Rabe, wiedergetroffen, als er nach Steyr gegangen war. Mit seinem Wechsel nach Stuttgart zur neuen Firma Porsche sollte Rabe uns nie mehr verlassen, sondern bis zu seiner Pensionierung als ein sehr wertvoller Mitarbeiter meines Vaters und später von mir tätig sein.

Insgesamt waren es zwölf seiner alten Wegbegleiter, die mein Vater aus Österreich nach Stuttgart mitgebracht hatte und die ein Team bildeten. Es war eine verschworene, hochqualifizierte Gemeinschaft, bereit, unter der bewährten Führung meines Vaters auch die schwierigsten Aufgaben anzugehen. Zu unserem Team stieß dann noch mein Schwager Dr. Anton Piëch, der die juristischen Aufgaben in unserer neuen Firma übernahm.

Für mich wurde mit der Aufnahme der Arbeit in der Kronenstraße eine neue Phase meines Lebens eingeleitet. Ich engagierte mich vom ersten Tag an mit meiner ganzen Kraft in diesem Unternehmen. Nebenher bekam ich noch von Herrn Ingenieur Walter Boxan, der ebenfalls zur Steyrer Gruppe gehört hatte, Privatunterricht. Herr Boxan brachte mir die Grundbegriffe der Mechanik, Physik und so weiter, kurz alles das bei, was man als Konstrukteur braucht und was ich eigentlich an der Technischen Hochschule in Wien hätte lernen sollen. Aus diesem Vorhaben wurde jedoch aufgrund des früheren Ausscheidens meines Vaters bei Steyr nichts mehr.

In der Kronenstraße stand ich auch schon von Anfang an am Reißbrett und konstruierte, sodass ich an allen Entwicklungen, die dort in Angriff genommen wurden, beteiligt war. Meine Kollegen waren in der Hauptsache Österreicher, die alle noch in der Geschichte der Firma Dr. Ing. h.c. F. Porsche KG eine wichtige Rolle spielen sollten.

Es fehlte bei unserem Team eigentlich nur Alfred Neubauer, der meinen Vater von Austro-Daimler zu Daimler begleitet hatte und in Untertürkheim bei Daimler-Benz geblieben war, als mein Vater dort Ende 1928 ausgeschieden war.

Die neue Firma Porsche hatte bereits einen Auftrag erhalten, als die Absicht meines Vaters bekannt geworden war, sich selbständig zu machen. Dieser Auftrag kam von der Firma Wanderer, die in Chemnitz in Sachsen beheimatet war, und zwar sollten wir für dieses Unternehmen einen Mittelklassewagen entwickeln mit einem Sechszylindermotor von 1,7 bzw. 2 Litern Hubraum und 35 bzw. 40 PS Leistung. Eine Woche vor Weihnachten des Jahres 1930 begannen wir mit den Konstruktionszeichnungen für diesen Typ, die dann bereits, einschließlich Stücklisten, am 1. April 1931 an die Wanderer-Werke AG, Chemnitz, abgeliefert werden konnten.

Da unser Haus am Feuerbacher Weg 48 noch an Daimler-Benz vermietet war, Dr. Hans Nibel wohnte bekanntlich dort, mieteten wir uns ein Haus in der Schoderstraße, unweit unseres eigenen Anwesens. Zur selben Zeit konstruierten wir für Wanderer noch einen Reihen-Achtzylinder von 3,25 Litern, ein Auftrag, der zusammen mit dem Zweiliter-Sechszylinder erteilt worden war. Von dem Achtzylinder entwarfen wir noch eine Version mit Kompressor. Während jedoch von den ersten beiden Modellen Prototypen gebaut wurden und der Zweiliter-Sechszylinder auch in Produktion ging, wurde die Kompressor-Ausführung nicht gebaut.

Aus den Firmen Wanderer, Horch, Audi und DKW war nämlich inzwischen die Auto Union AG geworden, und bei diesem neuen Unternehmen baute Horch die großen Personenwagen, Wanderer dagegen fiel die Fertigung von Mittelklasse-Fahrzeugen zu. Bei Horch hatten bereits Konstruktionspläne für einen repräsentativen Achtzylinder-Wagen vorgelegen, die übrigens von Paul Daimler stammten, der nach seinem Ausscheiden bei der Daimler-Motoren-Gesellschaft in Stuttgart-Untertürkheim zur Firma Horch gewechselt war.

Das Geschäft in der Kronenstraße war unter der vorherrschenden Wirtschaftslage relativ gut angelaufen. Unter anderem lag ein Auftrag von Zündapp vor, einen Kleinwagen zu entwickeln. Die Firma Zündapp produzierte damals nur Motorräder und wollte nun in das Automobilgeschäft einsteigen, nachdem der Motorradabsatz stark rückläufig war. Zündapp schwebte eine Art ›Volksauto‹ vor, wie es Geheimrat Neumeyer, der Inhaber von Zündapp, nannte. Das Fahrzeug, das wir dann entwarfen, hatte einen Heckmotor, mit dem Getriebe vor der Hinterachse, eine Karosserie mit niedrigem Luftwiderstand und einen Zentralrahmen, sodass ich ihn als einen Vorläufer des späteren Volkswagens bezeichnen möchte.

Als Antrieb schlug mein Vater einen luftgekühlten Boxermotor mit vier oder drei Zylindern vor, doch Zündapp gab einem wassergekühlten Fünfzylinder-Sternmotor den Vorzug, der natürlich höher baut als ein Boxermotor. Man kennt ja Sternmotoren vom Flugzeugbau her, aber dort in einer luftgekühlten Version. Im Zündapp, der im Porscheprogramm Typ 12 hieß, war er schräg eingebaut, um den c_W-mal-F-Wert niedrig halten zu können.

Die Konstruktionszeichnungen für dieses Volksauto wurden noch vor Jahresende 1931 in Angriff genommen und waren im Frühjahr 1932 fertig. Anschließend wurde sofort mit dem Bau von drei Prototypen begonnen, die dann in die Erprobung gingen. Im Laufe des Jahres 1932 mit seiner äußerst schwierigen Wirtschaftslage stellte sich jedoch heraus, dass Zündapp nicht die erforderlichen Gelder für die Einrichtung der Serienfertigung aufbringen konnte. Mit dem Aufschwung, den die Fahrzeugindustrie dann im darauffolgenden Jahr 1933 nahm,

OBEN Im Stuttgarter Konstruktionsbüro, Kronenstraße 24. **RECHTS Fahrgestell und Motor des Wanderer W21** (Porsche Typ 7) aus dem Jahr 1931. **UNTEN 1932 im Garten der Villa Porsche:** Ganz links stehe ich, im Bild rechts von mir folgen Aloisia Porsche, Waltraud Reitz, Ferdinand Porsche, Karl Rabe, Heidi Rabe, Anna Glaser, Dorothea Porsche und Herbert Kaes.

zog auch das Motorradgeschäft wieder an. Daraufhin entschloss man sich bei Zündapp, auf die Einrichtung einer Automobilfabrikation zu verzichten.

Bei der Verwirklichung unserer ersten Aufträge als selbständiges Konstruktionsbüro gingen wir übrigens interessante Wege. So hatten zum Beispiel bei dem Wanderer-Sechszylinder Motor und Getriebe eine gemeinsame Ölversorgung, und zwar wurde das im Getriebe überflüssige Öl über das Schwungrad zum Motor zurückgefördert. Das geschah in einer Form, indem die Schwungscheibe so ausgebildet war, dass sie bei der Rückförderung des Öls wie eine Zentrifugenreinigung wirkte. Wurde der Motor demontiert, dann konnte man genau feststellen, wie viel Schmutz von der Zentrifuge ausgeschleudert worden war.

Die Kupplung des Wanderer lief in Öl. Es war also keine Trockenkupplung. Dies hatte zwar auf der einen Seite den Nachteil, dass zu ihrer Betätigung ein höherer Fußdruck notwendig war, auf der anderen Seite lag aber der Vorteil in der höheren Lebensdauer. Viele interessante Dinge sind damals entstanden, die dann Jahre später hier und dort wieder aufgetaucht sind. Das erinnert mich an einen Ausspruch meines Vaters, der immer wieder feststellte: *»Weißt Du, im Grunde ist alles schon einmal dagewesen, man muss nur richtig suchen!«*

Natürlich war mein Vater die zentrale Figur des jungen Unternehmens, der aber auch in der Lage war, seine Mitarbeiter zu motivieren. Er konnte Stunden am Reißbrett bei der Konstruktion eines neuen Fahrzeugs zubringen. Interessierte ihn eine Lösung ganz besonders, dann fragte er nicht danach, wie spät es war, er stand dann mit seinen Mitarbeitern auch die ganze Nacht über am Reißbrett.

In der Öffentlichkeit dominierte er. Seine führende Rolle war dann unumstritten. Daran hatte auch ich mich zu gewöhnen. Waren wir jedoch unter uns, dann konnte ich ihm durchaus widersprechen und andere Lösungen vorschlagen. Er hörte dann zu und respektierte meinen Vorschlag, wenn er besser war als die in Arbeit befindliche Konstruktion.

Im Laufe des Jahres 1932 trat dann ein Ereignis ein, das mein weiteres Leben hätte ganz entscheidend beeinflussen können. Mein Vater erhielt überraschend eine Einladung zu einer Informationsreise in die Sowjetunion. Zuerst kam uns diese Einladung so phantastisch vor, dass es uns schwer fiel, sie ernst zu nehmen. Aber

→ **OBEN Porsche Typ 7** (Wanderer W22, 1932).
→ **UNTEN Eine der ersten großen Aufgaben** unseres neuen Konstruktionsbüros in Stuttgart war der Wanderer W 22 mit Sechszylinder-Leichtmetallmotor von 1,7- bzw. 2 Litern Hubraum und 35 bzw. 40 PS Leistung.

sehr bald wurde uns klar gemacht, dass das alles doch wirklich ernst gemeint war. Mein Vater folgte der Einladung in die UdSSR und machte eine ausführliche Informationsreise in die Zentren der damaligen sowjetischen Fahrzeugindustrie, darunter auch in ein Traktoren-Werk in Stalingrad. Man gestattete ihm, alle jene Werke zu besichtigen, die ihn interessierten, und zwar sowohl auf dem Gebiet des Fahrzeugbaus als auch Flugzeug-Werke. Wohl nie zuvor war einem anderen Ausländer ein derartiger Einblick in die neue sowjetische Industrie gewährt worden wie meinem Vater.

Am Ende der Reise machten ihm die Sowjets in Moskau das Angebot, Generaldirektor für Entwicklung und Konstruktion der sowjetischen Fahrzeugindustrie zu werden, eine Art Reichskonstrukteur sollte er sein. Dies war zweifellos ein faszinierendes Angebot, ausgestattet mit allen jenen Vorteilen einer privilegierten Person. Mein Vater sollte seine Familie mitbringen können und Vollmachten erhalten, die sehr weit gingen. Nach reiflicher Überlegung lehnte mein Vater jedoch ab. Es war vor allem die Sprachbarriere, die ihm bei einem so schwierigen Amt, mit der großen Verantwortung, die damit verbunden war, im Alter von 57 Jahren unüberwindlich erschien. Man weiß ja heute, dass Stalin damals die Industrialisierung der Sowjetunion sehr stark vorantrieb.

Noch vor der Reise in die Sowjetunion hatten wir von NSU in Neckarsulm, dessen Generaldirektor damals Fritz von Falkenhayn war, einen weiteren Auftrag für die Konstruktion eines Kleinwagens erhalten. Bei diesem Entwicklungsauftrag war unserer technischen Phantasie keine Grenzen gesetzt, das heißt, wir konnten sehr weitgehend unsere eigenen Vorstellungen verwirklichen, natürlich im Rahmen der vorgegebenen Kosten.

So bekam der NSU-Wagen von vornherein einen luftgekühlten Vierzylinder-Boxermotor von 1,5 Litern Zylinderinhalt, der im Heck des Fahrzeugs angeordnet war. Dieser Porsche Typ 32 für NSU hatte größere Abmessungen als der Porsche Typ 12 für Zündapp, und er besaß auch einen größeren Fahrgastraum. Der Wagen war außerdem mit einem neuen Element, der Drehstabfederung, ausgestattet, die das Büro Porsche entwickelt hatte. Dieses Federungsprinzip geht nicht, wie irrtümlich berichtet wird, auf französische Patente zurück, sondern die Geschichte war so: Wir wollten damals ein Patent grundsätzlich auf das Prinzip Drehstabfederung anmelden, dabei stellte sich heraus, dass eine Patentschrift existierte, bei der völlig andere Dinge als diese Federung angemeldet waren, aber auf der dazugehörigen Zeichnung ein Dreh- oder Torsionsstab als Federung verwendet worden war. Es lag also kein Patent für diese Art von Federung vor, die beigefügte Zeichnung gab lediglich die Phantasie eines Ingenieurs wider.

Diese Torsions- oder Drehstabfederung sollte später bei vielen Konstruktionen des In- und Auslandes Anwendung finden. Sie wird von den Fachhistorikern als ein wichtiger Schritt in der Geschichte der Automobiltechnik bezeichnet.

Der NSU-Wagen hatte auch wieder eine Karosserie mit niedrigem c_W-Wert, das heißt, sie war stromlinienförmig ausgelegt. Beim Bau der Karosserie arbeiteten wir von Anfang an mit den beiden Karosseriewerken Reutter in der Augustenstraße in Stuttgart und Drauz in Heilbronn zusammen. Reutter schuf für den Typ 32 eine Ganzstahlkarosserie, während Drauz eine solche mit Holzrahmen als tragendem Element und einer Außenhaut aus Kunstleder fertigte. Dieser Auftrag von NSU wurde weitgehend bereits im Jahre 1933 verwirklicht.

Übrigens baute Reutter im Jahre 1937 ein neues Werk in Stuttgart-Zuffenhausen, nahe bei unseren Anlagen.

--→ **Fahrwerk des Typs 12** mit Fünfzylinder-Zweitakt-Sternmotor.

-→ OBEN Für Zündapp entwickelten wir einen Kleinwagen, den Porsche Typ 12. Auf Wunsch von Zündapp erhielt er einen Fünfzylinder-Sternmotor, im Heck untergebracht, der mit 1,2 Litern Hubraum 26 PS bei 3600 U/min abgab. Der Wagen wog nur 600 kg.

-→ UNTEN Porsche Typ 12 im Hof der Porsche-Villa in Stuttgart-Nord (1932).

OBEN Prototyp des Typs 32 (1933). UNTEN In größerem Umfang als der Typ 12 war der Porsche Typ 32 ein Vorläufer des Volkswagens, wir entwickelten ihn für die NSU-Werke. Er hatte bereits einen luftgekühlten Vierzylinder-Boxermotor.

→ KAPITEL 4

EIN NEUES RENNWAGEN-KONZEPT

Die deutsche Automobilindustrie hatte 1932 ihren Tiefststand erreicht. Waren im Jahre 1931 noch 62.563 Automobile in Deutschland produziert worden, so sank diese Zahl 1932 auf einen Wert von 43.448 Einheiten. Ein Umschwung zu einer Besserung setzte allerdings bereits gegen Ende des Jahres 1932 ein, entscheidend aufwärts mit der deutschen Automobilindustrie ging es jedoch erst 1933.

Der neue Reichskanzler, Adolf Hitler, hatte zur Eröffnung der Internationalen Automobil-und Motorrad-Ausstellung am 11. Februar 1933 in Berlin erste Schritte zur Förderung der deutschen Automobilindustrie angekündigt. Ziel war aber nicht nur die Wiederbelebung dieses wichtigen Industriezweiges, sondern eine Art ›Volksmotorisierung‹, das heißt, das Automobil breiten Schichten der Bevölkerung zugänglich zu machen. Zu diesen Maßnahmen gehörte eine Steuerbefreiung für alle ab 1. April 1933 neu zugelassenen Personenwagen. Fahrzeuge, die vor dem 1. April angemeldet wurden, konnten durch eine einmalige Gebühr von der Kraftfahrzeugsteuer befreit werden.

Eine Rolle spielten darüber hinaus der Ausbau und die Instandsetzung des deutschen Straßennetzes, indirekt auch der geplante Bau der Reichsautobahnen. Zweifellos trugen diese Rahmenbedingungen wesentlich dazu bei, dass die deutsche Automobilindustrie im Laufe des Jahres 1933 einen deutlichen Aufschwung nahm. Die Automobilproduktion erreichte Ende 1933 einen Wert von 92.226 Einheiten, also eine Steigerung um mehr als das Doppelte gegenüber 1932.

Ich will aber der Entwicklung nicht vorgreifen. Die Erprobung des neuen NSU-Wagens lief mit den drei Prototypen an, die im Laufe des Jahres gebaut worden waren. Ich war wesentlich an der Erprobung beteiligt, außerdem legte mein Vater großen Wert auf mein Urteil, es war die Art und Weise, wie ich ein Automobil fuhr und beurteilte, die ihm imponierte. Das verschaffte mir eine Sonderstellung, die dazu führte, dass ich meine Zeit nicht nur im Konstruktionsbüro verbringen musste, sondern auch dort mit dabei war, wo die Autos gebaut und anschließend intensiv erprobt wurden. Und es ist ja gerade die Erprobung, die entscheidende Verbesserungen und damit Fortschritte bringt.

Ein kleines Beispiel sei dazu angeführt. Die Lenkung für den NSU hatte ich am Brett gezeichnet. Sie war sehr einfach aufgebaut und durfte aus Kostengründen keine aufwendige, teure Lagerung haben. Die Lenkspindel lief zum Beispiel nicht in Kugel- oder Rollenlagern, sondern in den billigeren Gleitlagern. Bei der Fahrerprobung auf der Solitude, jenem berühmten Waldrundkurs vor den Toren Stuttgarts, auf dem viele große Rennen veranstaltet wurden, ging plötzlich in einer scharfen Rechtskurve die Lenkung fest. Was war geschehen? Die Lenkung war so angeordnet worden, dass das obere Gleitlager oberhalb der Schmierölfüllung zu liegen kam und sich deshalb festgefressen hatte. Das festzustellen war aber ein Ergebnis der praktischen Erprobung gewesen. Und ich bin eigentlich heute noch stolz darauf, dass ich die Gelegenheit hatte, bei derartigen Versuchsfahrten maßgeblich beteiligt gewesen zu sein. Damit bot sich mir die Möglichkeit, stets die Übereinstimmung von Theorie und Praxis zu studieren.

Der NSU-Typ, der noch mehr als der Zündapp als Vorläufer des späteren Volkswagens angesehen werden muss, ging leider auch nicht in die Serienfertigung. Ähnlich wie bei Zündapp hatte 1933 auch bei NSU das Geschäft mit dem Motorrad einen so starken Aufschwung genommen, dass für eine Automobilfabrikation keine Kapazität mehr frei war.

Interessant ist in diesem Zusammenhang, einmal festzustellen, dass alle Verbesserungen, die später im Volkswagen eingebracht wurden, zu nahezu einhundert Prozent auf die Erkenntnisse zurückzuführen waren, die bei der Erprobung des NSU-Wagens gewonnen wurden.

Das Jahr 1933 brachte aber noch eine Veränderung für unser junges Unternehmen. Adolf Rosenberger, der Geschäftsführer unserer Firma, wollte ausscheiden und Deutschland verlassen. Rosenberger war Jude und sah verständlicherweise unter dem neuen politischen System keine Zukunft mehr für sich in Deutschland. Da wir nicht gerade mit großen Kapitalreserven gesegnet waren, mussten wir jemanden finden, der an Stelle von Rosenberger bereit war, sich bei uns zu engagieren. Für Rosenbergers Wunsch hatten wir volles Verständnis.

Mein Schwager, Dr. Anton Piëch, konnte schließlich in Österreich einen vermögenden Privatfahrer mit Namen Hans von Veyder-Malberg dazu bewegen, Rosenbergers Anteile zu übernehmen. Von Veyder-Malberg war übrigens auf Austro-Daimler Rennen gefahren.

Adolf Rosenberger wurde dann zu allem Übel noch ins Gefängnis gesperrt, und wir mussten unseren ganzen Einfluss aufwenden, um ihn wieder frei zu bekommen,

--> **Eine unserer interessantesten Aufgaben war die Entwicklung des Porsche Typ 22,** eines Rennwagens nach der neuen 750-kg-Formel. So entstand der Auto-Union-P-Wagen, ein V16-Zylinder mit Kompressor, bei dem der Motor vor der Hinterachse angeordnet war. Daneben der Porsche 928.

--> »... ICH BIN EIGENTLICH HEUTE NOCH STOLZ DARAUF, DASS ICH DIE GELEGENHEIT HATTE, BEI DERARTIGEN VERSUCHSFAHRTEN MASSGEBLICH BETEILIGT GEWESEN ZU SEIN.«

-→ **Mein Vater Ferdinand Porsche** (rechts) an einem Auto-Union-Rennwagen (1934).

was uns schließlich auch gelang. Rosenberger wanderte dann nach Amerika aus, wo er unter einem anderen Namen lebte. Er ist inzwischen verstorben. Bevor Adolf Rosenberger jedoch bei uns ausschied, war er noch an einem wichtigen Entschluss beteiligt, der ihn ganz besonders als Rennfahrer betraf.

Die internationale Sportkommission in Paris hatte anlässlich ihrer Herbsttagung im Oktober 1932 eine neue Grand-Prix-Rennformel verabschiedet, die von 1934 an bis einschließlich 1936 gültig sein sollte, später dann aber noch bis einschließlich 1937 verlängert wurde. Diese Formel schrieb nur ein Maximalgewicht von 750 kg ohne Kühlwasser, Öl und Reifen für das Fahrzeug vor, alles andere war frei. Das heißt, der Konstrukteur hatte die Wahl, einen Saugmotor zu wählen oder einen Kompressor zur Aufladung zu verwenden. Die Wahl des Kraftstoffs war frei, nur die Karosseriebreite war noch vorgeschrieben, sie durfte 85 cm nicht unterschreiten.

Mein Vater fand diese Formel geradezu ideal, da sie dem Techniker einen sehr weitgehenden Spielraum ließ, und zwar sowohl auf dem Gebiet des Leichtbaus als auch bei der Konstruktion des Antriebsaggregates.

Im November des Jahres 1932 setzten wir uns bereits zusammen und diskutierten die Möglichkeiten, die die neue Formel bot. Mein Vater war dabei, natürlich auch Chefkonstrukteur Karl Rabe, Josef Kales, unser Motorexperte, und auch Adolf Rosenberger, der erfolgreiche Rennfahrer aus Pforzheim. Bereits am 15. November lag ein erster Entwurf für den Rennwagen von Rabe vor, der die Grundberechnungen angestellt hatte. Ein Team von Technikern wurde gebildet, bei dem Karl Rabe die Leitung hatte, Josef Kales für den Motor zuständig war, Karl Fröhlich für das Fahrwerk, und Erwin Komenda oblag der Entwurf der Karosserie – alle waren sie alte Gefährten von Steyr. Dieser Entwurf sah einen V16-Zylindermotor von 4,4 Litern Hubraum vor, der im Heck vor der Hinterachse angeordnet werden sollte. Der großen Erfahrung entsprechend, die mein Vater bereits mit der Aufladung besonders bei Daimler gesammelt hatte, sollte der Motor mit einem Rootsgebläse aufgeladen werden.

Wie man weiß, hatte sich mein Vater schon von Anfang an, als er Automobile konstruierte, ganz besonders für den Bau von Hochleistungs-Fahrzeugen für den Einsatz in Rennen interessiert. So sprach er auch mit Wanderer über dieses Thema, als er im Spätjahr 1930 von dort den Auftrag für die Entwicklung von Personenwagen erhalten hatte. Rennwagen zur Demonstration der technischen Leistungsfähigkeit eines Automobilunternehmens einzusetzen war ein äußerst werbewirksames Mittel.

Als mein Vater dann anlässlich des Pariser Automobil-Salons 1931 mit dem damaligen Generaldirektor von Wanderer, Klee, zusammentraf, erteilte ihm dieser schon den Auftrag, sich mit der Entwicklung eines Rennwagens zu beschäftigen. Ernsthaft mit diesem Thema konnte er sich aber erst dann befassen, als die neue Rennformel vorlag, also im Spätjahr 1932.

Wie schon früher erwähnt, war ja Wanderer inzwischen in der Auto Union AG aufgegangen, die am 29. Juni 1932 gegründet wurde, allerdings rückwirkend zum 1. 11. 1931. Damit war der neue Auftraggeber die Auto Union.

Da das Rennwagenprojekt eine sehr aufwendige Angelegenheit war mit vielen finanziellen Risiken auf der einen Seite und einem hohen Kapitalbedarf auf der anderen, bei einer sehr begrenzten Kapitalausstattung der Dr. Ing. h.c. F. Porsche GmbH, wurde eine eigene Gesellschaft gegründet. So entstand am 8. November 1932 die ›Hochleistungs-Fahrzeug-Bau GmbH (HFB)‹, die am 19.

→ OBEN Dieses Foto zeigt deutlich den Aufbau des Auto-Union-P-Wagens. Hinter dem Motor der Rootskompressor mit dem Getriebe hinter der Hinterachse. Die beiden Längsrohre des Rahmens dienten gleichzeitig zum Transport des Kühlwassers vom Motor zu dem vorn liegenden Kühler und zurück.

→ UNTEN Hier ein Schnittmodell des Auto-Union-P-Wagens. Hinter dem Motor der Rootskompressor mit dem Getriebe hinter der Hinterachse. Die beiden Längsrohre des Rahmens dienten gleichzeitig zum Transport des Kühlwassers vom Motor zu dem vorn liegenden Kühler und zurück.

November 1932 in das Handelsregister eingetragen wurde. Gegenstand der neuen Gesellschaft waren Bau und Vertrieb von Renn- und Sportwagen.

Es ging zunächst darum, das erforderliche Kapital für den Bau der Rennwagen zu beschaffen. Man dachte auch an Spenden der Öffentlichkeit, zu denen die Automobilclubs der damaligen Zeit, der ADAC (Allgemeiner Deutscher Automobilclub) und der AvD (Automobilclub von Deutschland) aufriefen. Das Ergebnis war bescheiden, was ja aufgrund der allgemeinen schlechten Lage wohl nicht anders hatte erwartet werden können.

Die neugegründete Auto Union mit den vier Ringen als Markenzeichen war bestrebt, in der internationalen Öffentlichkeit auf sich aufmerksam zu machen. Ein guter Weg dazu war der Automobilrennsport. Es kam zu Gesprächen zwischen meinem Vater und der Auto Union. Sie führten am 17. März des Jahres 1933 zu einem Vertragsabschluss. Danach übernahm die Firma Auto Union mit Sitz in Chemnitz in Sachsen die Porsche-Konstruktion Nummer 22 – das war der neue Rennwagen – als Typ Auto-Union-P-Wagen (P für Porsche) und begann mit dem Bau des neuen Fahrzeugs anhand der von uns gelieferten Konstruktionszeichnungen.

Entscheidend für das Zustandekommen dieses Vertrages war aber auch, dass die Auto Union die Subventionen bekam, die Hitler als staatliche Beihilfe zur Förderung des Automobilsportes in Deutschland in Aussicht gestellt hatte. Die neue Regierung war sich sehr wohl der Tatsache bewusst, dass internationale Rennerfolge mit dazu beitrugen, das Ansehen deutscher Technik im In- und Ausland zu fördern.

Bisher hatte Daimler-Benz als einziger Vertreter der deutschen Automobilindustrie im Grand-Prix-Sport diese Gelder beansprucht. Mein Vater und die Auto Union wurden daraufhin bei Hitler vorstellig. Hitler hatte eigentlich die Absicht gehabt, die Gelder nur einer Firma zukommen zu lassen, und das war Daimler-Benz, die bereits Erfolge im internationalen Automobilsport aufweisen konnte. Diesen Nachweis zu erbringen, dazu war allerdings auch mein Vater in der Lage. Er hatte während seiner Zeit als technischer Vorstand bei Daimler-Benz bereits an einem Entwurf für einen neuen Rennwagen mit Achtzylinder-Kompressormotor gearbeitet, der dann später die Grundlage für den W 25 bildete, der 1934 zum Einsatz kam.

Das Reichsverkehrsministerium hatte eine Summe von 1,1 Millionen Reichsmark veranschlagt, die zur Unterstützung des Motorsports aufgewendet werden sollte. Hitlers Vorschlag, nur eine Firma zu begünstigen, wurde schließlich vom Verkehrsministerium verworfen. Daimler-Benz erhielt von der veranschlagten Summe 500.000, die Auto Union 300.000 Reichsmark. Damit waren aber die beiden Firmen von vornherein zu Konkurrenten geworden.

1934 waren die Beträge, die an die beiden Firmen gingen, gleich groß und betrugen 300.000 Reichsmark. Ab 1935 wurden sie auf 400.000 Reichsmark erhöht, wiederum war die Summe für beide Marken gleich, und das blieb so bis 1939. Allerdings wurden ab 1935 noch sogenannte Erfolgsprämien gezahlt.

Die effektiven Kosten für den Renneinsatz waren jedoch höher, denn die von den staatlichen Stellen gewährten Subventionen und Prämien machten nur ein Fünftel, also 20 % der tatsächlichen Aufwendungen aus.

Die Rennabteilung der Auto Union wurde in Zwickau in Sachsen eingerichtet. Dort hatte sich bereits 1904 Horch niedergelassen, der 1909 aus seiner Firma ausgeschieden war und am selben Ort die Automobilwerke ›Audi‹ errichtet hatte. Beide Unternehmen gehörten ja zur Auto Union.

Der Bau des Auto-Union-P-Wagens machte gute Fortschritte. Hier kurz noch einmal der technische Steckbrief dieses Fahrzeugs. Der Motor war ein Sechszehnzylinder, bestehend aus zwei Achtzylinderblöcken, die in einem Winkel von 45 Grad zueinander angeordnet waren. Das Motorengehäuse bestand aus Leichtmetall und war in Silumin gegossen mit nassen, also von Kühlmittel umspülten Zylinderlaufbüchsen aus Stahl. Auch die Zylinderköpfe waren aus Silumin-Guss.

Die Einlassventile hatten einen Durchmesser von 35 mm, die Auslassventile einen solchen von 32 mm. Die Ventile wurden über Stoßstangen, Kipphebel und Schlepphebel durch eine obenliegende Nockenwelle gesteuert. Die Nockenwelle wurde über eine Königswelle angetrieben, die gleichzeitig den Antrieb des Rootskompressors und der Bosch-Zündmagnete besorgte. Der Motor hatte eine Zündkerze pro Zylinder. Sein Hubraum betrug 4,4 Liter.

Die Kurbelwelle war zehnfach gelagert. Besonders interessant war an diesem Motor, dass er nur eine Nockenwelle aufwies, die in der Mitte lag und von dort

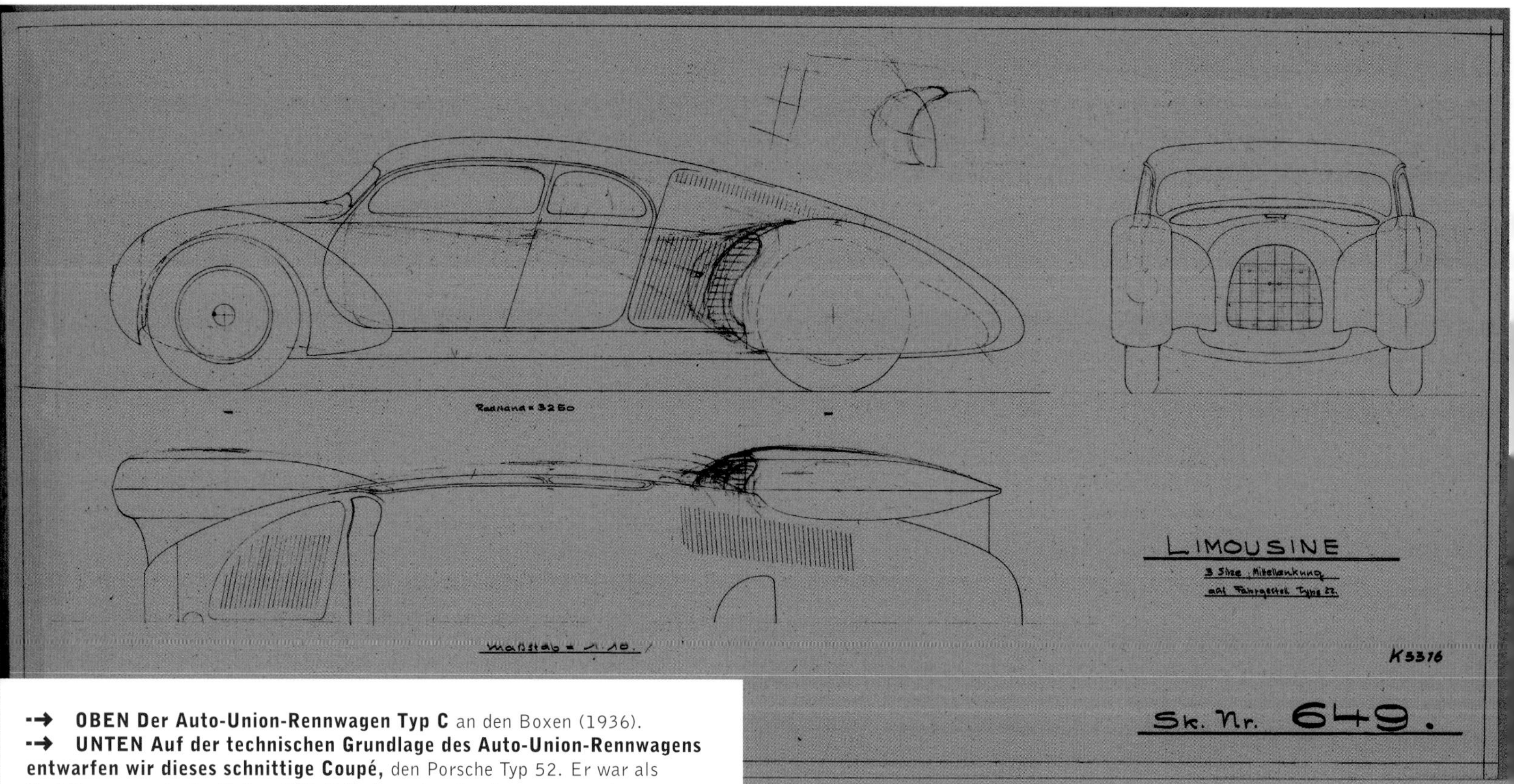

-→ **OBEN Der Auto-Union-Rennwagen Typ C** an den Boxen (1936).
-→ **UNTEN Auf der technischen Grundlage des Auto-Union-Rennwagens entwarfen wir dieses schnittige Coupé,** den Porsche Typ 52. Er war als Dreisitzer ausgelegt mit dem V16-Zylindermotor des Rennwagens, dessen Leistung auf 200 PS gedrosselt werden sollte. Der Wagen, der leider nie gebaut wurde, sollte im 5. Gang 200 km/h erreichen.

aus die Ventile auf beiden Seiten steuerte. Das wurde bewerkstelligt, indem wir für die Betätigung der Einlassventile Finger und für die der Auslassventile Querstößelstangen verwendeten.

Der V16-Zylinder war so konstruiert, dass er bis auf sechs Liter Zylindervolumen vergrößert werden konnte, ohne dass neue Gehäuse erforderlich geworden wären. Der Motor wog mit Schwungrad 210 kg.

Das Chassis bestand aus zwei parallel angeordneten Rohren mit einzeln aufgehängten Rädern, die durch Drehstäbe und eine hintere Querblattfeder abgefedert wurden. Den parallelen Zentralrohren fiel dabei noch eine besondere Funktion zu. Das eine Rohr führte das Kühlwasser vom Motor zum vorn liegenden Kühler, und über das andere Rohr lief es wieder zum Motor zurück. Der Motor war bekanntlich vor der Hinterradaufhängung angeordnet, und das Fahrzeug war somit als Mittelmotor-Konstruktion ausgelegt. Das führte zu einer günstigen Gewichtsverteilung zugunsten der Antriebsräder.

Der erste Motor war im Herbst 1933 zusammengebaut, sein Prüfstandlauf stand bevor. Da wir beim Bau der Rennwagen eine beratende Funktion übernommen hatten, fuhr ich oft nach Zwickau, wo ja die Rennabteilung im Horch-Werk der Auto Union untergebracht war. Es war ganz natürlich, dass die ersten Prüfstandläufe nicht problemlos vonstatten gingen. So wunderten sich zum Beispiel die Ingenieure, dass, wenn der Motor Betriebstemperatur erreicht hatte, die Kurbelwellenenden blau anliefen, und damit drohte die Welle festzugehen. Ich dachte nach und hatte sehr bald mit einer Erklärung aufzuwarten. Ich sagte: *»Habt Ihr schon einmal überlegt, dass die Kurbelwelle aus Stahl geschmiedet ist, das Kurbelgehäuse aber aus Leichtmetall-Guss besteht? Beide haben unterschiedliche Dehnungs-Beiwerte. Die Kurbelwelle dehnt sich bei Erwärmung stärker aus als das Gehäuse, und die Kurbelwellenzapfen haben dann keinen Spielraum mehr und laufen blau an!«*

Eberan von Eberhorst, einer der maßgebenden Ingenieure der Auto Union, unter dessen Leitung später für 1938 der D-Typ entstand, sagte nur: *»Blödsinn!«* Ich antwortete: *»Soll ich's Ihnen beweisen?«*

Ich habe dann die Kurbelwelle genommen, bin in die Härterei gegangen, habe sie in Bäder mit unterschiedlichen Temperaturen gegeben und anschließend die Länge der Welle vermessen. Siehe da, ich hatte recht, und das musste dann auch Herr von Eberhorst zugeben.

Ein weiteres Beispiel, dass ich mir eigenes technisches Wissen angeeignet hatte und doch nicht nur der Sohn des berühmten Professors war, zeigte sich dann während der Prüfstandläufe beim Rootskompressor, der bekanntlich nach dem Prinzip von Zahnradpumpen arbeitet. Hierbei entstanden im Kompressor hohe Temperaturen, die nicht erwünscht waren. Ich ging also her und zeichnete mir die Rotorflügel in zehnfacher Vergrößerung auf. Bei der anschließenden systematischen Untersuchung stellte ich fest, dass es bestimmte Stellungen der beiden Rotorflügel zueinander gab, bei denen im Gehäuse eine Verdichtung stattfand. Diese Verdichtung, die die Luft und damit das ganze Gebläseaggregat aufgeheizt hat, war nicht vorgesehen. Das Problem der Überhitzung war zu lösen, indem man den Überdruck gar nicht erst entstehen ließ. Dies geschah ähnlich wie bei Zahnradölpumpen, man musste in das Gehäuse eine Nut fräsen, durch die die Überdruckluft abblasen konnte. So geschah es dann auch, und siehe da, die Temperatur blieb von nun an normal.

Ich war in diesem Kreis halt der Jüngste, und es dauerte schon seine Zeit, bis ich ernst genommen wurde und mich durchsetzen konnte. Diese Vorgänge beweisen aber gleichzeitig, dass ich in allem, was mit der Automobiltechnik zusammenhing, doch sehr engagiert war.

Im Spätherbst 1933, ich glaube es war Anfang November, konnte ich den neuen Rennwagen erstmals fahren. Dies geschah auf einer Landstraße in der Nähe von Zwickau. Für mich war dieser Probelauf sehr eindrucksvoll. Die Leistung, die in diesem modernen Rennwagen steckte, war phantastisch. Es zeigte sich aber auch sehr schnell, dass Landstraßen, die noch nicht einmal abgesperrt waren, sich nicht als Versuchsstrecke eigneten. Wir mussten die Versuchsfahrten auf den Nürburgring verlegen.

Als ich vom Rennwagen dann in mein eigenes Fahrzeug umstieg, es war ein Wanderer, immerhin mit 3,2-Liter-Achtzylindermotor, dachte ich beim Beschleunigen, das Gaspedal habe sich ausgehängt. Das war natürlich nicht der Fall gewesen, aber der Personenwagen kam mir nach dem Rennwagen eben so langsam vor.

Der V16-Zylinder-Motor des Rennwagens erreichte in seiner ersten Ausführung etwa 295 PS bei 4500 U/min und einer Verdichtung von 7:1. Das waren für einen Rennmotor hinsichtlich Drehzahl und Verdichtung moderate Werte, die der Weiterentwicklung sehr viel Spielraum gaben. Der Motor wurde mit Spezialkraftstoff betrieben.

Nach den Versuchsfahrten im November auf dem Nürburgring ging es zurück ins Werk, aber bereits im Januar wurden die Versuchsfahrten fortgesetzt, diesmal allerdings auf der AVUS in Berlin. Bereits am 6. März stellte Hans Stuck, der das Grand-Prix-Team der Auto Union anführte, zu dem noch der Prinz zu Leiningen und August Momberger gehörten, auf der AVUS drei neue Weltrekorde auf. Er erreichte dabei folgende Bestleistungen:

- 1 Stunde mit 217,106 km/h,
- 200 km mit 217,085 km/h,
- 100 Meilen mit 216,869 km/h.

Dabei kam der Wagen auf Höchstgeschwindigkeiten von ungefähr 250 km/h, die wirkliche Höchstgeschwindigkeit lag allerdings bei zirka 290 km/h. Damit war der am 17. März 1932 offiziell erteilte Auftrag von uns erfüllt.

Im Laufe der Zeit hatte ich die Fähigkeit entwickelt, Probleme schon rein gefühlsmäßig zu erkennen und sie dann einfachen Lösungen zuzuführen. Ich konnte damit in relativ jungen Jahren meine Kenntnisse von technischen Abläufen unter Beweis stellen. Ich erinnere mich zum Beispiel an die Zeit, als mein Vater noch bei Daimler-Benz tätig war. Damals wurden auf dem Nürburgring Dauerläufe mit dem Typ Mercedes-Benz »Nürburg 460« durchgeführt. Dabei merkte ich, dass der Achtzylinder-Motor nicht auf allen Zylindern lief. Ich stellte das bei der Vorbeifahrt des Fahrzeugs an Start und Ziel fest und sagte zu meinem Vater: *»Du, der läuft nicht auf allen Zylindern, ich hör das deutlich!«* Eine Überprüfung ergab, dass ich recht gehabt hatte.

Jahre später, als mit dem V16-Zylinder-Rennwagen der Auto Union Versuchsfahrten auf dem Nürburgring stattfanden, erzielten die Fahrer keine entsprechenden Rundenzeiten. Da ging ich zu Eberan von Eberhorst und Willy Walb, letzterer war damals Rennleiter, und sagte: *»Kontrolliert doch einmal den Drehzahlmesser, ich habe das Gefühl, der Motor dreht nicht die erforderlichen 4500, sondern 7000 bis 8000 Touren!«*

Mir war nämlich beim Vorbeifahren aufgefallen, dass der Motor ganz anders als sonst klang. Tatsächlich drehte der Motor viel zu hoch, in einem Drehzahlbereich, in dem die Leistung bereits wieder erheblich abfiel. Der Drehzahlmesser war falsch übersetzt und zeigte

→ »IM LAUFE DER ZEIT HATTE ICH DIE FÄHIGKEIT ENTWICKELT, PROBLEME SCHON REIN GEFÜHLSMÄSSIG ZU ERKENNEN UND SIE DANN EINFACHEN LÖSUNGEN ZUZUFÜHREN. ICH KONNTE DAMIT IN RELATIV JUNGEN JAHREN MEINE KENNTNISSE VON TECHNISCHEN ABLÄUFEN UNTER BEWEIS STELLEN.«

4500 U/min an, obwohl der Motor über 7000 drehte. Da die Rennfahrer nach der angezeigten Drehzahl fuhren, kamen keine guten Zeiten zustande.

Ich erinnere mich auch noch gut an einen Vorfall in den fünfziger Jahren. Damals hatten wir einen Wagen für Bergrennen entwickelt, dessen Straßenlage sehr zu wünschen übrig ließ. Unser Renningenieur Hild meinte: *»Wir haben ihn vermessen, er stimmt genau!«* Daraufhin sagte ich: *»Gebt mir einmal eine Schnur!«*

Man gab mir die Schnur und ich habe dann mit der Schnur diagonal gemessen. Das heißt linkes Vorderrad – rechtes Hinterrad, rechtes Vorderrad – linkes Hinterrad, und siehe da, der Abstand stimmte nicht überein. Das Fahrwerk hatte sich verzogen. Nachdem das korrigiert worden war, lag der Bergwagen genau so gut wie jeder andere. Das war dann später in der Serie mein Steckenpferd, mich nicht allein auf das Vermessen zu verlassen, sondern zu überprüfen, dass die linke Seite genau mit der rechten übereinstimmte und das Fahrzeug wirklich geradeaus lief.

Diese Erfahrung hatte mir das Radfahren vermittelt, denn wenn beim Fahrrad das Vorderrad und das Hinterrad nicht exakt in der gleichen Richtung laufen, dann kann man nicht freihändig fahren. Man mag daraus ersehen, wie wichtig es ist, nach einfachen Lösungen zu suchen.

Doch zurück zum Jahre 1934. Die Konstruktion des Auto-Union-Rennwagens hatte uns zu einem interessanten Fahrzeug inspiriert, dem Typ 52. Das war ein sportliches Coupé mit einer stromlinienförmigen Karosserie für drei Personen auf der technischen Basis des Auto-Union-Rennwagens, natürlich in einer ›zivileren‹ Ausführung. Der V16-Motor mit Kompressor war in der Maximalleistung auf 200 PS reduziert, der Typ 52 hatte ein Fünfganggetriebe, das so ausgelegt war, dass im 1. Gang 76 km/h, im 2. 97 km/h, im 3.122 km/h, im 4. 153 km/h und im 5. 191 km/h bei einer Motordrehzahl von 3650 U/min erreicht wurden und die Höchstgeschwindigkeit 200 km/h betrug. Der Fahrer sollte in der Mitte sitzen, die beiden Passagiere links und rechts von ihm. Der Wagen hatte ein Leergewicht von 1300 kg und sollte fahrfertig mit drei Personen, 70 kg Gepäck und 150 kg Betriebsmittel 1750 kg wiegen. Das wäre ein ideales Fahrzeug für die neuen Autobahnen gewesen, leider wurde der Typ 52 nie gebaut.

Der Auto-Union-Rennwagen errang 1934, im ersten Jahr seines Einsatzes, bereits eindrucksvolle Erfolge und wurde von der internationalen Fachpresse als eine revolutionäre technische Lösung beurteilt.

Bei seinem ersten Start in einem Rennen, am 27. Mai 1934 auf der Berliner AVUS, belegte August Momberger mit dem Auto Union den dritten Platz, hinter dem Sieger Guy Moll und dem Zweiten Achille Varzi, beide auf Alfa Romeo. Hans Stuck holte sich mit dem neuen Wagen im Jahr 1934 gleich drei Grand-Prix-Siege, und zwar gewann er die Großen Preise von Deutschland auf dem Nürburgring, von der Schweiz auf der Bremgarten-Rundstrecke bei Bern und von der Tschechoslowakei auf dem Masarykring bei Brunn.

Mir persönlich machte die Arbeit mit dem Auto-Union-Rennwagen große Freude, ganz besonders aber das Fahren mit diesem leistungsstarken Wagen. Der Fahrlehrer, der mir damals in Stuttgart die Führerscheinprüfung abgenommen hatte, war mit seinem Urteil gar nicht so falsch gelegen, als er mir ›fahrerisches Talent‹ bescheinigte. Mein Vater merkte jedoch sehr bald, wie viel Spaß ich am Fahren mit dem Grand-Prix-Wagen hatte, und hielt mit seiner Meinung über eventuelle heimliche Wünsche meiner Seite in Richtung auf die Rennfahrerei nicht hinter dem Berg. Er bescheinigte mir zwar auch fahrerisches Talent, machte mir jedoch eindeutig klar, dass ich die Finger vom Rennwagen lassen sollte. Er vertrat die Ansicht, dass sein Sohn – und er habe nur einen – seine zukünftige Aufgabe in der Automobiltechnik suchen sollte und weniger als Rennfahrer. Wie junge Leute nun einmal sind, die sich etwas in den Kopf gesetzt haben, war ich natürlich sehr enttäuscht, aber nach reiflicher Überlegung sah ich schließlich auch etwas Positives in der väterlichen Entscheidung, denn das, was er mir da gesagt hatte, bedeutete ja nichts anderes, als dass ich noch stärker als bisher in die Arbeit des Porsche-Büros eingeschaltet werden sollte. Und so war es auch, denn für unser Ingenieurteam hatte sich inzwischen eine neue, sehr wichtige Aufgabe ergeben, der absolute Priorität zukam: wir sollten einen Volkswagen entwickeln.

IIIA-37015

→ KAPITEL 5

HITLER FORDERT VOLKSWAGEN

In seiner Rede zur Eröffnung der Automobilausstellung 1934 in Berlin forderte Hitler von der Automobilindustrie einen wirtschaftlichen Kleinwagen, der als ein vollwertiges Transportmittel zu verstehen war, das sich jedermann leisten konnte. Wer das Geld für die Anschaffung eines Motorrades gespart habe, so sagte er, sollte in der Lage sein, dafür diesen Wagen zu kaufen. Im Betrieb billig und mit niedrigen Reparaturkosten, sollte es ein echter Volkswagen sein.

Unser Büro hatte auf Grund der Arbeiten für den Zündapp und den NSU natürlich schon Unterlagen erarbeitet, die in Richtung auf eine Konstruktion gingen, die man sich als einen Volkswagen vorstellen konnte. Mein Vater war von Anfang an der Ansicht, dass das zu schaffende Fahrzeug ein vollwertiges Gebrauchs-Automobil sein musste. Die Erfahrung, die wir besaßen, ermöglichte es uns, sehr schnell geeignete Vorschläge zu erarbeiten. Diese führten zu einem Vorschlag für ein vollwertiges Gebrauchs-Fahrzeug mit einem luftgekühlten Boxermotor von 1250 cm^3 Hubraum im Heck, der bei 3500 U/min eine Leistung von 26 PS abgab. Der Wagen sollte bei einem Radstand von 2,50 m und einer Spurweite von 1,20 m vier Personen Platz bieten und ein Leergewicht von 650 kg haben. Seine Höchstgeschwindigkeit, die gleichzeitig als Dauergeschwindigkeit anzusehen war, sollte 100 km/h betragen, bei einer Bergsteigefähigkeit von 30 Prozent im ersten Gang. Der Kraftstoffverbrauch sollte bei acht Liter für 100 km liegen. Ein modernes Fahrwerk mit Schwingachse hinten und Porsche-Vorderradaufhängung mit Torsionsstäben war ein weiteres Konstruktionsmerkmal. Der Preis für dieses Fahrzeug sollte über zirka 1500 Reichsmark nicht hinausgehen.

Jakob Werlin, Vorstandsmitglied der Daimler-Benz AG, arrangierte im Frühjahr des Jahres 1934 ein Gespräch in der Reichskanzlei zwischen Hitler und meinem Vater. Anwesend war auch Direktor Werlin, der übrigens dann 1942 von Hitler zum Generalinspekteur für das Kraftfahrwesen ernannt wurde. Bei diesem Treffen konnte mein Vater Hitler seine Pläne für den Volkswagen vortragen, der mit der von uns vorgeschlagenen technischen Konzeption einverstanden war, jedoch forderte, dass der Verkaufspreis für das Fahrzeug 1000 Reichsmark nicht überschreiten dürfe. Damit war eine grundsätzliche Entscheidung gefallen, und unser Büro begann sofort mit der Arbeit, obwohl noch kein schriftlicher Vertrag vorlag. Das neue Projekt ging als Typ 60 in die Geschichte der jungen Firma Porsche ein.

Der Reichsverband der Automobilindustrie (RDA) zeigte sich natürlich nicht begeistert, dass hier gewissermaßen vollendete Tatsachen geschaffen worden waren. Das war verständlich, da dem Verband ja auch Unternehmen angehörten, die Kleinwagen in ihrem Produktionsprogramm hatten und durch den Typ 60 nun eine erhebliche Konkurrenz nach wirtschaftlich schweren Jahren auf sich zukommen sahen. Schließlich einigte man sich jedoch, und am 22. Juni 1934 erhielt mein Vater vom RDA den Auftrag für den Volkswagen. Diesem Auftrag lag ein Vertrag zugrunde, nach dem das Fahrzeug innerhalb von zehn Monaten für eine monatliche Entschädigung in Höhe von 20.000 Reichsmark zu entwickeln war.

Als mein Vater nach der Vertragsunterzeichnung das Gebäude, in dem die Unterzeichnung stattgefunden hatte, verließ, begleitete ihn einer der Industriellen, der gerade mit seinen Kollegen für das Projekt gestimmt hatte, und meinte: *»Herr Porsche, wenn Sie das Geld verbraucht haben und sagen, die Aufgabe ist unlösbar, dann ist es genau das, was wir von Ihnen erwarten!«* Daraufhin antwortete mein Vater: *»Da haben Sie dem Falschen den*

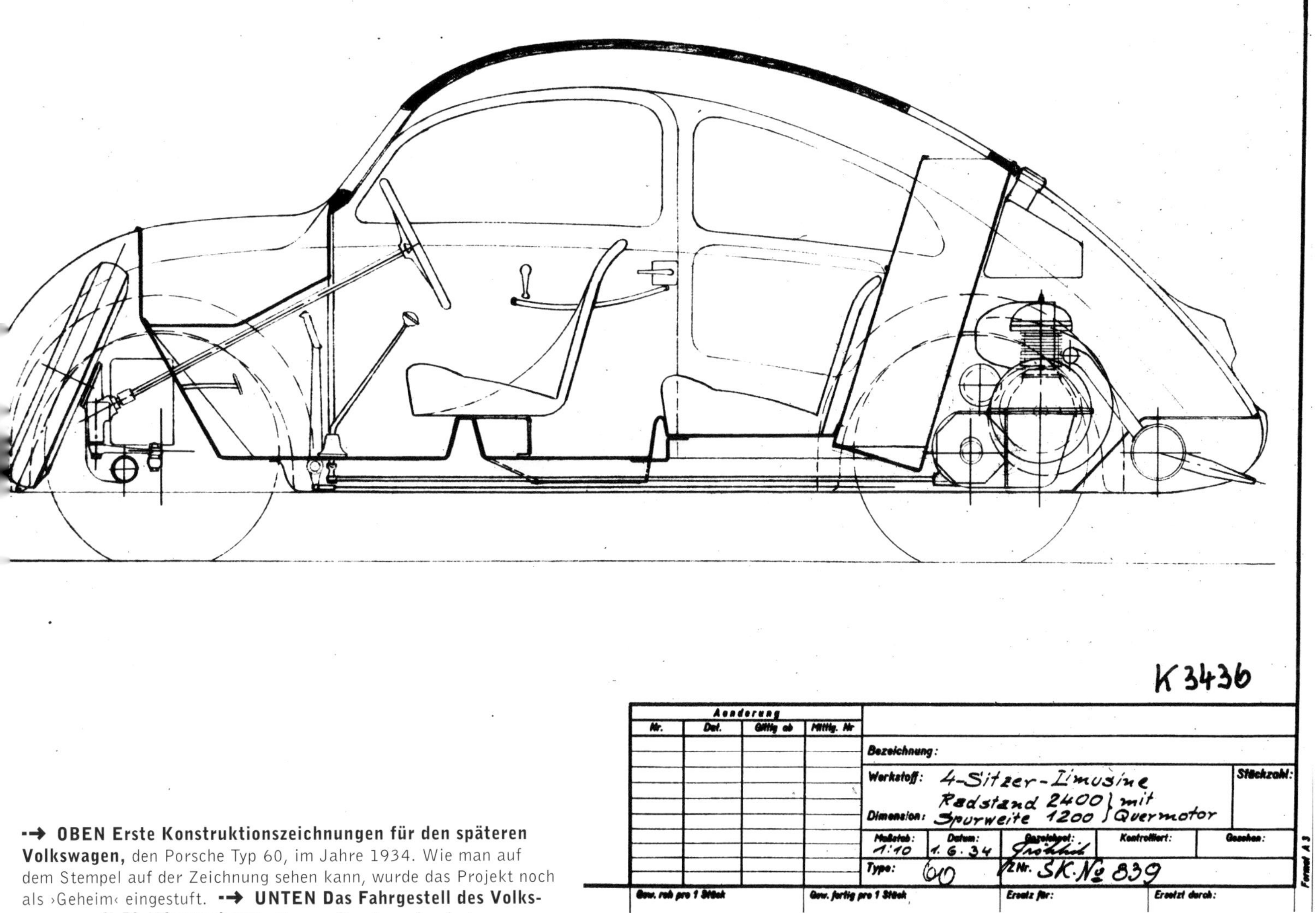

--➔ OBEN Erste Konstruktionszeichnungen für den späteren Volkswagen, den Porsche Typ 60, im Jahre 1934. Wie man auf dem Stempel auf der Zeichnung sehen kann, wurde das Projekt noch als ›Geheim‹ eingestuft. **--➔ UNTEN Das Fahrgestell des Volkswagens mit Plattformrahmen.** Es war für einen der drei Versuchswagen vorgesehen, die damals in der Garage unserer Villa am Feuerbacher Weg 48–50 in Stuttgart zusammengebaut wurden.

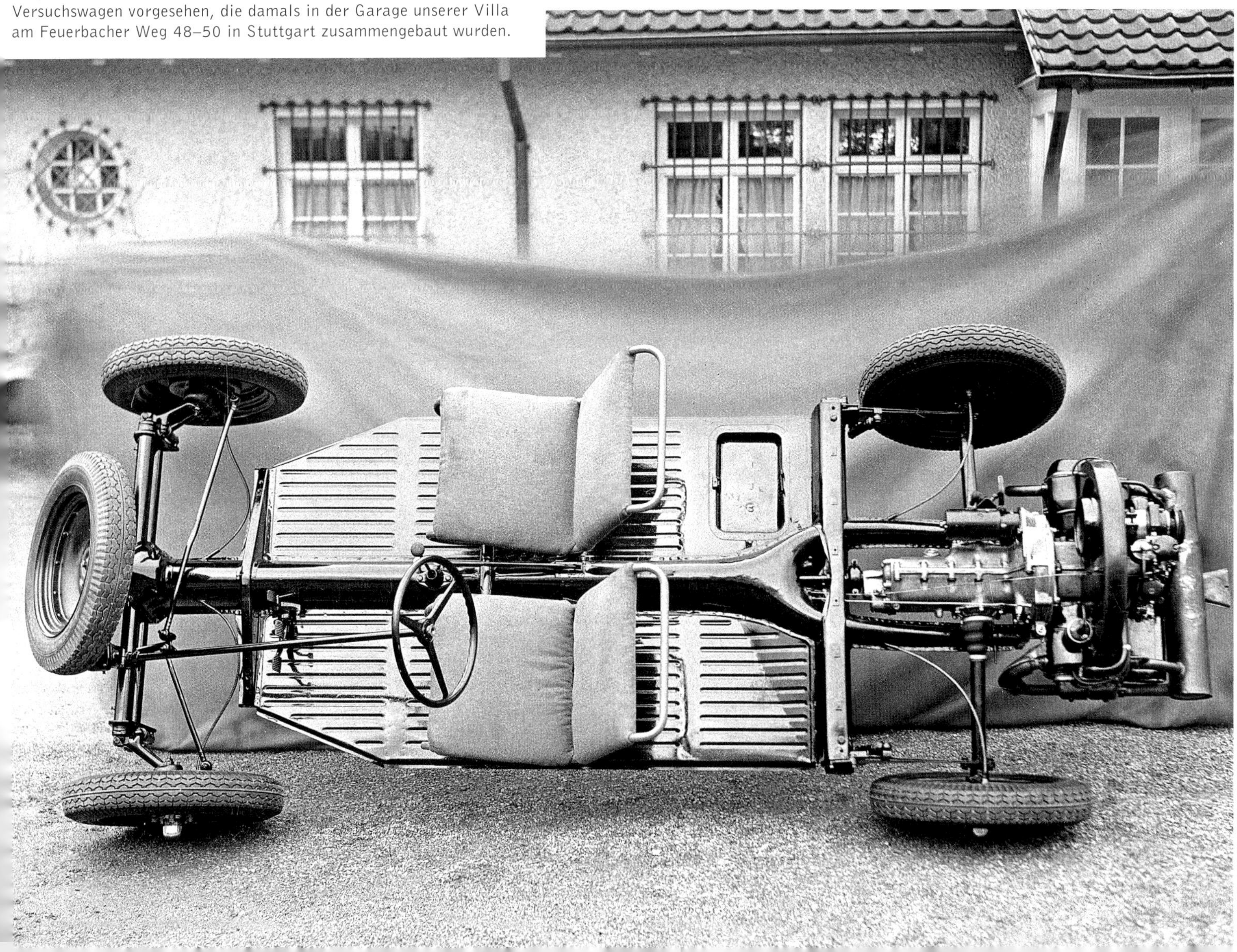

--➔ Unser Haus am Feuerbacher Weg 48–50, daneben die beiden Garagen, in denen die ersten Versuchswagen des Volkswagens montiert wurden.

--➔ V1-Prototyp im Winter 1935/36.

--➔ Die beiden Prototypen V1 und V2 wurden in der Garage der Porsche-Villa gebaut.

--➔ Die nächste Prototypenreihe hieß »V3«. Drei leicht unterschiedliche Exemplare wurden gebaut.

--➔ Ferry Porsche an einem Motorenprüfstand in Zuffenhausen mit dem Vierzylinder-Viertakt-Boxermotor für den Volkswagen.

Auftrag gegeben, denn sie ist lösbar!« Worauf sein Gesprächspartner erklärte: *»Aber Herr Porsche, der Volkswagen ist doch der Omnibus, wozu braucht denn jeder Arbeiter sein eigenes Auto!«*

Die monatliche Entschädigung war zwar für die Entwicklung eines völlig neuen Automobils sehr niedrig angesetzt, wir, das Büro Porsche, nahmen jedoch mit großem Engagement jedes einzelnen Mitarbeiters die Herausforderung an.

Bei den begrenzten finanziellen Mitteln, die uns zur Verfügung standen, mussten wir vieles selbst machen. Wir richteten uns deshalb in der Garage unseres Hauses am Feuerbacher Weg, in der ich sonst zu basteln pflegte, eine Werkstatt ein. Eine Bohrmaschine und eine Fräse waren bereits vorhanden, dazu wurden noch zwei Drehbänke angeschafft. In dieser Enge arbeiteten dann zwölf Mann.

In unserer Garage erfolgte der Zusammenbau des neuen Wagens. Zur Herstellung von Teilen nach unseren Zeichnungen hat die gesamte im Raum Stuttgart und Württemberg ansässige Zubehörindustrie einen wesentlichen Beitrag geleistet. Die kleinen Arbeiten, die beim Zusammenbau anfielen, erledigten wir in unserer Werkstatt. Übrigens erwähnt der Geschäftsbericht von 1938 der Firma Bosch, Stuttgart, erstmals diese Zusammenarbeit und weist auf »die Entwicklung der elektrischen Ausrüstung des KdF-Wagens, die in enger Zusammenarbeit mit Herrn Dr. Ing. e.h. Porsche durchgeführt wurde«, hin.

Die Frage des Motors war erst kurz zuvor entschieden worden. Wir hatten verschiedene Aggregate untersucht. Es waren Zwei-und Viertakter, Zwei- und Vierzylinder, Reihen- und Boxermotoren darunter. Schließlich einigten wir uns auf einen Vierzylinder-Boxermotor mit Luftkühlung, 985 cm^3 Hubraum und hängenden Ventilen, der bei 3000 U/min 23,5 PS abgab.

Geld und Zeit waren sehr knapp, und ich muss mich heute noch sehr wundern, wie wir eigentlich über die Runden kamen. Zunächst wurden zwei Vor-Prototypen V1 und V2 erstellt, und zwar eine geschlossene und eine offene Version, die der Grundsatzerprobung dienten. Im Dezember 1934 erhielten wir dann die Bauerlaubnis für drei Versuchswagen, Prototypenreihe V3 genannt, die für die Fahrerprobung eingesetzt werden sollten. Später wurden diese Fahrzeuge mit römisch I, II und III bezeichnet.

Das war gewissermaßen schon eine Art Vorserie, die folgende technische Charakteristika aufwies:

- Einzelradaufhängung für alle vier Räder, und zwar vorn an Kurbellenkern mit Torsionsfederstäben in Achsrohren, hinten Pendelachse mit je einem Längslenker und im Rohr querliegend angeordneten Torsionsfederstäben.
- Zentralrohrrahmen, Motor hinter der Hinterachse, Viergang-Getriebe vor der Hinterachse. Die Wagen I und II erhielten noch eine Karosserie in Gemischtbauweise, das heißt aus Holz und Blech, während Wagen Nr. III bereits eine Ganzstahlkarosserie in der bekannten Stromlinienform aufwies. Die beiden ersten Typen waren durch die Gemischtbauweise natürlich schwerer, während Typ III in der Ganzstahl-Ausführung das vorgegebene Gewicht nahezu erreichte und deshalb auch schon an die angestrebten Fahrleistungen herankam.

Diese drei Wagen hatten natürlich noch nicht die endgültige Karosserieform, so lagen zum Beispiel die Scheinwerfer noch nicht in den Kotflügeln, und an Stelle der Heckscheibe befanden sich Sehschlitze. Komenda hatte die Karosserie entworfen. Er skizzierte dann am 18. Januar 1936 die endgültige Form mit den Scheinwerfern in den Kotflügeln und dem geteilten Heckfenster. Der Ganzstahltyp III wurde später entsprechend geändert.

In der Zwischenzeit war noch ein Ereignis zu verzeichnen gewesen, das mich heute noch schmunzeln lässt, wenn ich daran denke. Gute »Freunde« hatten Hitler darauf aufmerksam gemacht, dass »sein« Volkswagen von Tschechen gebaut werde, denn mein Vater und ich besaßen ja in der Tat noch unsere tschechischen Pässe. Hitler scheint das aber in keiner Weise beeindruckt zu haben. Als ehemaliger Österreicher muss er ja die besonderen Verhältnisse gekannt haben, mit denen Bürger des alten Staatenbundes Österreich-Ungarn konfrontiert waren. Jedenfalls wurden wir kurzfristig »eingedeutscht«, das heißt wir erhielten deutsche Pässe.

Anlässlich der Eröffnung der Automobil-Ausstellung des Jahres 1935 erwähnte dann Hitler in seiner Rede erstmals öffentlich meinen Vater im Zusammenhang mit dem Volkswagen. Er sagte: *»Ich freue mich, dass es der Fähigkeit des glänzenden Konstrukteurs Porsche unter Mitarbeit seines Stabes gelungen ist, die Vorentwürfe für den deutschen Volkswagen fertigzustellen, um die ersten Exemplare Mitte dieses Jahres endlich erproben zu können. Es muss möglich sein, dem deutschen Volke einen Kraftwagen zu schenken, der im Preise nicht mehr kostet als früher ein mittleres Motorrad!«*

Die Erprobung konnte natürlich unter den Voraussetzungen, unter denen wir zu arbeiten hatten, nicht schon Mitte 1935 beginnen. Die Wagen I und II waren zwar 8000 bzw. 5000 km gelaufen, aber die eigentliche große Versuchsfahrt begann erst am 12. Oktober 1936. Gefahren wurde in zwei Schichten, denn man wollte noch vor Eintritt des Winters einen großen Teil der geplanten 50.000 km hinter sich bringen. Es ist interessant, einmal die Streckenführung für diese Versuchsfahrt zu erwähnen, da sie einen guten Eindruck von der Beanspruchung der Versuchswagen vermittelt.

Gestartet wurde jeweils von unserem Haus am Feuerbacher Weg, wo die Wagen ja auch gewartet wurden. Von dort aus ging es über Pforzheim zum Dobel, dann nach Baden-Baden, in das Rheintal bis Offenburg, nach Biberach – Harmersbachtal – Oppenau – Alexanderschanze – Freudenstadt – Horb – Tübingen und durch das Neckartal nach Stuttgart zurück.

Für die Durchführung der Versuchsfahrt waren nicht wir zuständig, sondern die Abteilung Technik des Reichsverbandes der Automobilindustrie. Die Versuchsfahrt war ja als eine Art Kontrolle des RDA gedacht, ob unsere Angaben mit der Wirklichkeit übereinstimmten. Ich selbst hatte die Verantwortung für die Durchführung der Fahrt von Seiten des Büros Porsche.

Nachdem ich ja den Auto-Union-Rennwagen auf strikte Anordnung meines Vaters nicht mehr fahren durfte, suchte ich mir eine andere Art motorsportlicher Betätigung. Ich startete bei Gelände- und Langstrecken-Prüfungen, und dagegen hatte mein Vater auch nichts einzuwenden.

1934 zum Beispiel habe ich an der Drei-Tage-Harz-Fahrt teilgenommen, die man als eine Art Querfeldein-Rennen bezeichnen kann. Veranstalter war das NSKK, das Nationalsozialistische Kraftfahrkorps unter seinem Chef Hühnlein. Ich startete auf einem Zweiliter-Wanderer und beendete diese schwierige Prüfung als einziger ohne Strafpunkte. Jeder Konkurrent, der langsamer war als der Klassenschnellste, bekam Strafpunkte. Nach der Ausschreibung hätte ich die Goldmedaille bekommen sollen, als einziger der Klasse natürlich. Doch Korpsführer Hühnlein passte das nicht, und er entschied, dass auch jene Teilnehmer die Medaille erhalten sollten, deren Wertungskonto nicht mehr als zehn Strafpunkte aufwies. Derartige Wettbewerbe waren eben mehr als eine Art Massensport zur vormilitärischen Ausbildung gedacht.

Ich habe auch an der 2000-Kilometer-Fahrt durch Deutschland teilgenommen. Das war eine Langstrecken-Prüfung mit Start und Ziel in Baden-Baden, die über eine Strecke von 2000 km durch Deutschland führte. München wurde angefahren, Berlin, Dresden und Köln. Berühmte Rennfahrer nahmen an diesem Wettbewerb teil, den Hunderttausende begeistert verfolgten.

Bei meiner ersten 2000-km-Fahrt war ich sehr aufgeregt, ja, ich zitterte geradezu und hatte Schwierigkeiten, das Gas richtig zu dosieren. Ich gab entweder Vollgas oder das Pedal stand in der obersten Stellung. Als ich dann nach Gernsbach kam, den Berg herunter und in einer scharfen Rechtskurve auf die Murg zufuhr, stoben die Leute wie wild auseinander. Das gab mir das Gefühl, doch sehr schnell zu sein.

Für meine Klasse wurde ein Gesamtdurchschnitt von 64 km/h gefordert. Ich kam in Baden-Baden als Dritter an, und die Zeitnahme errechnete für mich einen Schnitt von 74 km/h für die 2000 km lange Strecke. Ich muss sagen, ich war mit mir zufrieden.

Trotz dieser aufregenden Tätigkeit blieb mir noch Zeit für private Angelegenheiten. Die Arbeit unseres Büros in der Kronenstraße hatte langsam Früchte getragen, und auch die finanzielle Situation entwickelte sich günstig, sodass wir endlich das verwirklichen konnten, was Dodo und ich uns schon lange vorgenommen hatten: wir heirateten. Das große Ereignis fand am 10. Januar 1935 statt. Nach kurzen Flitterwochen im Allgäu musste ich wieder an die Arbeit.

Am 11. Dezember 1935 wurde unser erstes Kind geboren, ein Sohn. Wir nannten ihn Ferdinand Alexander. Er wurde jedoch bald »Butzi« gerufen, und unter diesem Namen ist er auch weithin bekannt.

Aber zurück zu den Versuchsfahrten mit den drei VW-Prototypen. Die Erprobung fand natürlich nicht nur auf der Schwarzwaldstrecke statt, sondern am Nachmittag war ein weiterer Rundkurs zu bewältigen. Er führte auf der Landstraße nach Bruchsal und dort auf die neue Autobahn, der wir bis Bad Nauheim folgten und dann wieder zurück nach Stuttgart fuhren.

Die Schwarzwaldstrecke am Morgen hatte eine Länge von 345 km, und es wurden Durchschnittsgeschwindigkeiten von 50 bis 55 km erreicht. Nachmittags waren dann 446 km zurückzulegen, und der Durchschnitt betrug 80, später 85 km/h.

→ **OBEN Am Steuer eines offenen Wanderer Sport.** → **LINKS Erwin Komenda,** Designer der Volkswagen-Karosserie. → **RECHTS Mit meinem Vater am Reißbrett.** Wir besprechen die Konstruktion des Volkswagens. Waren wir unter uns, dann nahm mein Vater gerne Verbesserungsvorschläge von mir entgegen.

Neben unseren Fahrern waren die drei Wagen mit technischen Beobachtern besetzt, die im Auftrag des Reichsverbandes der Automobilindustrie arbeiteten. Sie kamen von den Technischen Hochschulen Stuttgart und Berlin und gehörten dort den Instituten für den Kraftfahrzeugbau an.

Die Wagen absolvierten also täglich eine Strecke von 800 km. Das war natürlich auch für die Besatzungen eine sehr große Belastung. Ich lasse hier einmal einen der Beteiligten zu Wort kommen, der als ›Beobachter‹ zusammen mit unserem Meister Ringel im Wagen Nr. I fuhr. Es war Professor Dr.-Ing. Werner Rixmann, später Chefredakteur der Fachzeitschrift ATZ (Automobiltechnische Zeitschrift), der in diesem Blatt unter anderem berichtete:

»Am 12. Oktober 1936 begannen die Erprobungsfahrten, die trotz vielfältiger Pannen und mancher abenteuerlicher Situation schon nach kurzer Zeit die richtige Grundkonzeption des Wagens erkennen ließen. Die Wagen fuhren fast täglich ihre rd. 800 km pünktlich ab. Mit Vergnügen erinnere ich mich an manche störungsfreie Vormittagstouren im prächtigen herbstlichen Schwarzwald. Weniger interessant war es dann, mit 80 bis 85 km/h die 300 km auf der Autobahn hinter sich zu bringen. Die freien Stunden wurden häufig zum Auswerten der Berichte benutzt, um stets auf dem laufenden zu sein. Bei Pannen traten ab und zu Verzögerungen ein, wenn die nachts durchgeführten Reparaturen nicht fertig wurden. Es kam auch vor, dass ein Wagen einen oder mehrere Tage ausfiel. Dennoch ergaben sich zum Beispiel für Wagen I nach 30.000 km nur folgende Schwachstellen, die eine Reparatur erforderlich machten:

- Risse an der Vorderachsbefestigung, Reparatur durch Schweißung. Änderung der Konstruktion wurde eingeleitet.
- Verbranntes Auslassventil (Schaden am Sitz).
- Schadhafte Bremsen (verbogenes Bremsblech).

Später, bis 50000 km noch folgendes:

→ OBEN Alpenversuchsfahrt vom 10. bis 17. September 1936 mit zwei ›V2‹-Prototypen: Ich stehe zwischen den beiden Autos, im Bild rechts neben mir Kfz-Meister Rudolf Ringel und Chauffeur Josef Goldinger. **→ UNTEN Von Oktober bis Dezember 1936** fand eine Fahrerprobung statt, während der jeder der drei V3 mehr als 50.000 km zurücklegen sollte. Hier die drei Wagen auf dem Hof der Porsche-Villa.

→ **Portrait (um 1935).**

- Kabelbrand im Motorraum.
- Ein kleiner Zusammenstoß mit einem stehenden Lastwagen auf vereistem Gefälle (ohne weitere Behinderung). Aufprall eines jungen Rehbocks auf der Autobahn bei Bruchsal.
- Federstab gebrochen, Wagen konnte aber weiterfahren.
- Pleuelbruch im 4. Zylinder (bei 47.000 km), vorübergehende Verwendung eines Ersatzmotors.

Am 18. 12. 1936 erreichte Wagen I den 50.000. Kilometer.

Man erkennt, dass die meisten Zwischenfälle durch Materialschäden verursacht wurden, nur wenige durch Konstruktions-Schwachstellen und Ereignisse von außen; ein wirklich zufriedenstellendes Ergebnis für einen Prototypen der damaligen Zeit.

Bei den Wagen II und III lief das Programm in gleicher Weise ab, es traten häufig die gleichen Mängel auf, wie zum Beispiel verbrannte Ventile, ein zweiter Bruch der Pleuelstange, Bremsenschäden. Hinzu kam aber bei Wagen II der Bruch verschiedener Gusskurbelwellen, behoben durch Einbau einer Stahlkurbelwelle, und Vorderradflattern durch zu viel Spiel und Elastizität sowie falsch eingestellten Sturz.

Manche Pannen wie Bruch einer Gusskurbelwelle oder eines Pleuels waren insofern recht zeitraubend, als die Wagen in einigen Fällen von weit her zurückgeholt werden mussten; hier machte sich Dr. Porsches Fahrer Goldinger sehr verdient.

Alle Wagen erreichten bis zum 19. 12. 1936, zum Teil schon früher, je nach Ausfallzeit, das Ziel von 50.000 km. Die aufgezeichneten Pannen und Brüche weisen keine grundsätzlichen Mängel auf. Sie sind eine Folge nicht ausreichender Vorprüfung der Teile und ganzen Fahrzeuge, zum Teil auch der weitgehend provisorischen Herstellung der Teile und Montage. Dass alles dennoch zum guten Ende kam, ist dem unermüdlichen Einsatz und Können des Porsche-Teams zu verdanken. Alle Berichte der Beobachter lobten die Fahreigenschaften, die Straßenlage, die Kurvenfestigkeit und das Gefühl der Sicherheit in den Wagen, insbesondere, wenn man sich auf ihnen eingefahren hatte. Hier machten sich die damals doch sehr moderne Radaufhängung, die niedrige Schwerpunktlage und die Auslegung der Federung bemerkbar.«

So weit Professor Rixmann, der als unparteiischer Zeitzeuge gelten kann, da er ja als Beobachter bei der Versuchsfahrt eingesetzt war und nicht der Firma Porsche angehörte.

In dem fast 100 Seiten umfassenden Bericht des Reichsverbandes der Automobilindustrie wird das Ergebnis der Fahrt dann ja auch positiv beurteilt. Darin heißt es unter anderem: »*Die Bauart hat sich als zweckmäßig erwiesen.*

Die Versuchswagen haben sich auf der 50.000-km-Fahrt im allgemeinen bewährt. Es sind zwar eine Anzahl von Schäden vorgekommen und Mängel aufgedeckt worden. Sie alle sind jedoch nicht grundsätzlicher Natur und voraussichtlich technisch ohne größere Schwierigkeiten beherrschbar. Verschiedene Baugruppen, wie Vorderachse und Bremsen, erfordern zur Weiterentwicklung noch eingehende Versuche.

- *Der Betriebsmittelverbrauch hält sich in befriedigenden Grenzen.*
- *Die Fahreigenschaften und Fahrleistungen des Wagens sind gut.*
- *Das Fahrzeug hat demnach Eigenschaften gezeigt, die eine Weiterentwicklung empfehlenswert erscheinen lassen.«*

So weit der Auszug aus dem Bericht des RDA. Zweifellos

--➔ **OBEN Die 30 Wagen der Serie W30** entstanden bei Daimler-Benz, nur der erste W30 wurde in der Garage der Porsche-Villa gebaut. --➔ **UNTEN Die W30-Serie,** aufgereiht in einer Kaserne in Kornwestheim für die Testfahrten 1937.

→ »MIR FIEL AUF, DASS BEI DEN RENNWAGEN IN DER KURVE DER REIFEN DES KURVENINNEREN RADES GEWALTIG RAUCHTE, DA KAM MIR DER GEDANKE: ›WARUM HABEN DIE EIGENTLICH KEIN SPERRDIFFERENZIAL?‹«

insgesamt gesehen eine Beurteilung, mit der wir zufrieden sein konnten, wenn man sich überlegt, unter welchen Umständen wir die drei Versuchswagen gebaut hatten.

In der Zwischenzeit war aber der Einsatz des Grand-Prix-Wagens weitergegangen. Nach wie vor wurde unser technischer Rat verlangt. Ich erinnere mich noch gut, wie das damals weiterging. Bei Trainingsfahrten auf dem Nürburgring stand ich eines Tages mit meinem Vater an der tiefsten Stelle des Ringes, und zwar dort, wo die Wagen den Wehrseifen herunterkommen und über die Brücke bei Breitscheid fahren. Anschließend an diese Brücke kommt eine schwierige, ansteigende Rechtskurve. Mir fiel auf, dass bei den Rennwagen in der Kurve der Reifen des kurveninneren Rades gewaltig rauchte, da kam mir der Gedanke: *»Warum haben die eigentlich kein Sperrdifferenzial?«*

Ich erinnerte mich, dass ich bei dem NSU-Wagen bereits ein Sperrdifferenzial eingebaut hatte. Ich sagte deshalb zu meinem Vater: *»Warum bauen wir da eigentlich kein Sperrdifferenzial ein?«* Darauf sagte er: *»Komm, wir fahren rauf (zu Start und Ziel), telefoniere mit dem Rabe!«*

Wir fuhren also rauf zu Start und Ziel und ich rief den Herrn Rabe an: *»Herr Rabe, passen Sie auf, für den Rennwagen sollten wir ein Sperrdifferenzial von ZF vorsehen, können Sie sofort Verbindung mit ZF aufnehmen?«*

Das war im Jahre 1935, 1936 erschienen dann die Auto-Union-Rennwagen mit Sperrdifferenzial. Es wurde das erfolgreichste Jahr für die Auto Union mit dem jungen Bernd Rosemeyer als Europameister.

Rosemeyer war ja ein großes Talent gewesen. Er kam 1934 erst in den Auto-Union-Rennstall und fuhr dort ein Motorrad, die 500er-DKW. Sehr schnell gehörte er zur Spitzenklasse. Als dann der Rennwagen gebaut wurde, gab Rosemeyer keine Ruhe, bis er schließlich im Herbst 1934 an der Nachwuchsfahrerprüfung teilnehmen konnte. Er erzielte sofort gute Rundenzeiten und bekam bereits für 1935 einen Vertrag für den Rennwagen.

Sein erster großer Erfolg kam 1935 beim Internationalen Eifelrennen auf dem Nürburgring. Die Sensation war perfekt, als der junge Mann an der Spitze des Feldes in die letzte Runde ging. Es herrschte typisches Eifelwetter mit Regen und unterschiedlichen Temperaturen. Das hinderte Rosemeyer aber nicht, wie ein alter Hase zu fahren. Erst in der letzten Runde fing ihn Rudolf Caracciola auf Mercedes-Benz ab und verwies ihn auf den zweiten Platz.

Wie knapp es dabei zuging, zeigt das Rennergebnis: Caracciola siegte mit einem Durchschnitt von 117,8 km/h, Rosemeyer wurde mit 117,5 km/h Zweiter. Das Rennjahr 1935 beendete Rosemeyer mit einem Sieg beim Masarykrennen bei Brunn in der Tschechoslowakei.

Später wurde behauptet, der Auto-Union-Rennwagen sei sehr schwierig zu fahren gewesen und habe extrem übersteuert. Daran stimmt überhaupt nichts. Der Auto-Union-Rennwagen hatte den Motor vor der Hinterachse, und der Kraftstofftank lag direkt im Schwerpunkt. Dadurch veränderte sich die Gewichtsverteilung auch bei abnehmendem Kraftstoffvorrat nicht. Nach dem ›Tropfen-Benz‹ des Jahres 1923 war der Auto-Union-P-Wagen die zweite Rennwagenkonstruktion mit dem Motor vor der Hinterachse und ein sehr erfolgreicher Vorläufer einer Entwicklung, die heute im Rennwagenbau Allgemeingut geworden ist.

Bernd Rosemeyer war eine blendende Erscheinung. Ein Draufgänger und ein außergewöhnlicher Fahrer, der auf Anhieb mit dem Auto Union sehr schnell war. Vielleicht spielte dabei eine Rolle, dass er nie zuvor einen

IIIA - 37015

W30-Volkswagen-Prototypen während der Fahrerprobung (1937).

➜ Ein Volkswagen aus der 30er-Serie, die bei Daimler-Benz gebaut wurde. Bei diesem Wagen gehen die Türen noch nach vorn auf. Als wir aus Amerika zurückkamen, haben wir das dann noch geändert und die Türen so angeschlagen, dass sie nach hinten öffneten. Angeregt wurden wir dazu von Beispielen in Amerika. Die Scheinwerfer sind hier noch nicht voll in den Kotflügel einbezogen.

➜ Heckansicht des Volkswagens aus der Versuchsserie. Wie man sieht, hat der Wagen noch keine Heckfenster, sondern nur eine Abdecklappe für den Motorraum.

➜ OBEN Mein Vater begutachtet hier einen Volkswagen aus der 30er-Serie im Jahre 1937 in Stuttgart.

Rennwagen gefahren hatte und der Auto Union sein erster Grand-Prix-Wagen überhaupt war, mit dem er ein Rennen bestritt. Daher konnte er sich voll auf diese neue Konstruktion einstellen, Rennwagen der klassischen Bauweise mit vorn liegendem Motor und Hinterradantrieb kannte er nicht. Sehr wahrscheinlich wäre er aber auch auf einem Rennwagen dieser Konzeption schnell gewesen. Er war eben ein sehr talentierter Fahrer, aber auch bereit, sehr viel zu riskieren, und er war ständig bemüht, eine noch schnellere Rundenzeit zu erzielen, einfach, weil ihm das Fahren großen Spaß machte.

Übrigens erregte dieses jugendliche Draufgängertum, immer noch schneller sein zu wollen, den Unwillen der alten, bewährten Rennfahrer – ich will hier keine Namen nennen –, die meinten: *»Warum muss er denn immer noch einen Zahn zulegen? Wir sind doch schon schnell genug!«* Ähnlich erging es später Hermann Lang, der dann ja auch der gesamten Konkurrenz davonfuhr, besonders 1939.

Möglicherweise war auch die große Risikobereitschaft Rosemeyers der entscheidende Grund dafür, dass er leider so früh ums Leben kam, als er bei Rekordfahrten auf der Autobahn bei Frankfurt am 28. Januar 1938 trotz erheblicher Windböen startete und eben unter den vorherrschenden Bedingungen zu viel riskierte, aber davon später.

Am Ende dieser sehr erfolgreichen Saison besuchte uns Caracciola und erzählte uns, man habe sich bei Daimler lange den Kopf zerbrochen, was wohl der Grund dafür sei, dass die Auto-Union-Rennwagen 1936 den Mercedes aus jeder Kurve heraus davonfuhren, bis man schließlich darauf kam, dass das Sperrdifferenzial die Ursache war. Das Sperrdifferenzial erlaubte höhere Kurvengeschwindigkeiten, und der V16-Zylinder-Motor entwickelte in einigen Drehzahlbereichen eine höhere Leistung als der Reihen-Achtzylinder von Mercedes. Der 1936 eingesetzte Auto Union Typ C gab 520 PS bei 6,1 Litern Hubraum ab.

Das Volkswagen-Projekt war inzwischen einen guten Schritt vorwärts gekommen. Am 11. Juni 1936 führte mein Vater Hitler zwei der drei Versuchswagen vor. Anwesend war auch wieder Direktor Werlin von Daimler-Benz. Dabei verfügte Hitler, dass weitere 30 Versuchswagen gebaut werden sollten, um die Erprobung auf einer breiteren Basis durchführen zu können. Mein Vater schlug vor, die 30 Fahrzeuge bei Daimler-Benz an-

➝ Hier zwei Volkswagen noch unterschiedlicher Konzeption vor unserer Villa am Feuerbacher Weg: links ein Wagen aus der 30er-Serie, die bei Daimler-Benz in Sindelfingen gebaut wurde, und rechts Versuchswagen V III, also der dritte von drei Wagen, die in unserer Garage am Feuerbacher Weg montiert wurden.

fertigen zu lassen. Daimler-Benz war schon an den Vorarbeiten beteiligt gewesen, und da die Firma am selben Ort beheimatet war wie unser Unternehmen, versprach sich mein Vater eine günstigere Abwicklung des gesamten Projekts. Hitler war damit einverstanden. Er erteilte persönlich den Auftrag für die Versuchswagen und erklärte, dass er die 30 Wagen selbst bezahlen werde.

Die 30 Versuchswagen wurden im Werk Sindelfingen der Daimler-Benz unter der Werksbezeichnung W30 montiert und anschließend einer ausgedehnten Erprobung unterzogen. Diese Versuchsfahrten erstreckten sich über insgesamt 2,4 Millionen Kilometer, wobei einzelne Fahrzeuge über 100.000 km absolvierten. Als Fahrer wurden 30 Angehörige der SS eingesetzt, also keine Techniker, sondern willkürlich ausgewählte, völlig normale Automobilisten. Man versprach sich bei dieser Entscheidung einen repräsentativen Querschnitt des späteren VW-Fahrers, der das Fahrzeug im alltäglichen Betrieb verwendet. Eine Parteiorganisation wurde aus Gründen der Geheimhaltung gewählt, sie sollte aber gleichzeitig prüfen, ob die Angaben des Büros Porsche und der technische Standard des Fahrzeugs den Tatsachen entsprachen. Als ›neutrale‹ politische Organisation galt sie als ›Garant‹ für die Ermittlung objektiver Testdaten.

➝ »ICH SELBST HATTE DIE VERANTWORTUNG FÜR DIE DURCHFÜHRUNG DER ERPROBUNG UND NÜTZTE ALS TECHNIKER NATÜRLICH DIE GELEGENHEIT, EINE FÜLLE VON WICHTIGEN DATEN ZU BETRIEB, VERBRAUCH UND ABNUTZUNG DES VOLKSWAGENS ZU SAMMELN.«

Ich selbst hatte die Verantwortung für die Durchführung der Erprobung und nützte als Techniker natürlich die Gelegenheit, eine Fülle von wichtigen Daten zu Betrieb, Verbrauch und Abnutzung des Volkswagens zu sammeln. Durch die Erkenntnisse, die dabei gewonnen wurden, konnten dann entsprechende Änderungen am Fahrzeug eingeleitet und durchgeführt werden.

Noch im selben Jahr unternahm mein Vater eine Reise in die USA, wo ihn ganz besonders Fabrikationen von Fahrzeugen in großer Serie interessierten. Nur, wenn der Volkswagen in großen Stückzahlen gebaut werden konnte, ließ sich ein entsprechender Preis erzielen. Er lag allerdings noch über 1000 Reichsmark. Wenn man sich jedoch vor Augen hielt, dass am Endpreis eines Automobils damals Steuern in Höhe von mindestens 20 % beteiligt waren, außerdem noch die Kosten für die Verkaufsorganisation hinzukamen, dann ließ sich schon erkennen, wo man erhebliche Einsparungen erzielen konnte.

Mein Vater interessierte sich außerdem für ein Automobilrennen, das alljährlich auf Long Island bei New York stattfand und über eine Distanz von 300 Meilen lief, was einer Kilometerstrecke von 500 entspricht. Bei

➔ Hier bin ich mit dem Versuchswagen Nr. 2, einem Cabriolet, unterwegs. Das Volkswagen-Cabriolet war damals schon ein hübsches Auto.

diesem Rennen ging es um den Vanderbilt Cup, und mein Vater wollte prüfen, ob eine Beteiligung der Auto Union rein technisch möglich war.

Im Herbst 1936 waren wir erneut bei Hitler zu einem Gespräch über das Volkswagen-Projekt. Der Reichsverband der Automobilindustrie hatte sich inzwischen bereit erklärt, den Volkswagen für einen Stückpreis von 1000 Reichsmark zu fertigen, wenn der Staat pro Fahrzeug eine Subvention von 200 Reichsmark zuschoss.

Hitler schlug nun vor, die dafür erforderlichen Mittel zu nehmen und damit eine Fabrik zu bauen, in der der Volkswagen gefertigt werden könne. Legte man der Kalkulation eine Million Fahrzeuge zugrunde, dann ergab sich bei einer Subvention von Reichsmark 200 ein Investitionsvolumen von 200 Millionen Reichsmark. Dafür, meinte Hitler, könne man eine eigene Fabrik für den Volkswagen bauen.

In einem Gespräch mit Dr. Robert Ley, dem als Reichsleiter die Deutsche Arbeitsfront unterstand, und mit Direktor Werlin in Berlin beauftragte dann Hitler Robert Ley und seine Arbeitsfront, das Projekt Volkswagen zu übernehmen und die Fabrik zu errichten. Von Hitlers Organisationen verfügte die Arbeitsfront mit ihrer Unterorganisation ›Kraft durch Freude‹ über das meiste Geld. ›Kraft durch Freude‹ hatte bereits große Hochsee-Schiffe wie die Wilhelm Gustloff als Flaggschiff einer KdF-Flotte bauen lassen. Jeder deutsche Arbeiter musste einen Pflicht-Beitrag an die Deutsche Arbeitsfront zahlen, in der er zwangsläufig organisiert war. Dadurch kam ein höherer Betrag zusammen, als ihn heute die einzelnen Gewerkschaften an Mitgliederbeiträgen kassieren.

Hitler war der Meinung, die 200 Reichsmark Subvention pro Fahrzeug seien für immer ausgegeben, wenn er sie an die Automobilindustrie zahle. Investiere er sie jedoch in ein Werk, dann habe er als Gegenwert immerhin eine Automobilfabrik. Die Kosten für die Fabrik sollten jedoch nicht als Investition für Gebäude und Maschinen in der Kalkulation erscheinen, sondern als eine einmalige Subvention zu betrachten sein. Die Arbeitsfront sollte als gemeinnütziges Unternehmen produzieren, also ohne Gewinn arbeiten, wodurch natürlich eine weitere Einsparung möglich wurde und damit ein Verkaufspreis von unter 1000 Reichsmark eine realistische Größe geworden war.

Der Reichsverband der Automobilindustrie beschloss daraufhin in einer offiziellen Sitzung, das Projekt ›Volkswagen‹ an den Staat abzutreten. Und so wurde am 28. Mai 1937 die ›Gesellschaft zur Vorbereitung des Volkswagens m.b.H.‹, die sogenannte ›GEZUVOR‹ gegründet. Die Deutsche Arbeitsfront als ihr Träger stattete sie mit einem Grundkapital von 50 Millionen Reichsmark aus.

Die Gesellschaft bekam drei Geschäftsführer: Dr. Bodo Lafferentz vertrat die Deutsche Arbeitsfront und hatte die kaufmännische Leitung, mein Vater war für die Technik und Planung zuständig, und Jakob Werlin.

Nun musste man ein entsprechendes Gelände finden, auf dem die Fabrik errichtet werden konnte. Dr. Lafferentz und seine Mitarbeiter benutzten zur Geländeerkundung ein Flugzeug. Hitler hatte vorgeschlagen, die Fabrik in Mitteldeutschland zu errichten. Ausreichende Transportverbindungen wie Eisenbahn, Kanal und Autobahn sollten in der Nähe liegen, um das benötigte Material heranschaffen zu können. Schließlich wurde ein geeignetes Gelände unweit des Mittellandkanals nahe der Wolfsburg gefunden. Das erforderliche Gelände befand sich fast vollständig im Besitz des Grafen von der Schulenburg. Der Graf machte zwar eine Reihe von Argumenten geltend, die gegen die industrielle Bebauung des Geländes sprachen. In heutiger Sicht hätten sie alle ausgereicht, um den Bau zumindest lange zu verzögern, ja ihn sogar zu verhindern. Davon abgesehen, dass sich das Land seit fast 500 Jahren im Besitz der gräflichen Familie befand, mit der Wolfsburg aus dem 14. Jahrhundert als Mittelpunkt, standen darauf ein paar tausend Eichen, viele davon an die 100 Jahre alt.

Es nützte alles nichts, da der Staat, genauer gesagt eine nationalsozialistische Organisation, der Auftraggeber war, fiel sehr bald die Entscheidung zu Gunsten des von Dr. Lafferentz ausgesuchten Geländes. Die neue Fabrik sollte nahe dem Ort Fallersleben, unmittelbar am Mittellandkanal und der Bahnstrecke Hannover-Berlin, entstehen.

Im selben Jahr 1937 fand auch die Reise in die Vereinigten Staaten von Nordamerika statt, von der ich eingangs sprach. Es stand aber nicht allein der Besuch bei Henry Ford auf dem Programm, sondern wir besichtigten mehrere Fabriken und führten Verhandlungen mit Leuten, vornehmlich ehemaligen Deutschen, die jetzt in den USA lebten und in der Industrie tätig waren. Es handelte sich um Spezialisten, die für das Volkswagenwerk gewonnen werden sollten.

Es waren in erster Linie Fachleute für moderne Fertigungsmethoden für eine Großserie. Dabei erinnere ich mich an ein interessantes Erlebnis. Bei Chrysler trafen wir einen ehemaligen Österreicher, der aus Graz in der Steiermark stammte und nun in Amerika ein Automobilwerk leitete. Er gehörte zu jener Spezialistengruppe, die für uns von Bedeutung war, aber dieser Steiermärker lehnte unser Angebot ab mit der Begründung: *»Wissen Sie, es ist der Unterschied in der Mentalität, der mich davon abhält, dieses Angebot zu akzeptieren. Wenn ich zum Beispiel in Europa acht Verbesserungsvorschläge mache und zwei davon werden abgelehnt, dann fliege ich. In Amerika dagegen erhalte ich unter den gleichen Umständen eine Belobigung und bekomme eine Prämie!«* Diese Antwort gab mir doch sehr zu denken.

Es waren aber nicht nur der Volkswagen und das neue Werk, die uns 1937 beschäftigten, die Rennsaison lief weiterhin auf vollen Touren, dazu kamen noch Rekordfahrten, die mit einer Spezialversion des Auto-Union-Rennwagens durchgeführt wurden. Die Saison 1937 begann mit einem Sieg von Ernst von Delius, der mit dem Auto Union Typ C den ›First Crosvenor Grand Prix‹ (Großer Preis von Kapstadt) vor Rosemeyer gewann.

Beim Rennen auf der Berliner AVUS, bei dem erstmals die neu erbaute, stark überhöhte Nordkurve gefahren wurde, siegte zwar Hermann Lang auf Mercedes-Benz mit einem Durchschnitt von 261,648 km/h vor Ernst von Delius, aber Bernd Rosemeyer drehte mit dem Vollstromlinien-Auto-Union mit 276,4 km/h die schnellste Runde des Rennens.

13 Tage später, am 13. Juni, gewann Bernd Rosemeyer das Internationale Eifelrennen auf der Nordschleife des Nürburgringes, vor Caracciola auf dem Mercedes-Benz W 125, der 1937 als der stärkste Grand-Prix-Wagen überhaupt galt. Seine Leistung wurde mit 600 PS angegeben, ein Versuchsmotor, der allerdings nicht zum Einsatz kam, erreichte sogar 646 PS. Unser V16-Zylinder-Motor im Typ D des Auto-Union lag bei 6,1 Litern Hubraum in seiner Leistung darunter.

Die Evolution des Volkswagens: Links die Heckansichten zweier V3, rechts daneben die des W30 und ganz rechts die des VW38.

Untersuchungen, die wir nach dem AVUS-Rennen anstellten, hatten gezeigt, dass mit der Vollstromlinien-Karosserie, die für das AVUS-Rennen entwickelt worden war, Weltrekorde und Bestleistungen der Klasse B (5000 bis 8000 cm³) zu verbessern waren, die Caracciola auf Mercedes-Benz im Oktober und November 1936 auf der Reichsautobahn Frankfurt-Darmstadt aufgestellt hatte. Die Auto Union suchte deshalb bei der ONS (Oberste Nationale Sportbehörde) um eine entsprechende Genehmigung nach, die auch erteilt wurde. Als Motor für den Rekordwagen war das Aggregat vorgesehen, mit dem Rosemeyer gerade das Eifelrennen gewonnen hatte. Es wurde unter offizieller Aufsicht plombiert und anschließend ausgebaut, nach Zwickau transportiert und dort in der Rennabteilung in den Vollstromlinier eingebaut. Bereits am 16. Juni, also nur drei Tage nach dem Eifelrennen, fuhr Bernd Rosemeyer folgende neue Rekorde:

- 1 km mit fliegendem Start mit 389,61 km/h,
- 1 Meile mit fliegendem Start mit 389,88 km/h,
- 5 km mit fliegendem Start mit 376,25 km/h,
- 5 Meilen mit fliegendem Start mit 368,50 km/h,
- 10 km mit fliegendem Start mit 357,21 km/h,
- 10 Meilen mit fliegendem Start mit 360,27 km/h Durchschnitt.

Für uns war dieses Ergebnis besonders interessant, weil es eine vielversprechende Ausgangsposition für die vom 25. bis 30. Oktober 1937 von der ONS auf der Autobahn Frankfurt-Darmstadt vorgesehene Rekordwoche darstellte.

Vorher war aber noch eine sehr wichtige Aufgabe zu lösen, und zwar startete die Auto Union mit Bernd Rosemeyer und Ernst von Delius beim Rennen um den Vanderbilt Cup auf Long Island bei New York, das auf dem Roosevelt Raceway stattfand. Die Strecke war relativ kurz und hatte eigentlich mehr Bahncharakter, sodass sie von den Tribünen aus gut zu übersehen war. Gegenüber 1936 hatte man zwar zwei Geraden von etwa einem Kilometer Länge hineingebaut, aber sie war immer noch einer Bahn ähnlicher als einer Grand-Prix-Strecke, wie wir sie in Europa gewohnt waren.

Die Rennstrecke, deren Bau auf die Initiative einiger reicher Amerikaner zurückging, die gerne Rennen europäischer Art nach Amerika bringen wollten, lag übrigens auf jenem Flugfeld, von dem am 21. Mai 1927 Charles Lindbergh mit seiner einmotorigen ›Spirit of St. Louis‹ erfolgreich zur ersten Solo-Überquerung von West nach Ost über den Atlantik nach Paris gestartet war.

Die Amerikaner, ganz besonders die Presse, zeigten großes Interesse für die deutschen Rennwagen. Dipl.-Ing. Rudolf Uhlenhaut vom Mercedes-Team bekam das auf positive Weise zu spüren, wie er mir erzählte. Er war von New York mit dem Wagen nach Long Island unterwegs, ohne der Geschwindigkeitsbegrenzung große Beachtung zu schenken. Prompt hielt ihn dann auch ein Verkehrspolizist an, der sich mit seiner ›Indian‹ auf Streife befand, und wollte ihm einen Strafzettel verpassen. Uhlenhaut stellte mit Schrecken fest, dass er seine Papiere vergessen hatte, und versuchte sich nun herauszureden.

»Wissen Sie«, sagte er dem Polizisten, *»ich gehöre zu dem deutschen Rennwagen-Team, zu Mercedes, das bei dem Rennen auf Long Island startet. Ich habe es sehr eilig, zu meinem Team zu kommen!«* Worauf der Polizist fragte: *»Zu welcher Firma gehören Sie denn, zu der, die den Motor vorn hat, oder zu jener, bei der er hinten liegt?«*

Nun, Uhlenhaut konnte den guten Mann aufklären, und sehr schnell war man dann in ein Gespräch über die Rennwagen verwickelt. Als der Wissensdurst des

Der erste Verkaufsprospekt für den KdF-Wagen

Polizisten gestillt war, wünschte er Uhlenhaut freundlich eine gute Fahrt, vergaß den Strafzettel und meinte: *»Viel Glück, aber es ist doch besser, wenn Sie sich auf der Weiterfahrt an die vorgeschriebene Geschwindigkeit halten!«* Sagte es, schwang sich auf seine ›Indian‹ und brauste davon.

Das Rennen um den Vanderbilt-Cup führte über eine Distanz von 300 Meilen und sollte am 3. Juli gestartet werden. Übrigens war der Cup – der Pokal – über einen Meter hoch, der Sieger bekam jeweils eine Kopie. Kurz vor dem Start fing es an zu regnen. In Amerika wurden schon damals Rennen bei Regen nicht ausgetragen, deshalb verschob man die Veranstaltung vom Samstag auf den Montag, da auch am Sonntag, der noch dazu amerikanischer Nationalfeiertag war, nicht gefahren werden durfte.

Vom Start weg kam es zu einem erbitterten Kampf zwischen Bernd Rosemeyer, dem jungen Draufgänger, und dem alten Fuchs Rudolf Caracciola. Einmal war Rosemeyer vorn, dann wieder der Carratsch. Das Duell nahm jedoch ein vorzeitiges Ende, als Carratsch wegen Kompressorschadens in der 17. Runde aussteigen musste.

Nun war es der englische Nachwuchsfahrer Dick Seaman auf Mercedes, der aufkam und Rosemeyer auf den Pelz rückte. Kurz vor Schluss des Rennens fing jedoch wegen Spritmangels sein Motor an zu stottern, Seaman musste unplanmäßig an die Boxen zum Nachtanken, und für Rosemeyer war damit der Weg zum Sieg frei, Seaman wurde Zweiter. Für die Auto Union war das natürlich ein sehr wichtiger Sieg, denn die USA sind nun einmal ein bedeutender Markt für Automobile der Spitzenklasse. Außerdem war der jungenhafte, gut aussehende Rosemeyer stets ein lohnendes Objekt für die amerikanischen Journalisten und trug somit noch durch positive Public Relations zu dem Erfolg auf der Piste bei.

Die Rosemeyers befanden sich übrigens auf der Hochzeitsreise, Bernd hatte die berühmte Fliegerin Elly Beinhorn geheiratet. Allein schon durch seine Heirat mit einer international sehr bekannten Frau war ihm eine große Resonanz in den Medien gesichert.

Nach dem Vanderbilt-Cup-Rennen setzten wir unsere Amerika-Reise fort, und zwar stand der eingangs erwähnte Besuch bei Mr. Henry Ford bevor. Wir hatten

→ OBEN Alpen-Testfahrt im Juli 1938. Vorne der erste VW38, links daneben stehe ich.
→ UNTEN Start zum Donington-Grand-Prix 1937. Rosemeyer im Wagen Nr. 5, der spätere Sieger, wirft beim Start schnell einen Blick auf Hermann Lang im Mercedes Nr. 2. Nr. 3 ist Manfred von Brauchitsch (Mercedes 3), Caracciola folgt im Mercedes Nr. 1, links Dick Seaman im Mercedes Nr. 4. H.P. Müller: Auto Union Nr. 7; Rudi Hasse: Auto Union Nr. 6. Das restliche Starterfeld besteht in der Mehrzahl aus E.R.A., einer englischen Konstruktion, zwei Maserati und einem Riley.

→ Mit meiner Frau Dorothea auf dem Schnelldampfer BREMEN (1937).

uns bei unserer Ankunft in Amerika ja einen Ford-Personenwagen gekauft, einen V8-Zylinder von 2,6 Litern, der uns technisch ganz besonders interessierte. Für uns überraschend: mit diesem Auto waren wir bei den Managern der Firmen, die wir besuchten, ›nicht gesellschaftsfähig‹. Man hatte erwartet, dass wir mit einem Cadillac oder Lincoln reisen würden. Einer unserer Bekannten verglich unsere Firmenbesuche mit dem Ford, als wären wir in Deutschland mit dem Fahrrad auf Geschäftsreise gegangen. Nun, wir haben es überlebt ...!

Aus den USA brachten wir dann noch eine wichtige Änderung für den VW mit. Wenn Sie Fotos der ersten 30 Vorserien-Muster des Volkswagens sehen, die bei Daimler-Benz gefertigt wurden, dann werden Sie bemerken, dass die Türen noch am Karosserie-Mittelpfosten angelenkt sind und sich nach vorn öffnen lassen. In Amerika war uns aufgefallen, dass dort die Türen nach hinten geöffnet wurden. Das brachte nicht nur mehr Sicherheit, denn die Türen konnten während der Fahrt nicht auffliegen, sondern es war auch angenehmer für die Damen, die dadurch bequemer ein- und aussteigen konnten. Obwohl unsere Ausführung mit der nach vorn öffnenden Tür billiger war, haben wir das für das Serien-Fahrzeug noch geändert.

Während sich das Auto-Union-Rennteam an Bord der Europa des Norddeutschen Lloyd auf der Rückreise befand, gab es einen weiteren Auto-Union-Sieg, nämlich durch Rudi Hasse, der am 11. Juli auf der Rundstrecke von Spa-Francorchamps in den Ardennen den belgischen Grand Prix gewann. Zweiter wurde Hans Stuck auf Auto-Union. Das USA-Team traf am 13. Juli wieder in Deutschland ein.

Wir selbst fuhren kurze Zeit später mit der Bremen, dem Schwesterschiff der Europa, in die Heimat zurück.

Die Rennsaison 1937 brachte noch einige weitere Erfolge; Rosemeyer gewann die Coppa Acerbo in Pescara (Italien) und den Donington Grand Prix in England, während sich Stuck mit dem Auto Union den Großen Bergpreis am Schauinsland bei Freiburg holte.

Einen eindrucksvollen Abschluss unserer Tätigkeit für die Auto Union auf dem Rennwagensektor erlebten wir bei der Rekordwoche auf der Reichsautobahn Frankfurt, wo Bernd Rosemeyer als erster auf einer öffentlichen Verkehrsstraße die 400-km/h-Marke überschritt. Am 25. Oktober 1937 erzielte dort Rosemeyer für den Kilometer mit fliegendem Start eine Durchschnittsgeschwindigkeit von 406,30 km/h und für die fliegende Meile 406,28 km/h. Das waren neue Weltbestleistungen in der Klasse 5000 bis 8000 cm³. Insgesamt fuhr Rosemeyer vom 25. bis 27 Oktober 16 neue Rekorde in den Klassen 3000 bis 5000 cm³ und 5000 bis 8000 cm³, und zwar von 1 km mit stehendem und fliegendem Start bis einschließlich 10 km und 10 Meilen.

Unser Vertrag mit der Auto Union endete offiziell am 31. Dezember 1937, ab 1. Januar 1938 standen wir bei der Daimler-Benz AG unter Vertrag, arbeiteten aber schon früher mit Untertürkheim zusammen. Unsere erste Aufgabe war, den Doppelkompressor für den neuen Dreiliter-V12-Zylinder-Grand-Prix-Wagen von Mercedes zu zeichnen und zu berechnen. Der Wagen hatte die Typenbezeichnung W 154 und war für die neue Rennformel vorgesehen, die 1938 in Kraft trat.

Daimler-Benz beschäftigte uns zwar laufend weiter, aber die Aufträge waren von kleinerem Format, an die wirklich großen Aufgaben kamen wir einfach nicht heran. Ich wurde den Eindruck nicht los, dass es bei unserem Vertragsabschluss mit dem Untertürkheimer Unternehmen wohl in erster Linie darum gegangen war, unsere Zusammenarbeit mit der Auto Union zu beenden. Selbstverständlich war es für uns jedoch sehr wichtig, beschäftigt zu werden, und es kam ja dann auch bald eine sehr reizvolle Aufgabe, der T 80, über die ich später noch berichten werde. Ich möchte auch nicht als undankbar erscheinen, denn es waren schließlich die Daimler-Leute, die uns später weiterempfohlen haben, so zum Beispiel bei Kriegsbeginn an die Panzerkommission.

→ KAPITEL 6

ROSEMEYER VERUNGLÜCKT

→ Bernd Rosemeyer war der erfolgreichste Rennfahrer auf dem V16-Auto-Union. Rosemeyer hier beim Training zum Vanderbilt Cup 1937 in den USA mit Meister Dietrich, dem

Das Jahr 1938 begann für uns mit einem traurigen Ereignis, als Bernd Rosemeyer am 28. Januar bei Rekordfahrten auf der Frankfurter Autobahn tödlich verunglückte. Meinen Vater traf der Tod dieses sympathischen jungen Mannes besonders schwer, hatte er doch ein sehr enges persönliches Verhältnis, fast wie zwischen Vater und Sohn, zu Bernd Rosemeyer gehabt, der stets großen Wert auf das Urteil und den Rat meines Vaters gelegt hatte. Es war auch das erste Mal, dass mein Vater bei Rekordfahrten der Auto Union nicht anwesend war. Der Rekordversuch wurde zwar noch mit dem von uns konstruierten V16-Zylinder-Rennwagen unternommen, aber wir standen ja bei der Auto Union im Januar nicht mehr unter Vertrag. Ich selbst traf erst nach dem Unfall an der Rekordstrecke ein.

Für die Rekordfahrt war eine Karosserie-Variante verwendet worden, die vorher, also noch zu unserer Zeit, im Windkanal erprobt worden war, die aber mein Vater wegen zu großer Seitenwindempfindlichkeit abgelehnt hatte. Mein Vater sagte später, er hätte Rosemeyer bei dem vorherrschenden Seitenwind unter gar keinen Umständen starten lassen. Auf der anderen Seite stand die Automobilausstellung in Berlin bevor. Bei dem scharfen Konkurrenzkampf, der sich zwischen der Auto Union und Daimler-Benz besonders auf den Rennpisten entwickelt hatte, wollte die Auto Union natürlich den gerade von Caracciola aufgestellten Rekord zurückholen, um diesen Erfolg dann bei der doch sehr wichtigen Berliner Ausstellung entsprechend präsentieren zu können. Es ist tragisch, dass Rosemeyer dann auch noch bei einer Probefahrt verunglückte, bei der er den Wagen eigentlich nur noch einmal testen wollte. Der Unfall ereignete sich bei sehr hoher Geschwindigkeit, die bereits bei über 400 Stundenkilometer gelegen haben dürfte.

Da ich, wie gesagt, den Unfall nicht selbst beobachtet habe, möchte ich gerne einen Augenzeugen des Geschehens zu Wort kommen lassen. Carlo Wiedemann, ein international zugelassener Zeitnehmer, hat damals den Unfall selbst miterlebt und weiß davon wie folgt zu berichten: *»Schon bei der ersten Fahrt Bernd Rosemeyers hatte ich den Eindruck, dass der Wagen unruhiger auf der Straße lag als der Caracciolas (Caracciola hatte am Morgen mit dem Mercedes für den Kilometer einen Durchschnitt von 432,69 km/h erreicht). Bei der Unglücksfahrt fuhr der Wagen auf der westlichen Fahrbahn Richtung Darmstadt. Mein Standort befand sich bei km 9,2. Von dort hatte ich einen Blick von etwa 500-700 Meter. Ich beobachtete somit die Fahrt von km 8,4, dem Augenblick, in welchem Rosemeyer den dort befindlichen Brückenbogen passierte. Als Rosemeyer den Brückenbogen durchfahren hatte, bewegte sich der Wagen etwas rechts vom Mittelstreifen der Fahrbahn. Ungefähr bei km 8,8, wo eine Schneise auf die Autobahn mündet (von rechts in Fahrtrichtung), bekam der Wagen seitlichen Südwestwind und wurde in stumpfem Winkel auf den Grünstreifen, der links die Fahrbahn abgrenzt, getragen, sodass die Räder der linken Wagenseite zirka ½ Meter auf die Rasenfläche des Grünstreifens fuhren. Von dort aus hat anscheinend Rosemeyer gegengesteuert, denn der Wagen bewegte sich plötzlich wieder nach rechts und kam sofort quer zur Bahn, worauf er sich seitlich überschlug, und zwar zunächst über das linke Vorderrad. Der Wagen lag also zu diesem Zeitpunkt noch nicht völlig quer zur Fahrtrichtung.*

Beim ersten Überschlagen schlug der Wagen mit den Rädern nach oben stehend auf die Fahrbahn, überschlug sich ein zweites Mal, wobei ich eine Explosion beobachtete. Hierbei flog die Karosserie hoch in die Luft und landete kurz vor mir als Trümmer auf der Fahrbahn. Das Chassis mit den Karosserieresten überschlug sich

→ »NACH ALLEN VORLIEGENDEN UNTERSUCHUNGEN DÜRFTE ES SICHER SEIN, DASS DER WAGEN DURCH DEN PLÖTZLICH AUFTRETENDEN SEITENWIND AUS DER WALDSCHNEISE NACH LINKS AUF DEN GRÜNSTREIFEN GEDRÜCKT WURDE ...«

erneut nach vorn und landete am Waldrand. Erst dabei muss meines Erachtens der Fahrer aus dem Wagen herausgeschleudert worden sein, denn er lag in der gleichen Richtung, etwa 50 m entfernt, im Wald am Boden. Das Chassis prallte an den Bäumen ab und wechselte seine Richtung erneut, indem es am Waldrand entlang auf mich zuflog, über mich hinweg, und schließlich am Hang des Dammes bei km 9,2 landete, an der dort befindlichen Straßenüberführung. Dort lag das Chassis mit den Rädern nach oben, zertrümmert und ohne jede Karosserieverkleidung.

Obwohl sich der Unfall in Bruchteilen von Sekunden abspielte, habe ich den Eindruck, dass Rosemeyer, als er auf den Grünstreifen gekommen war, angesichts des nur zirka 400 m entfernten Brückenbogens mit aller Gewalt versuchte, den Wagen durch Bremsen und Gegensteuern und Bremsen (siehe Bremsspur auf der Autobahn) glücklich durch den Brückenbogen zu bringen. Ob der schroffe Wechsel zwischen dem nassen Grünstreifen und der rauen Oberfläche der Zementbahn in Gemeinschaft mit dem plötzlichen Bremsen das Überschlagen des Wagens verursachte, muss ich Ihrer Beurteilung überlassen!«

So weit der Augenzeuge. Nach allen vorliegenden Untersuchungen dürfte es sicher sein, dass der Wagen durch den plötzlich auftretenden Seitenwind aus der Waldschneise nach links auf den Grünstreifen gedrückt wurde und dadurch in einen nicht mehr zu kontrollierenden Fahrzustand geriet.*

Am 13. März 1938 erfolgte der Anschluss Österreichs, und am 26. Mai vollzog Hitler bei einer großangelegten Feier die Grundsteinlegung für das Volkswagen-Werk. Zu unser aller großen Überraschung taufte dabei Hitler den VW in KdF-Wagen um, nach der ›Kraft-durch-Freude‹-Organisation der Deutschen Arbeitsfront, die ja an die Stelle der Gewerkschaften getreten war. Ich war über diese Namensnennung entsetzt, hatte doch die Markenbezeichnung ›VW‹ durch die zahlreichen Presseberichte

* Einen umfassenden Unfallbericht mit Skizze findet der Leser in dem Buch ›Grand Prix-Report Auto Union 1934–1939‹ von Peter Kirchberg, erschienen im Motorbuchverlag, Stuttgart.

-➜ OBEN Eine Kolonne von Volkswagen oder ›KdF‹-Wagen, wie er seit 1938 hieß, im April 1939 vor dem Brandenburger Tor in Berlin. Vorn eine Limousine mit Faltdach. Die Scheinwerfer sind bereits voll in die Kotflügel integriert und die Türen öffnen sich nach hinten. **-➜ UNTEN Am 26. Mai 1938** legte Hitler in Wolfsburg den Grundstein zum Volkswagen-Werk, anschließend fuhr ich ihn in einem VW-Cabriolet zum Bahnhof Fallersleben. Hitler fuhr damals zum ersten Mal im ›KdF‹-Wagen. Das Foto zeigt mich (in Zivil) am Steuer des VW mit Hitler als Beifahrer.

schon international Eingang gefunden. Unter ›Peoples Car‹ konnte man sich etwas vorstellen, nicht aber unter ›KdF‹. Wir waren uns nämlich schon damals ziemlich sicher, dass der VW zu einem Exportschlager werden würde. Und die Einnahme von Devisen war bei der vorherrschenden Devisenlage ja ungeheuer wichtig. Nun hatte sich Hitler öffentlich festgelegt, und daran konnten wohl auch wir nichts mehr ändern. Übrigens lag vom Büro Porsche bereits ein entsprechendes VW-Markenzeichen vor.

Zur Grundsteinlegung hatte ich mit meinen Mitarbeitern drei Volkswagen nach Wolfsburg gebracht, und zwar ein Cabriolet, eine Limousine und eine Faltdach-Limousine. Diese drei Wagen standen am Ort der Grundsteinlegung und wurden von Hitler und seinen Parteigrößen eingehend besichtigt. Als die Zeremonie zu Ende war, fiel mir die Aufgabe zu, Hitler mit dem offenen Wagen zu seinem Sonderzug zu dem etwa drei Kilometer entfernten Bahnhof zu fahren. Mein Vater setzte sich in den Fond des Wagens, Hitler nahm neben mir Platz.

Die Straße zum Bahnhof Fallersleben war von Tausenden von begeisterten Menschen gesäumt, die immer wieder Blumen in unseren Wagen warfen. Von meinem hinten sitzenden Vater wurde ich fast ständig aufgefordert, langsamer zu fahren, obwohl ich ohnehin nur mit zirka 30 Stundenkilometern dahinrollte. Aber selbst bei dieser niedrigen Geschwindigkeit spürte man es doch schon, wenn man einen Blumenstrauß an den Kopf bekam. Aber Hitler selbst schien das kaum etwas auszumachen, er strahlte vielmehr und grüßte das Publikum, das ihm zujubelte.

Das, was Hitler bei der Grundsteinlegung gesagt hatte, ließ die Leute aufhorchen und weckte in ihnen die Hoffnung, dass sie doch sehr bald zu einem eigenen Auto kommen würden. Der ›KdF-Wagen‹ sollte zu einem Preis von 990 Reichsmark verkauft werden. Dafür schuf man die sogenannte KdF-Wagen-Sparkarte, in die die 5 Reichsmark teuren Sparmarken geklebt werden mussten. Die Sparkarte sicherte ihrem Inhaber die Anwartschaft auf einen KdF-Wagen, also auf ein Auto, das vier bis fünf Personen und entsprechendem Gepäck ausreichend Platz bot. Auf der Autobahn erreichte es mit seinem 23,5-PS-Motor eine Dauergeschwindigkeit von 100 km/h bei einem Benzinverbrauch von nur 6,5 Litern auf 100 Kilometer.

Für mich hatte die Fahrt mit Hitler zum Bahnhof Fallersleben noch andere Folgen. Natürlich wurde der offene Volkswagen mit Hitler als Passagier geradezu pausenlos fotografiert, und so kam es zu vielen Titelbildern von Illustrierten des In- und Auslandes. Das führte dazu, dass der junge Mann, der da als Chauffeur des ›Führers‹ auf dem Bild zu sehen war, zahlreiche Briefe bekam, unter denen sich auch etliche Heiratsangebote befanden. Ich musste jedoch die Damen enttäuschen, wie man weiß, war ich ja bereits verheiratet, und am 5. Juni wurde unser zweiter Sohn geboren, den wir Gerhard Anton tauften und Gerd rufen. Übrigens – das Bild bei der Grundsteinlegung wurde von Uniformträgern beherrscht, ich glaube, mein Vater und ich waren die beiden einzigen Personen in Zivilkleidung, und diese saßen nun auch noch beide zusammen mit Hitler in einem offenen Wagen, für jedermann sichtbar.

Mit den neuen Aufgaben war unser Unternehmen beträchtlich gewachsen. Aus einer Belegschaft von zwölf Personen im ersten Jahr waren mehr als hundert geworden. Das bedeutete, wir mussten uns nach neuen Räumen umsehen.

Bereits im Jahre 1936 hatten wir uns in Stuttgart-Zuffenhausen in der Spitalwaldstraße 2 niedergelassen. Damals entstand dort eine bescheidene Baracke als Ausgangspunkt für die Versuchsfahrten, die wir mit unseren Neuentwicklungen durchführten. Im Laufe der Jahre wuchs die Zuffenhausener Niederlassung. Es wurde gebaut, und im Juni 1938 zogen wir mit dem gesamten Betrieb in die Spitalwaldstraße um, wo jetzt auch eine Fertigung von Fahrzeugen möglich war. Heute steht dort unser Werk I.

In der Zwischenzeit bauten wir eine weitere Serie von 30 Volkswagen mit Karosserien, die die Firma Reutter in Zuffenhausen in unserem Auftrag herstellte. Diese dreißig Fahrzeuge waren in erster Linie für Demonstrationszwecke und Ausstellungen vorgesehen.

In Zuffenhausen hatten wir auch unsere gerade verpflichteten amerikanischen Spezialisten untergebracht, solange das Volkswagen-Werk noch nicht fertig war. Wir hatten diese Spezialisten geholt, um die Planungen für die Fertigung des VW durchzuführen. Sie sollten in wichtigen Schlüsselstellungen mithelfen, eine moderne Großserien-Fertigung für den ›KdF-Wagen‹ – wie er ja jetzt hieß – aufzubauen. Nach Beendigung der

→ **OBEN Porsche-Schlepper Typ 110** (1939).
→ **UNTEN Schlepper Typ 113** in Zuffenhausen, Werk I (1943).

→ **Erprobung des Schleppers Typ 111** (1940).

Planungen hatten ›unsere‹ Amerikaner eine Lohnzahl von 54 Stunden pro Fahrzeug errechnet. Das bedeutete bei einem Stundenlohn von einer Reichsmark einen Wert von 54 Reichsmark für die Fertigung eines VW.

Mein Vater war ganz besonders stolz darauf, dass dieser Wert von 54 Stunden pro VW nach Einrichtung der Produktion in Wolfsburg nach dem Kriege dann innerhalb von zwei Jahren auch tatsächlich erreicht werden konnte.

Inzwischen hatten wir einen neuen Auftrag von Hitler erhalten, der sich ja sehr stark für die Technik interessierte, ganz besonders aber für den Automobilbau. Hitler wollte die Landwirtschaft motorisieren. Kleinere Höfe verwendeten damals noch vorwiegend Pferde oder Ochsen zum Ziehen des Pfluges oder zum Betreiben anderer landwirtschaftlicher Geräte. Größere Höfe verfügten auch schon über Traktoren, die jedoch relativ teuer waren. Nun schwebte Hitler vor, einen leichten, aber leistungsfähigen Traktor in großen Stückzahlen zu fertigen, ähnlich wie beim Volkswagen, und dadurch den Preis niedrig zu halten.

Wir hatten bereits im Jahre 1937 mit der Entwicklung eines derartigen Geräts begonnen, Typenbezeichnung Porsche 110, das im Laufe der folgenden Monate weiterentwickelt wurde zum Typ 111 bis hin zum Typ 113. Dieser sogenannte ›Volkstraktor‹ sollte nicht nur den Pflug oder die Egge schleppen können, sondern als eine Art Universalgerät für alle jene Arbeiten dienen, wie sie bei der Landwirtschaft nun einmal anfallen. Während der Typ 110 noch einen 12-PS-Dieselmotor besaß, hatte der Typ 111 bereits einen ebenfalls luftgekühlten Dieselmotor von 16 PS Leistung. Der Traktor entstand übrigens in Zusammenarbeit mit der landwirtschaftlichen Hochschule in Hohenheim bei Stuttgart, wo auch entsprechende Anwendungsversuche unternommen wurden.

Es war vorgesehen, in Waldbröl bei Köln eine eigene Fabrik für diesen Traktor zu bauen, die etwa 300.000 Einheiten des Geräts pro Jahr produzieren sollte. Sicher dachte Hitler bei diesem Projekt auch schon an die Bewirtschaftung des landwirtschaftlichen ›Lebensraumes‹, den er sich ja im Osten Europas holen wollte. Aber damals, als der Traktor entwickelt wurde, konnte sich noch keiner von uns ein derartiges Abenteuer vorstellen.

Inzwischen hatten wir Hitler auch einen offenen Volkswagen in seinem Domizil auf den Obersalzberg bei Berchtesgaden ausgeliefert.

➜ OBEN Porsche Werk 1 in Zuffenhausen (1938). **➜ UNTEN Im ›V303‹** Cabriolet (1938).

→ »WIR WAREN UNS NÄMLICH SCHON DAMALS ZIEMLICH SICHER, DASS DER VW ZU EINEM EXPORTSCHLAGER WERDEN WÜRDE.«

Hitler hätte es übrigens gerne gesehen, wenn mein Vater seinen Namen für das KdF-Werk zur Verfügung gestellt hätte. Hitler schwebte vor, das Wolfsburger Unternehmen ›Porsche-Werke‹ zu nennen. Er erwartete davon eine größere symbolische Ausstrahlung für ›seinen‹ Volkswagen. Wie Krupp zum Beispiel als das Unternehmen für Waffentechnik weltweit angesehen wurde, sollte das ›Porsche-Werk‹ als das deutsche Automobilwerk gelten, Synonym gewissermaßen für das fortschrittliche, volkstümliche Automobil. Hitler sandte Dr. Robert Ley, den Chef der Arbeitsfront, zu meinem Vater, der ihm diesen Vorschlag unterbreitete. Mein Vater lehnte jedoch ab.

Während in Wolfsburg das Volkswagen-Werk errichtet wurde, dessen Bau meinen Vater sehr stark in Anspruch nahm, reifte ein weiteres Projekt heran, mit dem sich mein Vater in Gedanken schon lange beschäftigt hatte und das als Konzept bereits in Gesprächen zwischen meinem Vater und Diplomingenieur Josef Mickl Gestalt angenommen hatte. Es handelte sich hierbei um die Entwicklung eines Rekordwagens, der den absoluten Geschwindigkeitsweltrekord für Automobile nach Deutschland holen sollte.

→ **Auf Versuchsfahrt** mit dem VW-Prototyp ›V303‹ Rolldachlimousine (1938).

Während einer Versuchsfahrt mit einem Wagen aus der Vorserie VW38 (1938).

→ KAPITEL 7

ÜBER-RENNWAGEN FÜR DAIMLER-BENZ

→ »KONSTRUKTIONSZIEL WAR EINE GESCHWINDIGKEIT VON 700 KM/H, UM SIE ZU ERREICHEN, BENÖTIGTEN WIR EINE LEISTUNG VON 3000 PS. DAFÜR BOT SICH EIN FLUGMOTOR VON DAIMLER-BENZ AN.«

Die Absicht, mit einem eigenen Über-Rennwagen den absoluten Geschwindigkeits-Weltrekord für Automobile nach Untertürkheim zu holen, war eigentlich bei Daimler-Benz latent vorhanden. Mercedes- und Benz-Fahrzeuge hatten sich ja bereits in der Anfangszeit des Automobilsportes in die Rekordliste eingeschrieben. Fahrer wie Victor Hemery, Barney Oldfield und Robert Burman überschritten mit dem berühmten Blitzen-Benz schon in der Zeit vor dem I. Weltkrieg die 200-km/h-Grenze. Dabei stellte Bob Burman am 23. April 1911 mit dem 200-PS-Blitzen-Benz am Strand von Daytona in den USA einen neuen absoluten Geschwindigkeits-Weltrekord auf. Er erzielte für die Meile mit fliegendem Start einen Durchschnitt von 228,096 km/h. Dieser Rekord hatte bis zum 12. Februar 1919 Bestand, als ihn der Italo-Amerikaner Ralph de Palma mit einem Packard »905« Liberty Racer, ebenfalls am Strand von Daytona, auf 241,201 km/h für die fliegende Meile verbesserte. Der Blitzen-Benz, der heute im Daimler-Benz-Museum in Stuttgart steht, hatte einen Vierzylindermotor von 21,5 Litern Hubraum, der seine Maximalleistung von 200 PS bei 1600 Umdrehungen pro Minute abgab.

Im Laufe der zwanziger Jahre wurde dann der absolute Weltrekord zunehmend eine Domäne der Engländer. Er stand 1939 auf 595,041 km/h. Gefahren hatte ihn der Engländer John R. Cobb mit einem Railton Special auf den Bonneville Salt Flats im US-Bundesstaat Utah. Der eigentliche Anstoß, einen deutschen Weltrekordwagen zu bauen, kam von dem Rennfahrer Hans Stuck, der bereits internationale Klassenrekorde und Weltbestleistungen mit dem Motorboot und dem Auto-Union-Rennwagen aufgestellt hatte, Stuck fuhr 1938 noch erfolgreich – besonders bei Bergrennen – für die Auto-Union. Er hatte aber eigentlich den Höhepunkt seiner Rennfahrer-Karriere schon überschritten gehabt und wollte seine aktive Laufbahn mit den Weltrekorden für Automobile und Motorboote beenden, wobei das Boot von einem Auto-Union-V16-Motor, also unsere Konstruktion, angetrieben werden sollte.

Mein Vater hatte sich bereits mit einem Rekord-Fahrzeug beschäftigt, und es existierte von ihm zusammen mit Mickl ein entsprechendes Patent. Schon im Frühjahr 1937 war in der internationalen Presse über ›Rekord-Absichten‹, allerdings mehr spekulativ, berichtet worden, und man vernahm auch bei Daimler-Benz diese Nachricht.

Stuck besprach sich nun mit meinem Vater, und man beschloss, zusammenzuarbeiten. Die Engländer verwendeten damals für ihre Rekordwagen in der Leistung gesteigerte Flugmotoren. Dabei wurden jeweils zwei Motoren in ein Spezial-Fahrwerk eingebaut und Leistungen von über 5000 PS erreicht. Durch den Einbau von zwei Motoren erhöhte sich jedoch das Fahrzeuggewicht beträchtlich und erreichte vier bis sechs Tonnen. Mein Vater und Mickl hatten dagegen ganz andere Vorstellungen. Sie gingen von nur einem Motor aus und einem wesentlich niedrigeren Fahrzeuggewicht in der Größenordnung von 3000 kg. Um die hohe Motorleistung auf den Boden zu bringen, wollten sie aerodynamische Hilfen an der Karosserie anwenden. Konstruktionsziel war eine Geschwindigkeit von 700 km/h, um sie zu erreichen, benötigten wir eine Leistung von 3000 PS. Dafür bot sich ein Flugmotor von Daimler-Benz an.

Daimler hatte Anfang der dreißiger Jahre eine neue Flugmotoren-Baureihe entwickelt, den DB 600. Es war ein V12-Zylinder mit hängenden Zylindern, die in einem Winkel von 60° zueinander angeordnet waren. Dieser Motor bildete das Grundmuster für eine ganze Baureihe

Fahrgestell des Mercedes-Benz T80.

mit stetig gesteigerter Leistung. Dazu gehörte auch der DB 603 mit einem Hubraum von 44,5 Litern. Er hatte vier Ventile pro Zylinder, wobei die Auslassventile zur besseren Wärmeableitung mit Natriumchlorid gefüllt waren, sowie direkte Benzineinspritzung und zwei Kerzen pro Zylinder. Ein Daimler-Benz-Schleudergebläse, direkt vom Motor angetrieben, sorgte für die Aufladung.

Versuchsmuster Nr. 3 des in Entwicklung befindlichen Triebwerks konnte für den Rekordwagen zur Verfügung gestellt werden. Der V 3 hatte auf dem Prüfstand bereits eine Leistung von 2800 PS erreicht, eine kurzfristige Steigerung der Leistung auf 3500 PS war möglich. Es gab nur ein Problem, und das bestand darin, dass diese Flugmotoren im Auftrag des Reichsluftfahrtministeriums entwickelt und gebaut wurden und somit dessen Eigentum waren. Der damalige Generalluftzeugmeister, der frühere Kunstflieger und nun zum General avancierte Ernst Udet, erklärte sich jedoch bereit, seinem Freund Hans Stuck leihweise einen Motor zur Verfügung zu stellen. Stuck machte daraufhin einen Vertrag mit dem damaligen Vorstandsvorsitzenden der Daimler-Benz AG, Dr. Kissel, und das Büro Porsche wurde von Daimler-Benz auf Grund des bereits bestehenden Vertrages und der vorhandenen Vorkenntnisse und Patente mit der Konstruktion des Rekordwagens beauftragt. Bereits am 2. Februar 1939 konnten wir die entsprechenden Konstruktionszeichnungen vorlegen. Der ›Rekord-Rennwagen Mercedes-Benz T 80‹ hatte folgende technische Merkmale:

Einen Doppelrohrrahmen mit Rohrtraversen. Vorderradaufhängung durch in Fahrtrichtung schwingendes Hebelparallelogramm, System Dr. Porsche, Abfederung durch Drehstäbe. In der Mitte Zusatzfederung durch Biegungsfedern. Hydraulische Stoßdämpfer mit Reibung kombiniert. Hinterradaufhängung durch Pendelschwingachssystem mit Abstützungsstreben. Federung durch Drehstäbe mit Pendelausgleich zwischen beiden Hinterrädern. Hydraulische Stoßdämpfer mit Reibung kombi-

→ Für Daimler-Benz bauten wir einen ›Über‹-Rennwagen, den T80, mit dem Hans Stuck den absoluten Geschwindigkeitsrekord für Landfahrzeuge nach Deutschland holen wollte. Der T80 wurde von einem Daimler-Benz-Flugmotor DB 603 angetrieben, dessen Leistung kurzfristig auf 3500 PS gesteigert werden konnte. Die geplante Geschwindigkeit lag bei 650 km/h. Leider verhinderte der Krieg die Durchführung der Rekordfahrt.

Ich war im Jahre 1939 ein unternehmungslustiger junger Mann.

niert. Hochdruck-Fettschmierung. Der Wagen hatte vier Hinterräder, die alle angetrieben waren. Die Schubübertragung der Hinterräder übernahmen Streben.

Die beiden Vorderräder wurden durch eine Spindellenkung, System Porsche, gelenkt und hatten einen Einschlagwinkel von 9° nach jeder Seite. Die Übersetzung der Lenkung mit 9° am Vorderrad entsprach 270° am Lenkrad. Die Übersetzung betrug 1:30. Die Lenkung war in der Fahrzeugmitte angeordnet. Der Wendekreis des Wagens betrug übrigens 32 m.

Eine hydraulische Innenbackenbremse mit vier Backen pro Rad wirkte auf alle sechs Räder. Der Bremsausgleich erfolgte hydraulisch, eine Handbremse war nicht vorhanden. Wir verwendeten Drahtspeichenräder mit Rudge-Nabe und Zentralverschluss sowie Continental-Spezialreifen.

Der DB 603 lag vor der Hinterachse und hatte eine Glykol-Warmkühlung, die mit 105° arbeitete. Also auch der Rekordwagen war eine Mittelmotor-Konstruktion. Zündung durch Bosch-Zwillingszündmagnete und Bosch-Schwungkraftanlasser waren weitere technische Merkmale. Hinter der Hinterachse lag der 80 Liter fassende Kraftstoffbehälter.

Der Wagen besaß kein Getriebe, die Kraftübertragung übernahm eine Dreischeiben-Wärmespeicherkupplung mit automatischer Fliehkraftanpassung und servohydraulischer Betätigung durch Öldruck. Der Belag der sechs Reibflächen der in Öldunst laufenden Kupplung bestand aus Drahtgeflecht mit Asbestfüllung. Das Einlassen der Kupplung erfolgte mit Schlupf durch einen Fliehkraftregler bis zur Anpassung der Lamellen zur starren Kraftübertragung durch Öldruck.

Zu den Sondereinrichtungen gehörte ein automatischer Drehmomentangleicher, der beim eventuellen Durchrutschen der Antriebsräder das Motor-Drehmoment durch ein Getriebedifferenzial zwischen Vorder- und Hinterrädern regulierte. Der damit verbundene Fliehkraftregler begann bereits bei fünf Umdrehungen Drehzahldifferenz anzusprechen. Das war für die Sicherheit ganz wichtig, denn ein Durchdrehen der Räder beim Anfahren hätte die dünne Gummiauflage der Spezialreifen beschädigen können. Ein Unfall bei hoher Geschwindigkeit hätte dann durchaus im Bereich des Möglichen gelegen.

Eine weitere Besonderheit waren pneumatisch arbeitende Wagenheber an vier Stellen des Fahrzeugs mit nur einem Zentralanschluss für die Druckluft, gemeinsam für alle vier Heber.

Die Leichtmetall-Karosserie in Vollstromlinienform war an beiden Seiten mit Flossen ausgestattet, die ein negatives Profil für Abtrieb hatten. Sie stellten automatisch den erforderlichen Bodendruck her, um die 3500 PS auf den Boden zu bringen, ohne dass hierzu ein hohes Fahrzeuggewicht erforderlich gewesen wäre. Der Anpressdruck an den Boden stieg mit der Fahrzeuggeschwindigkeit.

An Öl führten wir 25 Liter mit, die über einen Ölkühler neben dem Wasserkühler gekühlt wurden. Der Kühlerstaudruck wurde für das Ladergebläse ausgenutzt. Die Karosserie war durch acht Schnellverschlüsse mit dem Fahrwerk verbunden und konnte für Reparaturen vollständig abgehoben werden.

Der verwendete Spezialkraftstoff setzte sich je zur Hälfte aus zwei verschiedenen Mischungen zusammen, die Methylalkohol, Benzol, Äthylalkohol, Gasolin leicht, Äther, Nitrobenzol und Aceton enthielten. Bei Höchstgeschwindigkeit, die bei zirka 650 km/h lag, betrug der Kraftstoffverbrauch 225 Gramm pro PS und Stunde.

→ »TROTZ DER ANSPRUCHSVOLLEN AUFGABE MIT DEM VW-PROGRAMM HATTEN WIR NATÜRLICH NIE UNSERE SPORTLICHEN PLÄNE AUFGEGEBEN.«

Bereits im Oktober 1939 war das Chassis fertig montiert und am 12. Oktober auf einem Rollenprüfstand bei Daimler-Benz gelaufen. Der Motor, ein DB 603, Versuchsmuster Nr. 3, entwickelte noch nicht die volle Leistung und ging wieder an die Flugerprobung zurück, wo er für Testflüge verwendet wurde. Daimler-Benz hatte ja eine eigene Testflug-Abteilung zur Erprobung des großen Flugmotoren-Programms. Nach dem Probelauf auf dem Prüfstand waren noch Änderungen erforderlich, jedoch beendete dann leider der Krieg die Fortführung der Arbeiten und auch der Motor verblieb bei der Flugerprobung.

Alfred Neubauer, der zu jener Zeit als Rennleiter auch mit den Rekordvorbereitungen befasst war, wusste noch einiges über die damaligen Pläne zu berichten. Und ich halte es für wichtig, ihn zu Wort kommen zu lassen, da es gerade im Zusammenhang mit der geplanten Weltrekordfahrt viele Gerüchte gab und auch noch gibt. So war laut Neubauer vorgesehen, die Rekordfahrten auf den Bonneville Salt Flats in den USA durchzuführen. Vielleicht sollte ich aber einmal erklären, worum es sich bei den Salt Flats eigentlich handelt. Fährt man von der Mormonen-Hauptstadt Salt Lake City im US-Bundesstaat Utah auf dem Highway nach Westen, dann kommt man sehr bald in ein wüstenähnliches Hochtal, wo unweit der Ortschaft Wendover der Große Salzsee liegt. Im Sommer trocknet die obere Schicht des in etwa 1300 m Höhe gelegenen Sees aus, und die Salzkruste ist für einige Wochen so fest, dass man sie als Rekordstrecke verwenden kann. Es finden dort auch jedes Jahr im Hochsommer Rekordfahrten statt. Die Strecke, die dort 1940 für den Rekordversuch mit dem T 80 verfügbar gewesen wäre, hatte eine Länge von 22 km, nach Berechnungen des britischen Rekordhalters Captain Eyston wären jedoch für eine Geschwindigkeit von 650 km/h 40 km erforderlich gewesen.

Laut Neubauer sollte daher in Deutschland die Autobahnstrecke Halle-Dessau in der notwendigen Länge für Rekordfahrten ausgelegt werden. Dies erwies sich jedoch als nicht durchführbar, da man bei den Arbeiten ein Braunkohlenflöz hätte öffnen müssen, was jedoch nicht als empfehlenswert erschien. Deshalb wurde nur auf eine Länge von 10 km der Mittelstreifen betoniert, diese Strecke reichte jedoch für den absoluten Rekord nicht aus. Allerdings fand 1939 dort noch eine Rekordfahrt von Daimler-Benz mit entsprechend präparierten Rennwagen statt, dabei erreichte Caracciola fast 400 km/h.

So kam eine interessante technische Leistung nicht zum Tragen, aber der Beweis steht wie gesagt heute im Museum von Daimler-Benz.

Stuck hatte sich übrigens damals noch seine Rekordpläne von offizieller Stelle absegnen lassen. Er suchte deshalb um eine Audienz bei Hitler nach, die ihm auch gewährt wurde. Wie Stuck berichtete, zeigte er Hitler seine Pläne, der ihm darauf spontan auf die Schulter schlug und strahlend erklärte: *»Absolute Weltrekorde zu Wasser und zu Lande, das passt zu unserer Propaganda. Sie haben jede Unterstützung, und viel Glück, Herr Stuck!«*

Im Gegensatz zu Neubauer und Captain Eyston bin ich auch heute noch der Meinung, dass die Strecke auf den Bonneville Salt Flats für den Rekord ausgereicht hätte. Auch mein Vater vertrat diese Ansicht. Es war vielmehr Hitler, der haben wollte, dass der Rekord in Deutschland gefahren wurde.

Trotz der anspruchsvollen Aufgabe mit dem VW-Programm hatten wir natürlich nie unsere sportlichen Pläne aufgegeben. Der VW bildete auch technisch eine geradezu ideale Grundlage für Weiterentwicklungen in

OBEN Porsche Typ 64 ›Berlin–Rom-Wagen‹ (1939). **UNTEN Porsche Typ 64** im Hof des Werks 1, aufgenommen am 6. September 1939.

dieser Richtung. Im Zuge der politischen Zusammenarbeit zwischen dem nationalsozialistischen Deutschland und dem faschistischen Italien – der sogenannten Achse Berlin–Rom – sollte im Jahre 1939 eine große Wettfahrt Berlin–Rom durchgeführt werden. Lange zuvor hatte uns schon der Plan beschäftigt, einmal selbst Automobile zu produzieren. Unsere Leute untersuchten entsprechende Möglichkeiten und hatten auf der Basis von VW-Komponenten eine Sportwagen-Studie entwickelt. Der VW, bei uns Typ 60 genannt, führte so zunächst zum VW Typ 64. Dieser sollte mit einem auf 1,5 Liter aufgebohrten Motor und einer Aluminium-Karosserie mit niedrigem c_W-Wert ausgestattet sein.

Wir hatten natürlich unsere Vorstellungen, sportliche VW-Varianten zu schaffen, auch den Verantwortlichen bei der Deutschen Arbeitsfront unterbreitet, aber dort hatte man nur abgewinkt. Vorstellungen in dieser Richtung konnten sie nicht folgen. Später dachten wir dann daran, eine eigene Produktion auf der Grundlage von VW-Komponenten einzurichten. Die Bauteile hätte uns ja das Werk in Wolfsburg liefern können. Aber auch dieser Vorschlag fand keinen Gefallen. Sportliche Varianten des VW wurden in erster Linie deshalb abgelehnt, weil sie auf dem Konzept des Volkswagens aufgebaut waren. VW als rein staatliches Unternehmen wollte aber nicht, dass Teile des »KdF-Wagens« für private Initiativen zur Verfügung gestellt wurden.

Das Rennen Berlin–Rom bot dagegen die Möglichkeit, in unserem Sinne zumindest bei der Schaffung einiger Fahrzeuge tätig zu werden, denn hier handelte es sich immerhin um eine offizielle Sportveranstaltung der Obersten Nationalen Sportbehörde für den Automobilsport, und diese Veranstaltung diente der Propaganda. Da ja auf der neuen Reichsautobahn von Berlin nach

→ »MAN MAG ABER AN DIESEN AKTIVITÄTEN AUF DEM SEKTOR SPORTWAGEN ERKENNEN, DASS WIR UNS SCHON SEHR LANGE VORHER MIT DEM THEMA BESCHÄFTIGTEN, DAS HEUTE DER GEGENSTAND UNSERES UNTERNEHMENS IST.«

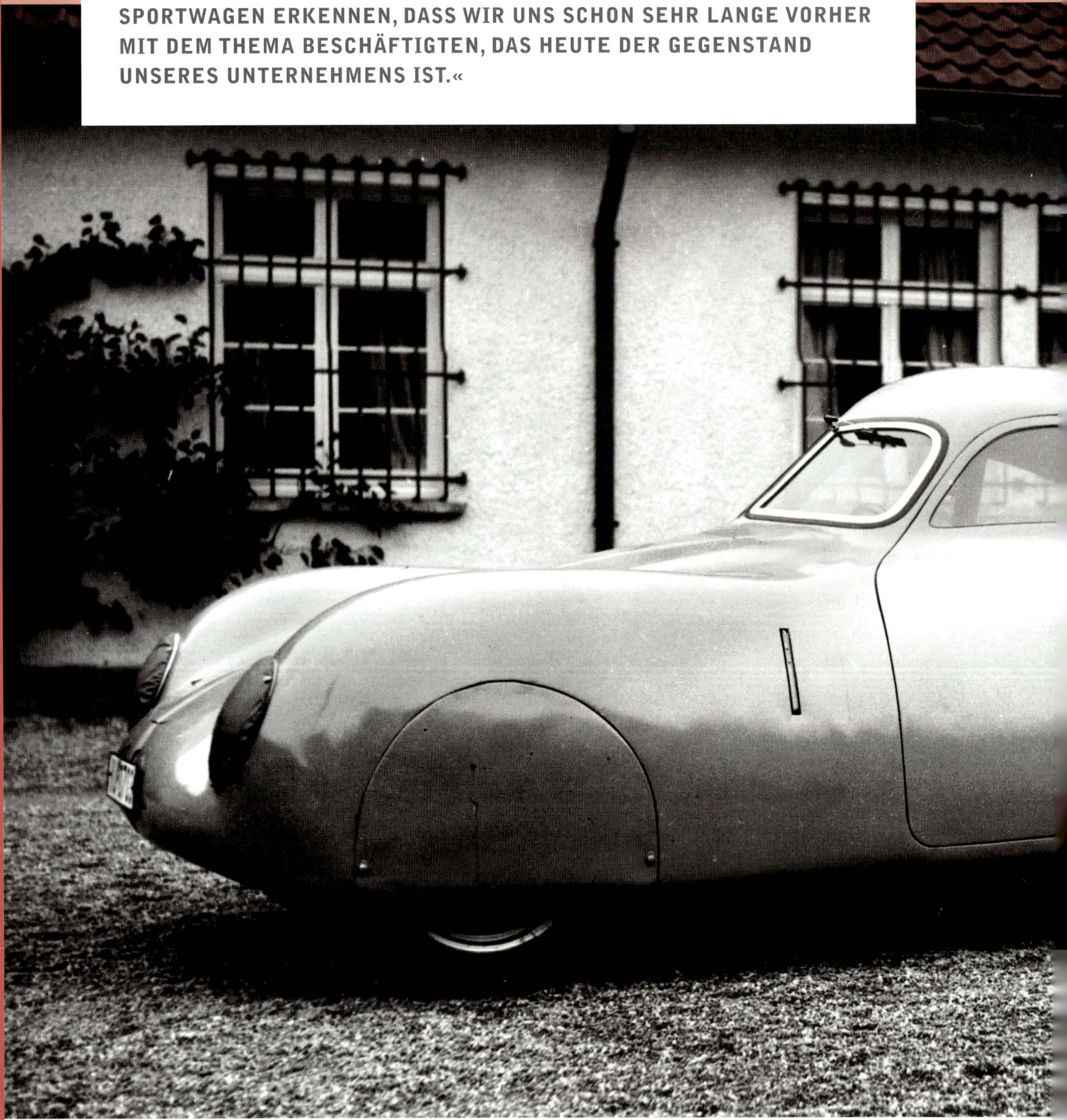

--> **Für das Langstrecken-Rennen Berlin–Rom im Jahre 1939** bauten wir auf der Basis des Porsche Typ 60, des Volkswagens, drei Rennsport-Coupés Porsche Typ 60K10 mit einer Stromlinienkarosserie aus Leichtmetall und einem frisierten VW-Motor, der 145 km/h Spitze erreichte. Wegen des Krieges fand das Rennen nicht statt, aber mein Vater benutzte das Coupé gerne für längere Fahrten.

München gefahren werden sollte, und von München aus dann durch Österreich über den Brenner-Pass und weiter auf abgesperrten italienischen Autostraßen über insgesamt 1300 Kilometer, war das gleichzeitig eine Werbung für die neue Autobahn.

So entstand auf der Basis des Typs 60 über den 64 der Porsche Typ 60K10, wobei ›K‹ für die Karosserie aus Aluminium steht. Natürlich steigerten wir auch den Motor in der Leistung. Es wurden drei dieser Sport-Coupés gebaut, die eine Höchstgeschwindigkeit von über 140 km/h erreichten und in Bezug auf Handling und Fahrleistungen einen beachtlichen Fortschritt darstellten.

Das Rennen Berlin-Rom sollte im September 1939 stattfinden, aber auch diese Veranstaltung fiel wie so viele andere, die friedlichen Zwecken dienen sollten, dem Krieg zum Opfer. Bei uns wurde der 60K10 gerne gefahren, besonders mein Vater benützte ihn sehr oft mit unserem Goldinger als Fahrer für seine Reisen. Dabei wurde so mancher Rekord aufgestellt. Ich erinnere mich, dass mein Vater einmal zusammen mit Goldinger auf der Fahrt vom Hotel ›Bristol‹ in Berlin nach Fallersleben zum Volkswagen-Werk eine Durchschnittsgeschwindigkeit von 130 km/h erreichte. Damals war das trotz der Autobahn eine beachtliche Leistung.

Man mag aber an diesen Aktivitäten auf dem Sektor Sportwagen erkennen, dass wir uns schon sehr lange vorher mit dem Thema beschäftigten, das heute der Gegenstand unseres Unternehmens ist.

-→ OBEN Der Porsche Typ 60K10 ›Berlin–Rom-Wagen‹ im Jahr 1939.
-→ UNTEN Der Porsche Typ 60K10 ›Berlin–Rom-Wagen‹ im Jahr 1939.

-→ **Der Berlin–Rom-Wagen**
auf der Autobahn 1941.

-→ KAPITEL 8

AMERIKANER GEFRAGT

Es herrschte damals eine Zeit politischer Hochspannung und Massenhysterie. Es kam mir manchmal vor, als befände sich die Mehrheit der Menschen in einem Rausch, aufgeheizt durch eine zweifellos geschickt inszenierte Propaganda. Für diejenigen unserer Mitbürger, die sich einen klaren Blick bewahrt hatten und so wie ich gelegentlich ins Ausland reisen konnten, sah die Zukunft jedoch düster aus.

Ich war schon immer ein eingefleischter Zivilist gewesen. Die Bedeutung der Arbeit unserer Firma für das neue Reich bewahrte mich auch davor, Militärdienst leisten zu müssen. Ich hatte Hitler kennengelernt, da ich es war, der ihm den Volkswagen vorführen musste, wann immer Fortschritte in der Entwicklung erzielt worden waren. Hitler hatte mich in dieser Aufgabe akzeptiert. Bei der Grundsteinlegung für das Volkswagen-Werk war sein Urteil über das neue Fahrzeug sehr positiv gewesen. Deshalb hatte er ja auch für seine persönliche Verwendung einen der ersten Volkswagen erhalten, den ich ablieferte. Am Bahnhof in Fallersleben hatte er sich sehr herzlich bei seinem ›Chauffeur‹, nämlich bei mir, bedankt.

Trotz all der technisch sehr interessanten Aufgaben, die wir zu bewältigen hatten und die uns kaum Zeit zum Atemholen ließen, fragte ich mich im Stillen, wie lange das Ausland der Entwicklung in Deutschland und den zunehmend maßloser werdenden Forderungen Hitlers noch tatenlos zusehen würde. Auch das, was mein Vater berichtete, stimmte mich nachdenklich. Mein Vater war im Grunde ein völlig unpolitischer Mensch, der aber gerade in der damaligen Zeit über Arbeitsmöglichkeiten verfügte, mit denen er noch nicht einmal in seinen kühnsten Träumen gerechnet hatte. Große Ehrungen waren ihm zuteil geworden. Man hatte ihm am 6. September 1938 für die Schaffung des ›KdF-Wagens‹ den ›Deutschen Nationalpreis‹ verliehen, der mit 100.000 Reichsmark dotiert war. Er hatte den Titel eines Doktor-Ingenieurs ehrenhalber allerdings bereits im Jahre 1924 von der Technischen Hochschule Stuttgart erhalten.

Für die 100.000 Mark kauften wir uns übrigens am Wörther See in Österreich ein Haus, was ja nach dem Anschluss möglich war und uns damit die Chance bot, die alte Heimat öfter zu besuchen. Aber mein Vater berichtete auch von Schwierigkeiten, die ihm beim Bau des Volkswagenwerkes von allen möglichen Dienststellen bereitet wurden und die alle in die gleiche Richtung gingen, nämlich die militärische Nutzbarkeit des Werkes im Kriegsfall zu bedenken. Das ging so weit, dass mein Vater eines Tages Hitler die Frage stellte: *»Soll ich eigentlich ein Werk für Rüstungsgüter bauen oder für die Fabrikation des Volkswagens?«* Die Antwort war: *»Ihr Auftrag, Dr. Porsche, lautet, eine Fabrik für den Volkswagen zu bauen, nichts weiter!«*

Da mein Vater sehr oft in Wolfsburg zu tun hatte, ließ er sich dort ein kleines Haus, eine Art Hütte bauen, in der er wohnen, aber auch Gäste unterbringen konnte. In die Konzeption des Werkes fanden ja viele seiner Ideen und Anregungen, die er während seiner Amerika-Reisen gewonnen hatte, Eingang. Das Werk war für eine Tagesproduktion von 1000 Einheiten, 250.000 pro Jahr, geplant.

Anlässlich des Reichsparteitages 1938 wurde neben meinem Vater auch ich von Dr. Robert Ley, dem Chef der Deutschen Arbeitsfront, eingeladen. Wir waren in Nürnberg in einem Zeltdorf für Gäste untergebracht, waschen konnte man sich nur im Freien an einer provisorisch für diese Massenveranstaltung eingerichteten Waschstelle. Für mich war das alles ungewohnt. Ich hatte in dieser Richtung ja keinerlei Erfahrung. Am Abend wurde ich dann zum Essen an den Tisch von Ley gebeten, wo er zusammen mit seiner Frau saß. Gesprächsthema war natürlich der Volkswagen, aber man sprach auch über die politische Lage, den Parteitag und anderes mehr.

Am nächsten Tag fand dann die große Parade mit Hitler statt. Danach habe ich meinen Vater gefragt: *»Sag 'mal, brauchst Du mich morgen noch?«* Die Antwort meines Vaters lautete kurz und bündig: *»Warum?«* Ich erwiderte: *»Du weißt doch, Dodo ist in Bad Mergentheim wegen ihrer Gallengeschichten, und da möchte ich gerne hinfahren und sie besuchen!«*

Nun, mein Vater konnte auf mich verzichten. Ich setzte mich in mein Auto, es war ein Alfa Romeo 6C 2300, und machte, dass ich aus Nürnberg mit all den vielen Uniformen und Aufmärschen, Marschmusik und Marschliedern herauskam. Als ich die Stadt hinter mir hatte, hielt ich bei nächster Gelegenheit an, stieg aus und zündete mir eine Zigarette an. Für mich war das ein Gefühl, als hätten während der Schulzeit gerade die Ferien begonnen.

Auf der Weiterfahrt nach Bad Mergentheim zog ich in Gedanken einmal Bilanz der vergangenen Jahre. Was hatten wir, was hatte die deutsche Automobilindustrie erreicht, die 1932 in einer denkbar schlechten Ver-

Auf der Automobilausstellung 1938 in Berlin sah ich diesen Alfa Romeo 6C 2300 mit einer Karosserie von Pininfarina in der blauen Farbe der damaligen französischen Rennwagen und kaufte ihn vom Stand weg. Als die Amerikaner 1945 in Zell am See einzogen, wurde der Wagen vom amerikanischen Ortskommandanten beschlagnahmt. Als der Kommandant versetzt wurde, gab er mir den Wagen zurück, ohne damit auch nur einen Kilometer gefahren zu haben.

→ »TROTZ ALL DER TECHNISCH SEHR INTERESSANTEN AUFGABEN, DIE WIR ZU BEWÄLTIGEN HATTEN ..., FRAGTE ICH MICH IM STILLEN, WIE LANGE DAS AUSLAND DER ENTWICKLUNG IN DEUTSCHLAND ... NOCH TATENLOS ZUSEHEN WÜRDE.«

fassung gewesen war? In den zwanziger Jahren galt es als chic, einen amerikanischen Wagen zu fahren, die in großen Mengen nach Deutschland hereinkamen. Einen Buick zu besitzen, galt als vornehm. Außerdem war er billiger als ein vergleichbares Fahrzeug von Daimler. Einen Buick konnte man für 12.000 Reichsmark haben.

Dazu fällt mir eine interessante Episode ein, von der mir mein Vater berichtete. In einer Vorstandssitzung bei Daimler-Benz am 29. September 1927 wurde laut Protokoll folgendes vermerkt: »*Gegenüber der Feststellung, der Automobilclub von Deutschland nehme eine Nichtbeteiligung der Firma (Daimler-Benz) am Großen Preis von Deutschland übel, müsste man darauf hinweisen, dass gerade von den Mitgliedern des Automobilclubs von Deutschland insbesondere amerikanische Wagen gefahren werden, deren Fabrikanten sich nie an Rennen beteiligen!*« Ende des Zitats.

Im Jahre 1927 fand bekanntlich die Eröffnung des Nürburgrings in der Eifel statt. Beim Großen Preis auf dieser Strecke siegte dann doch ein Mercedes-Benz, der von Otto Merz gefahren wurde. Aber was vom Ausland kam, bewertete der Bürger damals eben höher als das, was man im eigenen Land produzierte. Ich kann mich noch gut daran erinnern, wie schwer es damals Daimler – und nicht nur Daimler – hatte, seine Autos abzusetzen. Sicher, ein Mercedes war nicht gerade billig, aber alles, was Amerika herüberschickte, wurde eben als besser angesehen.

In jener Zeit besuchte uns Graf Kolowrat, dessen Anregung bekanntlich Anfang der zwanziger Jahre bei Austro-Daimler zum Kleinwagen ›Sascha‹ geführt hatte. Er zeigte uns als Neuheit einen Scheibenwischer aus Amerika, der von Hand betätigt wurde und die Frontscheibe von außen wie von innen wischte.

Mein Vater, der ja damals noch bei Daimler arbeitete, brachte gelegentlich amerikanische Wagen mit, die ich dann auch fahren durfte und so gewissermaßen einen Eindruck aus erster Hand bekam. Ich erinnere mich zum Beispiel noch sehr gut an einen Willys Knight mit Schiebermotor. Die Amerikaner waren damals in der Tat einen ganzen Schritt weiter als wir, besonders, was die Fertigungstechnik betraf, und sie haben für den Preis, den sie für ihre Ware verlangten, doch relativ viel geboten.

Auf Grund unserer Studienreisen in Amerika konnten wir sehr gut den Unterschied in der Produktionstechnik zwischen Deutschland und Nordamerika feststellen. So haben wir zum Beispiel herausgefunden, dass bei uns Pleuelstangen von den Zulieferern mit einer viel größeren Toleranzbreite gefertigt wurden, als dies in den USA der Fall war. Das ging sogar so weit, dass wir hier bei uns bei der Lieferung die Pleuelstangen vor der Montage vorsortieren mussten, um jeweils Sätze mit gleichem Gewicht zusammenzubekommen. In Amerika dagegen hatte man eine ganz andere Fertigungsmethode entwickelt. Bei uns schmiedete man zum Beispiel eine Pleuelstange solange in ein und demselben Gesenk, bis sie nicht mehr glühend war, wodurch sich im Laufe der Zeit das Gesenk ausschlug. Die Folge davon waren mit jedem geschmiedeten Pleuel zunehmende Toleranzen. Die Amerikaner dagegen schmiedeten das Werkstück nicht in einem einzigen Arbeitsgang, sondern machten das in vier Stufen, und zwar immer bei der gleichen Hitze.

Einfacher ausgedrückt bedeutete das, die Amerikaner droschen nicht immer wieder in dasselbe Gesenk hinein, bis das Pleuel die gewünschte Form hatte, sondern sie gingen stufenweise vor und sorgten dafür, dass stets eine gleichbleibende Hitze gehalten wurde. Das Ergebnis war eine Pleuelstange mit kleineren Toleranzen und, was nicht weniger wichtig war, das Gesenk hielt mindestens um das Vierfache länger als bei uns.

Als wir dann von den deutschen Schmieden die gleiche Verfahrensweise verlangten, sperrten sie zunächst Mund und Ohren auf, sagten aber schließlich: *»Das kann man natürlich so machen!«* So ging es uns darum, eine moderne Produktion aufzubauen. Die deutsche Automobilindustrie holte dann auch in der Produktionstechnik in erheblichem Umfang auf, leider aber wurde diese positive Entwicklung dann durch den Ausbruch des Krieges vorzeitig gestoppt.

In Deutschland war es von dem Augenblick an aufwärts gegangen, als im Dritten Reich die Kraftfahrzeugsteuer abgeschafft wurde. Damit kurbelte man den Markt an. Die Folge war ein steigender Absatz, und die Leute fuhren wieder viel mehr, sodass die ausfallende Kraftfahrzeugsteuer durch ein wesentlich erhöhtes Aufkommen an Benzinsteuer mehr als ausgeglichen wurde. Übrigens wäre diese Maßnahme auch heute noch zu empfehlen.

Diese allgemeine Aufwärtsentwicklung in der Automobilindustrie inspirierte Techniker und Unternehmer natürlich auch zu neuen Taten. Man traute sich plötzlich wieder, neue Typen und Modelle zu entwickeln. In der Produktionstechnik war der Fortschritt deutlich sichtbar.

Es gab für Automobile, besonders der unteren Preisklasse, Exportsubventionen, da Devisen dringend gebraucht wurden. Für mich war allerdings damals nicht so offen erkennbar, dass diese Devisen in erster Linie für die Aufrüstung benötigt wurden. Wir selbst hatten zu der damaligen Zeit mit der Rüstung nichts zu tun. Uns beschäftigten der Volkswagen, der Volksschlepper und sportliche Aufgaben wie zum Beispiel der T 80.

In der Industrie packte man nun auch hochwertigere Aufgaben an, die man aus Kostengründen nicht hatte realisieren können in einer Zeit, in der die Automobilindustrie in einer halben Pleite lebte.

Die Ingenieure waren bereit, mehr zu wagen. Gerade in jener Zeit erfolgte die Umstellung von der Starrachse zu Einzelrad-Aufhängungen in allen möglichen Versionen. In der technischen Entwicklung konnte man beträchtliche Impulse verzeichnen, die im Keim zwar schon vorhanden gewesen sein mögen, aber wegen der allgemeinen Wirtschaftslage eben nicht hatten verwirklicht werden können.

Ein weiteres Beispiel waren die Rennwagen, die ›Silberpfeile‹, die in der technischen Konzeption ja auch schon existiert hatten, aber erst dann realisiert werden konnten, als die staatlichen Subventionen einen Beitrag dazu leisteten.

Die Rennwagen hatten auch ihren Einfluss auf die Serie, und sie regten dort zu bestimmten Entwicklungen an. Im Grunde genommen kann man sogar behaupten, dass der Auto-Union-Rennwagen einen gewissen Einfluss auf das Volkswagen-Konzept ausgeübt hat. Jedenfalls war schon der Auto-Union-Rennwagen ungewöhnlich konzipiert mit seinem Motor vor der Antriebsachse. Ungewöhnlich war es dann damals auch, beim Volkswagen einen Entwurf mit dem Motor hinter der Hinterachse zu realisieren.

Auch bei der Vorderachskonstruktion gab es Parallelen zwischen dem Auto-Union-Rennwagen und dem Volkswagen. In diesem Sinne war nämlich die Drehstabfeder-Achse des VWs eine vereinfachte, stark verbilligte Ausführung der Achse des Auto-Union-Rennwagens. Diese Linie vom Rennwagen zur Serie setzt sich bis in die heutige Zeit fort. Zu der Zeit, da diese Biographie geschrieben wird, bauen wir gerade einen Flugmotor, in den teilweise die Erkenntnisse, die wir mit dem Formel-1-Motor für TAG gewonnen haben, einfließen bzw. über den Umweg über die Serie Einfluss auf den Flugmotor nehmen. So wenden wir beim Formel-1-Motor eine besondere Art der Kolbenkühlung an, indem wir einen Teil des Ölstromes durch den Kolben leiten. Das wurde natürlich beim Formel-1-Motor für TAG mit viel Aufwand in die Tat umgesetzt, aber inzwischen haben unsere Techniker einen Weg gefunden, wie man das auch billiger darstellen kann. Und das ist natürlich für die Kolbentemperatur eines Flugmotors nicht gerade schädlich, sondern wohl eher nützlich. Wenn es aber dem Flugmotor nützt, dann nützt es wohl auch dem Motor des 911, und damit ist der Kreislauf zwischen Rennen und Serie wieder geschlossen.

→ KAPITEL 9

JETZT IST DER HITLER VERRÜCKT GEWORDEN

Porsche Typ 82 in Zuffenhausen (1941).

Im März 1939 marschierten deutsche Truppen in die Rest-Tschechoslowakei ein, und das Land wurde in das Deutsche Reich eingegliedert. Die Folgen davon waren erneut empörte Reaktionen der ausländischen Presse und entsprechende diplomatische Aktivitäten der Regierungen. Unser Ansehen in der Welt war weiter gefallen.

In Amerika, aber auch im übrigen Ausland, hatten schon die Ausschreitungen gegen die jüdische deutsche Bevölkerung und die Rassengesetze zu verständlichen scharfen Protesten geführt. Bereits im Jahre 1937, anlässlich unserer Amerika-Reise, hatte ich zu spüren bekommen, was sich da ereignete. Wir fuhren damals auf der *Bremen*, und in unserer Klasse reiste eine ungarische Familie mit. Es war eine jüdische Familie mit einer ansehnlichen Kinderschar, bestehend aus vier Mädchen und einem Jungen. Beim Kapitäns-Dinner fielen abträgliche Bemerkungen über diese Familie, und ihre Anwesenheit an Bord eines deutschen Schiffes wurde kritisiert. Darauf reagierte der Kapitän der *Bremen*, Kommodore Ahrens, mit den Worten: *»Das sind unsere Gäste, die jedes Jahr mit uns fahren. Außerdem bringen sie Devisen, die wir dringend brauchen!«*

Damit war dieses Thema beendet, allerdings nicht für mich. Eine der jungen Damen gefiel mir sehr gut, und ich forderte sie an einem Abend zum Tanz auf. Meine Aufforderung wurde angenommen. Am nächsten Tag sprach mich jedoch einer der Mitreisenden an und meinte: *»Herr Porsche, das sollten Sie lieber bleiben lassen!«*

Es herrschte eine gespannte Atmosphäre. Unheil lag in der Luft. Man spürte, dass etwas Ungewisses bevorstand. Den Leuten ging es zwar materiell erheblich besser als Anfang der dreißiger Jahre, und niemand wollte Krieg, aber Hitler schien bei seinen territorialen Forderungen und seiner politischen Maßlosigkeit nicht mehr aufzuhalten zu sein. Als dann im August des Jahres 1939 der Abschluss des deutsch-sowjetischen Paktes bekannt wurde, glaubte man zunächst eine gewisse Erleichterung registrieren zu können, aber es war ein Trugschluss; nun gab sich Hitler erst recht entschlossen, seine Pläne, zunächst mit Polen, in Angriff zu nehmen.

Wir wollten trotzdem unseren alljährlichen Betriebsausflug durchführen, und zwar mit der gesamten Firma. Die Reise sollte an den Chiemsee gehen, aber wir hatten nicht vor, mit dem Omnibus zu fahren, sondern sämtliche Versuchswagen, kurz alles, was einen Motor und Räder hatte, wurde startbereit gemacht und dafür eingesetzt. Da im Zuge der militärischen Vorbereitungen Benzin bereits knapp geworden war, und das schon seit Ende Juli, nahmen wir den erforderlichen Kraftstoff für Hin- und Rückreise in Kanistern mit. Mein Vater quartierte sich in der Autobahn-Raststätte Chiemsee ein, ich selbst wohnte in Prien mit den Kollegen in einem Gasthof, in dem wir uns auch am Abend zum gemeinsamen Essen trafen. Es war alles bestens organisiert, sogar eine bayerische Bauernkapelle spielte auf, und mein Vater hielt natürlich eine Rede.

Diese Rede an jenem Abend am Chiemsee überraschte mich doch sehr. Das, was er seinen Mitarbeitern und Mitarbeiterinnen zu sagen wusste, hatte eine positive Tendenz. Er sprach zwar nicht vom Krieg, doch konnte man seinen Worten entnehmen, dass an so etwas wie einen Krieg nicht zu denken sei. Ich hatte das Gefühl, dass mein Vater der Meinung war, die Leute beruhigen zu müssen. Das schien ihm auch gelungen zu sein, denn der Abend wurde sehr lustig, es wurde getanzt und man war geradezu ausgelassen.

Als ich am nächsten Morgen bei meinem Vater in der Raststätte zum gemeinsamen Frühstück erschien, schaute er mich an und sagte: *»Sag mal, hast Du überhaupt geschlafen?«* Natürlich hatte ich kein Bett gesehen. Und nach einem guten Frühstück fuhr ich meinen Vater hinunter zu unserem Haus am Wörthersee.

Wir erreichten unser Ziel wie vorgesehen, ohne dass ich trotz des fehlenden Schlafes auch nur einen Fahrfehler gemacht hätte. Nachdem mein Vater im Haus verschwunden war, ging ich an den Strand, legte mich dort in das Gras und schlief sofort ein. Ich hatte immerhin mehr als 24 Stunden nicht geschlafen. Es war für uns

--➜ OBEN Eine frühe Variante des Geländewagens Typ 62. **--➜ UNTEN Porsche Typ 82:** Aus dem Volkswagen entstand ein Geländefahrzeug, bei den Soldaten bekannt als der ›VW-Kübelwagen‹. Er hat sich an allen Fronten bewährt und wurde von den Landsern gerne gefahren, da er überall durchkam.

➜ **Allrad-Geländewagen Typ 82.**

der letzte Urlaub, den wir in Friedenszeiten am Wörthersee verbrachten. Es endete damit, dass im ›Reichsrundfunk‹ am 1. September der Einmarsch deutscher Truppen in Polen gemeldet wurde, und am 3. September, es war der 64. Geburtstag meines Vaters, erklärten England und Frankreich dem Deutschen Reich den Krieg.

Dieses Ereignis veranlasste mich trotz des Geburtstages meines Vaters zu einer spontanen Reaktion, indem ich feststellte: *»Jetzt ist der Hitler verrückt geworden!«*

Diese Bemerkung trug mir eine scharfe Zurechtweisung meines Vaters ein. Mit seinem geradlinigen Charakter und seiner Anständigkeit konnte er sich einfach nicht vorstellen, dass eine ›Reichsführung‹ mit ihrer großen Verantwortung für das Volk bewusst in ein kriegerisches Abenteuer hineinsteuern könnte. Natürlich hatten ihn auch die ihm im Dritten Reich gebotenen Arbeitsmöglichkeiten beeindruckt, aber das war nicht das Entscheidende, es war seine Redlichkeit, die es ihm unvorstellbar erscheinen ließ, alles, was bisher erreicht worden war, durch das gewaltige Risiko eines Krieges aufs Spiel zu setzen. Als Techniker war er gewohnt, logisch und klar zu denken, das, was aber jetzt geschehen war, machte für ihn keinen Sinn. Ich selbst war mir in diesem Augenblick völlig darüber im klaren, dass das nicht gut ausgehen konnte.

Natürlich war mit dem Ausbruch des Krieges auch nicht mehr an die Durchführung der längst geplanten Wettfahrt Berlin–Rom zu denken. Die drei dafür vorbereiteten Leichtmetall-Coupés konnten nun privat genutzt werden. Einer der Wagen wurde ja bereits von meinem Vater ausgiebig verwendet, ein zweites Fahrzeug dieses Typs hatte Dr. Lafferentz mit Beschlag belegt. Später wurde dieses Coupé bei einem Unfall zum Wrack gefahren. Wagen Nummer drei lieh sich gelegentlich Herr Werlin aus.

Die Planung für den KdF-Wagen sah vor, mit der Auslieferung der ersten Wagen für die Kunden Anfang 1940 zu beginnen. Das konnten wir natürlich vergessen. Auch wir hatten uns jetzt mit anderen Dingen als mit der Entwicklung von Automobilen für den privaten Gebrauch zu beschäftigen. Ein geländegängiges Fahrzeug hatte bisher nicht auf unserem Programm gestanden. Gewiss lud uns der handliche, leichte Volkswagen gelegentlich zu allerlei Späßen ein. So hatten wir einmal zwei Kübelsitze auf ein Volkswagen-Chassis montiert und waren mit diesem Fahrzeug durch das Gelände gefahren. Bei diesen nicht selten improvisierten Wettfahrten waren wir immer wieder beeindruckt, was man mit dem Volkswagen alles anstellen konnte.

Der Schritt vom Personenwagen zum Geländefahrzeug war deshalb nicht ungewöhnlich und eigentlich mit Ausbruch des Krieges zu erwarten gewesen.

Zuständig für das technische Gerät des Heeres war damals das Heeres-Waffenamt. Dort hatten wir unseren Volkswagen für das Gelände zur Erprobung abzuliefern. Diesem Test konnten wir von der technischen Konzeption des Fahrzeugs her und von seiner Leistungsfähigkeit aus betrachtet ohne Sorge entgegensehen. So dachten wir wenigstens, aber weit gefehlt. Wir merkten nämlich sehr bald, dass uns das Heeres-Waffenamt nicht günstig gesinnt war. Dies trotz der Tatsache, dass uns Daimler-Benz dieser Institution empfohlen hatte und es dort auch einige hohe Offiziere in leitenden Positionen gab, die mein Vater bereits während des I. Weltkrieges kennengelernt hatte, und die also auch über seine früheren Arbeiten Bescheid wussten.

In der Praxis machte sich das so bemerkbar, dass zum Beispiel unser ›VW-Kübel‹, wie ihn die Soldaten später nennen sollten, bei Testfahrten viel härter herangenommen wurde als die Konstruktionen der Konkurrenz. Das Heeres-Waffenamt schrieb ja seine Projekte aus und arbeitete dann mit Firmen seiner Wahl zusammen. So hatte zum Beispiel unser VW-Kübel die gesamte Teststrecke einschließlich schwierigster Hindernisse zu absolvieren, während die vom Heeres-Waffenamt bevorzugten Fahrzeuge nur einen Teil dieser Strecke zu bewältigen hatten. Und es ist natürlich so, dass man alles zu Schanden fahren kann, wenn man das will.

Vom Kübel wurde der VW-Schwimmwagen abgeleitet, erst der Typ 128 für das Heer und dann der weiterentwickelte Typ 166 im Auftrag der Waffen-SS. Von dem vierradgetriebenen Schwimmwagen Typ 166, für den kein Geländehindernis existierte, wurden 14.283 Einheiten gebaut.

Schwimmwagen Typ 128.

Am Steuer eines Typ 128 bei Schwimmversuchen im Löschwasserteich des Porsche-Werks in Stuttgart-Zuffenhausen.

Mein Vater hatte damals eine Vielzahl von Arbeiten zu erledigen und befand sich deshalb oft auf Reisen. Während dieser Zeit hatte ich die Leitung des Konstruktionsbüros inne, wie ja überhaupt die Entwicklung des Volkswagens unter meiner Obhut stand. Ich schaltete mich deshalb in die Geländewagen-Erprobung ein und forderte von der Kommission: *»Meine Herren, wenn unser Wagen die von Ihnen vorgegebene Strecke vollständig fahren muss, dann erwarte ich, dass Sie das auch von den Konkurrenz-Fahrzeugen verlangen!«*

Natürlich konnte man mir diesen Wunsch nicht abschlagen, und siehe da, bei den nun folgenden Prüfungen schnitt unser VW am besten ab. Aber damit hatten wir noch keinen Auftrag für die Produktion des Wagens in größeren Stückzahlen erhalten, und darauf kam es letzten Endes an. Es war dann Hitler selbst, der entschied und befahl, den VW-Geländewagen zu produzieren. Ich selbst hatte Hitler unseren Wagen vorgeführt, der, was verständlich ist, ein ganz besonderes Interesse dafür zeigte, da der Wagen ja auf der Basis ›seines‹ KdF-Wagens entstanden war.

Es hätte aber nicht der Entscheidung Hitlers bedurft, um nachzuweisen, dass unser Wagen die vorteilhaftere Konstruktion darstellte. Dieses Urteil haben die Landser selbst gefällt, die an allen Fronten, wenn immer möglich, dem VW-Kübel mit seinem luftgekühlten Motor den Vorzug gaben. Er war nämlich leicht, anspruchslos in der Wartung, robust, und seine vier Mann Besatzung bekamen ihn auch unter schwierigsten Geländebedingungen flott, ohne dass ein Panzer oder eine Zugmaschine erforderlich gewesen wäre, ihn aus dem Dreck zu ziehen. Das schafften auf Grund des niedrigen Fahrzeuggewichts in jedem Fall die vier Mann, die mit ihm fuhren.

Übrigens hat der Kübelwagen noch wesentlich zur weltweiten Bekanntheit des späteren Volkswagens beigetragen. Manchmal haben auch Soldaten der gegnerischen Armeen einen VW-Kübel erbeutet und stellten sehr bald seine Vorzüge fest. Als dann der VW nach dem Krieg auf den internationalen Märkte erschien, erinnerten sich die Soldaten gerne an seinen ›Verwandten‹.

Wir erhielten dann vom Heeres-Waffenamt den Auftrag, eine Afrika-Version des VW-Geländewagens zu entwickeln. Der Einsatz eines Fahrzeugs unter den dort herrschenden Bedingungen erforderte besondere technische Maßnahmen. So musste ein Ansaugfilter montiert

LINKS Juli 1941: Der Schwimmwagen im Versuch im Max Eyth-See in Stuttgart.
RECHTS Technische Zeichnung des Typs 128 vom Mai 1941.

werden, der dafür sorgte, dass der Motor bei Wüstenfahrten keinen Sand in die Zylinder bekam. Wir wählten breitere, profillose Reifen, verstärkten die Vorderachse, kurz gesagt, der Wagen wurde nach einer Erprobung vor Ort auf den Einsatz in Nordafrika vorbereitet.

Die Planungen für den Afrika-Feldzug liefen unter strengster Geheimhaltung ab. Sie waren sogar so geheim, dass die für den Nachschub verantwortlichen Dienststellen nicht genau darüber Bescheid wussten, wo das verschiedene Material hin sollte. So kam es dazu, dass die speziell für Afrika entwickelten VW-Kübel nach Russland geschickt wurden und Rommels Afrikakorps die Russland-Version des Geländewagens erhielt. Wie man inzwischen weiß, haben sich die Russland-VW-Kübel auch in Nordafrika gut bewährt.

Wie sehr die Bürokratie in ihrer Engstirnigkeit manchmal zu Auflagen kommt, die mehr einem Schildbürgerstreich ähnlich sind als der Vernunft, erlebten wir bei der Entwicklung des Schwimmwagens. Vom Heeres-Waffenamt wurde der Wagen zur Abnahme an die Abteilung für Pioniergerät überwiesen. Dort gab es eine Vorschrift, nach der Wasser-Fahrzeuge rote und grüne Positionslampen aufzuweisen hatten. Sicher, der Schwimmwagen war ein Wasser-Fahrzeug, wenn er seine Fähigkeit ausnutzte,

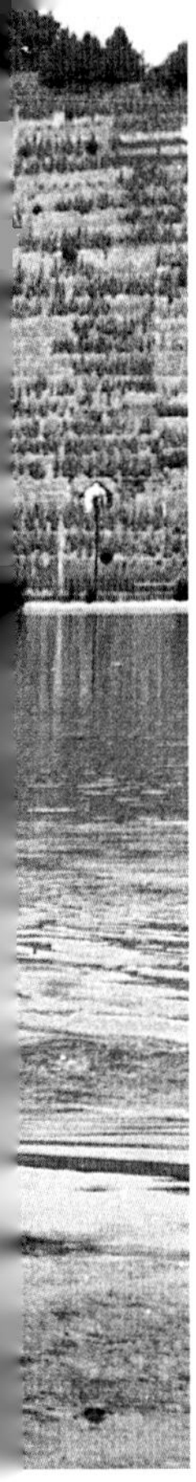

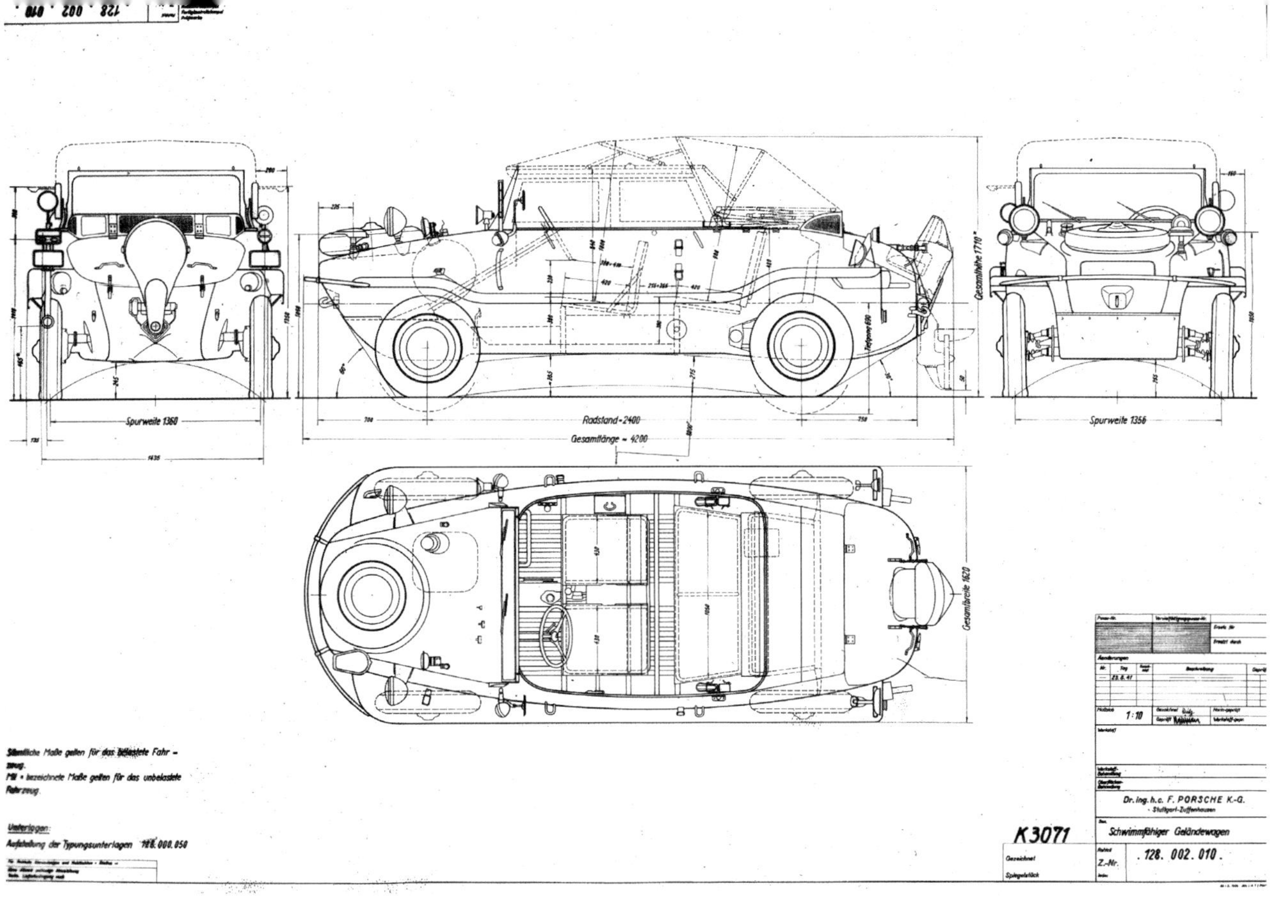

einen Fluss zu überqueren. Ich habe dann die Herren gefragt: *»Wollen Sie dem Feind mit Ihren Lampen anzeigen, in welche Richtung Sie fahren? Und vielleicht sollten wir die Wagen dann noch mit einem Anker ausstatten?«* Dieser Schwimmwagen für die Pioniere hatte bereits einen auf 1131 cm³ aufgebohrten VW-Motor wie auch sein Nachfolger.

Eines Tages erschienen Offiziere der Waffen-SS bei mir im Büro und erklärten, wir sollten für sie ein Motorrad mit VW-Motor und angetriebenem Seitenwagenrad entwickeln. Ich fragte die Herrn: *»Was wollen Sie mit diesem Fahrzeug?«* Die Antwort: *»Überall hinkommen!«* *»Gut«*, erwiderte ich, *»ich mache Ihnen ein Fahrzeug, mit dem Sie überall hinkommen, aber es wird kein Motorrad sein!«*

Mein Vorschlag wurde akzeptiert, und wir bauten daraufhin eine kleinere Version des Pionier-Schwimmwagens mit breiteren Reifen und Vierradantrieb, der selbst während der Schlammzeit in Russland überall mit den Panzern mithalten konnte. Es war auch der einzige geländegängige Wagen, der wirklich überall hinkam. Von diesem Typ wurden 14.283 Stück hergestellt, während vom normalen VW-Kübel etwa 60.000 Einheiten produziert wurden. Wir machten dann noch ein Kettenfahrzeug auf VW-Basis für den Wintereinsatz.

Lassen Sie mich an Hand der Typenbezeichnungen noch einmal unsere Entwicklung militärischer Gelände-Fahrzeuge zusammenfassen, wie sie dann auch in die Fertigung genommen wurden. Der erste VW-Kübel hatte die Bezeichnung Typ 62 im Programm der Firma Porsche. Es war dieses Fahrzeug, das vom Heeres-Waffenamt sehr gründlich erprobt wurde. Mit einigen Änderungen ging dann der Typ 82 in Serie.

Der Schwimmwagen für das Heer wurde als Typ 128 bezeichnet. Er war in seinen Gesamtabmessungen etwas größer als der Typ 166, den wir für die Waffen-SS entwickelten. Mit seinem Allrad-Antrieb erwies sich der Typ 166 als das überlegene Gelände-Fahrzeug der Truppe schlechthin.

Es gab dazwischen noch Spezialversionen. So wurde zum Beispiel untersucht, die Wintertauglichkeit des VW-Kübel zu verbessern. Es gab ein Halbketten-Fahrzeug, den Typ 155. Wir verwendeten verschiedene Arten von Rädern mit verbreiterter Lauffläche oder Ski an den Vorderrädern, ja, es gab für den Kübel sogar Räder, die es ermöglichten, ihn auf Schienen zu fahren.

Von der Limousine wurde der Typ 87 abgeleitet mit größerer Bodenfreiheit, Allradantrieb und Spezialreifen zum Einsatz in wüstenähnlichem Gelände, beson-

Typ 155 in Zell am See (1944).

ders für das Afrikakorps gedacht. Die Limousine Typ 82 E hatte ebenfalls eine größere Bodenfreiheit zur Fahrt im Gelände, verfügte aber nicht über Allradantrieb.

Es ist aber durchaus nicht so gewesen, dass der Volkswagen mit dem Ziel entwickelt worden wäre, ihn am Ende für militärische Zwecke zu verwenden. Genauso wenig war das Volkswagen-Werk als Rüstungsunternehmen gedacht. Dies geht ja auch deutlich aus der Antwort Hitlers hervor, als ihn mein Vater deswegen fragte.

Es gab zu Kriegsbeginn ja bereits fast 300.000 Inhaber von VW-Sparkarten, die eifrig ihre Marken klebten. Der Volkswagen war konstruiert als Massen-Verkehrsmittel mit dem Ziel, auch dem sogenannten kleinen Mann ein Stück Unabhängigkeit zu vermitteln, indem es ihm ermöglicht werden sollte, sich sein eigenes Automobil anzuschaffen. Mit dem Beginn des Zweiten Weltkrieges war dieses Ziel natürlich in weite Ferne gerückt. Leider! Allerdings sollte es dann nach dem Krieg in einer Demokratie doch noch Wirklichkeit werden.

Hitler erhielt von uns übrigens einen VW-Schwimmwagen. Ich habe ihm das Fahrzeug vorgeführt. Dabei erinnere ich mich gut an einen Besuch in seinem ostpreußischen Hauptquartier bei Rastenburg. Dort gab es sehr viele Mücken. Als Hitler den Wagen besichtigt hatte, standen die Herren noch zusammen und sprachen über das neue Gerät. Plötzlich setzte sich eine Stechmücke bei Generalfeldmarschall Keitel auf die Backe. Hitler sah das, nahm seinen Handschuh, den er in der Hand hielt, und schlug die Mücke tot. Sie hatte aber bereits gestochen gehabt und hinterließ einen kleinen Blutfleck auf der Wange von Keitel. Daraufhin sagte Hitler: *»Hier sehen Sie den ersten deutschen General, der sein Blut vergießt!«*

Bei der Vorführung des Schwimmwagens im Führerhauptquartier war natürlich auch Heinrich Himmler, der Reichsführer der SS, anwesend, nachdem das letztere Modell ja für seine Truppe geschaffen worden war. Am Abend nach der Vorführung des Geräts bei Hitler besuchte uns Himmler in unserem Quartier und fragte mich im Laufe eines Gesprächs: *»Herr Porsche, sind Sie eigentlich in der SS?«* Wahrheitsgemäß antwortete ich: *»Nein, Reichsführer!«*, denn ich war in überhaupt keiner Parteiorganisation Mitglied. Daraufhin winkte Himmler seinen Adjutanten heran und sagte ihm: *»Notieren Sie, Herr Porsche wird zum SS-Untersturmführer ernannt!«* Gab mir die Hand und verließ uns. Kurze Zeit später erhielt ich einen Brief vom SS-Hauptamt von Himmler, der die Ehrenurkunde meiner Ernennung zum »SS-Untersturmführer ehrenhalber« enthielt.

Wer sich an die Verhältnisse der damaligen Zeit erinnert, der wird mir beipflichten, dass es höchst gefährlich gewesen wäre, diese Ehrung abzulehnen. Später brachte sie mir dann allerdings einigen Ärger ein.

Nach dem Zusammenbruch des Dritten Reiches wurde ich in Salzburg von amerikanischen Offizieren ›einvernommen‹, wie das damals hieß. Man fragte: *»Waren Sie bei der SS oder irgendeiner anderen Nazi-Organisation?«* Ich schaute dem Mann offen ins Gesicht und sagte: *»Da müssen Sie mir schon helfen, denn man hat mich ehrenhalber zum Untersturm-Führer ernannt, aber ich habe nie meine Einwilligung dazu gegeben!«* Darauf antwortete er: *»Waren Sie nun in der SS oder waren Sie es nicht?«* Darauf erwiderte ich: *»Gestatten Sie mir eine einfache Frage, wenn Sie jetzt zum Ehrenbürger von Salzburg ernannt werden, sind Sie dann Österreicher?«* Daraufhin schüttelte er den Kopf und ließ mich gehen.

Im Dezember 1951 wurde ich erstmals nach dem Krieg nach Amerika eingeladen. Eine amerikanische Firma wollte einen kleinen Jeep bauen und dafür Aggregate von uns verwenden. Bei der Erteilung des Visums wurde mir die damals übliche Frage gestellt: *»Waren Sie Mitglied der SS oder einen anderen Nazi-Organisation?«* Guten Gewissens antwortete ich: *»Nein!«* Erhielt mein Visum und flog nach Amerika. Als ich zurückkam, lag eine Notiz vor: *»Bitte sofort US-Konsulat Stuttgart anrufen. Dringend!«* Ich habe sofort dort angerufen, und da wurde mir gesagt: *»Sie haben uns nicht mitgeteilt, dass Sie in der SS waren!«* Ich antwortete: *»Wenn Sie mir nicht glauben, dann können Sie es ja nachprüfen, ob ich bei der SS war. Ich wurde zwar von Himmler zum Untersturmführer gemacht, aber Sie werden bei den Dokumenten nichts finden mit meiner Unterschrift, auch nicht meinen Lebenslauf, rein gar nichts, außer dem, was Himmler veranlasst hat!«*

Acht Tage später wurde ich wieder vom Konsulat angerufen, und ich erhielt die Mitteilung: *»Alles o. k.!«* Das war es dann wohl auch! Ich habe den Ereignissen vorausgegriffen, gehen wir wieder zurück zur Kriegszeit.

Im Jahre 1940 war unser Vertrag mit Daimler-Benz beendet worden, da der Gegenstand des Vertrages, auf dem zivilen Gebiet zu arbeiten, nicht mehr gegeben war. Der Krieg und alles, was damit zusammenhing, hatte Vorrang. Daimler-Benz schlug jedoch dem Rüstungsministerium, das damals unter der Leitung von Dr. Todt stand, vor, uns als Berater zu engagieren. Dr. Todt gab seine Zustimmung, und mein Vater wurde als Leiter der Panzerkommission eingesetzt. Das war wohl auch der Grund, warum wir dann im weiteren Verlauf des Krieges vorwiegend in der Konstruktion und Entwicklung von Panzer-Fahrzeugen verwendet wurden.

→ **Den Volkswagen** gab es auch als sogenannten Kommandeurswagen mit Vierradantrieb, hier mit Kronprinz-Sandreifen in der Tropenausführung.

Mein Vater verstand sich von Anfang an sehr gut mit Dr. Todt. Beide hatten ähnliche Ansichten, und Dr. Todt respektierte meinen Vater als einen Fachmann auf seinem Gebiet. Außerdem war der Altersunterschied zwischen den beiden nicht so groß wie zum Beispiel zwischen meinem Vater und Albert Speer, der nach dem Tod von Dr. Todt das Rüstungsministerium übernahm. Mein Vater mag zwar ein etwas cholerisches Temperament gehabt haben, aber er war durchaus ein umgänglicher Mensch, mit dem man reden konnte, und er war auch ein redlicher Mann.

Am 12. September des Jahres 1940 war mein Vater, der bereits mit dem Dr. techn. E.h. und dem Dr.-Ing. h.c. ausgezeichnet worden war, vom ›Reichsminister für Wissenschaft, Erziehung und Volksbildung‹ noch der Titel eines Honorarprofessors verliehen worden. Er freute sich sehr über diese Ehrung.

Auch bei der Familie Ferry Porsche stellte sich ein freudiges Ereignis ein, denn am 29. Oktober des Jahres 1940 wurde unser dritter Sohn, Hans Peter, geboren, den wir Peter rufen.

→ KAPITEL 10

PANZER FÜR DIE WEHRMACHT

Der Krieg verlagerte natürlich auch bei uns das Schwergewicht auf militärische Aufgaben, dies besonders wegen der verantwortlichen Position, die mein Vater in der Panzerkommission wahrzunehmen hatte. Neben den verschiedenen Aufträgen für Geländewagen beanspruchten vornehmlich gepanzerte Fahrzeuge unsere Zeit.

Den ersten Auftrag zur Entwicklung eines Panzers hatten wir jedoch bereits im Dezember 1939 erhalten, also bevor mein Vater der Panzerkommission angehörte. Wir sollten im Auftrag des Heeres-Waffenamtes einen mittelschweren Panzer in der Gewichtsklasse zwischen 35 und 40 Tonnen bauen, der möglichst von einem luftgekühlten Motor angetrieben wurde.

Das Fahrzeug ging unter der Bezeichnung Porsche Typ 100 ›Leopard‹ in die Firmengeschichte ein. Es hat zwar nichts mit dem heutigen Leopard der Bundeswehr zu tun, war aber ebenfalls sehr modern ausgelegt. Der Leopard besaß einen Mischantrieb, wie ihn mein Vater ja schon vor und im Ersten Weltkrieg erfolgreich angewendet hatte. Dabei versorgten zwei Verbrennungsmotoren jeweils über zwei angeflanschte Generatoren in der Fahrzeugmitte hintereinander angeordnete Elektromotoren mit Strom. Diese Elektromotoren trieben über entsprechende Spezialgetriebe die beiden vorderen Kettenräder an. Durch dieses Antriebssystem wurden eine nahezu stufenlose Kraftübertragung und eine ebenso stufenlose Lenkung des 35 Tonnen schweren Fahrzeugs möglich. Für einen Panzer der damaligen Zeit war das zweifellos eine sehr fortschrittliche Lösung.

Wir beabsichtigten auch, als Verbrennungsmaschinen einen luftgekühlten Dieselmotor zu verwenden. Ein luftgekühlter Diesel ist anspruchsloser im Betrieb und robuster auch unter schwierigen Witterungsbedingungen als ein Otto-Motor. Wir konstruierten deshalb einen luftgekühlten V10-Zylinder-Dieselmotor mit zehn Litern Hubraum, der eine Leistung von 210 PS bei 2500 Umdrehungen pro Minute abgab. Zwei dieser 210 PS starken Diesel sollten den Panzer über die vorher beschriebene Anlage antreiben. Wie richtig wir mit unserem Vorschlag lagen, sollte sich später besonders beim Russland-Feldzug zeigen, wo das Material ja sehr stark beansprucht wurde und ein Dieselmotor eben doch widerstandsfähiger gewesen wäre als die verwendeten Benzinmotoren. Der Motor sollte in den von der Steyr AG eingerichteten und auch betriebenen Nibelungen-Werken in St. Valentin in Niederösterreich entwickelt werden.

Da ein Panzer eine möglichst kleine Stirnfläche haben muss, um dem Gegner ein schwer zu treffendes Ziel zu bieten, bauten wir unser Fahrzeug sehr niedrig. Dies wurde erreicht durch je drei Rollenwagen mit jeweils zwei gummierten Laufrollen und längsliegenden Drehstäben pro Kette, die über Kniehebel auf die Rollenwagen arbeiteten.

Wir konnten die Konstruktion im April 1941 fertigstellen, der Russland-Feldzug begann am 22. Juni 1941. Nach dem Auftrag des Heeres-Waffenamtes war es vorgesehen, als nächste Stufe zwei Prototypen zur Erprobung ohne Turm zu bauen.

Im Juli lieferte uns Steyr die beiden ersten Mustermotoren. Die Motoren wurden montiert, und die Fahrerprobung konnte beginnen. Wir erzielten auch gute Ergebnisse, doch inzwischen hatte sich die Lage geändert. Anlässlich einer Führerbesprechung Ende Mai 1941, an der auch mein Vater als Vertreter der Panzerkommission teilgenommen hatte, forderte Hitler nun plötzlich einen schweren Panzer. *»Ich habe Informationen«*, so sagte er, *»nach denen die Engländer ein derartiges Fahrzeug an die Front bringen!«*

Mein Vater und die Firma Henschel erhielten den Auftrag, einen Panzer der Gewichtklasse 40 Tonnen mit stärkerer Bewaffnung und Panzerung als bei allen bisherigen Modellen zu entwickeln. Jeder der beiden Auftragnehmer sollte unabhängig vom anderen arbeiten. Die Arbeiten an unserem Leopard wurden daraufhin eingestellt, die Konstruktion am Porsche Typ 101 ›Tiger‹ begann. Selbstverständlich arbeiteten wir dabei auf der Grundlage des Typs 100 Leopard und der Erkenntnisse, die wir bei seiner Entwicklung gewonnen hatten, weiter.

Im Juli 1941 trafen dann die deutschen Panzerverbände in Russland erstmals auf den sowjetischen Panzer T-34, der den eingesetzten deutschen Konstruktionen deutlich überlegen war. Auf Grund dieser Situation forderte Hitler eine beschleunigte Entwicklung des 40-Tonnen-Fahrzeugs. Weniger später erbeuteten deutsche Truppen intakte T-34. Eines dieses Fahrzeuge stand sehr bald der Panzerkommission zur Verfügung und wurde auf einem Truppenübungsplatz in der Lüneburger Heide gründlich untersucht.

Der T-34 war mit einem V12-Zylinder-Dieselmotor von 500 PS, allerdings wassergekühlt, ausgerüstet. Unsere Techniker nahmen den Motor auf die Bremse, um

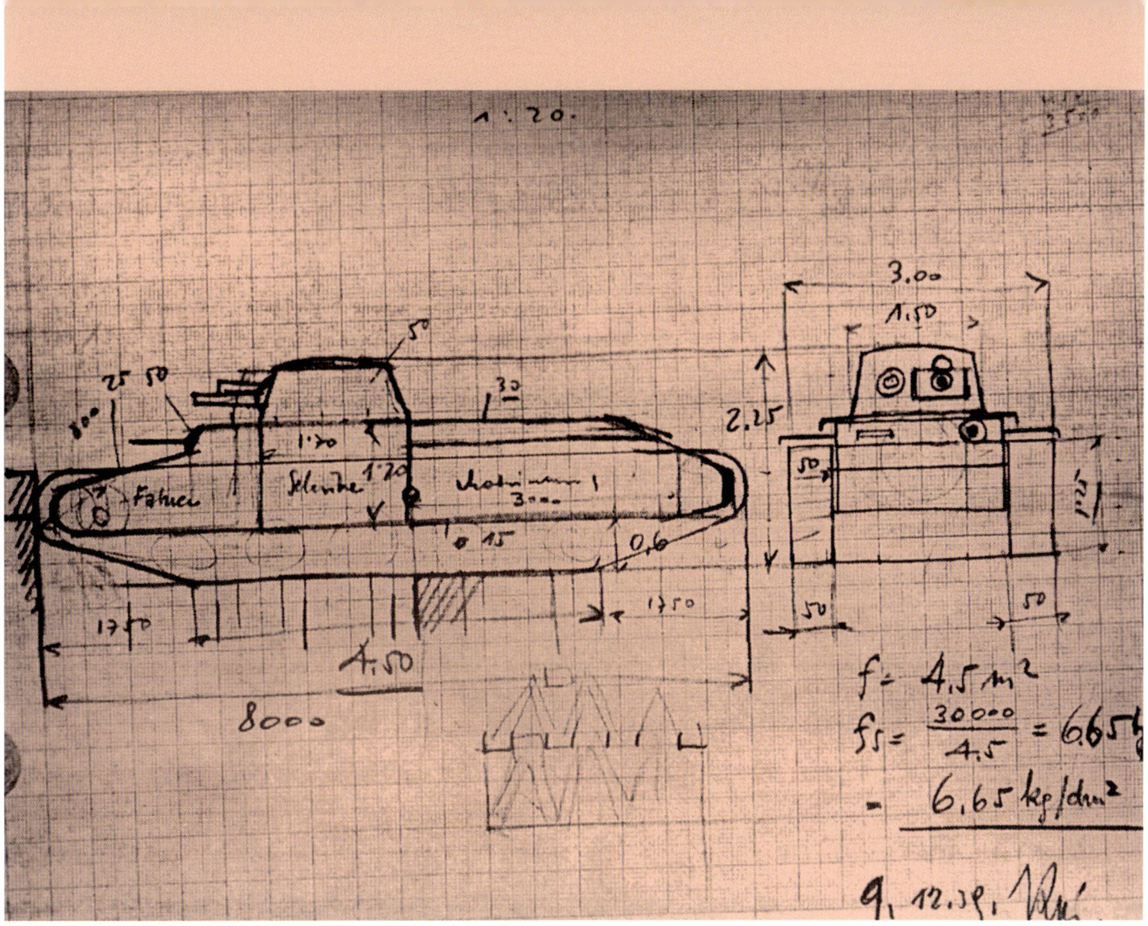

OBEN Erste Skizzen für den Panzer Leopard im Dezember 1939.
UNTEN Porsche Typ 101 ›Tiger‹ (1943).

herauszufinden, wie viel er wirklich leistete. Bald darauf kamen sie zu meinem Vater und meinten: *»Die Russen übertreiben ganz schön, der Motor hat gar keine 500 PS, höchstens 350!«*

Daraufhin ging mein Vater mit den Leuten auf den Bremsstand und schaute sich den Motor genau an. Sehr schnell stellte er fest: *»Da schaut her, die haben den Motor gedrosselt. Hier ist die Plombe an der Einspritzpumpe zu sehen!«* Die Männer überzeugten sich und wussten nun, warum der Motor auf der Bremse nicht seine volle Leistung brachte.

»Jetzt ist mir auch klar, warum die Motoren bei den Russen länger halten als bei uns. Die zwingen ihre Soldaten, mit weniger Leistung zu fahren. Dadurch verbrauchen die Motoren nicht nur weniger Kraftstoff, sondern werden auch nicht bis an die Grenze ihres Leistungsvermögens belastet, wie man das bei unseren Benzinmotoren macht!«, erklärte mein Vater.

Der T-34 beeindruckte durch die Einfachheit seiner Konstruktion und seine Robustheit. Er war so konstruiert, dass er auch problemloser und damit schneller gefertigt werden konnte. Sein Laufwerk, im Prinzip nach dem Patent des amerikanischen Ingenieurs Christie konstruiert, verwendete übrigens auch unsere Drehstabfederung. Eine Lizenzgebühr haben wir von den Sowjets nie erhalten, ich bezweifle auch, dass Christie je Lizenzen gezahlt wurden.

Mein Vater hatte sich sehr schnell eine klare Meinung über den T-34 gebildet, denn als er gefragt wurde, was er als Antwort auf diesen damals wohl besten Panzer vorschlage, sagte er knapp, aber deutlich: *»Nachbauen!«*

Dieser Gedanke war gar nicht so abwegig, denn auf diese Weise wäre sehr schnell eine entsprechende Antwort auf den T-34 gefunden worden, wobei es den deutschen Ingenieuren ja unbenommen blieb, Verbesserungen anzubringen, wenn dies überhaupt erforderlich gewesen wäre.

Dabei fiel meinem Vater ein Ereignis ein, das noch in die Zeit zurückging, als er bei der Daimler-Motoren-Gesellschaft arbeitete. Damals wurden bei Daimler zwei Panzer entwickelt, die unter der Tarnbezeichnung ›Großtraktor‹ I und II liefen. Der Versailler Vertrag hatte ja den Deutschen die Entwicklung derartigen Geräts verboten. Einer dieser Panzer war ebenfalls in der Lüneburger Heide auf einem Truppenübungsplatz der Reichswehr getestet worden. Als sich Vertreter der Alliierten Kommission in der Lüneburger Heide zur Inspektion ankündigten, verschwand der Panzer sehr schnell mit seinen Technikern in die Sowjetunion. Dort wurden in Kama gemeinsam mit der Roten Armee Erprobungen gepanzerter Fahrzeuge durchgeführt. Es ist naheliegend, dass dabei technisch von beiden Seiten profitiert wurde.

Der Vorschlag meines Vaters, den T-34 einfach nachzubauen, fand nicht die Zustimmung der Militärs. Bei der Überheblichkeit der damaligen Führung und der Lehre vom ›Herrenmenschen‹ wäre es untragbar gewesen, damit indirekt zuzugeben, dass die Sowjets auf diesem speziellen Sektor wirkungsvoller gearbeitet hatten.

Mein Vater, den Hitler als eine Art ›väterlichen Ratgeber‹ in technischen Angelegenheiten betrachtete, fiel im Führerhauptquartier manchmal durch frappierende Vorschläge auf. So schlug er Hitler in Anwesenheit des international anerkannten Panzer-Experten Generaloberst Guderian vor, für die Panzerwaffe in Zukunft doch kleinere Soldaten einzusetzen.

»Die maximale Größe eines Panzersoldaten sollte 1,65 m nicht überschreiten«, gab mein Vater zu bedenken, und fuhr fort: *»Es besteht überhaupt kein Grund, Männer mit Gardemaß im Panzer einzusetzen! Auf diese Weise kann man nicht nur ohnehin knappe Rohstoffe sparen, sondern auch kleinere Panzer bauen, die dem Gegner weniger Angriffsfläche bieten!«* Wir waren stets die Verfechter leichter, schneller und wendiger Panzer gewesen.

Hitlers Antwort war: *»Da ist etwas dran. Außerdem sind kleine Männer mutiger als große, siehe Napoleon oder Prinz Eugen; na ja, der Viktor Emanuel (König von Italien) ist die übliche Ausnahme!«* Dabei blieb es dann aber auch.

Am 8. Februar 1942 verunglückte Dr. Fritz Todt, der Reichminister für die Rüstung, bei einem Flugzeugabsturz tödlich. Mein Vater hat den Tod dieses Mannes sehr bedauert. Nicht nur, weil er ihn menschlich mochte, sondern auch, weil die beiden sich auch auf dem technischen Gebiet sehr gut verstanden haben.

Sein Nachfolger wurde Albert Speer, der ›Architekt des Führers‹. Zweifellos war Speer ein begabter junger Mann, dessen Stärke aber eben das Bauen war, wenn er sich später dann auch als Organisator bestens bewährt hat.

Über das Verhältnis meines Vaters zu Speer wurde sehr viel geschrieben. Ich möchte eigentlich dazu nur so viel feststellen, dass das gute Einvernehmen, das zwischen

OBEN Aus dem Porsche ›Tiger‹ entstand der Jagdpanzer ›Ferdinand‹, später in ›Elefant‹ umbenannt. Das Foto zeigt Rüstungsminister Speer bei einer Probefahrt mit dem Ferdinand (Porsche Typ 130). Rechts vorn auf dem Panzer sitzt mein Vater, der Vorsitzender der Panzerkommission war. **UNTEN Panzer Typ 131 »Ferdinand«** (1943).

meinem Vater und Dr. Todt bestand, nun einem etwas distanzierteren Verhältnis wich. Das war ganz natürlich, denn der Altersunterschied zwischen meinem Vater und Speer war eben doch zu groß. Hier der Vertreter einer Generation aus der Zeit vor dem Ersten Weltkrieg, und dort der junge, dynamische Manager, der die schwache Seite des Diktators, die Architektur, berührte und fast in einer Art Vater-und-Sohn-Verhältnis von ihm großer Unterstützung sicher sein konnte.

Wie das Verhältnis zu Speer war, habe ich oft genug selbst miterlebt. Ein Beispiel aus einer Sitzung der Panzer-Kommission, an der auch ich teilnahm, illustriert das sehr gut. Wir machten damals an Hand von Konstruktionsskizzen den Vorschlag, an Stelle eines Panzers mit fünf Mann Besatzung einen kleinen Tank, der weniger als 30 Tonnen wog, mit nur zwei Mann Besatzung auszustatten. Dies sollte durch eine automatische Kanone wie im Jagdflugzeug möglich werden, und der zweite Mann sollte den Panzer fahren. Speer, der gelernte Architekt, anfangs nur verantwortlich für die bauliche Neugestaltung des Deutschen Reiches, schaute sich die Skizzen an und sagte: *»Wenn das Gewicht stimmt, dann fress' ich einen Besen!«* Worauf mein Vater in echt schwäbischer Manier (er hatte sich ja inzwischen bestens in Stuttgart eingelebt!) antwortete: *»Und ich die Putzfrau, dass es stimmt!«*

Der Ingenieur hatte sich bei diesem Vorschlag ja etwas gedacht und war zu dem Schluss gekommen, dass das, was bei dem ja viel schwieriger als ein Panzer zu beherrschenden Flugzeug möglich ist, erst recht bei einem bodengebundenen Fahrzeug möglich sein müsste. Aber auch Speer konnte nicht in Dimensionen denken, die anders waren als die der Militärs. Ein Panzer musste eben eine Besatzung haben, die aus dem Kommandanten, einem Richtschützen, einem Ladeschützen, einem Funker und einem Fahrer bestand.

Inzwischen war die Entwicklung des Tiger weiter fortgeschritten, obwohl Hitler noch erhebliche Änderungen verlangt hatte, wie z. B. stärkere Panzerung. Am 20. April, an seinem 53. Geburtstag, wurden beide Prototypen, der eine von Henschel, der andere von uns, in der Wolfsschanze, Hitlers Hauptquartier bei Rastenburg, vorgeführt. Hitler war von unserer Konstruktion beeindruckt und ordnete an, beide Fahrzeuge in die Serienfertigung zu nehmen.

Einige Zeit danach gingen dann beide Panzer in die Erprobung durch das Heeres-Waffenamt. Sie fand auf einem Truppenübungsplatz, zwischen Mühlhausen und Eisenach in Thüringen gelegen, statt. Der Platz hieß Berka am Hainich. Bei dieser Erprobung zeigten beiden Panzer gute Leistungen, doch Speer tendierte in seiner offiziellen Funktion als Rüstungsminister mehr zum Henschel-Tiger. Der Henschel war ein Panzer konventioneller Konzeption mit einem V12-Zylindermotor Maybach Typ HL 210 P 45, wassergekühlt, und leistete zirka 650 PS. Aber es war im Gegensatz zu unserem Aggregat eben ein Otto-Motor.

Bei der entscheidenden Erprobung in Berka am Hainich setzte Henschel einen sogenannten Erprobungsträger ein, dabei handelte es sich um einen Panzer ohne Turm. Wir nannten dieses Vehikel »Sportwagen«, da es sich natürlich ohne das gewaltige Gewicht des Turms mit seiner starken Panzerkuppel und dem Geschütz geradezu wie ein Sportwagen im Gelände bewegen ließ. Speer machte es offensichtlich Spaß, mit diesem Erprobungsträger durch das Gelände zu fahren, während er sich nicht ein einziges Mal der Mühe unterzog, den Porsche-Tiger zu testen.

Vielleicht scheute er sich auch als Verantwortlicher für die Rüstung davor, an Stelle der konventionellen Konzeption den neuartigen und fortschrittlicheren Porsche in die Produktion zu nehmen, denn Hitler wollte Produktionszahlen sehen. Aber er hatte auch entschieden, beide Modelle in Serie zu fertigen, und dem konnte sich Speer nicht widersetzen.

Was war nun neu am Porsche-Tiger? Im Grunde war er nach dem gleichen Prinzip wie der Leopard ausgelegt, nur handelte es sich bei den luftgekühlten Diesel-Motoren um V10-Zylinder mit 15 Litern Hubraum und 320 PS Leistung bei 2400 Umdrehungen pro Minute. Das ›Mixte‹ genannte Porsche-Antriebssystem, bei dem die beiden Diesel einen Generator antrieben, der wiederum den Strom für zwei im Heck untergebrachte Elektromotoren lieferte, war ein Misch-Antrieb zwischen Verbrennungskraftmaschine und Elektromotor. Dabei sorgten die Elektromotoren über entsprechende Getriebe für den Antrieb der Kettenräder. Dieses System gestattete es, eine nahezu unbegrenzte Anzahl von Übersetzungs-Varianten zu verwenden. Die elektrische Anlage für diesen Antrieb lieferte die Firma Siemens-Schuckert Berlin.

Eine weitere Möglichkeit der Kraftübertragung bot ein hydraulisches Getriebe von Voith Heidenheim mit zwei Drehmomentwandlern je Motor. Zwei Prototypen dieser Ausführung wurden im März in dem für die Panzer-Produktion von Steyr in St. Valentin eingerichteten Nibelungen-Werk in Auftrag gegeben.

Leider hatten wir jedoch für die Entwicklung des neuen Dieselmotors bis zur Produktionsreife nicht die erforderliche Zeit zur Verfügung. Es gab Schwierigkeiten beim Ölumlauf. Durch fehlerhafte Dichtungen verloren wir Öl. Wir rechneten mit zwei weiteren Jahren harter Arbeit bis zur Serienreife des luftgekühlten Diesels.

Auch ein inzwischen vorgeschlagener luftgekühlter 16-Zylinder-Diesel in X-Form änderte nichts daran, dass man für Neukonstruktionen und neue Konzepte eben eine bestimmte Entwicklungszeit benötigt.

In der Anfangsphase hatten wir alternativ ein konventionelles System für den Tiger vorgesehen gehabt, mit mechanischem Getriebe und Kupplung, jedoch waren wir nicht davon überzeugt, dass es für den inzwischen fast 60 Tonnen schweren Tiger die richtige Lösung war.

Unser Konkurrent Henschel mit seinem konservativen Antrieb erhielt schließlich vom Heeres-Waffenamt und damit auch von Speer den Zuschlag. Der tiefere Grund für diese Entscheidung war wohl auch, dass sich die Militärs mit dem völlig neuen Konzept, das wir anboten, nicht recht befreunden konnten. Sie glaubten damit im Fronteinsatz zu viele Probleme auf sich zukommen zu sehen, deren Lösung zu viel Zeit erforderte. Zeit war aber eben bei dem wachsenden Druck, der sich an fast allen Fronten damals einstellte, das, was man am wenigstens verfügbar hatte.

Nach unseren Berechnungen im Jahre 1942 konnten sich die Fahrleistungen des Porsche-Tigers mit seinem diesel-elektrischen Antrieb durchaus sehen lassen. Steigungen bis zu 30° waren für ihn kein Problem, und bei einem Gewicht von rund 60 Tonnen lag seine Geschwindigkeit immer noch bei 35 km/h. Seine Bewaffnung bestand aus einer 8,8-cm-Kanone und zwei Maschinengewehren.

Der Porsche-Tiger wurde nun einem anderen Verwendungszweck zugeführt. Der Henschel-Tiger ging sofort in die Produktion. Aus unserem Fahrzeug wurde ein sogenannter Jagdpanzer mit der Porsche-Bezeichnung Typ 130. Hierbei handelte es sich um eine Selbstfahrlafette mit einer gegenüber dem Tiger noch stärkeren Front-Panzerung, die 200 mm betrug. Der Panzer besaß jedoch nicht den üblichen Geschützturm, sondern hinter der Front-Panzerung einen Kasematten-Aufbau mit einer 88-mm-Kanone PAK 43/2. Die PAK 43/2 war eine vom 8,8-Flakgeschütz abgeleitete Panzer-Abwehrkanone mit hoher V_0 (das ist die Anfangsgeschwindigkeit, mit der ein Geschoss das Rohr verlässt) und sehr großer Durchschlagskraft.

Die luftgekühlten Porsche-Dieselmotoren waren noch nicht serienreif, deshalb verwendeten wir zwei Maybach-Motoren V12-Zylinder, wassergekühlt, vom Typ HL 120 TRM von je 320 PS bei 3000 U/min. Sie trieben die angeflanschten Generatoren an, der elektrische Antrieb lag im Heck und arbeitete als eine Art Unterfluraggregat auf die beiden hinteren Kettenräder. Zum Maybach-Motor sollte noch gesagt werden, dass er damals der bevorzugte deutsche Panzer-Motor war und in seinen verschiedenen Versionen bis zu 700 PS Leistung in Großserie gebaut wurde. Im Zweiten Weltkrieg sollen an die 140.000 Maybach-Panzermotoren gefertigt worden sein.

Fahrer und Funker saßen im Bug des Panzers, weitere vier Mann waren in der Kasematte untergebracht. Ihre Aufgabe war es, gut getarnt in Bereitschaft zu bleiben und beim feindlichen Angriff durch die starke Feuerkraft selbst in den Abwehrkampf einzugreifen und besonders feindliche Panzerkräfte zu vernichten.

Vom Heeres-Waffenamt erhielt der Jagdpanzer die Bezeichnung ›Ferdinand‹ nach dem Vornamen meines Vaters, Hitler taufte ihn später in ›Elefant‹ um. Insgesamt wurden 90 Einheiten des 68 Tonnen schweren Ferdinands gebaut und in Russland sowie in Italien eingesetzt. An der russischen Front schossen Ferdinands an die 700 Panzer ab und vernichteten eine große Anzahl von Geschützen der verschiedensten Art.

Ich berichtete bei der Tiger-Entwicklung von einem luftgekühlten X-16-Zylinder-Dieselmotor mit einem Zylinderwinkel von 135°, der eventuell als Alternative zum Porsche-Zehnzylinder in Betracht gezogen wurde. Mein Vater war stets ein Verfechter der luftgekühlten Dieselmotoren zum Antrieb für Panzer, da sie gegenüber dem Benzinmotor viele Vorteile aufweisen. Sie sind nicht nur anspruchsloser in der Qualität des Kraftstoffes, sondern auch weniger störanfällig. Ein Faktor, der bei dem harten Fronteinsatz nicht hoch genug zu bewerten war. In unserem Konstruktionsbüro wurde ein 16-Zylindermotor in X- oder Doppel-V-Form entworfen mit Luftkühlung durch ein Gebläse und mit Abgas-Turboaufladung, System ›Buechi‹ Brown-Boveri, der einen Hubraum von

36,8 Litern aufwies. Er erhielt bei Porsche die Bezeichnung Typ 220.

Ladedruck und Verdichtungsgrad sollten mit 1,33 ata maximal und 1:14,5 verhältnismäßig niedrig gehalten werden, um eine lange Lebensdauer des Triebwerks zu erreichen. In seinen Abmessungen sollte es so ausgelegt sein, dass es gegen die weitgehend verwendeten Maybach-Benzin-Motoren ausgetauscht werden konnte. Da der Dieselmotor mit 2000 U/min langsamer drehte als der Maybach mit 3000 U/min, musste eine entsprechende Übersetzung vorgenommen werden. Während der Maybach-Motor 600 bis 700 PS leistete, gab der Typ 220 eine Leistung zwischen 780 und 800 PS ab.

Neu an ihm war auch der Abgas-Turbolader, sodass ein Konzept gewählt wurde, das schon der heutigen Standard-Technik entsprach. Dieser Lader steigerte die Leistung erheblich, sodass die erforderlichen 80 PS Leistungsverlust beim Antrieb des 6000 Liter Luft pro Sekunde fördernden Kühlgebläses vertreten werden konnten.

Der Motor hatte direkte Kraftstoff-Einspritzung, System Bosch, und eine aus Manganstahl geschmiedete Kurbelwelle, die in fünf Blei-Bronze-Lagern lief. Die Kolben waren aus Aluminium mit fünf Druckringen sowie einem Abstreifer. Die Auslassventile hatten zur besseren Kühlung eine Natriumfüllung; eine Methode, wie sie vor dem Krieg schon beim Rennwagen-Motor angewendet wurde und wie sie auch die Daimler-Benz-Flugmotoren der 600er-Baureihe aufwiesen. Zwillingspumpen, hintereinander angeordnet, förderten das Schmieröl über einen Ölkühler an die Lager. Der Motor war 1680 mm lang, 2500 mm breit und 1150 mm hoch, und damit sehr kompakt ausgelegt. Er wurde 1942 bei den Simmering-Graz-Pauker-Werken in Wien gebaut.

Natürlich war dieser Motor seiner Zeit weit voraus, und es hätte der besten Rohmaterialien bedurft, um ihn zu fertigen. Aber gerade hochwertige Werkstoffe waren damals schon knapp, und die sie zu verteilen hatten, zögerten mit der zunehmend schlechter werdenden Lage an den Fronten, sie zu genehmigen. Trotzdem stelle ich auch heute noch fest, dass dieser luftgekühlte Dieselmotor in X-Form das optimale Antriebsaggregat für Panzer-Fahrzeuge gewesen wäre. Ja, er wäre darüber hinaus noch für viele andere Zwecke zu verwenden gewesen.

Gegen Kriegsende hatte man nur zwei Motoren vom Typ Porsche 220 hergestellt. Sie sollten zur Erprobung im Nibelungen-Werk in einen Panzer vom Typ Tiger oder Panther eingebaut werden. Dazu kam es nicht mehr. Als die Russen 1945 Österreich besetzten, haben sie vermutlich auch die beiden Motoren und alle Konstruktions-Unterlagen erbeutet.

Rückblickend kann ich aber nur noch einmal feststellen, dass der Vorschlag meines Vaters vom Jahre 1941, einfach den Typ T-34 der Russen nachzubauen, bei der damals vorherrschenden Typen-Vielfalt gar nicht so falsch gewesen wäre. Die allerbeste Lösung wäre allerdings die gewesen, überhaupt keinen Krieg anzufangen.

Der Drang Hitlers zum Gigantischen sollte aber noch zu einem Panzer-Fahrzeug führen, das alle Maßstäbe sprengte, obwohl 1941 beim Angriff auf Russland schon sowjetische Panzer der schwersten Klasse gelegentlich festgestellt wurden. Hitler hatte also – wahrscheinlich unbewusst – auf Vorbilder zurückgegriffen, als er meinem Vater seine Gedanken unterbreitete. Dieses Gespräch fand im Juni 1942 bei Hitler in der Reichskanzlei in Berlin statt. Auch Speer war anwesend. Hitler beauftragte meinen Vater, einen überschweren Panzer zu bauen, ausgestattet mit einer 12,5-cm-KwK (KwK = Kampfwagen-Kanone) und einer 7,5-cm-KwK in einem Drehturm oder als Alternative einer 18-cm-KwK in einer Kasematte. Es versteht sich von selbst, dass mein Vater

Der Panzer ›Maus‹ hatte einen benzin-elektrischen Antrieb und war trotz seines Gewichts leicht zu fahren. Mit dem 1200-PS-Motor von Daimler-Benz schaffte er 20 km/h.

Nach einer Idee von Hitler wurde der Porsche Typ 205 entwickelt, mit 189 Tonnen der schwerste Panzer im Zweiten Weltkrieg. Er erhielt den Tarnnamen ›Maus‹.

zunächst von Hitler erfahren wollte, für welchen Einsatzzweck dieses Monstrum gedacht sei. Hitler erklärte dazu in der anwesenden Runde seine Vorstellungen: *»Ich stelle mir vor, dass ein solcher Panzer wie ein Schlachtschiff im Verband operiert, begleitet von kleineren Panzern, die vorausfahren oder als Begleitfahrzeuge mitfahren und ihn gegen Minen oder Angriffe aus der Luft absichern. Die vorhandene Feuerkraft wird ausreichen, um jeden Widerstand zu brechen. Was halten Sie davon, Herr Porsche?«*

Mein Vater war viel zu sehr Techniker und viel zu wenig Militär, als dass er Hitler nicht ganz nüchtern seine Meinung gesagt hätte und in etwa ausgeführt haben dürfte: *»Ich halte wenig davon, für ein derartiges Projekt anderweitig dringend benötigtes Material und Arbeitskräfte aufzuwenden. Ich bin viel zu wenig mit militärtaktischem Gedankengut vertraut, um klar sagen zu können, welche Vorteile ein derartiger Mammutpanzer bringen könnte!«*

Hitler, der bei technischen Angelegenheiten die Meinung meines Vaters schätzte, hörte sich dessen Argumente ruhig an, schien aber nicht bereit, seine Idee aufzugeben. Er antwortete: *»Ich habe diesem Land-Schlachtschiff noch eine weitere Aufgabe zugedacht. Es sieht so aus, als könnten wir eine Reihe beweglicher Bunker zur Verstärkung des Atlantikwalls gebrauchen, der an einigen Stellen Lücken aufweist. Nehmen wir an, einer dieser Betonbunker wird während eines feindlichen Landungsversuchs zerstört; dieses Stahlungetüm könnte dann sehr rasch die Bresche schließen und mit seiner enormen Feuerkraft den Gegner abwehren, bis der Bunker wieder einsatzfähig ist. Für diesen Zweck stünden die Großpanzer immer wieder zur Verfügung!«*

Mit dieser Erklärung erschien meinem Vater Hitlers Idee nicht mehr so abwegig zu sein. Ein Bunker stand nun einmal fest an dem Platz, an den man ihn hingebaut hatte. Außerdem wussten wir noch aus Gesprächen mit Dr. Todt, dass nicht alle Bunker so stabil gebaut waren, um allen Angriffen standhalten zu können; auch verfügten nicht alle über ein Geschütz. Und ein weiteres Argument war, dass die in den Bunkern befindlichen Geschütze nur seewärts feuern konnten, die Rückseite des Bunkers war weitgehend ungedeckt. Ein ›beweglicher Bunker‹ in Form eines Großpanzers hatte also durchaus seine taktische Berechtigung.

Mein Vater bemerkte dazu, dass ein derartiger Panzer besonders stark gepanzert sein müsste, um einem direkten Treffer eines Geschosses von großem Kaliber widerstehen zu können.

→ »... DIE PANZER-ENTWICKLUNG ... STELLTE ... IN TECHNISCHER HINSICHT EINE ECHTE HERAUSFORDERUNG FÜR UNS DAR, UND ... DEMONSTRIERT DEN HOHEN STANDARD DER TECHNIK, DEN WIR DAMALS BEREITS ERREICHT HATTEN.«

Hitler war das schon klar gewesen, er wollte aber wissen, was mein Vater noch zu der Technik eines solchen Großpanzers zu sagen habe: *»Das Gewicht gibt Probleme auf. Damit ein derartiges Fahrzeug überhaupt bewegt werden kann, müssen wir das Gewicht pro Quadratzentimeter Kette beträchtlich reduzieren. Ich glaube jedoch, dass wir dieses Problem lösen können!«*, erklärte mein Vater.

Worauf Hitler einwarf: *»Indem wir die Ketten verbreitern?«* »*Ja*«, sagte mein Vater und fuhr fort, *»indem wir sie auch verlängern, erheblich verlängern!«*

Mein Vater schlug eine Kettenbreite von einem Meter vor, einen Wert, der sich später als richtig herausstellte. Der Panzer durfte ja auch nicht zu breit werden, damit man ihn überhaupt transportieren konnte. Brücken und Tunnels setzten hier eine klare Grenze. Trotz aller gegenteiliger Argumente, auch der Militärs, setzte sich Hitler mit seiner Idee durch, und das Heeres-Waffenamt erteilte uns einen entsprechenden Auftrag.

Während der Besprechung bei Hitler war aber meinem Vater schon aufgefallen, dass Speer Hitlers Ideen gegenüber in diesem speziellen Punkt sehr skeptisch war und dies meinem Vater gegenüber auch zum Ausdruck brachte.

In seinem Buch ›Erinnerungen‹, erschienen im ›Propyläen Verlag Berlin‹, schreibt er über den Großpanzer: *»Um Hitler zu erfreuen und zu beruhigen, wurde von Porsche gleichzeitig ein überschwerer Panzer in Entwurf genommen, der über hundert Tonnen wog und schon deshalb nur in geringen Stückzahlen hätte gebaut werden können. Um die Spione irrezuführen, bekam dieses neue Ungetüm den Decknamen ›Maus‹. Ohnehin hatte Porsche Hitlers Neigung zur Überschwere übernommen und brachte ihm gelegentlich Nachrichten von Parallelentwicklungen beim Gegner.«* So weit Rüstungsminister Speer zum Thema überschwerer Panzer.

Die letztere Bemerkung von Speer geht am Kern der Sache vorbei, denn tatsächlich war die Entwicklung schwerer Panzer vom Heeres-Waffenamt vernachlässigt worden, wie sich ja beim Beginn des Russland-Feldzuges zeigte. Und es war Hitler, der ihn forderte. Wir haben nie die taktische Bedeutung und Vorteile eines mittelschweren schnellen Panzers bestritten, wie ja unsere Vorschläge an Speer deutlich machten.

Natürlich war mein Vater viel zu sehr Techniker, Tüftler, als dass er sich einer derartigen Herausforderung durch Hitler widersetzt hätte. Er hat auch nie ein Hehl daraus gemacht, dass er viel zu wenig ›Militär‹ sei, um den militärischen Nutzen des Großpanzers ›Maus‹ beurteilen zu können.

Mein Vater ließ ein Modell des neuen Panzers in kleinem Maßstab anfertigen und bewies auch diesmal, dass er sich in der Lage sah, dieses Problem zu lösen. Unser Vorschlag, die Maus mit dem von uns konstruierten und in Entwicklung befindlichen luftgekühlten X-16-Zylinder-Dieselmotor auszurüsten, wurde von Speer nicht genehmigt. Er schlug als Alternative einen Flugmotor von Daimler-Benz vor. Hier konnten wir auf Erfahrungen bei der Konstruktion des T 80 zurückgreifen, der ja ebenfalls von einem Daimler-Benz-Flugmotor angetrieben werden sollte.

Unter der Typen-Bezeichnung 205 – Tarnname ›Maus‹ – entwickelte das Büro Porsche den schwersten Panzer des letzten Krieges mit einem Gefechtsgewicht von 189 Tonnen. Allein der Turm wog 51,5 Tonnen.

Für den Schienentransport dieses Ungetüms bauten die Simmering-Graz-Pauker-Werke Spezial-Wagen. Allerdings waren die meisten Brücken nicht dafür gebaut, ein derartiges Gewicht zu tragen, die Maus musste deshalb Flüsse durchfahren. Sie konnte bis auf acht Meter Tiefe ›tauchen‹.

Wir entschieden uns auch bei diesem Projekt für die elektrische Kraftübertragung, allerdings zu einem Zeitpunkt, als dieses System noch nicht beim Tiger aus den bekannten Gründen abgelehnt worden war. Mein Vater hielt dieses System bei einem derart schweren Fahrzeug für die beste Lösung.

Da nur ein Motor verwendet wurde, entwickelte Siemens-Schuckert anstatt zwei Generatoren einen Doppelgenerator. Das elektrische Regelsystem wurde allerdings dahingehend geändert, dass der Fahrer beim Lenken der Maus das gleiche Gefühl wie bei einem mechanischen Antrieb hatte. Beim Porsche-Tiger hatte er das Gefühl, mit einem ›Freilauf‹ zu fahren, wenn sich die beiden Hebel zur Bedienung der Lenkung in Ruhestellung befanden.

Der erste Prototyp erhielt als Antriebsaggregat einen Daimler-Benz-Motor Typ 509. Dies war ein hängender V-Motor mit zwölf Zylindern, wassergekühlt, mit vier Ventilen pro Zylinder und direkter Benzin-Einspritzung. Im Grunde handelte es sich hier um den Flugmotor DB 603, lediglich mit niedrigerer Verdichtung, um Kraftstoffe mit geringerer Oktanzahl als beim Flugbenzin verwenden zu können. Die Leistung des MB 509 betrug 1200 PS.

Als Laufwerk sollten zunächst die Rollenwagen mit Drehstabfederung des Tigers in entsprechend größerer Zahl benutzt werden. Nachdem die Militärs den Einbau eines Flammenwerfers mit 1000 Litern Flammöl verlangten, erhöhte sich das Gewicht der Maus um fast fünf Tonnen. Dieses zusätzliche Gewicht konnte aber die mögliche Anzahl an Rollenwagen nicht tragen. Wir gingen deshalb in Zusammenarbeit mit den Škoda-Werken in Pilsen, die für die Fertigung des Laufwerks verantwortlich waren, dazu über, ein einfaches Federungssystem mit Kegelstumpffedern zu verwenden. Bei dieser Entscheidung spielte auch die für die Entwicklung des Panzers verfügbare Zeit eine Rolle.

Den Turm mit kompletter Bewaffnung, Konstruktion und Herstellung der Wanne lieferte die Firma Krupp, Essen, zu, die übrigens ebenfalls mit der Entwicklung ähnlicher Groß-Panzer beauftragt worden war. Der Zusammenbau der Fahrzeuge erfolgte bei Allkett in Berlin. Der erste Entwurf war am 4. Juni 1942 fertiggestellt, und bereits Anfang Januar 1943 zeigten wir Hitler ein erstes Holzmodell der Maus im Maßstab 1:10. Er besichtigte das Modell interessiert, aber kommentarlos.

In einer Sitzung der beteiligten Firmen unter Speer in Berlin am 21. Januar wurden die noch offenen Fragen geklärt, und das Projekt Maus erhielt ›unbedingte Priorität‹. Am 14. Mai 1943 wurde Hitler eine Attrappe im Maßstab 1:1 vorgestellt, wobei er bemerkte, die Kanone mit Kaliber 12,8 cm sehe in dem Panzer aus ›wie ein Kinderspielzeug‹. Krupp musste daraufhin eine 15-cm-KwK konstruieren, jedoch sollte dann auf die 7,5-cm-KwK verzichtet werden.

Die geforderten Änderungen verzögerten natürlich das Programm, und erst im Dezember 1943 fand der erste Probelauf der Maus statt. Dies scheint mir trotzdem für ein Projekt der Größenordnung der Maus noch eine beachtliche Leistung zu sein.

Inzwischen war das Verhältnis meines Vaters zum ›Minister für Rüstung und Kriegsproduktion‹, wie er sich seit Herbst 1943 nannte, zusehends gespannter geworden. Speer forderte die Ablösung meines Vaters durch einen jüngeren Mann. Mein Vater war damals 68 Jahre alt und fühlte sich durchaus noch voll leistungsfähig. Seine Leistungen wurden auch von Hitler anerkannt, der ihn am 20. April, seinem Geburtstag, mit dem Kriegsverdienstkreuz Erster Klasse mit Schwertern ausgezeichnet hatte.

Am 23. Dezember 1943, einem Freitag, ich kann mich noch gut daran erinnern, war es dann endlich so weit, der erste Prototyp der Maus fuhr mit eigener Kraft aus der Montagehalle von Allkett in Berlin. An Stelle des Turms befand sich zwar noch eine Attrappe, da Krupp auf Grund der schweren Luftangriffe, denen das Ruhrgebiet ausgesetzt war, nicht rechtzeitig hatte liefern können.

Die Maus durfte nur mit ausdrücklicher Genehmigung von Minister Speer gefahren werden, aber unsere Leute wollten doch unbedingt feststellen, wie sich das Ungetüm bewegte. Dies um so mehr, als die Militärs und besonders das Heeres-Waffenamt mit seinen Gutachtern von den Technischen Hochschulen der Meinung waren, dieser inzwischen 189 Tonnen schwere Panzer sei kaum manövrierfähig, besonders, was das Wenden anbelangt. Zwei Tage vor Weihnachten hatte dann unser Ingenieur Walter Schmidt es geschafft, die Wachen zu überreden, am nächsten Tag, dem 23. Dezember, bei einer Probefahrt ›in eine andere Richtung‹ zu sehen.

Es hinterließ einen geradezu abenteuerlichen Eindruck, als der Gigant, dessen obere Plattform zwei Meter über dem Boden lag, auf dem Werksgelände zwischen einer Hausmauer und einem Blickfangzaun mit nur wenigen Zentimetern Luft dazwischen hindurch manövrierte, und als er dann auf freiem Gelände war, Wendemanöver durchführte. Der Wendekreis betrug dabei acht Meter. Schmidt war sichtlich von dieser Leistung beeindruckt und telegrafierte meinem Vater die Neuigkeit, der sich auf unserem Schüttgut in Zell am See in Österreich befand, um dort mit seiner Familie Weihnachten zu begehen. Mein Vater hielt die acht Meter aber durchaus nicht für einen Erfolg. Er telefonierte mit Diplomingenieur Otto Zadnik, der für die Elektrik zuständig war, aber gerade mit einer Grippe in Wien zu Bett lag. Es nützte nichts, Herr Zadnik musste am ersten Weihnachts-Feiertag nach Berlin fahren und die elektrische Anlage überprüfen. Und Ingenieur Zadnik fand tatsächlich einen Schaltfehler in der Elektrik. Er behob ihn, und bei der anschließenden Probefahrt konnte die Maus tatsächlich auf der Stelle wenden. Erst jetzt war mein Vater zufrieden.

Im Januar wurde dann dieser erste Prototyp nach Böblingen transportiert, wo auf dem dortigen Truppen-Übungsplatz am 9. März 1944 die eigentliche Erprobung mit der ersten offiziellen Fahrt der Maus begann, ab Anfang Juni mit dem voll ausgerüsteten Turm.

Diese Erprobung dauerte bis Oktober, dann wurde der Gigant nach Kummersdorf bei Berlin befördert, dem Testgelände des Heeres-Waffenamtes. Die Erprobung förderte erstaunlich wenig Schwachstellen der Maus zu Tage, keine davon bereitete uns ernsthafte Probleme. Die mit der Erprobung befassten Ingenieure und auch neutrale Beobachter bezeugten, dass die Maus in puncto Manövrierfähigkeit dem Tiger in keiner Weise nachstand. Nach dem Urteil der Fahrer, und auch hier herrschte Übereinstimmung, war der Großpanzer geradezu ›kinderleicht‹ zu fahren, da ja alles ›elektrisch ging‹. Mein Vater steuerte die Maus selbst mehrmals und war mit der Leistung dieser 20 km/h schnellen Konstruktion durchaus zufrieden.

Im März 1944 wurde der zweite Prototyp zum Einbau des Triebwerks Daimler-Benz MB 517 nach Böblingen bei Stuttgart transportiert, wo der neue Motor im Oktober verfügbar war. Beim MB 517 handelte es sich im Grunde um den Typ 507, jedoch mit Aufladung ausgestattet. Dies war ein stehender V12-Zylinder-Dieselmotor, wobei die Zylinder in einem Winkel von 60° zueinander standen. Der Hubraum betrug 44.500 cm³, der Motor war wassergekühlt und hatte eine Kraftstoff-Einspritzung von Bosch. Nach dem Einbau des Dieselmotors ging der Panzer ohne weitere Erprobung nach Kummersdorf zurück.

Ich muss heute zugeben, dass auch ich hinsichtlich der Feststellung meines Vaters, man könne einen Panzer so konstruieren, dass er jeden gewünschten Wendekreis erreiche, skeptisch war. Ich war dann ebenso wie der nicht weniger skeptische Generaloberst Guderian doch beeindruckt, als die Maus auf der Stelle ›kehrt machen‹ konnte. Als wir dies jedoch einmal in der Kaserne in Böblingen auf einem Platz mit Kleinpflaster demonstrierten, musste dieser hinterher neu gepflastert werden.

Bei Kriegsende sollen die beiden Prototypen der Maus in Kummersdorf gesprengt worden sein. Eine Bestätigung dieser Meldung konnte ich bis heute nicht erhalten, sodass ich eher der Meinung bin, die Alliierten haben die beiden Panzer erbeutet und sie dann abtransportiert.

Wie wir heute wissen, hatte Speer den Bau weiterer Fahrzeuge verboten, doch fanden britische Offiziere nach dem Krieg bei der Firma Krupp einzelne Bauteile der Maus, die darauf hindeuten, dass doch noch eine kleine Serie von zehn Fahrzeugen geplant worden war.

Das Kapitel über die Panzer-Entwicklung ist sicher etwas umfangreich ausgefallen. Das soll nun nicht bedeuten, dass ich auf diesem Gebiet mit besonderer Begeisterung gearbeitet hätte. Es stellte vielmehr in technischer Hinsicht eine echte Herausforderung für uns dar, und es demonstriert den hohen Standard der Technik, den wir damals bereits erreicht hatten. Das war es, was mich in erster Linie interessierte.

Natürlich gab es daneben andere Dinge, mit denen wir uns besonders gerne beschäftigt haben. Das waren zum Beispiel die Versuchsfahrten mit den verschiedenen Kübelwagen-Versionen. Sie führten uns in Gebiete, wo noch keine Bomben fielen und die Welt noch in Ordnung war. Dabei stellten wir uns fahrerisch Aufgaben, die alles andere als leicht waren oder nach reiner Routine ausgesehen hätten. So fuhren wir mit dem Schwimmwagen auf das Kitzbüheler Horn, nordöstlich von Kitzbühel gelegen, das immerhin die stattliche Höhe von 1998 m erreicht. Für ein Automobil war das eine erstaunliche Leistung,

Gegen Kriegsende wurde der Volkswagen mit einer Holzgasanlage ausgestattet, da Benzin Mangelware geworden war. Dieser VW, Porsche Typ 82E Holzvergaser, wurde von unserem Werksfahrdienst eingesetzt.

vom Fahrer gar nicht zu reden. Auf dem Gipfel ging es dazu noch sehr eng zu. Wir konnten den Wagen nicht mit eigener Kraft wenden, sondern hoben ihn zu viert an und drehten ihn wieder in die Richtung der Abfahrt. Das war eben der Vorteil des VW-Geländewagens, dass ihn die Besatzung praktisch aus fast jeder Schwierigkeit wieder herausbekam.

Im Juni 1987 war ich übrigens in Zell am See, als dort der deutsche Fan-Club für Schwimmwagen sein Jahrestreffen veranstaltete. Es kamen über hundert Besitzer von Porsche Typ 166, die mit einem Enthusiasmus an ihren Fahrzeugen hingen, wie man es nur bei Oldtimer-Sammlern erleben kann.

Wir führten unsere Schwimmwagen-Erprobungen auch in den Kärntner Alpen durch, und es gab damals, im Jahre 1943, kaum eine Alm, die wir nicht ›erklommen‹ haben, oft zur Überraschung der Sennerinnen.

Es war auch im Jahre 1943, als am 10. Mai unser vierter Sohn auf die Welt kam, der Wolfgang Heinz getauft wurde, aber von uns Wolfi genannt wird.

Meineke Holzgrossindu
BERLIN - GMÜND WERK KARNE
verboten
Willi Meineke

KAPITEL 11

MEIER WILL ER HEISSEN

»ALS WIR AUS DEM LUFTSCHUTZBUNKER, DER UNTERHALB VON UNS IN DER PARLERSTRASSE IN DEN BERG HINEIN GEBAUT WORDEN WAR, ZURÜCKKAMEN, LEUCHTETE AUS DEM TALKESSEL ROTER FEUERSCHEIN HERAUF, STUTTGART BRANNTE.«

Im Jahre 1941, als mein Vater den Vorsitz bei der Panzerkommission übernahm, übergab er meinem Schwager, Dr. Anton Piëch, die Leitung des Volkswagen-Werkes. Dort wurden neben den von uns entwickelten Geländewagen alle möglichen Rüstungsgüter, zum Teil für die Luftwaffe, gebaut. Die Umstellung des Werkes auf die Rüstungsproduktion war durchaus nicht einfach gewesen, da es von Grund auf für die zivile Fertigung des KdF-Wagens ausgelegt war. Sein Maschinenpark eignete sich deshalb auch nur in beschränktem Umfang für die Herstellung rein militärischer Produkte. Der Geländewagen besaß ja einzelne Teile, die mit der Limousine identisch waren, außerdem fertigten wir neben dem Kübelwagen ja auch noch Limousinen. Später wurden Teile für die Junkers Ju 88 und die Fieseler-Flugbombe VI produziert.

Als der Luftkrieg immer heftiger wurde, mit den Nachtangriffen der Briten auf die Städte und den Tagesangriffen der US Air Force auf die Fabriken, wurde natürlich auch das Werk in Wolfsburg nicht verschont. Als geschlossener industrieller Komplex war es auf Luftaufnahmen ganz eindeutig markiert. Von Anfang an als Rüstungsfabriken geplante und gebaute Anlagen waren dafür in kleinere Hallen aufgeteilt und lagen auf einer größeren Fläche verteilt, meistens umgeben von Wald. Gut getarnt waren sie viel schwieriger auszumachen als ein Werk wie Wolfsburg, das geradezu auf dem Präsentierteller lag. Es war aber auch ein Beweis mehr, dass mein Vater vor 1939 nicht im entferntesten mit Krieg gerechnet hatte.

So überraschte es auch nicht, dass das VW-Werk schon beim ersten Angriff schwer getroffen wurde. Insgesamt flogen die Alliierten 1944 vier Angriffe auf Wolfsburg, und wegen der schweren Schäden, die dabei angerichtet wurden, musste die Produktion weitestgehend ausgelagert werden, teilweise in unterirdisch angelegte Fertigungsstätten.

Auch Stuttgart mit seiner hohen Konzentration an industriellen Produktionsanlagen, die für die Rüstung arbeiteten, wurde natürlich nicht verschont und musste schwerste Luftangriffe über sich ergehen lassen. Neben unserem Haus am Feuerbacher Weg hatte sich die Befehlsstelle der Flak eingerichtet, was für uns doppelt gefährlich war.

Die Luftangriffe auf Stuttgart begannen bereits im Jahre 1943, schon bei einem der ersten Angriffe schlug eine Bombe auf freiem Feld unweit unseres Hauses ein. Unser Haus blieb zwar stehen, doch wurde durch den Luftdruck bei der Detonation der Bombe das Dach völlig abgedeckt.

Als wir aus dem Luftschutzbunker, der unterhalb von uns in der Parlerstraße in den Berg hinein gebaut worden war, zurückkamen, leuchtete aus dem Talkessel roter Feuerschein herauf, Stuttgart brannte. Unser Haus liegt oberhalb der Stadtmitte in der Nähe des Killesbergs, sodass wir weit über die Stadt hinaus sehen können.

Angesichts der Bombenangriffe auf Stuttgart erhielt ich eines Tages den Anruf meines Vaters, der als erstes die Frage stellte: *»Habt ihr das Archiv eigentlich schon in den Keller verlegt?«* Ich antwortete: *»Nein, wir sind* *noch nicht dazugekommen!«* Darauf mein Vater: »*Seid ihr wahnsinnig? Wenn ihr nicht sofort, spätestens innerhalb von zwei Tagen das Archiv in den Keller schafft, dann könnt ihr 'was erleben!«* Es handelte sich dabei um unser Firmenarchiv, das auf dem Dachstock des Werkes in Zuffenhausen lagerte.

Ich habe daraufhin sofort die Anordnung gegeben, das Archiv im Keller unterzubringen. Das geschah dann auch, und als der erste Angriff in die Zuffenhausener Gegend geflogen wurde, bei dem auch unser Werk etwas abbekam, fiel eine einzige Bombe schräg auf das Haus zu, in dessen Keller das Archiv war, und schlug voll im Keller ein. Damit war natürlich auch das Archiv dahin.

Als mein Vater zurückkehrte, empfing ich ihn mit dieser Nachricht und meinte: »*Siehst Du, man soll nie so voreilig sein, jetzt ist alles beim Teufel!«* Damals fiel mir ein Spruch von Göring ein, den er zu Kriegsbeginn in großsprecherischer Manier getan hatte: »*Ich will Meier heißen, wenn je eine feindliche Bombe auf das deutsche Reichsgebiet fällt!«* Ich bin sogar sicher, dass er das ernst gemeint hat. Und nun fiel nicht nur eine Bombe auf Deutschland.

Ich hatte Göring ohnehin in unguter Erinnerung, denn er wollte von Anfang an Einfluss auf das Volkswagenwerk nehmen und es in seinen gigantischen Verband von Fabriken, zum Teil ›Hermann-Göring-Werke‹ genannt, mit einbeziehen. Vor allem aber wollte er es in der Rüstungsproduktion für seine Luftwaffe mit beanspruchen. Doch Ley hat sich energisch dagegen gewehrt.

Zufällig wurde ich damals Zeuge eines Gesprächs zwischen Göring und Ley. Das Thema waren billige Arbeitskräfte aus dem Osten. Man wurde sich nicht einig, wie Arbeiter aus diesem Teil Europas entlohnt werden sollten, da sagte Göring: »*Aber eines ist völlig klar, dass wir einem ukrainischen Arbeiter nie das zahlen werden, was wir einem deutschen Arbeiter zahlen!«* Mir wurde in jener Zeit zu Beginn des Krieges klar, dass von der Idee eines vereinten Europas auf gleichberechtigter Grundlage überhaupt keine Rede sein konnte.

Göring war mir noch wegen einer anderen Sache in unangenehmer Erinnerung. Damals existierte das berühmte Blechkartell, das uns wegen des Preises für den Volkswagen interessiert hatte. Der Preis pro Kilogramm Feinblech lag damals bei zirka 42 Pfennige; der wirkliche Gestehungspreis betrug aber nur zirka 20 Pfennige. Ley wollte daher seiner Organisation ein in der Tschechoslowakei gelegenes Blech-Walzwerk einverleiben, um für den KdF-Wagen billiges Feinblech zu kriegen; Göring hat das verhindert. Er duldete keinen Eingriff in seinen Bereich.

Göring ließ sich auch durch den Krieg nicht von seinem gewohnten Lebensstil abbringen. Im Herbst, ich glaube es war 1942, fuhr ich einmal zur Jagdzeit über die Tauern, da kam mir Göring in seinem Kompressor-Mercedes entgegen und hatte einen Hut mit einem riesigen Gamsbart auf. Er war in Mauterndorf auf der Südseite der Tauern gewesen, wo ihm eine große Jagd zur Verfügung stand. Göring war ja auch ›Reichsjägermeister‹.

Doch zurück nach Stuttgart. Jedenfalls hatte Göring nicht verhindern können, dass eine Bombe auf das Reichsgebiet fiel, denn es fielen damals sehr viele Bomben. Unser Nachbarhaus, das der Familie Wolf gehörte, beherbergte nicht nur die Befehlsstelle für die gesamte Stuttgarter Flak, sondern es lagen in der Umgebung auch Geschützstellungen mit schwerer Flak vom Kaliber 8,8 und 10,5 cm. Die Gefahr, die uns drohte, veranlasste mich, meine Frau mit den Kindern nach Zell am See auf das Schüttgut zu schicken, wo sie in Sicherheit waren.

Mein ältester Sohn Ferdinand Alexander, genannt ›Butzi‹, wollte damals von mir wissen: »*Papi, warst Du in der Hitlerjugend?«* »*Nein*«, sagte ich, »*das wäre gar nicht möglich gewesen, denn in meiner Jugend gab es noch keine Hitlerjugend!«*

Damit war Butzi aber noch nicht zufrieden: »*Aber warum bist Du denn nicht Soldat? Die Papis von allen anderen Buben sind Soldaten!«* Meine Antwort: »*Weißt Du, Butzi, Großvater braucht mich. Er muss viele technische Probleme für Deutschland lösen, und ich muss ihm dabei helfen!«*

Darauf Butzi: »*Warum denn?«* »*Denk doch einmal nach*«, antwortete ich, »*wenn wir alle Soldaten wären, wer sollte dann die Panzer und die anderen Waffen konstruieren und bauen? Wer würde die Wehrmacht damit versorgen?«* Die Logik meines ältesten Sohnes war damals schon auf das Praktische ausgerichtet, jedenfalls sagte er spontan mit strahlenden Augen: »*Papi, wenn ich mal groß bin, kannst Du mir dann auch so eine Arbeit verschaffen?«* »*Ich hoffe nicht, dass das notwendig sein wird!*«, glaubte ich damals antworten zu können. Ich sollte mich geirrt haben!

Mit jedem Tag, den der Krieg älter wurde, entwickelte sich die Lage bedrohlicher. Es kamen die ersten Tausend-Bomber-Angriffe mit fürchterlichen Folgen für

➔ Gelände der Holzfabrik Meineke in Gmünd/Kärnten. Hierhin verlegten wir 1944 die Fertigung der Porsche KG.

die Städte und ihre Bewohner. Hamburg wurde als erste deutsche Stadt von einem gewaltigen Feuersturm heimgesucht, ausgelöst durch den massierten Einsatz von Brandbomben und Phosphor-Kanistern. Speer drängte, unsere Firma in Gebiete zu verlagern, die weniger heftig bombardiert wurden. Und eines Tages forderte uns das für uns zuständige Rüstungskommando der Wehrmacht auf, Stuttgart zu verlassen und unseren Betrieb in das ›Protektorat Böhmen und Mähren‹ zu verlagern, wie der von Deutschland übernommene Restteil der Tschechoslowakei nun genannt wurde.

Weder mein Vater noch ich hatten die Absicht, uns in die Tschechei verlagern zu lassen, wo wir gewiss nicht als Freunde empfangen worden wären. Nicht zu reden von dem, was uns als eingedeutschte ehemalige tschechische Staatsbürger nach der Niederlage erwartet hätte.

Ich nahm deshalb mit der für das Salzburger Land zuständigen militärischen Dienststelle, dem Rüstungskommando Salzburg, Kontakt auf und fragte nach, ob es geeignete Orte vorschlagen könnte, die sich zur Verlagerung unseres Stuttgarter Betriebes eigneten. Salzburg hatte entsprechende Vorschläge zu machen und bot uns einmal im Pinsgau am Flugplatz von Zell am See die dortige Fliegerschule der Luftwaffe an, das andere Mal ein Sägewerk bei Gmünd in Kärnten. Zell am See war genau der richtige Ort, denn unser Schüttgut grenzt am dortigen Flugplatz an. Ich fuhr also runter und schaute mir die vorgeschlagenen Lagerstätten an. Die Fliegerschule in Zell am See hatte bisher Piloten für Lastensegler geschult. Die dortigen Flugzeughallen eigneten sich sowohl zur Einrichtung kleinerer Werkstätten als auch zur Unterbringung von Material, das Personal konnten wir in den Unterkünften der Fliegerschule einquartieren.

Gmünd erforderte umfangreiche Bauarbeiten. Wir stellten mehrere Baracken auf und gossen Fundamente für unsere Maschinen. Entscheidend war aber, dass Gmünd als relativ sicher vor Bombenangriffen gelten konnte.

Die Verlagerung begann Ende 1943 und dauerte bis weit in das Jahr 1944 hinein. Ich ging bei der Durchführung des Umzuges nach einem alten jüdischen Prinzip vor, das lautet: *»Teile deinen Besitz in drei Teile auf, dann bleibt dir immer ein Teil, um wieder neu anfangen zu können!«*

Nach dieser Methode wurde unser Betrieb in drei Teile aufgeteilt: Die Zentrale blieb in Stuttgart, die Fertigung kam nach Gmünd, und Zell am See mit seiner Fliegerschule bildete das Lager. Da mir die Zentrale unterstand, blieb ich natürlich in Stuttgart.

In eine Vielzahl von Arbeitsstätten und Unterkünfte aufgesplittert, bekam Gmünd sehr bald von unseren Leuten den Namen ›Vereinigte Hütten-Werke‹. Natürlich bedeutete die Verlagerung für mich, dass ich sehr viel zwischen Stuttgart, Gmünd und Zell am See unterwegs sein musste. Wir hatten vornehmlich ehemalige Österreicher in ihre alte Heimat ›ausgelagert‹ und Reichsdeutsche in Stuttgart gelassen.

Wir entwickelten damals übrigens aus dem VW-Motor ein Antriebsaggregat für transportable Seilbahnen. Zu diesem Zweck wurde der VW-Motor als Grundelement aufgeladen, und zwar durch ein Roots-Gebläse. Dadurch steigerten wir die Leistung des auf 1,1 Liter aufgebohrten Motors auf 45 PS. Ich hatte einen dieser Motoren für mich reserviert und in ein VW-Cabriolet eingebaut, das ich meistens benützte, wenn ich zwischen Stuttgart und Österreich hin und her pendelte.

Das einzig Erfreuliche an diesen Fahrten war, dass sich meine Familie in Zell am See befand. Die Fahrt selbst war jedes Mal sehr risikoreich, und das Risiko wuchs mit den immer häufigeren Luftangriffen der Amerikaner und Briten, die inzwischen nicht nur Bomber einsetzten, sondern auch Jagdflugzeuge, vorwiegend vom Typ Mustang und Thunderbolt, als Jagdschutz. Da aber die deutsche Luftwaffe durch die vielen Kriegsschauplätze, auf denen sie ›Feuerwehr‹ spielen musste, restlos überfordert und geradezu erschöpft war, machten sich die Amerikaner einen Spaß daraus, jedes einzelne Fahrzeug, ja beinahe jeden Bauer auf dem freien Feld zu jagen und anzugreifen. In dieser Weise war auch ich gefährdet, aber ich hatte eine Methode, um mich rechtzeitig in Sicherheit bringen zu können. Mir war nämlich die Frequenz bekannt, auf der die Luftraum-Überwachung die Luftlage durchgab, deshalb fuhr ich mit eingeschaltetem Radio. Kam dann die Meldung: »Achtung, Tiefflieger im Raume München-Rosenheim«, dann fuhr ich schnell von der Autobahn herunter und nahm Deckung unter einer Brücke oder eben dort, wo sich eine Möglichkeit zum Schutz bot, bis die Gefahr vorüber war.

Im weiteren Verlauf des Krieges konnten dann die Flugplätze nicht mehr gesichert werden, und die deutschen Jagdflugzeuge, besonders der neue Düsenjäger Messerschmitt Me 262, starteten von Autobahnstrecken aus. Dadurch wurde ich gezwungen, große Umwege zu fahren, sodass ich viel mehr Zeit als vorher benötigte, um von Stuttgart in den Pinsgau oder nach Kärnten zu gelangen. Schließlich siedelte auch ich nach Österreich um, pendelte aber dann andauernd zwischen Gmünd und Zell am See hin und her. Die Fahrt verlief meistens so, dass ich von Gmünd aus über den Katschberg und die Tauern nach Norden fuhr, dann in Flachau nach Westen abbog und über Wagrain, St. Johann, Lend meinem Ziel Zell am See zustrebte.

Eines Tages, es war kurz vor Silvester 1944, fuhr ich diese Strecke zum letzten Mal während des Krieges, als mir bei Wagrain ein Rauchfangkehrer (in Deutschland sagt man Kaminkehrer dazu) vom Straßenrand aus winkte. Ich hielt, und er sagte: *»Nehmen Sie mich mit nach St. Johann?«* - *»Aber sicher«*, antwortete ich. Ich bin zwar nicht abergläubisch, aber einen Rauchfangkehrer zu treffen bedeutete Glück, besonders, wenn man ihn anfasst. Und Glück konnten wir damals jede Menge gebrauchen. Für mich brachte er Glück, denn wenige Monate später war der Krieg zu Ende.

In jener Zeit, als ich das Erlebnis mit dem Rauchfangkehrer hatte, tauchte in Zell am See ein junger Mann in Zivil mit einem Motorrad auf. Er stellte sich mir vor als ein Sonderbeauftragter, der nach Österreich ausgelagerten Firmen behilflich sein sollte. Er legte mir Ausweise vor von der Organisation Todt und vom Rüstungskommando Salzburg. Jedenfalls war er in dieser Hinsicht hervorragend ausgestattet, und meinte: *»Also, wenn Sie etwas brauchen, Waggons, Lastwagen, besondere Zuteilungen, dann lassen Sie es mich wissen!«*

Als Antwort habe ich ganz sarkastisch herausgelacht und erwidert : *»Was wollen Sie uns denn noch helfen, das ist doch Unsinn, der Krieg ist doch längst vorbei!«* Darauf wusste er nichts mehr zu sagen. Unsere Leute von der Fliegerschule haben dann sein Motorrad repariert, denn als er bei uns auftauchte, schob er es, es lief nicht mehr. Er bedankte sich sehr herzlich und verschwand.

Und nun muss ich den Ereignissen vorgreifen: Als die Amerikaner nach Zell am See kamen, erschien mit ihnen ein Volkswagen mit der Nummer des Gauleiters von Tirol. Der Wagen hielt bei uns und ausgestiegen ist jener junge Mann, der angeblich von der Organisation Todt war, in amerikanischer Uniform. Er ging auf mich zu, begrüßte mich und sagte: *»Nachdem ich Ihre Einstellung kenne, möchte ich Sie jetzt wieder fragen: Kann ich Ihnen helfen?«*

Ich muss bei dieser Frage ziemlich dumm dreingeschaut haben, doch plötzlich kam ein befreiendes Lachen, und wie sich herausstellte, war jener junge Mann nichts anderes als ein amerikanischer Spion gewesen, der bei dem Chaos, das damals herrschte, ja keine so schwierige Arbeit gehabt haben dürfte.

Der Krieg war also zu Ende, alles atmete auf. Die Amerikaner kamen in unser Gebiet.

→ KAPITEL 12

WIR SOLLTEN UNS GRÜNDLICH IRREN

Der Vormarsch der Amerikaner ging schneller vonstatten, als es geplant war. Daher kam nach Zell am See ein amerikanischer Truppenteil, der eigentlich gar nicht für diese Gegend vorgesehen war. Diese Truppe rekrutierte sich zum größten Teil aus ehemaligen Sing-Sing-Häftlingen, einem berüchtigten Zuchthaus im Osten der USA. Man hatte ihnen anscheinend Straferlass zugesichert, wenn sie sich freiwillig zum Fronteinsatz meldeten. Das waren natürlich raue Burschen, die im Umgang mit dem früheren Gegner nicht zimperlich zu sein pflegten. Allerdings muss ich feststellen, dass sich ihre Offiziere weitgehend anständig benommen haben und versuchten, ihre Truppe so gut es ging in Zaum zu halten.

Unsere ganze Familie hatte sich noch vor der Kapitulation in Zell am See auf dem Schüttgut versammelt. Vater war aus Wien gekommen, mein Schwager Dr. Anton Piëch aus Wolfsburg und ich aus Stuttgart. Meine Frau und die Kinder waren ja schon früher nach Zell gegangen, um nicht den Bombenangriffen in Stuttgart ausgesetzt zu sein. Die Amerikaner nahmen in der Fliegerschule Unterkunft, unsere Leute wurden einfach an die frische Luft gesetzt.

In Gmünd waren die Briten, es bestand keine Verbindung mehr nach dorthin, wir wussten lediglich, dass unser Herr Rabe dort war.

Das Schüttgut liegt an einem Berghang etwas oberhalb des Zeller Sees. Eine schmale Straße führt vom Tal zu uns herauf. In jener Zeit herrschte natürlich nicht sehr viel Verkehr, sodass wir es aufmerksam registrierten, wenn ein Fahrzeug in die Nähe kam. Eines Tages hörten wir ein Auto zu uns heraufkommen. Sofort stürzten wir neugierig vor das Haus, meine Mutter uns allen weit voran. Es war ein Jeep mit Fahrer und zwei Offizieren, der da erschien. Meine Mutter nahm sie in Empfang und war von den Uniformen anscheinend so stark beeindruckt, dass sie sie anstatt mit dem landesüblichen ›Grüß Gott‹ mit ›Heil Hitler‹ und erhobener Hand begrüßte. Die Herren stiegen unbeeindruckt von der Begrüßungsformel aus, ja sie nahmen sie sogar belustigt zur Kenntnis.

Dann stellten sie sich vor. Der eine war ein englischer Lieutenant Colonel mit Namen G. C. Reeves. Er kannte meinen Vater als Konstrukteur des Auto-Union-Rennwagens, da er selbst Rennen gefahren war. Und er wusste auch über den Volkswagen und andere Dinge aus unserem Hause Bescheid.

Mein Vater Ferdinand Porsche im Jahr 1945.

Der andere war Major Torre Franzen, ein Amerikaner, ehemals Entwicklungsingenieur bei Chrysler, den mein Vater anlässlich seines ersten USA-Besuches im Jahre 1936 kennengelernt hatte. Nachdem man sich bekannt gemacht hatte und dabei an alten Erinnerungen anknüpfte, löste sich die Spannung sehr schnell. Nur war die Verständigung halt nicht so einfach. Ich bin kein Sprachengenie, wie man weiß, aber ich war als einziger in der Lage, mich mit den beiden Herren einigermaßen in Englisch zu verständigen, die übrigen Familienmitglieder mussten mich als Dolmetscher akzeptieren. Unsere Besucher waren aus Stuttgart gekommen, wo man ihnen unseren Aufenthaltsort mitgeteilt hatte.

In unserem Werk in Stuttgart-Zuffenhausen saßen die Franzosen, die aber dann durch die Amerikaner abgelöst wurden. Zuffenhausen diente unmittelbar nach Kriegsende als Durchgangslager für die in ihre Heimat zu repatriierenden russischen Kriegsgefangenen. Später benutzten es die Amerikaner als Reparaturwerk für ihre Lastwagen.

Nach diesem kurzen einleitenden Bericht entwickelte sich das Gespräch zu einer Art Verhör, dem jedoch die Spannung genommen war, nachdem beide Herren meinen Vater als ›alten Bekannten‹ wiedergetroffen hatten.

»Wo bewahren Sie Ihre technischen Zeichnungen und Geräte auf? Wir müssen in alles Einblick nehmen!«, begann ihr Verhör. Sie hatten auch erst in Stuttgart von der Existenz unserer Werksanlagen in Gmünd erfahren. Erstaunlicherweise hatte ihr Geheimdienst davon nichts gewusst. Wir klärten sie auf und gaben ihnen auch die gewünschte Auskunft. Dann wollten sie von uns wissen: *»Hatten Sie bereits Besuch von französischen oder russischen Offizieren?«*

Wahrheitsgemäß sagten wir: *»Nein!«* Worauf wir die schon fast wie ein Befehl klingende Antwort erhielten:

»Sollten diese Leute hier aufkreuzen, dann sind Sie nicht verpflichtet, ihnen irgendwelche Informationen zu geben. Ist Ihnen das klar?« *»Ja«*, erwiderte ich, *»es ist uns vollkommen klar!«*

Nur bat ich die Herren zu bedenken, dass sich sowohl sowjetische als auch französische Offiziere sicher völlig unbeeindruckt zeigen würden, wenn wir ihnen den Zugang zu uns verwehrten. Das leuchtete ihnen ein, und sie befahlen daraufhin dem amerikanischen Kommandanten von Zell am See, für uns eine Wache abzustellen. Die Wache nahm bei uns Quartier und sollte jeden Fremden daran hindern, sich bei uns Zutritt zu verschaffen.

Der Besuch der beiden alliierten Offiziere vermittelte mir erstmals Kontakt mit nichtdeutschem Militär. Der Unterschied war gravierend. Die Offiziere nahmen bei uns auf dem Schüttgut Quartier. Ihr Gepäck befand sich in einem kleinen Anhänger des Jeeps. Als sie ankamen, stieg der Fahrer, ein amerikanischer Soldat, aus und steckte sich eine Zigarette an. Er dachte gar nicht daran, das Gepäck der Offiziere in das Haus zu tragen, das mussten diese selbst tun, sondern fragte nur ganz lässig, was seine weitere Aufgabe sei. Eine Szene, undenkbar bei der deutschen Wehrmacht.

Mr. Reeves und Mr. Franzen fuhren dann mit uns noch in die britische Zone nach Gmünd hinüber. Dort stellten sie alle Unterlagen sicher und installierten ebenfalls eine Wache. Unser Herr Rabe wurde als Verantwortlicher für die dortigen Anlagen eingesetzt.

Auf der Segelfliegerschule in Zell am See hatten die Amerikaner inzwischen einen der beiden dort ausgelagerten Berlin-Rom-Wagen entdeckt und veranstalteten mit ihm auf dem Flugplatz Wettfahrten. Es war ein schöner, heißer Sommer, sodass die Soldaten schließlich mit einer Blechschere das Coupé-Dach entfernten und den Wagen als ›Roadster‹ fuhren. Es war für sie eine Mordsgaudi, aber sie dachten nicht daran, Öl nachzufüllen, und so ging eines Tages der Motor fest und der Traum war zu Ende. Das Wrack landete auf einem Misthaufen, wo es sehr wahrscheinlich verrottet ist.

Der erste Kontakt mit der Besatzungsmacht war eigentlich ganz ›zivil‹ verlaufen, ebenso wie das Verhör, sodass wir jedenfalls guten Mutes waren, nachdem die Last des Krieges von uns genommen war. Wir zogen Bilanz und versuchten uns zu betätigen. So gelang es uns, einen lädierten landwirtschaftlichen Schlepper wieder zum Laufen zu bringen, indem wir ihn mit einem Holzgasgenerator ausrüsteten. Es gab ja weder Benzin noch Dieselkraftstoff in jener Zeit. Mit der Lebensmittelversorgung war es auch nicht zum besten bestellt. Als ›Zugereiste‹ stand uns nur das zu, was es auf Lebensmittelkarten gab. Da wir über 30 Personen waren, gestattete das ›Zubrot‹ vom Gut nur eine bescheidene Aufbesserung, manchmal hatten wir eben nur Kartoffeln zum Frühstück. Aber Millionen unserer Landsleute ging es damals noch viel schlechter. Ansonsten konnten wir zufrieden sein. Aber auch bei uns sollten die Bäume nicht in den Himmel wachsen. Es war Ende Juli 1945, mein Vater hielt sich in Gmünd auf, als bei uns auf dem Schüttgut ein Deutscher in englischen Diensten auftauchte. Er hatte die letzten Kriegsjahre im Konzentrationslager verbracht, allerdings nicht aus politischen Gründen, sondern wegen krimineller Vergehen. Er war dann ›befreit‹ worden und hatte es verstanden, sich bei den Engländern beliebt zu machen, die ihn schließlich als Polizeichef von Wolfsburg einsetzten.

Nun hatte man in der Hütte, in der mein Vater während seiner Aufenthalte in Wolfsburg zu wohnen pflegte, zwei Leichen entdeckt. Das war für den deutschen ›Polizisten‹ Grund genug, uns als Mörder zu beschuldigen, und er ließ nichts unversucht, dieses Ziel zu erreichen, obwohl wir die letzten drei Monate überhaupt nicht in Wolfsburg gewesen waren. Da er also in Wolfsburg keinen von uns oder von unseren Ingenieuren hatte ›festsetzen‹ können, war er mit Hilfe der Engländer nach Zell am See gekommen, um dort die ›Schuldigen‹ dingfest zu machen. Wenn die ganze Angelegenheit nicht so ernst gewesen wäre, hätte man sie eigentlich als eine Art ›Köpenickiade‹ abtun können, aber aus dem Kriminellen war nun einmal ein ›Kriminaler‹ geworden, und als seine Ermittlungen keine stichhaltigen Beweise hervorbrachten, ging er einfach zum Kommandanten der amerikanischen Militärpolizei von Zell am See und denunzierte uns dort als Verbrecher, die in Deutschland unter Mordverdacht stünden. Natürlich war das alles erlogen, und da wir ein gutes Gewissen hatten, machten wir uns weiter keine Sorgen darüber. Aber wir hatten die Lage völlig falsch eingeschätzt, und vor allem hatten ja die Denunzianten in jenen Tagen ihre große Zeit. Jedenfalls erschien bei uns die Militärpolizei und nahm alle männlichen Mitglieder der Porsche-Familie fest, nur die Kinder durften mit unseren weiblichen Angehörigen auf dem Gut bleiben. Glück hatte dagegen unser Versuchsingenieur, der gerade unter dem Schlepper lag, als die Amerikaner erschienen und ihn, ölverschmiert wie er war, als Gutsarbeiter einordneten. Denn es wurden nicht nur die Familienangehörigen abtransportiert, sondern auch Erwin Komenda, einer unser fähigsten Köpfe, und mehrere andere Ingenieure der Firma Porsche.

Zunächst wurden wir im Feuerwehrhaus von Zell am See eingesperrt, am nächsten Tag beförderte man uns in das ›Landel‹ in Salzburg. ›Landel‹ nennen die Salzburger das dortige Landgericht, das aus dem Gerichtsgebäude mit angeschlossenem Gefängnis besteht. Das Gefängnis war überfüllt mit hohen deutschen Offizieren, Parteifunktionären, aber auch völlig schuldlosen Mitläufern der Partei, die man wahllos auf der Straße aufgegriffen hatte. Die amerikanischen Soldaten, im Jargon GI genannt, holten sich bei ihren Patrouillenfahrten über das Land einfach Leute aus der Bevölkerung heraus, wenn sie ihnen verdächtig erschienen und die Soldaten sie für Nazis hielten.

Wir hatten noch Glück, als man für uns eine Werkstatt räumte, die uns dann als Aufenthaltsraum diente. In unsere Zelle aber wurden weitere Matratzen gebracht, sodass wir schließlich 32 Personen in diesem engen Raum

→ »WIR HATTEN DIE LAGE VÖLLIG FALSCH EINGESCHÄTZT, UND VOR ALLEM HATTEN JA DIE DENUNZIANTEN IN JENEN TAGEN IHRE GROSSE ZEIT. JEDENFALLS ERSCHIEN BEI UNS DIE MILITÄRPOLIZEI UND NAHM ALLE MÄNNLICHEN MITGLIEDER DER PORSCHE-FAMILIE FEST, NUR DIE KINDER DURFTEN MIT UNSEREN WEIBLICHEN ANGEHÖRIGEN AUF DEM GUT BLEIBEN. GLÜCK HATTE DAGEGEN UNSER VERSUCHSINGENIEUR, DER GERADE UNTER DEM SCHLEPPER LAG, ALS DIE AMERIKANER ERSCHIENEN UND IHN, ÖLVERSCHMIERT WIE ER WAR, ALS GUTSARBEITER EINORDNETEN.«

waren und uns buchstäblich wie die Heringe im Fass fühlten. Dazu kam noch erschwerend, dass die Zelle völlig verdreckt und verwanzt war. Da die Amerikaner in puncto Ungeziefer sehr empfindlich sind, bekamen wir auf unseren Wunsch Desinfektionsmittel und gingen nun gemeinsam daran, unseren neuen Aufenthaltsort in einen etwas menschenwürdigeren Zustand zu bringen. Wir machten uns auch auf Wanzenjagd und hatten bald ein paar hundert dieser Tierchen erledigt. Nach einigen Tagen waren wir so weit, dass wir wenigstens einigermaßen ungestört schlafen konnten. Aber wir machten uns natürlich Gedanken über unsere Zukunft, dies umso mehr, als sich niemand um uns kümmerte oder zum Verhör holte. Nach sechs Wochen forderte mich die Wache auf, ihr zu folgen, und ich wurde endlich zu einem amerikanischen Offizier gebracht, der mich verhörte.

»Waren Sie Angehöriger der Wehrmacht?«, lautete seine erste Frage. *»Nein«*, antwortete ich, *»ich war nie beim Militär. Ich nehme an, dass Ihnen diese Antwort gefällt?«*

Keine Reaktion von der Gegenseite, der Amerikaner studierte vielmehr meine Unterlagen, die er vor sich liegen hatte und fuhr dann im Verhör fort: *»Sie waren aber doch in der Partei?« »Nein«*, erwiderte ich. *»Oder in der SS?« »Nein, auch nicht!« »Aber in der SA?« »Nein, auch damit hatte ich nichts zu tun!«* Mein Gegenüber wusste nun anscheinend nicht weiter, zog die Augenbrauen hoch und meinte: *»Waren Sie denn in irgendeiner Eigenschaft an der Front?« »Es tut mir leid, aber ich war auch nicht an der Front!«*

Damit schien er am Ende der üblichen Verhör-Prozedur zu sein, und er stellte nur noch einige Fragen zur Person: Geburtsdatum, Eltern, Zivilstand. Als er auch darüber die entsprechende Auskunft erhalten hatte, wollte er nun doch wissen: *»Was haben Sie denn überhaupt während des Krieges gemacht? Sie sehen doch aus, als seien Sie gesund?« »Ich bin Ingenieur, Automobilingenieur, und habe in der Firma meines Vaters, der Firma Porsche in Stuttgart, gearbeitet!«* Mit diesem Stichwort hätte er eigentlich als Vertreter der US Army auf Fragen in Zusammenhang mit Panzern, VW-Kübelwagen und anderes auf diesem Sektor kommen müssen. Nichts dergleichen geschah, mit einigen Fragen allgemeiner Natur war das Verhör schließlich beendet. Ich wurde nun in das Internierungslager Glasenbach bei Salzburg verlegt und blieb dort weitere sieben Wochen bis zu meiner Entlassung.

Was aber war mit meinem Vater geschehen, der sich ja zum Zeitpunkt unserer Festsetzung in Gmünd befand? Nun, die Briten hatten ihn dort interniert. Anfang August wurde er dann auf Veranlassung eines britischen Offiziers, der sehr wahrscheinlich auf höheren Befehl handelte, in das Internierungslager Kransberg bei Bad Nauheim verlegt. Allerdings war man großzügig und ließ den alten Herren mit seinem eigenen Wagen reisen, den Herr Goldinger chauffieren durfte.

In seinem Buch ›Erinnerungen‹, erschienen im Propyläen Verlag Berlin, schreibt der ehemalige Minister für Rüstung und Kriegsproduktion (wie er bei Kriegsende hieß) Albert Speer, wie er nach Kransberg verlegt wurde: *»Bei Nauheim bogen wir von der Autobahn ab, fuhren bald danach einen steilen Weg hoch und befanden uns im Burghof des Schlosses Kransberg. Diese große Burg hatte ich im Winter 1939 als Hauptquartier Görings, fünf Kilometer von Hitlers Befehlszentrale entfernt, ausgebaut. Für die zahlreiche Dienerschaft Görings war damals ein zweistöckiger Flügel angefügt worden, und in diesem Nebenbau wurden wir Gefangene untergebracht. – Eigentlich waren wir auf diese Burg geführt worden, um Fragen zur technischen Führung des Krieges zu beantworten. Zahlreiche Fachleute trafen ein, nahezu die gesamte Führung meines Ministeriums, fast alle Amtschefs, die Leiter der Munition-, Panzer-, Auto-, Schiffbau-, Flugzeug- und der Textilproduktion, die maßgebenden Männer der Chemie und Konstrukteure wie Professor Porsche. Aber nur selten verirrten sich Wissbegierige zu uns.«*

So weit Speer, der sich dann auch für meinen Vater verwandte und sich sehr engagiert dafür einsetzte, ihn von den Vorwürfen politischer Betätigung zu entlasten. Er hatte eben meinen Vater als technischen Experten sehr geschätzt, wenn er auch mit ihm nicht immer einer Meinung gewesen war.

Kransberg lief bei den Alliierten übrigens unter der Bezeichnung ›Operation Dustbin‹, was auf deutsch so viel wie ›Operation Mülleimer‹ bedeutet. Im Grunde diente das Vernehmungslager Kransberg in erster Linie dazu, die ›Spreu vom Weizen‹ zu trennen, das heißt herauszufinden, wer sich als ›Kriegsverbrecher‹ vor dem Nürnberger Gericht der Sieger zu verantworten hatte. Mein Vater wurde nach eingehenden Vernehmungen von jeglichem Verdacht der Mittäterschaft bei Kriegsverbrechen freigesprochen. Er erhielt eine entsprechende Bescheinigung, in der stand, *»dass keine Anklage gegen ihn erhoben werde und es ihm freigestellt sei, seine Konstruktionsarbeiten für die Alliierten in Österreich wieder aufzunehmen«*.

Noch während seines Aufenthalts auf Schloss Kransberg konnte mein Vater am 3. September 1945 seinen 70. Geburtstag begehen. Zu den zahlreichen Gratulanten zählte auch Speer.

Mein Vater kehrte dann nach Österreich zurück, wo er erfuhr, dass sein Sohn und auch seine Mitarbeiter in einem Internierungslager einsaßen, während er von jeder Schuld freigesprochen worden war und sich auf freiem Fuß befand. Er setzte sich daraufhin mit den britischen Behörden in Klagenfurt in Verbindung und ersuchte sie, bei dem amerikanischen Oberkommando in Wien eine Überprüfung unserer Akten und der vorgebrachten Beschuldigungen zu erwirken. Er wusste ja nicht, dass wir aufgrund des völlig haltlosen Verdachts in Zusammenhang mit den beiden nicht identifizierten Leichen in Wolfsburg und der Denunziation durch einen Kriminellen festgehalten wurden. Bei keinem Verhör war übrigens dieses Thema berührt worden. Niemand konnte später aufklären, wie die beiden Leichen in das Haus meines Vaters gekommen waren. Wer aber das Chaos bei Kriegsende miterlebt hat, der wird verstehen, dass alles möglich war und es sich hier nur um einen Zufall handeln konnte.

Es gelang schließlich meinem Vater, die Briten davon zu überzeugen, dass wir unschuldig im Lager saßen, und über die Militärregierung der Amerikaner in Wien erreichte er unsere Freilassung. Am frühen Morgen des 1. November 1945 eröffnete uns der Lagerkommandant, dass wir aus dem Lager entlassen würden. Mit einem Lastwagen wurden wir in den nächsten Ort gebracht, wo die offizielle Entlassung vorgenommen wurde. Wir fuhren nach Zell am See zurück in der Hoffnung, dass wir nun ein neues, freieres Leben beginnen könnten. Wir sollten uns gründlich irren.

-→ »ES GELANG SCHLIESSLICH MEINEM VATER, DIE BRITEN DAVON ZU ÜBERZEUGEN, DASS WIR UNSCHULDIG IM LAGER SASSEN, UND ÜBER DIE MILITÄRREGIERUNG DER AMERIKANER IN WIEN ERREICHTE ER UNSERE FREILASSUNG.«

KAPITEL 13

GAST DER FRANZOSEN

Österreich war nach der Kapitulation ebenso wie Deutschland in vier Besatzungszonen aufgeteilt worden. Salzburg und Oberösterreich hatten amerikanische Besatzung, Tirol und Vorarlberg gehörten zur französischen Zone, Kärnten und die Steiermark waren von den Briten, Niederösterreich und das Burgenland von den Sowjets besetzt. Ohne die von der jeweiligen Besatzungsmacht ausgestellten Passierscheine war es nicht möglich, von der einen in die andere Zone zu reisen. Besonders schwierig war das bei den Russen und Franzosen, bei den Amerikanern und Engländern wurde dagegen nicht immer so streng kontrolliert.

Damals war noch die Rede von dem sogenannten Morgenthau-Plan. Morgenthau war Finanzminister unter Präsident Roosevelt und forderte für Deutschland einen harten Frieden, der unter anderem die Demontage sämtlicher Industrieanlagen sowie die Stilllegung der Bergwerke und die völlige Umwandlung des hochindustrialisierten Landes in einen Agrarstaat vorsah. Sprach man in jenen Tagen davon, wieder Automobile bauen zu wollen, dann konnte es einem im Gespräch mit amerikanischen Offizieren passieren, dass sie sagten: *»Wenn Sie ein Handwerk erlernt hätten, wäre Ihre Zukunft gesichert, aber als Automobilbauer? Nein, da haben wir wenig Hoffnung für Sie!«*

Nun, trotzdem hatten wir in sehr bescheidenem Umfang wieder mit dem Automobil zu tun. Zunächst waren an erbeuteten VW-Kübelwagen kleine Reparaturen auszuführen. Das brachte uns in erster Linie Lebensmittel ein, die inzwischen auch bei uns knapp geworden waren. Der Morgenthau-Plan wurde dann zu den Akten gelegt. Uns standen aber noch wenig erfreuliche Ereignisse bevor.

Es war Anfang November, als bei uns in Zell am See erstmals ein französischer Offizier erschien. Es war ein Leutnant Henri LeComte, der zuerst in unserem Werk in Zuffenhausen aufgetaucht war und dort erfahren hatte, dass wir uns in Österreich aufhielten. Herr Jung, einer unserer Ingenieure, hatte sich bereit erklärt, ihn nach Zell am See zu begleiten. Sein Vorschlag wurde akzeptiert. Ausgestattet mit französischen Sonderausweisen, hatten die beiden sich nun mit dem Auto auf den Weg zu uns gemacht. LeComte gab vor, im Auftrag des französischen Industrieministers Marcel Paul zu handeln. Im Jahre 1945 war die kommunistische Partei Frankreichs an der Regierung beteiligt, Paul war ein Vertreter dieser Partei. Paul hatte die Absicht, das Volkswagenwerk als Reparationsleistung für Frankreich zu fordern. Natürlich mussten die Amerikaner und besonders die Engländer, in deren Zone ja das Werk lag, zustimmen. Der Minister schien da gute Fortschritte zu machen, aber er war auch klug genug zu wissen, dass er zum Wiederaufbau der Produktionsanlagen auf unsere Hilfe, besonders aber die meines Vaters, nicht verzichten konnte.

LeComte war ein sehr geschickter Mann und verstand es glänzend, die Vorstellungen seines Ministers positiv darzustellen. Er beeindruckte auch meinen Vater, der sich über die Tragweite dieses Plans sicher nicht im klaren war. Jedenfalls beauftragte er mich, mit LeComte und Herrn Jung nach Baden-Baden zu fahren, wo sich damals die oberste französische Militärbehörde für die Besatzungszone befand, und entsprechende Verhandlungen einzuleiten. Ausgestattet mit französischen Papieren, die LeComte anscheinend schon vorbereitet hatte, fuhren wir nun gemeinsam nach Baden-Baden. Meine dortigen Verhandlungspartner waren Oberst Trevoux und Oberst Maiffre, die sich jedoch in keine langen Gespräche einließen, sondern mir kurz und bündig erklärten, ohne meinen Vater gäbe es keine Verhandlungen. Wir fuhren daraufhin nach Zell am See zurück, wo wir am 8. November eintrafen. Ich berichtete meinem Vater von den Forderungen der Franzosen. Er erklärte sich zur Reise nach Baden-Baden bereit, eine Entscheidung, die für ihn sehr schwerwiegende Folgen haben sollte, aber es zeigt auch deutlich, dass mein Vater ein viel zu ehrlicher Charakter war, um annehmen zu können, dass dies alles eine Falle hätte sein können.

Wir traten unsere Reise nach Baden-Baden am 16. November 1945 an, ein Datum, das ich nie vergessen werde. Begleitet wurden wir von meinem Schwager, Dr. Piëch, und meinem Cousin, Herbert Kaes. In Baden-Baden angekommen, wurden wir sofort im Hotel Müller von den beiden französischen Obersten empfangen. Es wurde uns eröffnet, dass Frankreich die Einrichtung einer staatlichen Automobilfabrik plane, in die das halbe VW-Werk mit den notwendigen Maschinen als Reparation eingebracht werden sollte. Man erwartete von uns, dass wir die Übersiedlung an den noch zu benennenden französischen Standort überwachen und dort für den Anlauf der Produktion sorgen sollten. Trevoux legte uns einen bereits fertiggestellten Vertrag vor, den mein Vater und ich unterschreiben sollten, und zwar sofort.

→ »SPRACH MAN IN JENEN TAGEN DAVON, WIEDER AUTOMOBILE BAUEN ZU WOLLEN, DANN KONNTE ES EINEM IM GESPRÄCH MIT AMERIKANISCHEN OFFIZIEREN PASSIEREN, DASS SIE SAGTEN: ›WENN SIE EIN HANDWERK ERLERNT HÄTTEN, WÄRE IHRE ZUKUNFT GESICHERT, ABER ALS AUTOMOBILBAUER? NEIN, DA HABEN WIR WENIG HOFFNUNG FÜR SIE!‹«

Im Grunde stand mein Vater diesem Projekt nicht uninteressiert gegenüber, aber wir baten zunächst um Bedenkzeit und fuhren nach Zell am See zurück. *»Es hat den Anschein, als wollten die Franzosen die Sache ganz groß aufziehen!«*, meinte mein Vater eines Tages im Gespräch. Ich stand der ganzen Angelegenheit jedoch wesentlich skeptischer gegenüber.

Wir kehrten nach Baden-Baden zurück, wo uns die Franzosen in der ›Villa Bella Vista‹ unterbrachten. Das Gespräch wurde im Hotel Müller fortgesetzt, an Stelle von Trevoux erschien jedoch diesmal ein Colonel Lamis, der uns allerdings nur einige belanglose Fragen stellte. Ein konkretes Ergebnis wurde nicht erzielt, wir wurden vielmehr nach diesem kurzen Gespräch wieder in unser Quartier geschickt. Colonel Maiffre hielt sich übrigens noch in Baden-Baden auf, hatte aber anscheinend mit unserer Sache nichts mehr zu tun.

Mein Vater verlor langsam die Geduld und entschied, am nächsten Tag nach Zell am See zurückzufahren. Das war am 15. Dezember 1945. Nichts deutete auf eine ernste Lage hin. Maiffre und LeComte gaben uns am selben Abend ein Essen, als plötzlich zwei Franzosen in Zivil erschienen, die uns erklärten, wir seien festgenommen. LeComte tat überrascht und meinte: *»Das Ganze ist ein Missverständnis, glauben Sie mir! Ich bitte Sie, bleiben Sie ruhig und regen Sie sich nicht auf, wir werden die Angelegenheit bis Montag aufgeklärt haben!«* Der 15. Dezember war ein Samstag. Die Anordnung zu unserer Festnahme war von damaligen französischen Justizminister Pierre Henri Teitgen unterschrieben.

Am nächsten Morgen, dem 16. Dezember, an dem wir eigentlich hatten nach Hause fahren wollen, wurden wir in das Gefängnis von Baden-Baden eingeliefert. Zum Glück war das Gefängnis in Baden-Baden in einem weitaus besseren Zustand als das ›Landel‹ von Salzburg. Wir trafen dort als Leidensgefährten auf Herrn Steigenberger, den inzwischen verstorbenen Inhaber der gleichnamigen Hotelkette, dann auf den Bürgermeister eines kleinen Dorfes im südlichen Schwarzwald und einen Herrn von Schewen, einen ehemaligen Offizier, der früher einmal Direktor der Spielbank Baden-Baden gewesen war.

Zum Glück war mein Cousin Herbert Kaes der Festnahme entgangen, er hatte keine Lust gehabt, mit zum Abendessen zu gehen, sondern hatte sich für einen Kinobesuch entschieden. Er sorgte dann mit Hilfe einer entfernten Verwandten, die in Baden-Baden wohnte, für zusätzliche Verpflegung.

Was war eigentlich vorgefallen, dass man uns so plötzlich verhaftet hatte, was ja den Plänen von Minister Paul absolut zuwiderlief? Nun, in Frankreich hatten Vertreter der französischen Automobilindustrie inzwischen Wind von den Plänen des Monsieur Paul bekommen. Sie hatten sich die Unterlagen mit zahlreichen wertvollen technischen Daten verschaffen können, die mein Vater aus Zell am See mitgebracht und den französischen Offizieren für Paul übergeben hatte. Die Herren weigerten sich, die Unterlagen wieder herauszugeben, und wollten dadurch anscheinend meinen Vater hindern, für Paul zu arbeiten, wie sie überhaupt gegen das Volkswagen-Projekt des Industrieministers waren. Heute kann man wohl feststellen, dass die französische Automobilindustrie insgesamt dagegen war, eine französische Version des Volkswagens zu produzieren, der ja eine erhebliche Konkurrenz für sie dargestellt hätte.

Leutnant LeComte hatte die Angelegenheit nicht klären können, sondern wir wurden mehreren Verhören unterzogen, bei denen man immer wieder detailliert nach unseren Geschäftsverbindungen mit der französischen Automobilindustrie während des Krieges fragte. Mein Vater ärgerte sich über diese Verhöre, denn er hatte nichts zu verbergen, erkannte aber sehr bald, dass sie darauf hinauslaufen sollten, Peugeot der Kollaboration mit den Deutschen zu beschuldigen und die Pläne des Ministers Paul zu sabotieren.

Die Beziehungen zwischen Peugeot und dem Volkswagenwerk waren während des Krieges sehr gut gewesen. Mein Vater hatte die Firma in Montbéliard, nahe der Schweizer Grenze, wo VW-Teile hergestellt wurden, mehrmals besucht und sich sehr positiv über das Werk geäußert.

Hier war offensichtlich eine Intrige im Gange, zu der mein Vater meinte: »*Anscheinend sind sich die Franzosen nicht einig, die einen wollen das Volkswagenwerk, die anderen wollen seinen Bau in Frankreich verhindern und meinen, dies erreichen zu können, indem sie uns ausschalten!*« Wir sahen, dass Vater die Situation richtig beurteilt hatte, als Jean Pierre Peugeot, der Inhaber der Peugeot-Werke, Beschuldigungen gegen ihn vorbrachte.

Kernpunkt der Argumentation von Peugeot war ein Vergleich seiner Autos mit dem Volkswagen, bei denen natürlich der Peugeot in allen wichtigen Punkten besser abschnitt. Darüber hinaus behauptete Peugeot, mein Vater habe ›Franzosen gegen ihren Willen gezwungen, in Wolfsburg zu arbeiten‹, ja, er habe sie sogar als ›Zwangsarbeiter‹ behandelt. Ferner habe er mehrere Peugeot-Direktoren mit Gewalt nach Deutschland bringen lassen, und auf seine Veranlassung wären auch Maschinen aus französischen Fabriken zur Verwendung im Volkswagenwerk demontiert und abtransportiert worden.

Mein Vater wurde beschuldigt, ein ›Kriegsverbrecher‹ zu sein, denn nach Sabotagefällen, die sich bei Peugeot ereignet hatten, sollten Franzosen auf Anordnung meines Vaters von der Gestapo festgenommen worden sein. Man könne ›nachweisen‹, dass einige Peugeot-Direktoren während der deutschen Besatzung ins Gefängnis geworfen wurden.

Dies alles war der Gegenstand einer Anklage, die meinem Vater zugestellt wurde, und die, wäre die Lage nicht so ernst gewesen, geradezu als lächerlich hätte bezeichnet werden müssen. In Wirklichkeit war mein Vater für die Direktoren von Peugeot eingetreten und hatte sich bei der Gestapo mit Nachdruck beschwert, dass keine Zusammenarbeit möglich sei, wenn die Geschäftsleitung von Peugeot im Gefängnis säße. Die Direktoren wurden daraufhin aus der Haft entlassen. Als jedoch kurz darauf wieder Sabotageakte bei Peugeot passierten, wurden erneut mehrere Direktoren des Werkes

→ »NICHTS DEUTETE AUF EINE ERNSTE LAGE HIN. MAIFFRE UND LECOMTE GABEN UNS AM SELBEN ABEND EIN ESSEN, ALS PLÖTZLICH ZWEI FRANZOSEN IN ZIVIL ERSCHIENEN, DIE UNS ERKLÄRTEN, WIR SEIEN FESTGENOMMEN.«

verhaftet. Mein Vater intervenierte auch diesmal, aber er konnte sich aufgrund der vorliegenden Beweise leider nicht mehr durchsetzen. Einer der Direktoren ist dann während der Haft gestorben.

Die gleichen Vorwürfe, die man gegen meinen Vater vorbrachte, machte man auch meinem Schwager Dr. Piëch und mir. Es gab jedoch genügend Beweise dafür, dass ich zu keiner Zeit Mitglied der Geschäftsleitung der Volkswagenwerk GmbH gewesen war und auch mit Peugeot nichts zu tun gehabt hatte. Ich wurde daraufhin im März 1946 aus der Haft im Gefängnis Baden-Baden entlassen, blieb aber weiterhin in Internierung. Ich wurde im Hotel Sommerberg in Bad Rippoldsau untergebracht, zusammen mit Cousin Kaes. Zunächst atmeten wir auf, waren aber sehr in Sorge wegen meines Vaters, dem die Gallenblase wieder zu schaffen machte. Er wurde in das Krankenhaus von Baden-Baden verlegt und dort stationär behandelt. Die Belastungen, denen er in der Haft ausgesetzt war, und sein Alter hatten zu Koliken geführt. Zum Glück kam es nicht zu Komplikationen, aber Vater stand weiterhin unter Arrest durch die Sûreté, die französische Geheimpolizei.

Im Hotel Sommerberg trafen wir auch wieder Leutnant LeComte in seiner Eigenschaft als Sonderbeauftragter für Produktionsfragen des Ministers Pauk, der sein Volkswagen-Projekt noch nicht aufgegeben hatte. Als ich in Begleitung von LeComte meinen Vater im Krankenhaus in Baden-Baden besuchen durfte, schlug er diesem vor, alle Zeichnungen für den VW, die sich in Gmünd befanden, holen zu lassen, um sie für das französische VW-Projekt jederzeit verwenden zu können. Mein Vater hatte keine Einwände, hoffte er doch, dann früher freigelassen zu werden. Sein Sekretär, Ghislaine Kaes, erhielt den schriftlichen Auftrag, die Zeichnungen zusammen mit LeComte zu holen. Kaes, der britischer Staatsbürger war, meldete das Vorhaben jedoch dem englischen Verbindungsoffizier in Baden-Baden, der es wiederum an das Hauptquartier in Bad Oeynhausen weitermeldete. Wie nicht anders zu erwarten war, gab jedoch Oberingenieur Rabe als Bevollmächtigter meines Vaters in Gmünd die Zeichnungen gar nicht heraus. LeComte wurde von den Briten aufgefordert, die britische Zone unverzüglich zu verlassen. Er kehrte erfolglos nach Bad Rippoldsau zurück.

Von mir erwartete man, sofort mit der Konstruktion des Fahrzeugs zu beginnen. Inzwischen war jedoch mein Vater aus dem Krankenhaus entlassen worden und saß wieder im Gefängnis. Ich lehnte es ab, auch nur einen Strich an den Zeichnungen zu machen, solange mein Vater und mein Schwager im Gefängnis waren. Außerdem forderte ich, freigelassen zu werden und zu meiner Familie zurückkehren zu können. Die Franzosen merkten, dass es mir ernst war, mit dem Erfolg, dass zunächst einige Wochen lang überhaupt nichts passierte. So zog sich die ganze Angelegenheit bis Mai 1946 hin. LeComte hoffte immer noch, einen Weg zu einer akzeptablen Lösung zu finden, nachdem Minister Paul nach wie vor an dem VW-Projekt interessiert war. Schließlich sah es so aus, als würde sich doch alles noch in eine bessere Richtung entwickeln. Mein Vater sollte an einer französischen Version des VW arbeiten, und zwar bei Renault.

Am 2. Mai 1946 brachte man ihn zusammen mit Dr. Piëch zur Sûreté Baden-Baden, und am nächsten Tag wurden sie, immer noch als Gefangene, nach Paris befördert. Statt in einer angemessenen Unterkunft jedoch, wie sie LeComte zugesagt hatte, wurden sie in der Villa Renaults im Dienstbotenzimmer einquartiert. LeComte ließ sich bald nicht mehr blicken, an seiner Stelle erschien eine Gruppe von Renault-Technikern. Sie wurde angeführt von Monsieur Lefaucheux, dem geschäftsführenden Direktor, außerdem gehörten Chefingenieur Edmond Serre, die Herren Fernand Picard, Guettier, Metzmaimer und Super dazu. Sie forderten meinen Vater auf, die Zeichnungen für den neuen Typ 4CV zu prüfen und ihn anschließend zu testen. Mein Vater fertigte einen Prüfungsbericht aus und machte Änderungsvorschläge in Bezug auf die Aufhängung, die Gewichtsverteilung, schlug eine andere Reifengröße und weitere Verbesserungen vor. Außerdem befasste er sich in der Montagehalle von Renault mit der Planung der Serienproduktion des 4CV.

Immer wieder ersuchte mein Vater die Franzosen, ihn freizulassen, denn wenn er wirklich ein neues Fahrzeug und eine neue Fabrik bauen sollte, dann müsse er das in Freiheit tun können. Doch seine Wünsche wurden vergebens vorgetragen. Das Gegenteil war der Fall, denn am 17. Februar 1947, beinahe zwei Jahre nach Kriegsende, wurden er und mein Schwager in das Polizeigefängnis von Meudon im Departement Seine-et-Oise unweit von Paris verlegt. Am darauffolgenden Tag transportierte man sie unter starker Bewachung zum Gare de Lyon, und von dort ging es nach Dijon. Während der ganzen Fahrt waren mein Vater und Dr. Piëch mit Handschellen gefesselt, als wären sie Schwerverbrecher. Im Gefängnis wurden ihnen Einzelzellen zugewiesen.

Mein Vater äußerte sich später darüber: *»Es war eine furchtbare Zeit. Die Zelle war auch im Winter trotz großer Kälte nicht geheizt. Ich fühlte mich einsam und von allen Freunden verlassen!«*

Als mein Vater in Dijon im Gefängnis saß, erfolgte eine Umbildung des französischen Kabinetts, bei der der Kommunist Marcel Paul nicht mehr aufgestellt wurde. Dagegen war der Einfluss von Justizminister Teitgen, auf den wohl in erster Linie unsere Schwierigkeiten zurückzuführen waren, gewachsen. Auf meinen Vater wirkte sich das natürlich negativ aus, er war völlig niedergeschlagen. Außerdem befand er sich in einem sehr schlechten körperlichen Zustand. Obwohl er krank war, verweigerte man ihm in Dijon einen Arzt, und er wurde weiter verhört. Erst am 24. Februar 1947 konnte er einen Arzt aufsuchen, der ihm sofort völlige Haftunfähigkeit bescheinigte, worauf er in die Krankenabteilung des Gefängnisses verlegt wurde. Langsam erholte er sich bei der ärztlichen Betreuung, aber sein seelischer Zustand war gleichbleibend schlecht, da er ja nicht die geringste Ahnung hatte, was mit ihm geschehen würde.

Es dauerte drei Monate, bis er von Untersuchungsrichter Raymond erneut vernommen wurde. Diesmal in Anwesenheit von zwei Zeugen, beide kamen von Peugeot, und zwar handelte es sich um Monsieur Materne, Direktor in der Firma, und Monsieur Falaise, an dessen Tätigkeit bei Peugeot ich mich heute leider nicht mehr erinnere. Beide machten überraschende Aussagen und bezeugten, dass mein Vater dafür gesorgt habe, dass keine Peugeot-Arbeiter zwangsweise zur Arbeit in Deutschland verpflichtet wurden. Sie bestätigten, dass sich mein Vater ganz entschieden und mit Erfolg gegen Eingriffe deutscher Inspektionskommissionen bei Peugeot gewehrt habe.

Inzwischen hatte man einen ehemaligen Gestapo-Beamten namens Hulf vernommen, der die Dienststellen nannte, die Franzosen als Zwangsarbeiter nach Deutschland deportiert hatten. Es stellte sich dabei heraus, dass mein Vater überhaupt nichts damit zu tun gehabt hatte.

Nach diesen Ermittlungen und der daraus resultierenden völlig neuen Rechtslage wurden mein Vater und Dr. Piëch gegen Kaution entlassen. Die Kaution betrug eine Million Francs. Man wollte damit sicherstel-

--→ »NACH DIESEN ERMITTLUNGEN UND DER DARAUS RESULTIERENDEN VÖLLIG NEUEN RECHTSLAGE WURDEN MEIN VATER UND DR. PIËCH GEGEN KAUTION ENTLASSEN. DIE KAUTION BETRUG EINE MILLION FRANCS.«

len, dass mein Vater ebenso wie mein Schwager bei der Entscheidung des mit der Sache befassten Richters ›verfügbar‹ war. Diese hohe Summe konnten wir nur deshalb auftreiben, weil wir mit der Unterstützung guter Freunde inzwischen einen größeren Auftrag aus Italien erhalten hatten. Über diesen interessanten Auftrag werde ich später noch berichten.

Am 1. August 1947 wurden dann mein Vater und mein Schwager auf freien Fuß gesetzt. Sie durften nach Österreich reisen, aber die französische Zone vorerst nicht verlassen. Ihr neuer Aufenthaltsort war in Kitzbühel das Hotel Klausner. Ein Jahr später wurde der ›Fall Porsche‹ durch ein ordentliches Gerichtsverfahren abgeschlossen, als die Franzosen meinen Vater von jeder Schuld freisprachen und die Anklage für nicht zu Recht bestehend erklärten.

Ich selbst war nach endlosen Verzögerungen im Juli 1946 aus Bad Rippoldsau entlassen worden. Inzwischen hatte man festgestellt, dass jede rechtliche Voraussetzung zur Festnahme und Überweisung in das Gefängnis von Baden-Baden fehlte. Es waren überhaupt keine entsprechenden Unterlagen vorhanden, und, was die ganze Sache in einem noch merkwürdigeren Licht erscheinen lässt, meine Personalpapiere hatte man einfach verschwinden lassen. Ohne Papiere war man ein Niemand, über einen Niemand brauchte man sich keine Gedanken zu machen. Dreimal musste LeComte nach Paris reisen, um die Ausfertigung der Entlassungspapiere zu veranlassen. Bei den ersten beiden Reisen hatte man ihm erklärt, meine Entlassungspapiere seien schon nach Baden-Baden unterwegs. Sie kamen jedoch dort nie an. Beim dritten Mal war LeComte so schlau, sich das Dokument im Pariser Justizministerium selbst aushändigen zu lassen und selbst in Baden-Baden der zuständigen Stelle zu übergeben. Danach war ich endlich frei. Ich verlor keine Zeit und machte mich sofort mit meinem eigenen Auto auf den Weg nach Innsbruck, allerdings in Begleitung des Sûreté-Beamten Monsieur Castellani. Beim Oberkommando für die französisch besetzte Zone in Innsbruck wurde in Anwesenheit von Castellani bestätigt, dass ich aus der französischen Zone ausreisen konnte. Ich verabschiedete mich von meinem ›Begleiter‹ und fuhr nach Hause in die amerikanische Zone nach Zell am See.

Zu diesem Zeitpunkt saßen mein Vater und Schwager Piëch noch im Dienstbotenzimmer der Villa Renault in Paris. Es sollte – wie schon erwähnt – dreizehn lange Monate dauern, bevor auch sie nach Österreich zurückkehren konnten.

⇢ KAPITEL 14

GRAND-PRIX-WAGEN FÜR ITALIEN

Meine Schwester Louise hatte während unserer zwangsweisen Abwesenheit die Firma mit bemerkenswerter Courage am Leben erhalten. Nun, zurückgekehrt, machte ich mich an die Arbeit. Das war gar nicht so einfach. Wir waren deutsche Staatsbürger in einem nun fremden Land. Den im März 1938 vollzogenen Anschluss Österreichs hatte man inzwischen aufgehoben. Österreich war zwar besetzt, aber trotzdem wieder ein eigener Staat. Damit waren wir eine ausländische Firma geworden, die unter britischer Aufsicht stand, nachdem Gmünd als ihr Hauptsitz in der britischen Zone lag. Unser Chefkonstrukteur, Oberingenieur Rabe, war zum Verwalter der Firma eingesetzt worden. Als ich in dem ehemaligen Sägewerk Karnerau außerhalb von Gmünd, wo das Werk ausgelagert war, eintraf, erschien der für diese Gegend zuständige Vertreter der Gewerkschaft und eröffnete mir, dass ich nicht mehr der geschäftsführende Direktor des Unternehmens, also der Firma Porsche, sei.

»Gut«, erwiderte ich, *»dann haben Sie auch nicht mehr das Recht, meinen Namen im Zusammenhang mit dieser Firma zu benutzen!«* Unter diesen Gesichtspunkten hatte der gute Mann allerdings meine ›Entlassung‹ nicht gesehen. Meine Reaktion hatte ihn überrumpelt, und er wusste sichtlich nicht, wie er darauf reagieren sollte. Schließlich lenkte er ein und fand sich bereit, mich als Inhaber der Firma zu akzeptieren, und zwar als die Person, die in Abwesenheit meines Vaters Entscheidungen treffen konnte.

Karl Rabe stand zu unserer Firma wie eh und je, er bewährte sich als ein Freund der Familie. Er hatte meine Schwester sehr unterstützt, als wir im Gefängnis und anschließend interniert waren.

Die Firma war weiterhin mit der Reparatur von VW-Kübelwagen beschäftigt. Wir reparierten aber auch Fahrzeuge anderer Marken und stellten Teile für landwirtschaftliche Nutzfahrzeuge her. Mit der Konstruktion von Automobilen befassten wir uns noch nicht. Jedenfalls betrug unsere Belegschaft gegen Ende des Jahres 1946 in Gmünd bereits wieder mehr als 200 Personen. Im selben Jahr hatte ich zusammen mit meiner Schwester unsere ›österreichische‹ Firma in Salzburg gegründet, sie hieß ›Porsche Konstruktionen GesmbH‹.

So langsam nahmen auch alte Freunde mit uns wieder Kontakt auf. Es ging aufwärts, nur fehlten uns Vater und mein Schwager. Bei meiner Schwester hatte sich ein alter Bekannter gemeldet, es war Carlo Abarth, der die Sekretärin von Dr. Piëch geheiratet hatte. Carlo, in der Zeit vor dem Kriege in Österreich als Karl Abarth ein bekannter Sandbahn-Rennfahrer, hatte sich vor der Machtergreifung durch die Nazis zusammen mit seiner Frau nach Jugoslawien abgesetzt. Mein Schwager hatte ihm bei der Übersiedelung geholfen. Als ich im Juli 1946 zurückgekehrt war, setzte er den Briefwechsel mit mir fort.

Ein weiterer alter Bekannter, der Ingenieur Rodolfo Hruska, hatte sich bereits im Februar 1946 in Gmünd bei Herrn Rabe gemeldet, als er sich in Begleitung eines amerikanischen Offiziers auf der Fahrt von Mannheim zurück nach Meran befand. Und eines schönen Tages erschienen die beiden bei mir in Zell am See und unterbreiteten uns einen interessanten Plan. Rodolfo Hruska hatte für uns bereits vor dem Krieg gearbeitet. Er war 1937 von Österreich nach Deutschland gegangen und später von uns verpflichtet worden. Unter anderem war er der Verbindungsmann zwischen unserem Konstruktionsbüro in Zuffenhausen und der in Wolfsburg einzurichtenden Produktion für den Volkswagen. Hruska hatte auch am Schlepper mitgearbeitet und war auch im Nibelungen-Werk tätig gewesen. Im April 1945 war Hruska aus geschäftlichen Gründen nach Oberitalien gereist. In Brescia, Start und Ziel der berühmten Mille Miglia, sollte er mit dem Nutzfahrzeug-Hersteller OM über die Fertigung von Automobilteilen verhandeln. Die Rückreise nach Stuttgart konnte er nicht mehr antreten, da sich dort bereits die Amerikaner befanden. So blieb er bei Bekannten in Meran hängen.

Abarth und Hruska waren damals unter größten Schwierigkeiten zu uns nach Österreich gelangt. Es war nicht einfach gewesen, die Genehmigung für diese Reise zu erhalten, nachdem aber in Meran ebenso wie in Zell am See Amerikaner Hoheitsrechte wahrnahmen, wurde schließlich die Erlaubnis erteilt.

Die beiden ›Meraner‹ waren daran interessiert, unsere Vertretung in Italien zu übernehmen. Wir befassten uns zwar zu diesem Zeitpunkt noch nicht wieder mit der Konstruktion von Automobilen, hatten daher auch keine Lizenzen zu vergeben, aber sie hielten trotzdem ihr Angebot aufrecht. Ich sah keinen Grund, ihrem Wunsch nicht zu entsprechen. Wir schlossen deshalb einen Vertrag ab, bei dem der italienische Partner allerdings ein gewisser Piero Dusio war, ein finanzstarker Turiner Ge-

OBEN Mit meiner Frau Dorothea in Österreich (1946). **UNTEN Das Porsche-Werk in Gmünd,** für das ich 1946 die Gesamtverantwortung übernahm.

Stand der Dr. Ing. h.c. F. Porsche KG auf der Industrie- und Gewerbeausstellung in Klagenfurt vom 8. bis zum 22. August 1946.

schäftsmann, der an mehreren Unternehmen beteiligt war. Er war selbst Rennen gefahren und galt als ein Automobilenthusiast. Dusio sollte für unsere Firma Aufträge besorgen, trat aber sehr bald selbst als Auftraggeber auf. Wie es dazu kam, ist eine sehr interessante Geschichte, die auf den berühmten italienischen Rennfahrer Tazio Nuvolari zurückgeht. Nuvolari hatte vor dem Krieg große Erfolge erzielt, besonders auf Alfa Romeo. Einen seiner eindrucksvollsten Siege errang er 1935, als er auf Alfa Romeo gegen die sonst überlegene Konkurrenz von Mercedes-Benz und der Auto Union den Großen Preis von Deutschland auf der Nordschleife des alten Nürburgrings gewann. In den Jahren 1938 und 1939 wurde Nuvolari dann von der Auto Union als Fahrer für den Zwölfzylinder-Rennwagen Typ D verpflichtet. Nuvolari suchte nun unmittelbar nach dem Krieg einen konkurrenzfähigen Formel-Rennwagen. Einer seiner Freunde arbeitete als Chefeinfahrer bei OM und war bei der Mille Miglia sein Beifahrer gewesen. Besagter Chefeinfahrer empfahl nun Nuvolari, sich mit Hruska in Verbindung zu setzen, der sich in Meran aufhielt. Hruska hatte ja früher für Porsche gearbeitet, und Porsche war der Schöpfer des ersten Auto-Union-Rennwagens gewesen. Und so kreuzte eines Tages Nuvolari bei Hruska in Meran auf, und bei dem sich entwickelnden Gespräch wurde der Vorschlag gemacht, das inzwischen wieder tätige Büro Porsche mit der Konstruktion eines Grand-Prix-Wagens zu beauftragen. Es ging nun nur darum, einen Finanzier für dieses Projekt zu finden. Damals hatten Rennfahrer und Motorjournalisten aus der Vorkriegszeit wieder Kontakt miteinander aufgenommen. Man traf sich, weil man sich kannte und gemeinsame Interessen hatte. Zu diesem Kreis, zu dem neben anderen Brivio und Corrado Millanta gehörten, hatten auch Hruska und Abarth Verbindung.

Millanta sprach perfekt deutsch. Er hatte vor dem Krieg deutsche Luftfahrtfirmen in Italien vertreten und sich, besonders nach dem Krieg, einen Namen als Motorjournalist gemacht, der mit seiner Leica auch ausgezeichnete Rennfotos lieferte. In den frühen Ausgaben der Zeitschrift *Das Auto*, später *auto, motor und sport* sowie der *Motor Revue* kann man eine Reihe ausgezeichneter Artikel von Millanta finden. Dieser Kreis engagierter Automobilsport-Enthusiasten war bald der Meinung, dass Dusio der geeignete Finanzier für das Nuvolari-Projekt eines Grand-Prix-Wagens sei, und man nahm erste Gespräche mit Dusio auf, den auch Nuvolari gut kannte. Dusio hatte nach dem Krieg auf der Basis von Fiat-Teilen einen 1,1-Liter-Monoposto geschaffen, der es vielen Rennfahrern ermöglichte, wieder aktiv zu werden. Dusios Firma, die auch einen leichten Sportwagen entwickelte, hieß ›Cisitalia‹, und die von ihm gebauten Fahrzeuge erhielten den Markennamen ›Cisitalia‹. Dusio nahm den Vorschlag, mit Hilfe der Firma Porsche einen Grand-Prix-Wagen zu entwickeln, begeistert auf und erklärte sich bereit, die notwendigen finanziellen Mittel zur Verfügung zu stellen. Es blieb dann allerdings nicht bei dem Rennwagen, sondern es wurde von Seiten Dusios ein ganzes Programm von Automobilkonstruktionen ausgearbeitet, das wir verwirklichen sollten.

Schließlich kam in Kitzbühel ein Vertrag zustande, den wir dort zusammen mit Rodolfo Hruska und Carlo Abarth, die im Auftrag von Dusio handelten, ausarbeiteten. Nach diesem Vertrag hatten wir folgende Konstruktion zu liefern: einen kleinen Traktor, Porsche Typ 323, einen Grand-Prix-Wagen, Porsche Typ 360, einen Sportwagen, Porsche Typ 370, und eine Wasser-Turbine, Porsche Typ 285. Von letzterer versprach sich Dusio bei der Energienot der damaligen Zeit ein gutes Geschäft.

Es fand dann noch eine Konferenz mit Dusio in Österreich statt, bei der Millanta als Dolmetscher und Berater fungierte, und am 2. Februar 1947 kam es zum Abschluss und zur Unterzeichnung eines entsprechenden Vertrages zwischen Dusio und uns. Mit dem Honorar, das uns Piero Dusio zahlte, waren wir in der Lage, die Kaution für die Freilassung meines Vaters und meines Schwagers zu zahlen. Ein Problem stellte jedoch der Transfer der erforderlichen Summe von Italien nach Frankreich dar. Es gelang uns schließlich, mit Hilfe des bekannten französischen Motorjournalisten Charles Faroux und des in Monte-Carlo ansässigen Rennfahrers Louis Chiron das Geld nach Frankreich zu transferieren.

Jetzt musste es uns nur noch gelingen, die Zustimmung der britischen Besatzungsbehörde in Klagenfurt für den Dusio-Auftrag zu bekommen. Ich sprach daher bei dem zuständigen britischen Offizier vor und sagte ihm: *»Ich habe hier einen Auftrag für die Firma Porsche, um diesen Auftrag erfüllen zu können, benötigen wir jedoch eine gewisse Freizügigkeit, wie sie auch österreichischen Unternehmen gewährt wird. Wenn wir diese nicht erhalten, müssen wir unseren Betrieb nach Italien verlegen!«*

Nun war die britische Besatzungsmacht ja durchaus daran interessiert, die österreichische Wirtschaft wieder in Gang zu bringen, denn ohne diese Wirtschaft wäre die ganze Last auch der materiellen Verantwortung auf die Besatzer zurückgefallen. Das heißt, dass zur Erreichung eines gewissen Lebensstandards eine funktionsfähige Wirtschaft eben unerlässlich war. So wurde mein Antrag dem Alliierten Hauptquartier in Wien vorgelegt. Die zuständigen Stellen fällten dann eine interessante Entscheidung: Aufgrund der Herkunft der Gründer der Firma Porsche war diese eigentlich zur Hälfte ein österreichisches Unternehmen. Daraufhin wurde folgende Verfügung erlassen: *»Der in Österreich liegende Teil der Firma ist als österreichisch und nicht als deutsch anzusehen.«*

Der andere Teil unseres Unternehmens, nämlich unser Betrieb in Stuttgart-Zuffenhausen, war ja in der amerikanischen Zone Deutschlands beheimatet. Das bedeutete, dass wir nun ohne weitere Auflagen zumindest in Gmünd im Werk Karnerau weiterarbeiten konnten.

Für uns hatte der Auftrag von Piero Dusio eine große Bedeutung. Wir hatten damit wieder eine Zukunft auf dem Automobilsektor. Der Grand-Prix-Wagen, den wir nach Dusios Konstruktionen für den Rennsport ebenfalls ›Cisitalia‹ nannten, sollte nach der damals gültigen Grand-Prix-Formel einen aufgeladenen 1,5-Liter-Motor haben. Danach hatten wir uns zu richten, ansonsten ließ man uns freie Hand. Wir planten einen Mittelmotor-Wagen mit Zwölfzylinder-Boxermotor und Vierradantrieb. Es sollte eine sehr fortschrittliche Konstruktion werden, wobei wir natürlich aus der reichen Erfahrung mit unserem P-Rennwagen für die Auto Union schöpfen konnten.

Der Cisitalia sollte zwar von uns entworfen werden, bauen wollte ihn aber das Team von Dusio in Turin an Hand unserer Konstruktionszeichnungen. Welche Probleme wir dabei zu lösen hatten, illustriert wohl am Besten die Tatsache, dass wir jede Konstruktionszeichnung zur Genehmigung den Briten vorlegen mussten. Man traute uns noch nicht, und vielleicht hätten wir

Als Antrieb des Typs 360 diente ein Zwölfzylinder-Kompressormotor.

etwas bauen können, was den alliierten Bestimmungen zuwiderlief. Die Fertigung des Prototyps in Turin sollte jedoch von uns kontrolliert werden.

Der Cisitalia war seiner Zeit weit voraus. Sein 1,5-Liter-Motor, ein Zwölfzylinder-Boxer-Aggregat mit je zwei obenliegenden Nockenwellen pro Zylinderreihe, konnte wahlweise mit einem Zoller- oder einem Roots-Kompressor aufgeladen werden. Die Gemischaufbereitung erfolgte in beiden Fällen durch Doppel-Fallstromvergaser von Weber. Der Hubraum betrug 1498 cm^3. Der Motor sollte eine Leistung von 350 PS bei 10.500 U/min abgeben. Neu war auch der zuschaltbare Vierradantrieb. Das Getriebe wurde vor der Hinterachse angeordnet, um bei der leichten Bauweise des Fahrzeugs eine entsprechende Gewichtsverteilung zu erreichen und auch die Leistung auf den Boden zu bringen. Das Getriebe hatte fünf Vorwärtsgänge und war synchronisiert. Die Grundlage für die Synchronisation bildete der Servoring nach Leopold Schmid, einem österreichischen Ingenieur, der seit 1941 für uns arbeitete. Die Entwicklung dieser Ringsynchronisation bis zur Serienreife sollte uns noch einiges kosten, führte aber schließlich zu einem Getriebe, das von vielen bedeutenden Firmen verwendet werden sollte, aber davon später, denn bis dahin sollten noch Jahre vergehen.

Wir nahmen die Arbeit am Typ 360 im Januar 1947 mit einem kleinen Team unter Leitung von Oberingenieur Karl Rabe auf. Es fehlte uns jedoch ein qualifizierter Mitarbeiter, den wir nach Turin delegieren konnten, wo er beim Bau der Prototypen verfügbar sein sollte. Schließlich erinnerte ich mich an einen alten Mitarbeiter meines Vaters, an Professor Eberan von Eberhorst, der am 16-Zylinder-Rennwagen der Auto Union mitgearbeitet hatte und später maßgeblich bei der Konstruktion und Realisierung des Zwölfzylinder-Rennwagens der Auto Union für die Rennformel der Jahre 1938 und 39 beteiligt war. Ich hatte erfahren, dass Eberan von Eberhorst in Deutschland in der sowjetisch besetzten Zone gelebt hatte und von dort nach Bayern geflohen war. Die Auto Union lag ja in dem von den Russen besetzten Gebiet Deutschlands. Ich machte Eberan von Eberhorst ausfindig und schrieb ihm einen Brief, in dem ich ihn fragte, ob er nicht für uns arbeiten wolle und bereit sei, die Leitung beim Bau des Rennwagens in Turin zu übernehmen. Er war aufgrund der Erfahrung, die er bei der Auto Union mit den beiden Rennwagen-Typen gesammelt hatte, genau der richtige Mann für uns. Eberan von Eberhorst nahm das Angebot mit Freuden an und kam zunächst nach Gmünd, wo er sich zusammen mit unseren zuständigen Mitarbeitern in das Projekt Cisitalia einarbeitete.

Im Vertrag mit Dusio war auch unter der Bezeichnung Porsche Typ 370 ein Sportwagen enthalten. Damit wollte Dusio sein Sportwagen-Programm durch einen größeren Typ ergänzen. Bisher baute er Sportwagen eigener Konstruktion auf der Basis von Fiat-Aggregaten der 1,1-Liter-Klasse. Das von uns zu konstruierende Fahrzeug sollte ein Viersitzer sein mit einem luftgekühlten Sechszylindermotor im Heck. Da der Wagen sehr kompakt ausgelegt werden sollte, war vorgesehen, das Fünfganggetriebe mit Drehmomentwandler unter den Motor zu legen. Mit einem gepressten Stahlblechrahmen sollte der Wagen etwa 600 kg wiegen. Leider wurde der Typ 370 nicht gebaut, denn Dusio hatte inzwischen mit seinem eigenen Sportwagen gute Erfolge unter anderem in der Mille Miglia zu verzeichnen, sodass er auf seinen Bau verzichtete.

➔ OBEN Im Auftrag des Italieners Piero Dusio entwickelten wir schon bald nach Kriegsende einen Grand-Prix-Wagen, den Porsche Typ 360 ›Cisitalia‹, mit 1,5-Liter-Zwölfzylinder-Boxermotor mit Kompressor und zuschaltbarem Vierradantrieb. Der Motor lag, wie schon beim Auto Union V16, vor der Hinterachse. **➔ UNTEN Der Porsche Typ 360 ›Cisitalia‹.**

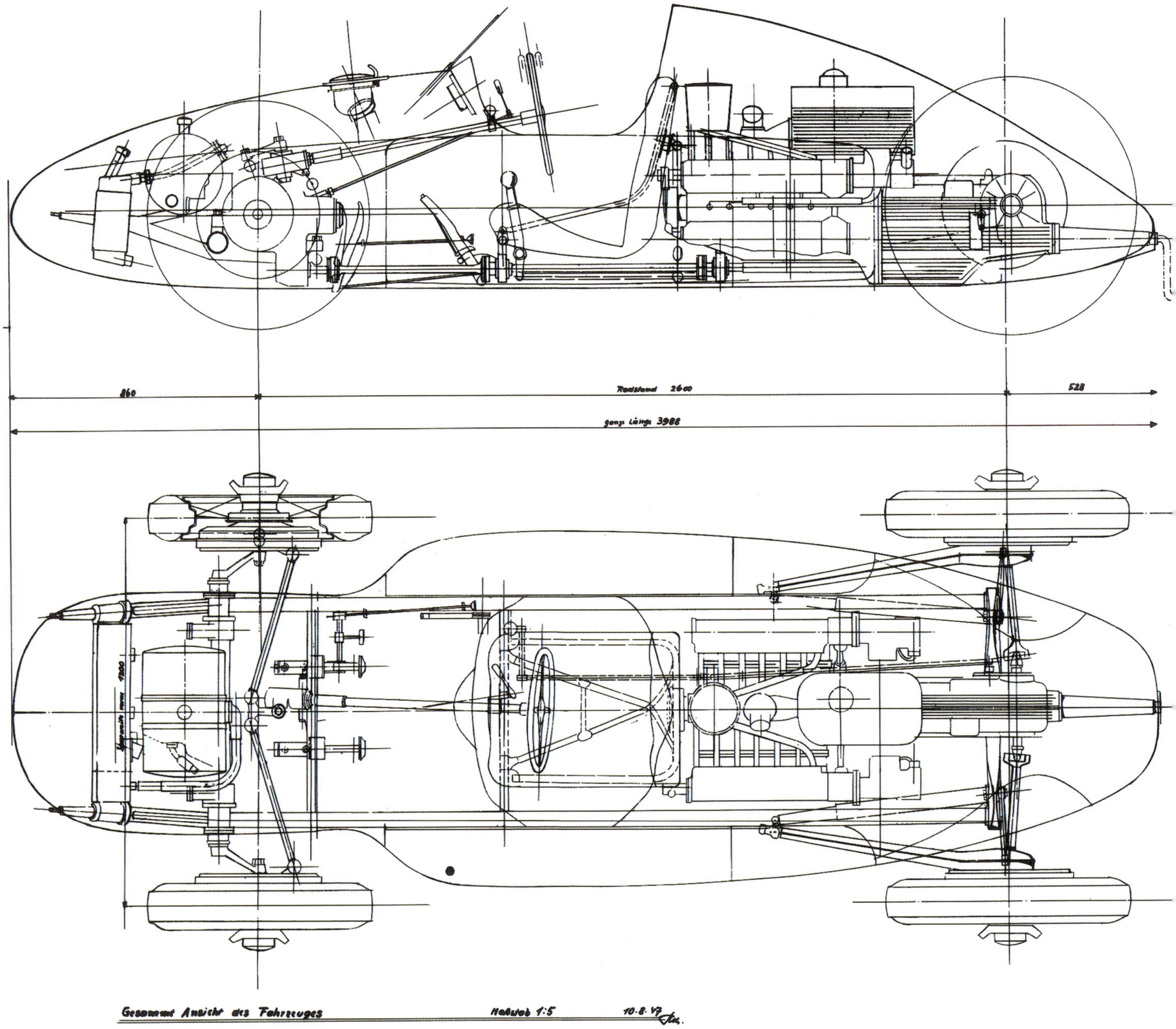

-→ Konstruktionszeichnung des Porsche Typ 360 ›Cisitalia‹.

Im Jahre 1947 waren Herr Rabe und ich nach Turin gereist, um die Fortschritte beim Bau des Grand-Prix-Wagens zu studieren. Das war eine sehr mühselige Angelegenheit, denn es hatte fast neun Monate gedauert, bis wir die erforderlichen Genehmigungen für diese Auslandsreise erhalten hatten. Dabei kam mir die Freizügigkeit in den Sinn, mit der man vor dem Ersten Weltkrieg in Europa hatte reisen können. Wie hatte sich bis heute doch vieles zum Negativen verändert. Auf der Rückfahrt von Turin wurde ich in der Idee bestärkt, die wir bereits vor dem Krieg gehabt hatten, nämlich einen Sportwagen auf der Basis von Volkswagen-Aggregaten zu bauen. Der Besuch bei Dusio regte mich erneut dazu an, diese Idee zu verwirklichen, denn was Dusio auf Fiat-Basis machte, konnten wir sehr gut auch auf der Grundlage des Volkswagens tun.

Projekt Nummer drei für Dusio war der kleine Traktor oder Schlepper, wie wir ihn nannten, mit der Bezeichnung Porsche Typ 323. Unsere Entwurfsvorschläge hatten zwei verschiedene Typen als Grundlage, einmal mit einem Einzylinder-Motor und das andere Mal mit einem Zweizylinder-Aggregat. Aber auch hier verzichtete Dusio auf die Realisierung, sodass die Fahrzeuge über das Entwurfsstadium nicht hinauskamen. Nachdem wir uns

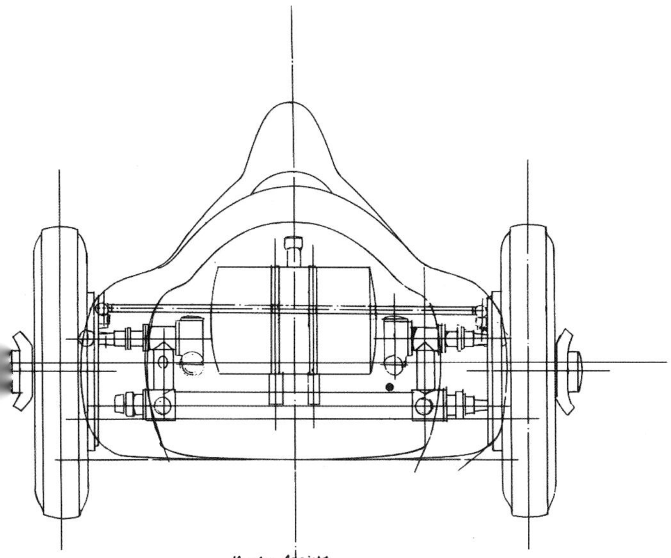

Vorder Ansicht

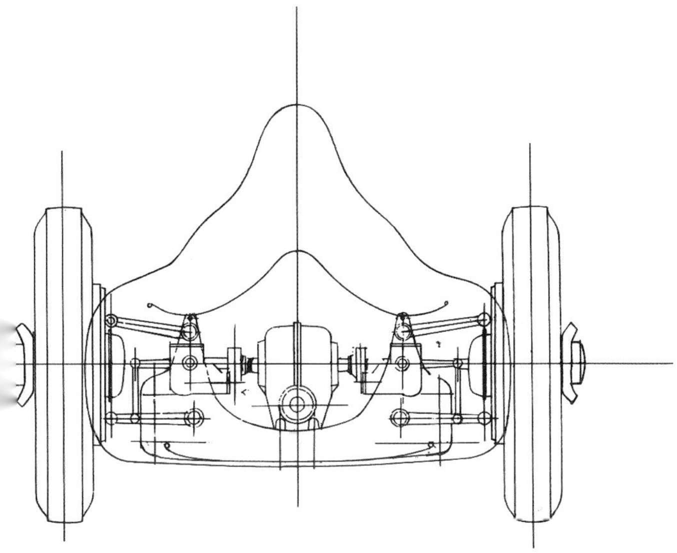

Rück Ansicht

schon mit Schleppern befassen mussten, nahmen wir die Gelegenheit wahr und holten auch wieder unseren Schlepper Typ 113 aus der Schublade hervor, an dem sich die Arbeiten immer wieder verzögert hatten. Wir konnten ja auch hier auf einen großen Erfahrungsschatz bei der Entwicklung des Volksschleppers zurückgreifen. Wir entwarfen dann einen Schlepper, der von einem luftgekühlten Zweizylinder-Dieselmotor angetrieben wurde. Der Schlepper wurde einer gründlichen Erprobung unterzogen. Inzwischen zeigte auch das italienische Nutzfahrzeug-Unternehmen OM Interesse daran, aber letzten Endes verkauften wir das Fahrzeug im Jahre 1949 an die Firma Allgaier in Uhingen bei Göppingen (Baden-Württemberg). Da wir uns gerade mit dem Schlepper-Projekt befassen, lassen Sie mich der Zeit vorausgreifen und berichten, dass Allgaier von 1949 bis 1957 insgesamt 25.000 dieser Schlepper mit Motoren von 17 bis 44 PS gefertigt hat. Dann verkaufte Allgaier die Schlepper-Produktion an den Mannesmann-Konzern. Dieser baute in Friedrichshafen eine eigene Fabrik für seine Fertigung, die ›Porsche-Dieselschlepper GmbH‹. Die Firma exportierte die Mannesmann-Porsche-Schlepper in großen Stückzahlen. Das war 1963 und 1964, doch dann entwickelte sich das Schleppergeschäft rückläufig, und schließlich wurde die Firma Porsche-Dieselschlepper GmbH aufgelöst und die Fabrikanlagen wurden an die Motoren- und Turbinen-Union Friedrichshafen (MTU) verkauft. Die MTU gehörte damals zu je 50 % der Daimler-Benz AG und der MAN. Daimler-Benz übernahm dann 1985 die MTU zu hundert Prozent.

Doch zurück zum Jahr 1947. Die Formel 1, für die wir den Cisitalia-Grand-Prix-Wagen entwarfen, schrieb Fahrzeuge mit Motoren bis zu 1,5 Liter mit Kompressor oder bis zu 4,5 Liter ohne Kompressor vor, Dusio hatte sich für den Kompressorwagen entschieden. Diese Formel war zuerst bis einschließlich 1948 gültig und wurde dann bis einschließlich 1951 verlängert. Inzwischen ging jedoch die Entwicklungs-Tendenz in Richtung Saugmotor. Ferrari hatte zum Beispiel einen 4,5-Liter-V12-Zylinder in Arbeit. Das war natürlich für Dusio ein verständlicher Grund, für den Cisitalia nun auch einen Saugmotor ins Auge zu fassen, um für alle Fälle gerüstet zu sein. Leider kamen die Arbeiten für diesen Motor nicht über Entwurfsskizzen hinaus. Dusio hatte damals eine Serie seines eigenen Sportwagens aufgelegt. Die Zulieferanten lieferten ihre Teile aber damals nur gegen Vorauskasse. In der unmittelbaren Nachkriegszeit war Kapital knapp, die Forderungen der oft kleinen Unternehmer waren deshalb nicht ungewöhnlich. Für Dusio führte das jedoch zu einer Bindung großer finanzieller Mittel, über die er erst dann wieder verfügen konnte, wenn seine Sportwagen zum Verkauf standen. Nachdem aber die Fertigstellung seiner Sportwagen schon relativ weit fortgeschritten war, hatte er zu entscheiden, entweder die Sportwagen-Serie zu Ende zu bauen oder den Grand-Prix-Wagen. Für beide Projekte waren nicht mehr genügend Mittel vorhanden. So entschied er sich schließlich für den Sportwagen. Der Grand-Prix-Monoposto war

→ LINKS Der Zwölfzylinder-Kompressormotor des Typs 360 leistete 385 PS bei nur 1,5 Litern Hubraum.
→ RECHTS Das Fünfganggetriebe des Cisitalia hatte als Grundlage für die Synchronisation einen Servoring nach einem Patent von unserem Mitarbeiter Leopold Schmid. Diese Ringsynchronisation sollte von uns dann zu einem Getriebe entwickelt werden, das von vielen bedeutenden Firmen verwendet wurde.

zwar fertiggestellt, doch konnte das Projekt nicht mehr weitergeführt werden.

Ende 1951 zog sich dann Alfa Romeo mit seiner Alfetta vom Grand-Prix-Sport zurück, und ab 1952 wurde die Weltmeisterschaft mangels Masse in der Formel 1 für die Formel 2 ausgeschrieben.

1947 fertigten wir neben dem wichtigen Dusio-Auftrag und der Reparatur von VW-Kübeln weiterhin Maschinenteile für die Landwirtschaft. Die Produktion fand in der großen Hütte des Sägewerks von Gmünd statt, die im Winter durch Kanonenöfen auf eine annehmbare Temperatur geheizt wurde. Nach einer modernen Fabrikanlage sah das Ganze nicht aus, aber es ging ja in erster Linie darum, wieder beschäftigt zu sein.

Unsere Herren der Konstruktion machten sich natürlich Gedanken über weitere Produkte, die man herstellen konnte. So kam unser Diplomingenieur Josef Mickl, damals Leiter der Berechnungsabteilung, auf die Idee, der Landwirtschaft und hier in Österreich besonders den Bergbauern durch mehr Technik ihre Arbeit zu erleichtern. Man muss sich vorstellen, dass sich hier nach sechs Jahren Krieg und mit der Nachkriegszeit praktisch acht Jahre lang nichts getan hatte. So bauten wir Seilwinden zur Bearbeitung steiler Berghänge und neben anderen Dingen kleine Kraftwerke, die die im Gebirge vorhandene Wasserkraft zur Erzeugung elektrischen Stromes ausnützten. Ein derartiges Programm war auch deshalb interessant, weil die Landwirte für diese Aggregate Zuschüsse aus öffentlichen Mitteln bekamen. Man konnte sich an den fünf Fingern ausrechnen, dass das natürlich nicht so weiter ging, und dann kam es darauf an, dass der Landwirt sich unsere Produkte auch noch leisten konnte. Das bedeutete, dass wir uns auch Gedanken über andere Produkte machen mussten, besonders über jene, die dem Automobil näher standen. Übrigens steht heute noch ein von uns gefertigtes Kleinkraftwerk auf dem Schüttgut in Zell am See.

Mein Vater war bekanntlich im August 1947 nach zwanzig Monaten Haft entlassen worden und musste sich in Kitzbühel aufhalten. Trotzdem erhielt er die Erlaubnis, uns zu besuchen. So kam er auch nach Gmünd und interessierte sich für das, was wir während seiner Abwesenheit getan hatten, ganz besonders aber für den Cisitalia. Er schaute sich die Konstruktionszeichnungen für den Rennwagen lange an und sagte kein Wort. Ich war natürlich ungeduldig, sein Urteil zu hören. Schließlich fragte ich ihn: *»Was hältst Du denn von unserer Arbeit?«*

Er antwortete: *»Ich hätte die Aufgabe genau so angepackt wie Du!«*, und klopfte mir dabei auf die Schulter.

Ich brauche wohl nicht besonders darauf hinzuweisen, dass ich auf dieses Urteil meines in technischen Dingen sonst so kritischen Vaters stolz war.

--➔ OBEN Unter meiner Regie entstand 1948 der Typ 360 ›Cisitalia‹. 3.v.l.: Karl Abarth; 4.v.l.: Pierro Dusio; 3.v.r.: Rudolf Hruska; 4.v.r.: Tazio Nuvolari. **--➔ UNTEN Piero Dusio** (der große Herr in der Mitte) besichtigt zusammen mit dem bekannten italienischen Rennfahrer Felice Bonetto (rechts von ihm) 1948 in Turin den Cisitalia.

Typ 360 ›Cisitalia‹ auf dem Hof des Porsche-Werks in Stuttgart-Zuffenhausen (1961).

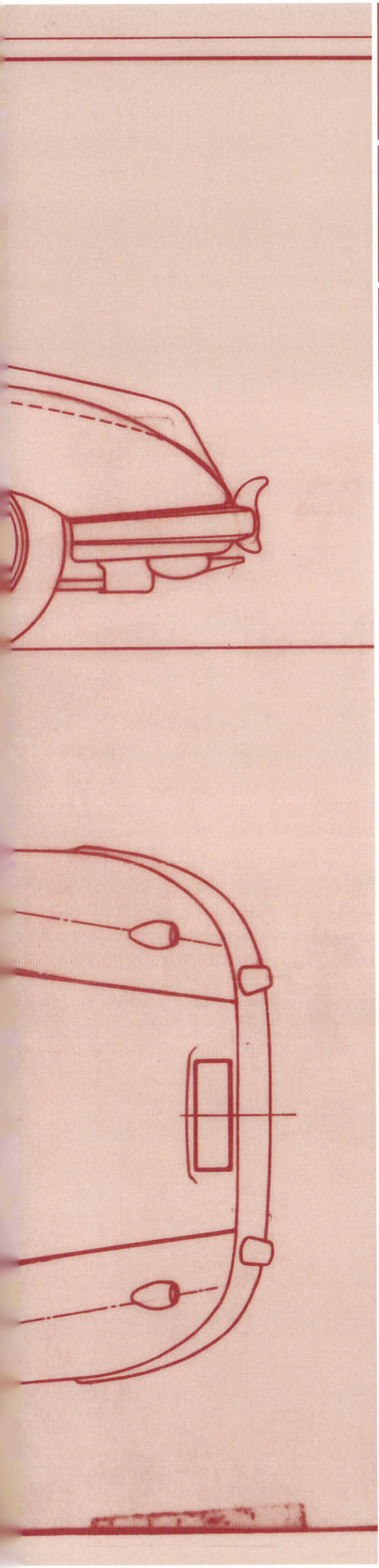

→ KAPITEL 15

EINEN EIGENEN SPORTWAGEN

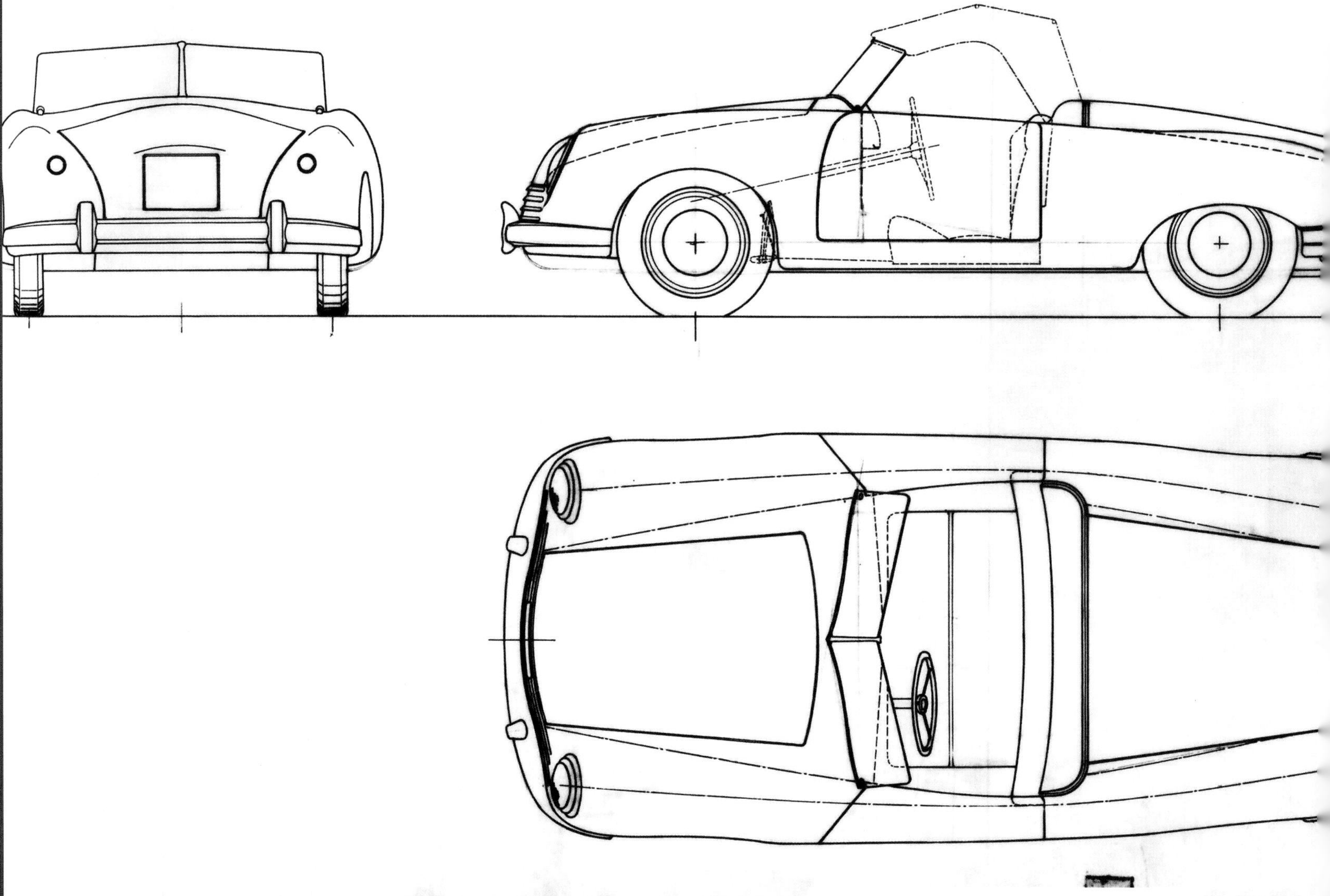

→ Zeichnung des Porsche 356 Nr. 1.

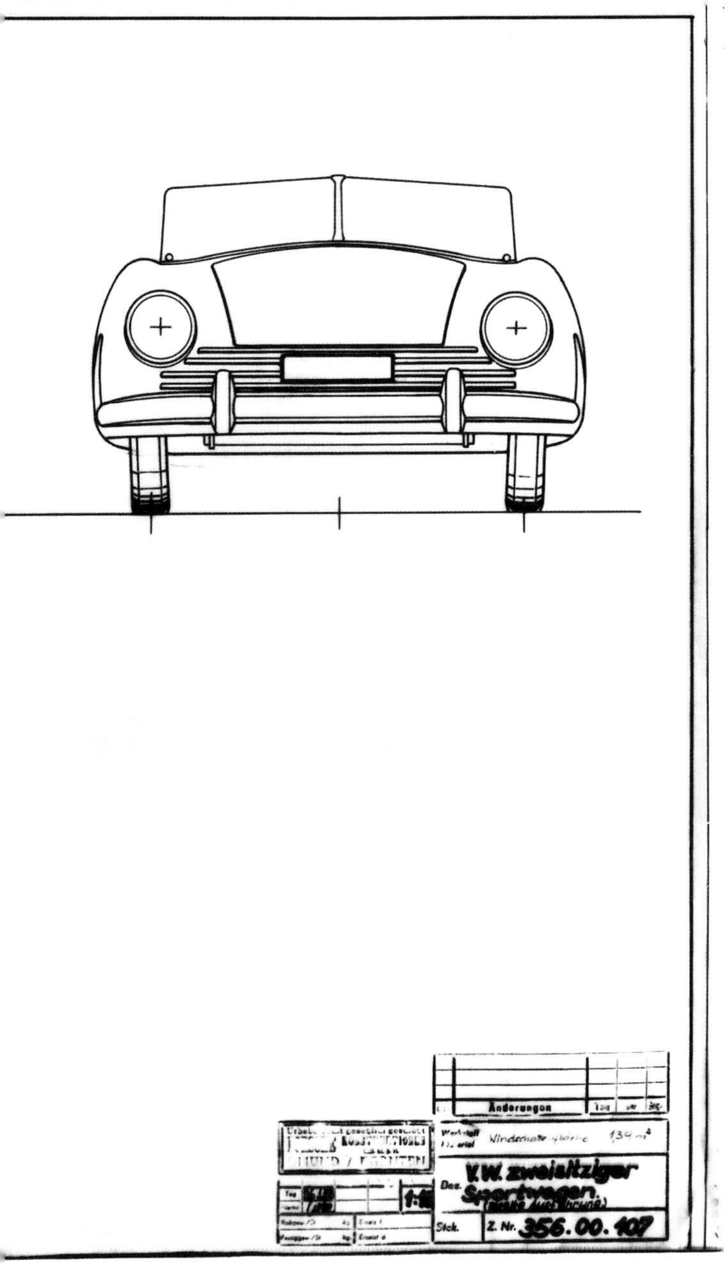

Das Volkswagen-Werk in Wolfsburg war 1945 ein Trümmerhaufen. Zunächst hatten die Amerikaner Stadt und Werk besetzt, aber nach vier Wochen war das alles den Engländern übergeben worden, in deren Zone das Werk nun lag. Es waren englische Offiziere, die dann in begrenztem Umfang den Trümmerhaufen aufräumen ließen, nachdem das Werk nicht nur durch Bomben stark beschädigt worden war, sondern es auch geplündert wurde. Bereits Ende 1945 hatten 6000 Mann Belegschaft wieder 917 Autos produziert. Das war auch für uns erfreulich, denn wir hatten Pläne, die bis in die Zeit vor dem Zweiten Weltkrieg zurückreichten, nie aufgegeben, nämlich ein eigenes Auto zu bauen. Dieser Plan war etwa zur selben Zeit in Angriff genommen worden, als wir den Auftrag von Dusio erhalten hatten. Die Grundlage unserer Entwicklung bildete der Porsche Typ 60K10, jener Sportwagen, der bekanntlich für das Rennen Berlin-Rom geschaffen worden war. Der neue Wagen lief bei Porsche unter der Bezeichnung Typ 356 und sollte ein Sportwagen werden. Er hatte einen Gitterrohrrahmen, den wir selbst entworfen und aus Stahlrohren zusammengeschweißt hatten. Als Antriebsaggregat verwendeten wir einen Volkswagenmotor von 1131 cm³, der vor der Hinterachse angeordnet war, während das Getriebe hinter der Achse angeflanscht wurde. Die Radaufhängung vorn sowie Lenkung und Bremsen waren ebenfalls Originalteile vom Volkswagen. Das gesamte Fahrwerk mit einem Radstand von 2150 mm, der Vierzylindermotor von 35 PS mit Luftkühlung und das nichtsynchronisierte Vierganggetriebe waren alles Original-Volkswagen-Teile, die durch kleine Veränderungen zu einer besseren Straßenlage und höheren Leistung führten.

Die formschöne zweisitzige Roadster-Karosserie aus Leichtmetall erhielt ihre aerodynamische Linie auf der Grundlage der Erfahrungen, die wir mit dem Berlin-Rom-Wagen gemacht hatten. Diese Karosserie hatte ja damals kurz vor dem Kriege noch Erwin Komenda entworfen. Nun war der Typ 356 nicht als reines Rennfahrzeug, sondern als ein Sportwagen mit mehr Komfort gedacht. Die Herstellung der Karosserie und ihre Formgebung besorgte Friedrich Weber, ein exzellenter Handwerker und Meister seines Fachs, denn er musste alles von Hand machen. Weber war Anfang April 1948 bei uns in Gmünd eingetreten. Zwei Monate benötigte er für die Fertigstellung der Karosserie, für einen ersten Prototyp war das eine beachtliche Leistung. Bei den nachfolgenden Fahrzeugen stellten wir dann die gesamten Blechteile innerhalb einer Woche von Hand her. Der fertige Wagen wog knapp 600 kg.

Übrigens hatte Friedrich Weber 1922 als Lehrling bei Austro-Daimler angefangen, als mein Vater dort das für die Technik zuständige Vorstandsmitglied war. Mein Vater hatte Weber damals geraten, das Handwerk eines Karosserieflaschners zu lernen, denn für diesen Beruf sei immer Bedarf.

Der Porsche 356, der erste Porsche überhaupt, war am 8. Juni 1948 fertiggestellt. Mit seiner kompakten Bauweise, dem niedrigen Gewicht und dem kurzen Radstand übertraf er sogar unsere Erwartungen. Im Katschbergpass, praktisch vor unserer Haustür gelegen, hatten wir eine ideale Teststrecke, auf der wir die Wagen auf Herz und Nieren prüfen konnten. Der 356 jagte die Berge hinauf wie eine Gämse und schaffte spielend 130 km/h. Einen Monat später, im Juli 1948, holte Cousin Herbert Kaes, technischer Mitarbeiter unseres Hauses, mit dem

Porsche Nummer 1 Typ 356 Roadster, der 1948 in Gmünd entstand. Der Motor lag bei diesem Fahrzeug noch vor der Hinterachse.

Porsche Nummer 1 bei einem Straßenrennen in Innsbruck mühelos einen Klassensieg.

Als eines Tages Professor Eberan von Eberhorst aus Turin kommend uns besuchte, waren wir gerade bei der Straßenerprobung des 356 am Katschberg. Ich nahm Eberan als Beifahrer mit. Er war von der Leistung des Wagens, besonders von seiner Beschleunigung, stark beeindruckt und sagte dem 356 einen großen Erfolg voraus. *»Es muss uns nur gelingen, genügend Kapital für die Einrichtung der Produktion aufzutreiben!«*, meinte er.

Wir fanden schließlich einen Finanzier in der Person des Herrn R. von Senger, der zusammen mit einem Teilhaber, einem Herrn Bernhard Blank, in Zürich unter anderem eine Werbeagentur betrieb. Herr von Senger stellte uns zunächst allein das erforderliche Kapital zur Verfügung. Später schaltete sich auch Herr Blank ein und übernahm einen Teil der Finanzierung, bevor schließlich die AMAG unsere Generalvertretung in der Schweiz wurde.

Außer dem Roadster mit seinem Mittelmotor hatten wir bereits Cabriolet- und Coupé-Versionen in Angriff genommen. Diese Modelle wichen jedoch erheblich vom Typ 356-1 ab, dessen Gitterrohrrahmen nicht nur sehr viel Raum in Anspruch nahm, sondern auch bei der Fertigung in kleiner Serie ziemlich kostenaufwendig gewesen wäre. Außerdem musste der Wagen komfortabler ausgelegt sein und auch mehr Raum für Gepäck bieten. Wir gingen also bei dem neuen Modell Typ 356-2 und seinen Nachfolgern wieder zu der beim VW praktizierten Grundkonzeption zurück, das heißt, der Motor befand sich wieder hinter der Hinterachse, und der Wagen besaß einen Rahmen aus Stahlblech in Kastenbauweise, der ein so niedriges Gewicht hatte, dass ihn zwei Mann heben konnten. Er war in neuartiger Weise mit der selbsttragenden Karosserie kombiniert. In der Schweiz war das Interesse für unser erstes Auto, das den Namen Porsche als Markenzeichen trug, jedenfalls vorhanden. Endlich konnten wir unsere Vorkriegspläne, einen eigenen Sportwagen auf der Basis von VW-Teilen zu bauen, verwirklichen. Die Schwierigkeit lag nun, 1948, darin, dass wir nur noch einige wenige VW-Teile aus der Zeit übrig hatten, als wir den VW entwickelten. In Österreich waren auch keine VW-Teile aufzutreiben. Ebenso wenig konnte man im Nachkriegs-Österreich Leichtmetallbleche für die Karosserie finden.

In der Schweiz war jedoch bereits im Jahre 1945 die AMAG, die dortige Generalvertretung für den Volkswagen, gegründet worden. Wir schlossen deshalb mit Herrn von Senger einen Vertrag, der die Lieferung von VW-Teilen von der AMAG und von Leichtmetallblechen aus der Schweiz zum Gegenstand hatte. Für den Import dieses Materials war die Genehmigung der Regierung in Wien erforderlich. Sie wurde uns unter der Voraussetzung gewährt, dass wir die fertiggestellten Fahrzeuge ausschließlich in das Ausland verkauften, da Österreich dringend Devisen benötigte. In einem weiteren Vertrag übernahm Herr von Senger den Import unserer Fahrzeuge für die Schweiz. Sein erster Lieferauftrag umfasste fünf Wagen, nämlich den Roadster und vier Coupés. Es war jedoch alles andere als einfach, das neue Coupé in mehreren Exemplaren auch zu bauen. Sein höheres Gewicht, das bei 664 kg gegenüber knapp 600 kg beim Roadster lag, erforderte zum Beispiel eine neue Bremsanlage, die wir direkt vom Hersteller, der Firma Lockheed in England, bezogen. Wir erinnern uns, dass der Original-VW-Motor 23,5 PS hergab, für den Kübelwagen wurde der Hubraum auf 1131 cm^3 vergrößert, und die Leistung stieg auf 25 PS. Für die 40 PS, die der VW-Motor dann im Roadster und den Coupés leistete, mussten wir einen neuen Zylinderkopf konstruieren und noch weitere Detailänderungen vornehmen.

Eine Vielzahl von Problemen war bei der Fertigung zu lösen, die immer wieder durch die vielen notwendigen Genehmigungen verzögert wurde. Erschwerend wirkte noch, dass der nächste Bahnanschluss 20 km von uns entfernt war. Manchmal konnten wir hochwertige Teile wie zum Beispiel Spezialzündkerzen nur in Deutschland beschaffen und brachten sie dann in der Hosentasche über die Grenze. Es waren geradezu abenteuerliche Verhältnisse, die sich unsere jungen Leute bei dem heute perfekt, teilweise computergesteuerten Fertigungsablauf einfach nicht vorstellen können. Erzählt man ihnen davon, dann schauen sie einen ganz verwundert an, als wüssten sie nicht, ob sie das Gesagte nun glauben können oder nicht.

→ »DIE GRUNDLAGE UNSERER ENTWICKLUNG BILDETE DER PORSCHE TYP 60K10, JENER SPORTWAGEN, DER BEKANNTLICH FÜR DAS RENNEN BERLIN-ROM GESCHAFFEN WORDEN WAR. DER NEUE WAGEN LIEF BEI PORSCHE UNTER DER BEZEICHNUNG TYP 356 UND SOLLTE EIN SPORTWAGEN WERDEN.«

OBEN Der erste Sportwagen mit dem Namen Porsche, der 356 mit der Nummer 1, war ein Roadster, bei dem der Motor vor der Hinterachse lag. Die formschöne, zweisitzige Karosserie aus Leichtmetall erhielt ihre Linie nach den Erfahrungen, die wir mit dem Berlin–Rom-Sportcoupé gesammelt hatten. **UNTEN Mein Vater besichtigt hier mit mir nach seiner Entlassung aus französischer Haft den Porsche Nummer 1.** Mit seinem 1131-ccm-Motor von 35 PS schaffte dieses auf VW-Teilen basierende Auto an die 135 km/h und war aufgrund seines niedrigen Gewichts von unter 600 kg wieselflink. Außerdem bereitete es großen Fahrspaß. Ganz links im Bild ist Erwin Komenda zu sehen.

»HEUTE WUNDERE ICH MICH NOCH, DASS ES UNS GELUNGEN IST, GANZE 50 AUTOS BEI ALL DEN PROBLEMEN, DIE ES GAB, HERZUSTELLEN. ZUR SELBEN ZEIT WIE DAS COUPÉ BAUTEN WIR DANN JA AUCH NOCH DAS CABRIOLET.«

Auch beim Volkswagen-Werk in Wolfsburg ging noch vieles improvisiert vonstatten. Man muss ja wissen, dass einzelne Spezialmaschinen und Werkzeuge einfach abtransportiert worden waren. Das Management kam teilweise auch nicht vom Fach, der erste Generaldirektor nach dem Kriege war von Beruf Scheidungsanwalt in Berlin gewesen. Das änderte sich erst, als am 1. Januar 1948 Heinz Nordhoff, ein Fachmann von hohen Graden, das Amt des Generaldirektors übernahm. Ich hatte Nordhoff schon während des Krieges gekannt, als er bei Opel das damals größte Lastkraftwagen-Werk Europas in Brandenburg leitete. Ich war vor der Übernahme von VW durch Nordhoff einige Male in Wolfsburg gewesen, nachdem ja unser Vertrag aus der Vorkriegszeit mit VW noch bestand, aber niemand hatte sich dort zuständig gefühlt, sodass gar nicht daran zu denken war, irgendwelche gültigen Verträge für die zukünftige Zusammenarbeit oder die Lieferung von Teilen abzuschließen.

Im Sommer des Jahres 1948 hatte ich dann erstmals ein Gespräch mit Nordhoff, bei dem wir sehr schnell Einverständnis darüber erzielten, dass das Verhältnis zwischen dem Volkswagenwerk und der Firma Porsche zu klären war.

Heute wundere ich mich noch, dass es uns gelungen ist, ganze 50 Autos bei all den Problemen, die es gab, herzustellen. Zur selben Zeit wie das Coupé bauten wir dann ja auch noch das Cabriolet. Sechs dieser Cabriolets wurden von der Schweizer Firma Beutler in Düren bei Bern karossiert. Und beim 19. Internationalen Automobilsalon in Genf, der am 17. März 1949 eröffnet wurde, waren erstmals Porsche-Automobile auf einer Automobilausstellung zu sehen.

Inzwischen war die Zusammenarbeit mit Herrn von Senger eingestellt worden. Er hatte das Interesse verloren, sein Teilhaber, Bernhard Blank, übernahm seine Verpflichtung. Herr Blank, der übrigens in Zürich auch eine Garage betrieb, hatte dafür gesorgt, dass wir in Genf ausstellen konnten. In Genf war es dann auch, wo die AMAG mit uns Kontakt aufnahm und ihr Interesse an unseren Autos bekundete. Daraus entwickelte sich schließlich ein Vertragsverhältnis, bei dem die AMAG als Nachfolger von Bernhard Blank Generalimporteur unserer Firma für die gesamte Schweiz wurde.

Wir betrieben auch schon so etwas wie Marktforschung. Mein Schwager, Dr. Piëch, und unser Finanzfachmann, Herr Kern, waren nach Belgien, in die Niederlande und nach Schweden gereist, um unsere Absatzchancen dort auszuloten. Sie stießen auf großes Interesse, jedoch ließ der Zustand der Wirtschaft in der Nachkriegszeit einen freizügigen Handelsverkehr wegen Devisenmangels noch nicht zu. Der Import ausländischer Autos rangierte in der Prioritätenskala nicht sehr weit vorn.

In Gmünd bereitete nicht nur die Materialbeschaffung Sorgen, sondern auch der Maschinenpark. Er befand sich nicht mehr auf dem gleichen Stand wie bei der Verlagerung des Werkes von Zuffenhausen nach Gmünd. Einzelne Maschinen hatte man einfach enteignet, andere waren ebenso wie wertvolle Werkzeuge bei Kriegsende gestohlen worden. Die Autos, die wir bauten, wurden deshalb hauptsächlich in Handarbeit hergestellt, waren aber von einer hervorragenden Qualität, die international anerkannt wurde.

Mein Vater war mit meiner Arbeit zufrieden. Er kannte ja die Verhältnisse, unter denen gearbeitet werden musste, und er nahm an unserem Wirken geistig regen

OBEN 1948: Produktion der Porsche 356/2 in Gmünd, Kärnten. **UNTEN Nach dem Roadster schufen wir das 356 Coupé mit Leichtmetallkarosse,** bei dem jedoch der Motor wie beim Volkswagen hinter der Hinterachse lag. Der Wagen war komfortabler ausgelegt und bot mehr Platz für das Gepäck. Hinter dem Coupé steht der Roadster.

Anteil. Sein Geist war noch voll da, aber nach der langen, schweren Haft fehlten ihm die Energie und die Fähigkeit, sich für eine Sache mit seiner früher schier unerschöpflichen Kraft zu engagieren. Er war in psychischer Hinsicht nicht mehr der Alte. Da wurde mir klar, dass ich kaum noch mit seiner aktiven Mitarbeit rechnen konnte. Ich war auf mich allein gestellt.

Damals führten wir gerade Gespräche mit der österreichischen Regierung, der Firma Steyr-Daimler-Puch AG, Wien, und einer Gruppe von Industriellen in der Steiermark über eine eventuelle Zusammenarbeit in größerem Rahmen. Sie führten aber zu keinem konkreten Ergebnis. Die finanzstärkste Gruppe dieser Verhandlungspartner war die Creditanstalt, nach dem Kriege praktisch ein staatliches Unternehmen. In jener Zeit wurde deutsches Eigentum vom Staat beschlagnahmt und damit automatisch Eigentum des Staates. Wie bereits erwähnt, waren ja auch wir ein deutsches Unternehmen. Die Firma blieb zwar unser Eigentum, doch wurden unsere sämtlichen Bankkonten beschlagnahmt. Verständlicherweise fehlte uns dann entsprechendes Betriebskapital. Allerdings hatte die österreichische Regierung großes Interesse daran, unsere Firma für Österreich zu erhalten. Aus diesem Grund besuchte uns auch der Generaldirektor von Steyr-Daimler-Puch in Gmünd. Im Laufe des Gesprächs, das wir führten, wurde mir sehr bald klar, dass ernste Absichten zu einer Zusammenarbeit nicht existierten. In der Unternehmensleitung saßen dieselben Herren, mit denen sich damals mein Vater hatte auseinandersetzen müssen. Eine Auseinandersetzung, die schließlich dann auch zu seinem Ausscheiden und zur Annahme eines Angebots von der Daimler-Motoren-Gesellschaft geführt hatte.

Kurz zusammengefasst stellte sich die Situation für unsere Firma in Österreich in der Weise dar, dass diejenigen, die die notwendigen finanziellen Mittel besaßen, nicht mit uns arbeiten wollten, und jene, die gerne mit uns zusammengearbeitet hätten, genau so wenig Kapital hatten wie wir. Die Finanzierung der laufenden kleinen Produktion von Sportwagen durch die Herren von Senger und Blank reichte aber für eine Entwicklung, wie sie uns für die Zukunft vorschwebte, nicht aus. Der einzig gangbare Weg schien mir deshalb zu sein, ein Gespräch mit Herrn Nordhoff zu führen, um das Verhältnis VW zu Porsche zu klären.

Inzwischen hatte sich in den Westzonen von Deutschland eine bemerkenswerte Entwicklung vollzogen. Am 20. Juni 1948 war die nahezu wertlose Reichsmark durch die neue D-Mark ersetzt worden. Jeder deutsche Bürger bekam zunächst einmal 40 Deutsche Mark auf die Hand. Gleichzeitig wurde die Zwangswirtschaft aufgehoben und die freie Wirtschaft eingeführt. Damit war die Grundlage für eine wirtschaftliche Aufwärtsentwicklung geschaffen.

Am 16. September 1948 traf ich mich mit Heinz Nordhoff in Bad Reichenhall. Ich bin schon immer ein guter Verhandlungspartner gewesen, da ich in meinen Forderungen stets maßvoll war und keine Tricks versuchte. Mit wenigen Worten haben wir damals einen neuen Vertrag zwischen der Volkswagen AG und der Firma Porsche ausgehandelt und abgesprochen. Am nächsten Tag gingen wir mit einem klaren Konzept vor die Anwälte, und noch am selben Tag, dem 17. September 1948, wurde der Vertrag unterzeichnet. Er hatte im Wesentlichen zum Inhalt, dass uns das Volkswagen-Werk die benötigten Teile für unser Sportwagen-Programm lieferte und wir die von der Firma Porsche gefertigten Autos über das VW-Vertriebsnetz verkaufen und über die Service-Organisation des Werkes warten konnten. Damit waren die für uns wichtigen Fragen des Vertriebs und des Kundendienstes geklärt. Ferner sollten wir VW bei Konstruktionsaufgaben beratend zur Verfügung stehen. Nachdem mir Nordhoff keine Garantie über den Umfang von Entwicklungsaufträgen geben konnte, sagte ich: *»Dann will ich eine Lizenzgebühr für den zu 100 Prozent von uns entwickelten VW!«* Im Vertrag wurde mir dann eine Lizenzgebühr in Höhe von 5 DM für jeden produzierten Käfer zugesichert.

Darüber hinaus bekamen wir die Generalvertretung für den Volkswagen für Österreich. Wir konnten mit dem Vertragswerk zufrieden sein. Zweifellos ging es auch Nordhoff darum, uns an das Volkswagenwerk zu binden, denn ohne diese vertragliche Abmachung hätten wir ja ohne weiteres ein ähnliches Auto wie den VW für ein Konkurrenz-Unternehmen entwickeln können. Der VW war nun einmal unser geistiges Eigentum.

Anfang 1949 richteten wir dann in Salzburg ein Büro ein, von dem aus zentral Import, Vertrieb und Kundendienst für den Volkswagen in Österreich gesteuert werden sollten. Am 14. Mai 1949 wurde für diesen Aufgabenbereich die Gesellschaft Porsche-Salzburg gegründet, bei deren Aufbau Dr. Piëch und seine Frau, meine Schwester Louise, maßgeblich mitgearbeitet hatten. Meine

-→ OBEN Am Steuer des Typs 356/2 ›Gmünd Coupé‹. Die Kinder (v.l.n.r.): Ferdinand Piëch, Edwin Kaes, Michel Piëch (1948).
-→ UNTEN Automobil-Ausstellung Genf 1949 mit Porsche 356/2 ›Beutler-Cabriolet‹ und 356/2 ›Gmünd-Coupé‹.

OBEN Ferry Porsche auf dem Schüttgut (1949). **UNTEN Außer dem Coupé** bauten wir nach dem gleichen technischen Konzept ein Cabriolet.

Schwester und ihr Mann standen dann auch dieser Gesellschaft vor. Mein Schwager, Dr. Piëch, verstarb jedoch leider schon drei Jahre später an einem Herzleiden.

In Gmünd lief die Arbeit weiter. Das Hauptproblem war zunächst gelöst, nämlich unsere Zukunft sicherzustellen und damit auch unsere Finanzlage zu verbessern, denn in Gmünd lebten wir buchstäblich von der Hand in den Mund. Bei der Fertigungsrate, die wir erreichten, war die Rentabilität gleich null. In Gmünd wurden vom 8. Juni 1948 bis zum 20. März 1951 insgesamt 46 Porsche gebaut, dann stellten wir dort die Produktion ein. Wir hatten schon lange vorher erkannt, dass unsere Zukunft im Automobilbau nicht in Gmünd lag, dort waren die Voraussetzungen zu ungünstig. Wir mussten sehen, dass wir wieder in Stuttgart Fuß fassen konnten.

Mein alter Schulfreund aus Cannstatter Tagen, Albert Prinzing, hatte mich noch vor Kriegsende in Zell am See besucht. Wir waren uns damals beide darüber im Klaren, wie der Krieg enden würde, und machten uns Gedanken, was man nach einem verlorenen Krieg tun könne. Nach unserer Meinung musste sich ein Weg finden, die Erfahrungen und Kapazitäten, die bei Porsche vorhanden waren, in irgendeiner Form zu nutzen. Albert Prinzing war vor dem Krieg einer der jüngsten deutschen Professoren gewesen und hatte an der Universität Berlin Wirtschaftswissenschaften gelesen. Im Kriege war er unter anderem Referent beim Kulturattaché der Deutschen Botschaft in Rom und Verbindungsmann zu Benito Mussolini. Nach dem Kriege saß er mehrere Jahre in Gefangenschaft und wurde erst 1948 entlassen. Nach Stuttgart, seiner Heimat, zurückgekehrt, nahm er dort unsere Interessen wahr.

Unser Werk in Stuttgart-Zuffenhausen an der Spitalwaldstraße Nr. 2 war nach wie vor von den Amerikanern besetzt, die dort einen Fahrzeugpool unterhielten. So richteten wir in unserem alten Haus am Feuerbacher Weg ein Büro ein, in jenem Haus, das mein Vater im Jahre 1923 erbaut hatte, als er für die Daimler-Motoren-Gesellschaft tätig war. Neben Albert Prinzing gehörten Ingenieur Hans Klauser, der 1936 als junger Mann zu uns gekommen war, und Karl Kirn als unser Verwalter in Stuttgart sowie eine Sekretärin zu uns. Da ich mich noch um die ›Vereinigten Hütten-Werke‹ in Gmünd kümmern musste, war ich dankbar, dass sich Albert Prinzing der neuen Stuttgarter ›Firma‹ annahm. In unserer Garage machten sich dann die ersten Techniker an die Arbeit

➔ OBEN Mit dem Volkswagenwerk-Geschäftsführer Heinrich Nordhoff. ➔ MITTE Ferry Porsche mit den PorscheTypen 356 (links) und 60 (rechts). **➔ UNTEN Hier stehe ich** (3.v.r.) **mit meinem Vater Ferdinand** (4.v.r.) vor einer Rohkarosse des Typs 356 im Hof der Karosseriefabrik Reutter in der Augustenstraße 82 in Stuttgart-West (1950).

OBEN Vater und Sohn mit dem Typ 356 vor der Garage der Porsche-Villa (1950). **UNTEN Mein Vater Ferdinand Porsche** (links) mit Karl Rabe (1950).

und überarbeiteten den Typ 356, den wir in Stuttgart bauen wollten.

Ich wandte mich damals auch an den neuen Stuttgarter Oberbürgermeister, Dr. Arnulf Klett, und bat ihn um Hilfe bei unseren Bemühungen, unser altes Werk in Stuttgart-Zuffenhausen von den Amerikanern freizubekommen. Das war leider nicht möglich, aber wir benötigten Räumlichkeiten, wo wir mit dem Bau unserer Autos beginnen konnten. Es gelang uns schließlich, eine nahe unserem besetzten Werk gelegene Baracke mit einer Fläche von 120 Quadratmetern zu mieten, wo wir Konstruktion und Verkauf unterbrachten. In einer knapp 600 Quadratmeter großen Halle im Karosseriewerk Reutter, mit dem wir ja schon in der Vorkriegszeit zusammengearbeitet hatten, konnten wir unsere Fertigung mehr recht als schlecht einrichten. Reutter vermietete sie uns für 1 DM pro Quadratmeter.

Im September 1949 konnten wir mit der Arbeit beginnen. Damals kam als meine Sekretärin Helene Werkmeister zu uns, die bis zu ihrer Pensionierung für mich arbeitete. Am 3. September schickte sie meinem Vater ein Glückwunsch-Telegramm zu seinem 74. Geburtstag, das außer mir Professor Prinzing, Karl Kirn, der sich um die finanziellen Angelegenheiten unseres jungen Unternehmens kümmerte, und Hans Klauser, der Leiter unseres Stuttgarter Betriebes, unterschrieben.

Die Zusammenarbeit mit Reutter war gleichzeitig als eine Art Gegenleistung anzusehen für die uns zur Verfügung gestellten Räumlichkeiten, und sie manifestierte sich in einem ersten Auftrag über 500 Karosserien. Er wurde im November 1949 erteilt. Danach fertigte Reutter Karosserien für den Typ 356 nach dem Entwurf und der Konstruktion von Erwin Komenda und seinem Team. Gegenüber der Gmünder Baureihe des 356 mussten wir allerdings von der Leichtmetallkarosserie abgehen und Stahlblech für die Außenhaut verwenden. Leichtmetall wäre von Hand zwar leichter zu verarbeiten gewesen als Stahlblech, auch die erforderlichen Werkzeuge hätten nicht mehr gekostet, aber die Techniker von Reutter verfügten nicht über genügend Erfahrung beim Schweißen von Leichtmetall. Das Schweißen von Stahlblech bereitete dagegen keine Probleme. Reutter fertigte die erste Serie der 356-Karossen in seiner im Westen Stuttgarts in der Augustenstraße 82a gelegenen Werkstatt. Fast zur selben Zeit ging ein Auftrag für eine kleine Cabriolet-Serie an die Firma Gläser, die früher in

--➔ 1950: Ferdinand Porsche (3.v.l.) auf einem Rundgang durch die Porsche-Werkstatt in Stuttgart-Zuffenhausen. Im Bild rechts neben ihm stehe ich.

Dresden beheimatet gewesen war und jetzt in Ullersricht bei Weiden neu angefangen hatte.

Anfang 1950 war die erste Karosserie von Reutter fertig. Zur Abnahme begleiteten mich mein Vater und Erwin Komenda in die Augustenstraße. Dort angekommen, betrachtete mein Vater die Karosserie genau, ging wortlos um sie herum und setzte sich schließlich mit einem Hocker genau vor die Karosserie. Allgemeines Erstaunen, vielleicht dachten die Herren von Reutter, mein Vater sei müde geworden, als er plötzlich sagte: *»Die Karosserie muss zurück in die Werkstatt. Sie stimmt nicht, sie ist nicht symmetrisch!«* Die Karosserie wurde nachgemessen, und tatsächlich stellte man fest, dass sie um zwanzig Millimeter aus der Mittelachse nach rechts verschoben war.

Mit einer ersten Serie von 500 Autos hatten wir uns ein sehr bescheidenes Ziel gesetzt, aber bei dem vorhandenen Kapital in Höhe von 200.000 DM war es gar nicht möglich, eine größere Serie einzurichten. Der Typ 356 wurde 1950 zu einem Preis von 9950 DM angeboten. Das war für ein Automobil dieser Qualität, das dazu noch in Handarbeit hergestellt worden war, in der Tat ein sehr niedriger Preis.

Im Frühjahr 1950 trafen sich in Wolfsburg im VW-Werk die Großhändler und die Importeure des europäischen Auslands. Das war für uns eine günstige Gelegenheit, unser Produkt vorzustellen. Mein Freund Prinzing fuhr deshalb mit einem Coupé und einem noch von der Schweizer Firma Beutler karossierten Cabriolet nach Wolfsburg. Das Interesse der Händler war groß, und Prinzing kam mit 37 festen Bestellungen zurück. Davon fielen 20 auf Deutschland und 17 auf das europäische Ausland.

Wer hätte damals nach diesem bescheidenen, aber immerhin vielversprechenden Anfang gedacht, dass wir einmal 78.000 Fahrzeuge des Typs 356 bauen würden. Die Anzahlungen, die damals die VW-Händler für die von ihnen bestellten Autos leisteten, machten gerade die 200.000 DM aus, die wir zur Finanzierung des Produktionsanlaufs einsetzten.

Das erste Porsche-Coupé Typ 356 war am Gründonnerstag 1950 fertiggestellt. Es wurde mein Privatwagen. Äußerlich unterschied es sich kaum von den Fahrzeugen, die wir in Gmünd gebaut hatten. Unsere Erfahrungen, die wir inzwischen gemacht hatten, lagen gewissermaßen unter der ›Haut‹. Die erste Serie war bekanntlich mit einer Lockheed-Bremse ausgerüstet, die wir aus England bezogen hatten. Die Firma Alfred Teves GmbH (Ate), der deutsche Lizenznehmer von Lockheed, England, stellte diese Bremse nicht her, die Verwendung von englischen Originalteilen wurde uns nicht erlaubt. Inzwischen hatte VW eine hydraulische Bremsanlage eingeführt, die wir nun verwendeten. Zur besseren Wärmeableitung statteten wir später die Bremstrommeln mit Kühlrippen aus. 1951 war dann allerdings Ate bereit, uns die Duplex-Bremse von Lockheed zu liefern.

Die Motoren der Fahrzeuge, die wir in Stuttgart bauten, besaßen schon die neuen Zylinderköpfe aus Leichtmetall mit schräg gestellten Auslassventilen. Diese Köpfe wurden von der Firma Karl Schmidt in Neckarsulm gegossen. Wir vergrößerten dann die Bohrung und verwendeten Leichtmetallzylinder mit verchromter Lauffläche, die von der Stuttgarter Firma Mahle entwickelt worden waren. Damit erhielten wir einen Hubraum von nun 1,3 Litern, gleichzeitig brachten die Leichtmetallzylinder gegenüber den vorher verwendeten Stahlzylindern eine Gewichtsersparnis von mehr als einem Kilogramm pro Zylinder.

Unser nächstes Ziel war dann der 1,5-Liter-Motor. Bei der Bohrung hatten wir die Grenze des Möglichen erreicht, nun ging es nur noch über den Hub, aber hier setzte die Kurbelwelle das Limit. Wir gingen deshalb zu einer rollengelagerten Hirth-Kurbelwelle über, die uns eine Hubraumvergrößerung auf 1,5 Liter ermöglichte. Ungünstig bei der Hirth-Welle war jedoch, dass sie sehr teuer war und die Firma nicht genügend liefern konnte. Das veranlasste uns, zu einer im Gesenk geschmiedeten Kurbelwelle mit Gleitlagern überzugehen.

Als wir uns für den Volkswagenmotor als Antriebsaggregat für den Porsche entschlossen hatten, wussten wir, dass er ein Problem darstellen würde, wenn wir die Leistung steigerten. Für einen Sportwagen war das aber letzten Endes unerlässlich. Der Grund für die begrenzte Entwicklungsmöglichkeit des VW-Aggregates lag in dem geringen Zwischenraum zwischen Kurbelwelle und Nockenwelle, und der Abstand zwischen den Zylindern war zu knapp bemessen, um mehr als 1500 cm^3 Volumen erreichen zu können. Ferner ließ die Ventilbetätigung durch Stößel keine wesentliche Erhöhung der Drehzahl zu. Deshalb begann sich unser Dr. Ernst Fuhrmann bereits im Jahre 1950 mit der Konstruktion eines Hochleistungsmotors zu befassen. Er ging später in die Fertigung, und zwar unter der Typenbezeichnung ›Carrera‹.

OBEN Der Porsche 356 ›Stuttgarter Produktion‹ vor dem Schloss von Versailles. Dieses Coupé vermittelte bereits große Fahrfreude. **UNTEN Internationale Prominenz** gehörte von der ersten Stunde an zu den Porsche-Kunden. Hier ein 356 Coupé für den Prinzen Abd el Moneim von Ägypten. Im Hintergrund das Rathaus von Markgröningen.

Dr. Fuhrmann, der schon in Gmünd bei uns gearbeitet hatte und dann mit nach Stuttgart umzog, als wir dort neu anfingen, sollte einen Vierzylindermotor mit vier obenliegenden Nockenwellen, also zwei pro Zylinderkopf, konstruieren. Eine Vielzahl von Entwürfen wurde gezeichnet und dabei unterschiedliche Antriebe für die Nockenwellen untersucht. So studierten wir Kettenantrieb, Stirnradantrieb und Kegelradantrieb. Schließlich wählten wir einen Kegelradantrieb ähnlich jenem, den wir bereits beim Cisitalia-Motor angewendet hatten. Der als Kurzhuber ausgelegte Motor hatte ein Volumen von 1498 cm³, war aber so konstruiert, dass eine Vergrößerung auf zwei Liter möglich war. Es dauerte noch gut fünf Jahre, bevor dieser Motor in Serie gefertigt wurde.

Was das Styling eines Automobils betrifft, so habe ich da ganz bestimmte Vorstellungen, die auch dem Typ 356 zu Grunde lagen. Ich bevorzuge eine Form, die dem Fahrer ein sicheres Fahrgefühl und einen direkten Kontakt zur Straße vermittelt. Grand-Prix-Wagen zum

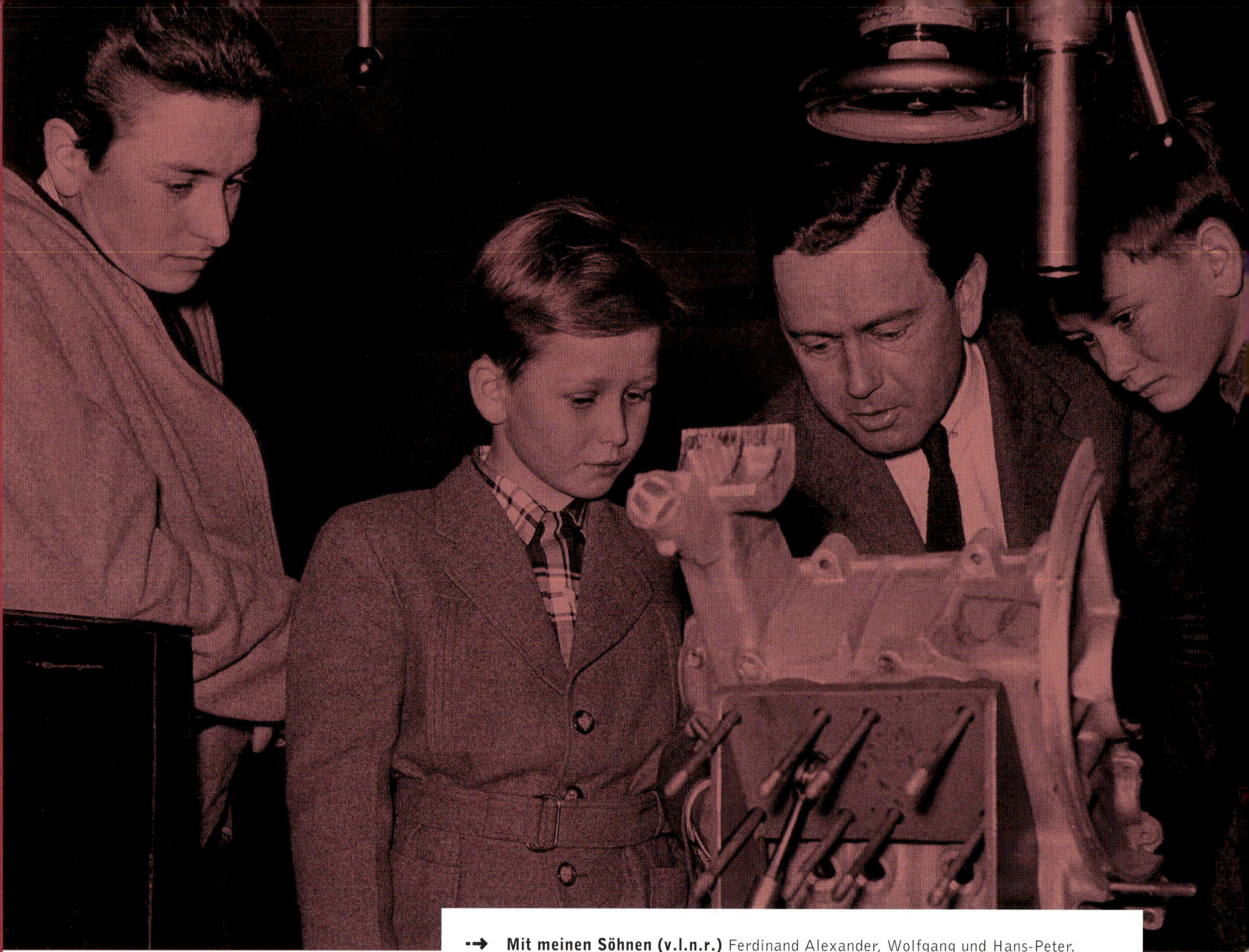

Mit meinen Söhnen (v.l.n.r.) Ferdinand Alexander, Wolfgang und Hans-Peter.

Beispiel, bei denen von den Fahrern Höchstleistungen verlangt werden, haben frei stehende Räder. Sie können damit jede Kurve exakt auf der Ideallinie ansteuern. Diese Erfahrung habe ich gemacht, als ich Rennfahrzeuge fuhr oder Versuchsfahrzeuge ohne Karosserieaufbau testete. Beim Einparken ist außerdem noch von Vorteil, wenn man die Räder sehen kann. Beim Entwurf des 356 habe ich deshalb die vordere Haube so stark abgesenkt, dass der Fahrer einen möglichst direkten Blick auf die Straße hat. Die Abdeckung der Vorderräder wurde in einer Weise gelöst, dass auch hier der Fahrer die Stellung der Vorderräder genau abschätzen kann, wie beim Rennwagen. Wir erinnern uns noch gut, welche Probleme Fangio 1954 hatte, als er beim Grand Prix von England auf dem kurvenreichen Silverstone-Kurs mit dem Vollstromlinien-Mercedes fuhr und die Räder nicht sehen konnte. Ich kenne Sportwagen früherer Jahre, deren Konstrukteure anscheinend die gleiche Erkenntnis wie ich gewonnen hatten. Diese Wagen hatten kleine Kotflügel an den Vorderrädern, die sich beim Lenken mit dem Rad gleichsinnig bewegten, wie z. B. der Tornax oder der Adler Trumpf Junior. Für mich wäre das die Ideallösung gewesen, die aber wegen der höheren ungefederten Massen bei Einzelradaufhängung nicht akzeptabel war.

Im Jahre 1950 gründeten wir in Stuttgart eine neue Gesellschaft, denn die Gründerfirma, die Dr. Ing. h.c. F. Porsche GmbH, die später in eine Kommanditgesellschaft umgewandelt worden war, stand noch unter der Kontrolle der Alliierten. Diese Kontrolle war durch unseren früheren Gesellschafter Adolf Rosenberger ausgelöst worden, der uns wegen Wiedergutmachung verklagt hatte. So riefen wir neben der Dr. Ing. h.c. F. Porsche KG eine zweite Firma ins Leben, die Dr. Ing. h.c. F. Porsche GmbH, um ungehindert arbeiten zu können. Diese zweite Firma wurde aber sehr bald wieder aufgelöst, als wir sie nicht mehr benötigten, und die Kommanditgesellschaft wurde in die ›Dr. Ing. h.c. F. Porsche GmbH und Co. KG‹ umgewandelt. Geschäftsführer war außer mir noch Professor Alfred Prinzing.

OBEN Ferdinand Porsche (rechts) an seinem 75. Geburtstag am 3. September 1950. In der Mitte bin ich zu sehen, links Rennlegende Rudolf Caracciola. **UNTEN 1951 mit meinen Mitarbeitern.** Stehend v.l.: Franz Sieberer, Emil Soukop, Leopold Schmid, Leopold Jäntschke und Egon Forstner, sitzend v.l.: Erwin Komenda, ich selbst, Karl Rabe und Franz Xaver Reimspieß.

Was unser Problem mit Rosenberger angeht, so war er während des Dritten Reiches freiwillig ausgeschieden. Seine Anteile übernahm im Jahre 1933 Hans von Veyder-Malberg, der Rosenberger in österreichischen Schilling auszahlte, eine Währung, die damals noch frei konvertierbar war. Darüber hinaus gaben wir Rosenberger noch einen Vertrag als Vertreter für unsere Konstruktionsleistungen außerhalb Deutschlands. So schlimm diese Vorgänge auch damals für Rosenberger waren, unter den gegebenen Umständen haben wir uns ihm gegenüber stets fair und korrekt verhalten. Auch für uns war diese Situation damals alles andere als einfach. Aber wir fanden dann doch noch zu einem Kompromiss, der für beide Seiten tragbar war. Rosenberger erhielt von uns einen entsprechenden finanziellen Ausgleich und einen Volkswagen.

Am 3. September 1950 beging mein Vater seinen 75. Geburtstag. Es war eine eindrucksvolle Feier, als auf Schloss Solitude im Westen von Stuttgart zahlreiche Porsche-Fahrer mit ihren Fahrzeugen Spalier bildeten. Sie waren aus ganz Europa gekommen. Zu den Gratulanten zählten auch Rudolf Caracciola und seine Frau. Er kam in einem Mercedes zur Erinnerung an jene Zeit, in der mein Vater dort technischer Vorstand gewesen war. Rudolf Caracciola hatte auf Konstruktionen meines Vaters viele Rennen gewonnen.

Im Oktober fuhr mein Vater mit Cousin Ghislaine Kaes, seinem Sekretär, in einem in Stuttgart gefertigten Porsche zur Automobilausstellung nach Paris. Sie fand damals noch im berühmten Grand Palais statt.

In Paris bekam er Kontakt mit einem Amerikaner österreichischer Abstammung mit Namen Maximilian Hoffman, der sich sehr engagiert darum bemühte, deutsche Automobile wieder nach Amerika einzuführen. Es kam mit ›Maxie‹ Hoffman, wie er allgemein in der Branche genannt wurde, ein Vertrag zustande, und Hoffman importierte mit großem Erfolg Porsche-Autos in die Vereinigten Staaten. Hoffman hat bis zu seinem Tode

→ »IM NOVEMBER FUHR ICH DANN MIT VATER NACH WOLFSBURG, UM DR. NORDHOFF UND DAS VOLKSWAGEN-WERK ZU BESUCHEN. DIESER BESUCH HAT DEN ALTEN HERRN TIEF BEEINDRUCKT, MAN SPÜRTE, DASS ER AUF SEIN LEBENSWERK STOLZ WAR.«

nahezu jede deutsche Marke in die USA importiert, und zwar Mercedes ebenso wie BMW und Volkswagen.

Im Oktober erhielt mein Vater auch den Besuch des bekannten französischen Fachjournalisten Charles Faroux, der sich um das 24-Stunden-Rennen von Le Mans große Verdienste erworben hat. Faroux half nicht nur bei der Transferierung der Kaution für meinen Vater und meinen Schwager, sondern er hatte während der Gefängnishaft auch immer wieder meinen Vater mit Lebensmittelpaketen versorgt. Faroux wollte nun meinen Vater sehen und feststellen, wie es ihm nach der Haft in Frankreich gesundheitlich ginge.

Im November fuhr ich dann mit Vater nach Wolfsburg, um Dr. Nordhoff und das Volkswagen-Werk zu besuchen. Dieser Besuch hat den alten Herrn tief beeindruckt, man spürte, dass er auf sein Lebenswerk stolz war. Er schaute sich alles sehr genau an und schien befriedigt darüber zu sein, dass in dem von ihm vor dem Kriege geschaffenen Werk nun doch noch der ›zivile‹ Volkswagen für den normalen Kunden produziert wurde, für den er ihn eigentlich geschaffen hatte. Sicher hat ihn diese Reise aufgewühlt, vor allem, wenn man überlegt, wie sehr er unter der Ungerechtigkeit, die ihm widerfahren war, und der Haft gelitten hat.

Es war seine letzte Reise. Nach unserer Rückkehr am 19. November wurde er in der darauffolgenden Nacht von einem Schlaganfall heimgesucht, von dem er sich nicht mehr erholte. Die letzten drei Monate seines Lebens musste er dauernd im Bett verbringen. Er war ein sehr ungeduldiger Kranker, denn als Techniker betrachtete er den menschlichen Körper mit der Logik eines Ingenieurs. Wenn man eine Maschine reparieren konnte, mussten die Ärzte ja auch in der Lage sein, einen Menschen wiederherzustellen. Die Festtage an Weihnachten und Neujahr verbrachte er noch mit uns zusammen, aber nach den Feiertagen verschlechterte sich sein Zustand. Wir mussten ihn in das Marien-Hospital einliefern, wo er am 30. Januar 1951 verschied.

Vater hinterließ eine große, schmerzliche Lücke. Sein ausgefülltes, abwechslungsreiches und sehr erfolgreiches Leben hatte alle Menschen, die ihn kannten, tief beeindruckt, ja bewegt. Obwohl er oft sehr ungeduldig hatte werden können, besonders gegenüber Menschen, die er ›Dampfplauderer‹ nannte, hat niemand seine Genialität, verbunden mit seiner großen Bescheidenheit, bestritten.

Die Sterbemesse las Abt Johannes vom Benediktinerkloster von Neresheim in Württemberg. Er war während der Haft meines Vaters in Dijon dort Gefängnisgeistlicher gewesen und hatte mit meinem Vater viele lange Gespräche geführt. Daraus entwickelte sich dann ein freundschaftliches Verhältnis. Pater Johannes Kraus hat auch meinen Vater mehrmals während seiner Krankheit in Stuttgart besucht und ihn getröstet.

Die Trauerfeier für meinen Vater fand am 4. Februar 1951 in Stuttgart in Anwesenheit von Dr. Nordhoff, Oberbürgermeister Dr. Klett von der Stadt Stuttgart und Verkehrsminister Dr. Seebohm als Vertreter der Bundesregierung statt. Zahlreiche Freunde und Geschäftsfreunde aus aller Welt gaben ihm das letzte Geleit. Von Stuttgart aus fuhr dann eine lange Wagenkolonne nach Zell am See, wo Vater am 5. Februar in der Kapelle des Schüttguts zur letzten Ruhe gebettet wurde.

LINKS Portrait (um 1950). **RECHTS Im Gespräch** mit meinem Vater Ferdinand Porsche (1950).

EYOUEM
46
46

→ KAPITEL 16

DEMONSTRATION IN LE MANS

Anlässlich seines Besuches bei uns im Oktober 1950 hatte Charles Faroux meinem Vater vorgeschlagen, mit dem Porsche bei den 24 Stunden von Le Mans zu starten. Auch der Franzose Auguste Veuillet, unser Importeur und Generalvertreter für Frankreich, trug sich damals mit ähnlichen Gedanken. In einem Gespräch mit meinem Vater hatte er seine Pläne für Le Mans diskutiert, worauf mein Vater seinen Rechenschieber aus der Tasche zog und nach einigen Berechnungen meinte: *»Das kann, was die Leistung angeht, wohl gehen!«*

Im März 1951 lud dann Veuillet französische Fachjournalisten nach Montlhéry ein, um diesen dort die Leistungsfähigkeit des Porsche zu demonstrieren. Montlhéry ist eine schnelle Rundstrecke bei Paris, auf der auch schon der Grand Prix des französischen Automobilclubs ausgetragen worden war. Bei diesen Testfahrten in Montlhéry wurden Rundendurchschnitte von 145 km/h erreicht. Die Motorjournalisten waren beeindruckt. Schließlich traf von Faroux eine offizielle Einladung ein, nach der wir mit zwei Porsche bei den 24 Stunden von Le Mans im Juni 1951 starten konnten.

Zur damaligen Zeit hatte es bereits Sporterfolge durch Porsche-Kunden gegeben, die als Privatfahrer gestartet waren. Ich will stellvertretend hier nur den Österreicher Otto Mathe erwähnen, der, obwohl er nur einen Arm hatte, bemerkenswerte Erfolge auf Porsche errang. 1950 zum Beispiel siegte er mit einem Leichtmetall-Coupé der Gmünder Serie bei der Internationalen Alpenfahrt in seiner Klasse.

Le Mans war damals, im Jahre 1951, ein Langstrecken-Rennen, das in der Weltpresse große Beachtung fand. Ein Start dort konnte für uns eine unbezahlbare Werbung sein, sich aber bei einem Misserfolg natürlich auch negativ auswirken. Ich hatte eine wichtige Entscheidung zu treffen, entschied mich aber nach reiflicher Überlegung für einen Start in Le Mans. Vernünftig war es, jemand zur Mitarbeit zu gewinnen, der schon in Le Mans gefahren war. Es gab mehrere deutsche Rennfahrer, die vor dem Krieg dort gestartet waren, einer von ihnen war Paul von Guilleaume. Er hatte vor dem Krieg zum Werksteam von Adler gehört und war 1937 und 1938 in Le Mans gefahren. Ich besprach unsere Pläne mit Herrn von Guilleaume und engagierte ihn schließlich als unseren Teamchef, der für die gesamte Organisation unseres Einsatzes verantwortlich war. Für die technische Seite waren dagegen unser Betriebsleiter Hans Klauser und Ingenieur Wilhelm Hild zuständig. Die Vorbereitungen konnten beginnen. Wir entschieden uns für den Einsatz des Gmünder Leichtmetall-Coupés, das 635 kg wog. Die Leistung des Motors konnte durch eine neue Nockenwelle auf 49 PS gesteigert werden, wir nahmen sie jedoch auf 46 PS zurück, um eine bessere Standfestigkeit der Motoren zu erreichen. Wir wollten drei Coupés einsetzen. Das Leichtmetall-Coupé aus der Produktion von Gmünd hatte einen besseren c_W-Wert als der in Stuttgart gebaute Wagen und erreichte eine Höchstgeschwindigkeit von 160 km/h.

Bevor es nach Le Mans ging, konnten wir noch am 2. März die Fertigstellung des 500. Porsche feiern. Wir hatten diese Zahl schneller erreicht, als wir es uns eigentlich vorgestellt hatten, und der Absatz entwickelte sich weiterhin günstig. Das führte dazu, dass wir bereits am 28. August desselben Jahres den 1000. Porsche 356 fertigstellen konnten.

Aber zurück zu Le Mans, das ja im Juni stattfand. Die Vorbereitungen ließen sich zwar in technischer Hinsicht gut an, aber was sonst noch passierte, gab eigent-

Otto Mathé (links) bei der Österreichischen Alpenfahrt 1950.

lich wenig Grund zu Optimismus, denn bevor überhaupt die Startflagge fiel, waren schon drei Autos demoliert. Herr von Guilleaume musste bei der Ortsbesichtigung der Sarthe-Rundstrecke einem Radfahrer ausweichen und landete im Graben. Einer unserer Mechaniker hatte bei Versuchsfahrten auf der Autobahn Bruchsal–Karlsruhe einen Unfall, und der dritte Wagen wurde im Nachttraining so stark beschädigt, dass er bis zum Rennen nicht mehr repariert werden konnte. Rudolf Sauerwein, der diesen Wagen fuhr, war bei einem wolkenbruchartigen Regen bei Maison Blanche von der Strecke abgekommen und musste mit einem Beinbruch ins Hospital gebracht werden. Er war ebenfalls vor dem Krieg in Le Mans gefahren.

Nach den beiden ersten Unfällen hatten wir einen Ersatzwagen hergerichtet und den am wenigsten demolierten Wagen wieder repariert. Nach dem Unfall von Rudolf Sauerwein blieb uns dann nur noch ein Wagen, den Auguste Veuillet zusammen mit seinem Freund Edmond Mouche fuhr. Beide waren im Jahr zuvor schon in Le Mans auf Delage gestartet.

Wäre ich abergläubisch, dann wäre mir bei diesem Le-Mans-Start bestimmt nicht wohl gewesen. Ich muss zugeben, nervös war ich schon, und das fast während der ganzen 24 Stunden des Rennens, die ich zusammen mit meiner Mannschaft an den Boxen verbrachte. Nun sind 24 Stunden ohne Schlaf eine lange Zeit, in Wirklichkeit war ich aber noch viel länger auf den Beinen, denn das Rennen wird ja erst um 16.00 Uhr gestartet. Die ganze Veranstaltung ist jedoch so faszinierend, dass man zunächst die Müdigkeit nicht spürt. Schließlich ging es noch mehr als gut für uns aus, denn Veuillet/Mouche beendeten nicht nur das Rennen, sie gewannen auch ihre Klasse und erreichten im Gesamtklassement immerhin den 20. Platz mit einem Gesamtdurchschnitt von 118,4 km/h für 2842,65 km zurückgelegte Strecke. Sie waren dabei mehrmals Rundendurchschnitte von 140 Stundenkilometern gefahren. Der Sieg in der 1,1-Li-

→ **OBEN Start zum 24-Stunden-Rennen von Le Mans 1951.** Im Porsche Nr. 46 Veuillet, der zusammen mit seinem Freund Mouche in der Klasse 751–1100 ccm den ersten Platz belegte. Es sollten viele weitere Le-Mans-Siege folgen. → **UNTEN Das 500. Exemplar des Porsche 356** entstand bereits 1951.

Porsche 356 Leichtmetall-Coupé von 1951, das bei den ersten 24 Stunden von Le Mans eingesetzt wurde, an denen Porsche teilnahm.

»FÜR UNS ABER WURDE LE MANS SO WICHTIG, DASS WIR VON NUN AN JEDES JAHR AN DIESEM RENNEN ERFOLGREICH TEILNAHMEN UND SCHLIESSLICH 1970 ERSTMALS DEN GESAMTSIEG ERRANGEN. DAS SIEGREICHE TEAM STELLTEN DAMALS DER BRITE ATTWOOD UND DER DEUTSCHE HERRMANN AUF EINEM 4,5-LITER-PORSCHE.«

ter-Klasse sicherte uns gleichzeitig einen Startplatz für das nächste Jahr. Wir waren mit diesem Erfolg aber auch international bekannt geworden und man begann, unsere weitere Entwicklung mit Aufmerksamkeit, besonders in den Fachzeitschriften, zu verfolgen. Für uns aber wurde Le Mans so wichtig, dass wir von nun an jedes Jahr an diesem Rennen erfolgreich teilnahmen und schließlich 1970 erstmals den Gesamtsieg errangen. Das siegreiche Team stellten damals der Brite Attwood und der Deutsche Herrmann auf einem 4,5-Liter-Porsche.

Bereits 1951 hatten wir unser Hauptquartier in dem kleinen Ort Teloché bei Mulsanne eingerichtet und blieben dort für alle Rennen bis heute. In Mulsanne hat uns Veuillet eine für unsere Zwecke geeignete Werkstatt empfohlen, nicht weit davon fanden wir auch Quartiere für die Fahrer und das technische Personal. Mit uns hatte erstmals nach dem Krieg ein deutsches Team an den 24 Stunden von Le Mans teilgenommen, ja, es war sogar der erste deutsche Start nach 1945 in einem Rennen in Frankreich gewesen. Der erfolgreiche Wagen war, sieht man von dem Gitterrohrrahmen-Roadster ab, das zehnte Fahrzeug, das wir in Gmünd gebaut hatten. Es befindet sich heute im Besitz des Hamburger VW- und Porsche-Händlers von Raffay, der es in seinem Auto-Museum ausgestellt hat.

--➔ OBEN 24-Stunden-Rennen von Le Mans 1970: Hier beobachte ich in der Renn-Werkstatt in Teloché die Vorbereitungsarbeiten an einem Porsche 917 KH. **--➔ UNTEN Nach der Rallye Mitternachtssonne 1950 auf dem Killesberg in Stuttgart:** Joachim Erbprinz zu Fürstenberg, ich, Constantin Graf von Berckheim,. Günther Graf von Hardenberg, Friedrich Prinz zu Fürstenberg.

Ein Jahr später, 1952, gewannen Veuillet/Mouche erneut ihre Klasse in Le Mans, während der Gesamtsieg an die Mannschaft Lang/Rieß auf einem Mercedes-Benz 300 SL fiel.

Le Mans hatte uns wertvolle Erkenntnisse über die Leistungsfähigkeit unseres Wagens vermittelt. Sie wurden ausgewertet und trugen zur Weiterentwicklung unserer Fahrzeuge bei. Natürlich erforderte die Beteiligung an Rennen zusätzliche finanzielle Mittel, und wir hatten zu prüfen, ob ihr Einsatz gerechtfertigt war. Der Erfolg in Le Mans hatte uns eine beträchtliche internationale Publicity gebracht. Es galt nun abzuwägen, welche Art der Werbung effizienter war, der Rennsport oder die Platzierung von Anzeigen. Wir rechneten aus, dass der Aufwand für den Rennsport in etwa dem entsprach, was wir für Anzeigen hätten aufwenden müssen. Zweifellos sprachen wir aber mit den redaktionellen Berichten, die uns die Erfolge im Rennsport einbrachten, direkt jenes Publikum an, das für den Kauf unserer Wagen in Frage kam.

Der Porsche ist außerdem nicht nur ein Sportwagen, sondern er vermittelt auch ein hohes Maß an Fahrfreude. So war für uns von Anfang an klar, welchen Weg wir zu gehen hatten, den über den Rennsport. Im Rennsport werden Höchstleistungen gefordert, er ist deshalb auch eine ständige Herausforderung für die Techniker mit einem geradezu einmaligen Erfolgserlebnis. Unsere Techniker, die sich im Renneinsatz engagierten, hatten keinen normalen Arbeitstag, sie mussten bereit sein, wesentlich mehr zu geben, als bei einem durchschnittlichen Arbeitseinsatz erwartet wird. Unsere Leute waren stets bereit, sich auch persönlich herausgefordert zu fühlen, wenn es um den Erfolg in einem Rennen oder bei einer Rallye ging.

Waren wir in Le Mans noch mit dem 1,1-Liter-Motor gefahren, so startete das Team Paul von Guilleaume / Graf von der Mühle im August 1951 bei der nicht minder strapaziösen Fernfahrt Lüttich-Rom-Lüttich mit dem auf 1488 cm³ vergrößerten Motor, gewann seine Klasse und wurde sogar Dritter im Gesamtklassement. Für den Herbst 1951 hatten wir uns dann zur Eröffnung des so wichtigen Pariser Salons im Grand Palais etwas Besonderes ausgedacht. Wir wollten auf Rekordfahrt gehen, die in Montlhéry bei Paris stattfinden sollte. Zu diesem Zweck präparierten wir ein Leichtmetall-Coupé aus der Gmünder Serie. So wurden zum Beispiel die Radkästen verkleidet und weitere Verbesserungen an der Karosserie durchgeführt, um den Luftwiderstand zu verringern und so eine höhere Endgeschwindigkeit zu erreichen. Der 1,5-Liter-Motor erhielt größere Vergaser sowie eine neue Nockenwelle und wurde schließlich auf eine Leistung von 72 PS gebracht. Wir stellten das Auto und die technische Betreuung, gefahren wurde der Wagen von einem Team aus fünf Fahrern, nämlich: Petermax Müller, Walter Glöckler, Huschke von Hanstein, Hermann Ramelow und Richard von Frankenberg. Mit unserem Leichtmetall-Coupé wurden nicht nur elf neue internationale Klassenrekorde bis 1500 cm³ herausgefahren, sondern auch ein neuer Weltrekord für 72 Stunden mit einem Durchschnitt von 152,34 km/h aufgestellt. Dieser letzte so wichtige Rekord wurde am Eröffnungstag des Pariser Salons erzielt. Wir hatten natürlich nichts Wichtigeres zu tun, als den Rekordwagen, ölverschmiert und voller Fliegendreck, wie er war, auf unseren Stand im Grand Palais zu bringen. Er stand dort als Magnet für das Publikum rechtzeitig zur offiziellen Eröffnung. Der 1,5-Liter-Motor wurde dann in die normale Serie übernommen, allerdings mit einer auf 60 PS reduzierten Leistung.

Unsere Firma engagierte sich von nun an in wachsendem Umfang im Sport. Er war und ist die beste Werbung für unser Produkt. Hier sahen wir uns im Gegensatz zum Volkswagen-Werk, dessen Automobile in großen Serien hergestellt und an ein breites Publikum verkauft werden. Das ist natürlich eine andere Marktlage, die eine aufwendige Werbung durch Anzeigen und andere Maßnahmen erfordert. Neben unseren eigenen Aktivitäten im Sport war noch ein Großteil unserer Kunden im Motorsport aktiv, sodass sich im Laufe der Jahre eine Erfolgsliste ergab, die wohl einzigartig ist. Die wachsenden Aufgaben im Sport und die Notwendigkeit, unsere Aktivitäten auch der internationalen Öffentlichkeit bekannt zu machen, verlangten eine umfassende Lösung. Ich trug mich deshalb mit dem Gedanken, eine Persönlichkeit zu finden und zu engagieren, die nicht nur als Rennleiter fungieren konnte, sondern auch die Public Relations wahrnahm. Ich fand sie in der Person von Baron Fritz Huschke von Hanstein, der sich bereits vor dem Krieg aktiv motorsportlich betätigt hatte und auch nach dem Krieg wieder Rennen auf Spezial-Volkswagen und Porsche gefahren war. Huschke von Hanstein löste diese für ihn neue Aufgabe mit Bravour und zu meiner vollsten Zufriedenheit. In vielen Ländern ist der vielsprachige Baron ein gern gesehener Repräsentant unseres Hauses, auch heute noch, nachdem

-➔ **Beim 24-Stunden-Rennen von Le Mans** trifft sich internationale Prominenz, hier bin ich mit dem bekannten amerikanischen Designer Raymond Loewy zu sehen.

er sich bereits im Ruhestand befindet, wobei man bei von Hanstein eher von einem Unruhestand sprechen muss, so engagiert ist er für unsere Sache geblieben.

Nachdem sich der Absatz unserer Wagen so günstig entwickelt hatte und unser altes Werk immer noch nicht freigegeben wurde, mussten wir an eine andere Lösung unserer Raumprobleme denken. Wir bemühten uns, ein Gelände für einen Neubau zu erwerben, das an das Areal von Reutter angrenzte, aber noch landwirtschaftliches Gelände war. Es bereitete einige Schwierigkeiten, das Land zu erwerben, aber mit Hilfe der Stadt Stuttgart schafften wir es schließlich und konnten mit der Planung beginnen. Der Architekt Rolf Gutbrod, der Dozent für Entwurf und Planung an der Technischen Hochschule in Stuttgart war, wurde von uns mit dem Bauentwurf beauftragt. Als der Kostenvoranschlag vorlag, überstieg der Bau jedoch unsere gerade verfügbaren Mittel. Wir mussten seine Realisierung verschieben, nachdem dazu noch die Banken wenig Vertrauen in das Automobilgeschäft zeigten.

Auch eine andere Lösung ließ sich mangels Kapital nicht verwirklichen. Sie kam aus Frankreich, und zwar bot uns Emile Mathis einen Teil seines Werkes mit entsprechender Maschinen-Ausrüstung zur Miete an. Mathis zählte bekanntlich zu den ältesten französischen Automobilfabrikanten. Seine im Elsass beheimatete Firma mit Sitz in Straßburg hatte Automobile unter dem Namen ›Hermes‹ gebaut. Einer seiner Konstrukteure hieß Ettore Bugatti, der von 1904 bis 1907 für Mathis gearbeitet hatte. Wir hatten bereits in der Zeit vor dem letzten Krieg geschäftliche Beziehungen zu diesem französischen Unternehmer gehabt, als er die Lizenz für unsere Radaufhängung mit Drehstabfederung erwarb.

Im Spätjahr 1951 konnten wir auch den Prototyp für einen neuen Volkswagen fertigstellen, der in unserem Konstruktionsbüro entstanden war. Da jedoch der Käfer glänzend vom Markt aufgenommen wurde, blieb er vorerst in Produktion.

Es war auch im Herbst 1951, als wir Herrn Rolf Waldmann in der Schweiz kennenlernten und mit ihm geschäftliche Beziehungen aufnahmen. Herr Waldmann stellte die Verbindung zu einer Gruppe indischer Industrieller her, deren Sprecher ein Inder namens J. R. D. Tata war, Mitglied einer der größten Industriellen-Familie Indiens mit der Firmenleitung in Bombay. Wie alle Söhne einflussreicher indischer Familien war er auf englischen Schulen und Universitäten ausgebildet worden. Die Familie Tata hatte in Zusammenarbeit mit Krauss-Maffei in der Nähe von Bombay eine Fabrik für Lokomotiven gebaut. Nun wollte er auch eine Fabrik für Lastkraftwagen in Zusammenarbeit mit einem europäischen Partner errichten. Gespräche fanden bereits mit British Leyland und Daimler-Benz statt. Da diese neue Fabrik auch für den Bau von Militär-Fahrzeugen für die indische Armee vorgesehen war, wollte die indische Regierung nur dann die Genehmigung zur Kooperation mit einem ausländischen Partner geben, wenn dieser Kenntnisse in Konstruktion und Fertigung von Panzern mit einbringen konnte. Deutschen Unternehmen war jedoch damals eine Betätigung auf diesem Gebiet noch nicht wieder gestattet. Wir, die Firma Porsche, schlugen schließlich eine Lösung vor, die es Daimler-Benz ermöglichte, mit Tata bei der neuen Aufgabe zusammenzuarbeiten. Niemand konnte uns daran hindern, zusammen mit einem Schweizer Partner, nämlich Herrn Waldmann, in der Schweiz eine Firma zu gründen, die sich mit der Entwicklung eines modernen Panzers mit einem Gewicht von zirka 32 Tonnen befasste. Porsche hatte auf diesem Gebiet Erfahrung und konnte sehr kurzfristig Vorschläge für einen Panzer dieser Klasse vorlegen. Wir informierten Daimler-Benz über unsere Absichten, und drei Jahre später – im Jahre 1954 – gab die indische Regierung in Delhi ihre Zustimmung zur Zusammenarbeit mit der deutschen Firma. Am 1. April 1954 kam es zum Abschluss eines sogenannten ›Technical Aid Agreement‹, nach dem die ›Tata Engineering and Locomotive Company‹ (Telco) unter Beratung von Daimler-Benz ein Nutzfahrzeug-Montagewerk in Jamshedpur (Indien) errichtete. Daimler-Benz beteiligte sich mit 12,5 Prozent an der Telco.

Mr. Tata lernte ich persönlich in Davos kennen, wo er als begeisterter Skiläufer jedes Jahr im Winter einige Wochen in Begleitung seiner Frau verbrachte. Auch meine Frau war mit nach Davos gekommen, ebenso mein Freund Prinzing und Herr Waldmann. Wir führten bei dieser Gelegenheit Verhandlungen mit Mr. Tata über sein neues Projekt, wobei er uns auch wissen ließ, dass er sehr gute Erfahrungen bei der Zusammenarbeit mit Krauss-Maffei gemacht habe und deshalb bei der neuen Unternehmung mit einem deutschen Partner zusammenarbeiten wollte. Er sagte uns auch freimütig, dass seine Regierung einen englischen Partner vorziehen würde, da bei Rüstungsprojekten die Briten keinerlei Einschränkungen unterworfen wären. Nach unserem Gespräch in Davos und der Firmengründung in der Schweiz arbeiteten wir eine detaillierte Entwurfsmappe mit Konstruktionszeichnungen für einen Panzer aus, die dann die Herren Prinzing und Waldmann bei einem Besuch in Neu-Delhi der indischen Regierung vorlegten und deren Zustimmung zu unserem Vorschlag erreichen konnten. Amüsant bei der ganzen Geschichte war nur, dass die Mappe von der Firma Porsche Engineering erstellt worden war, sich aber auf dem Einbanddeckel ein Mercedes-Stern befand.

Daimler-Benz hat sich aber dann später für unsere Hilfe bei der Indienvereinbarung revanchiert. Als nämlich die Wiederbewaffnung der Westdeutschen beschlossen worden war, empfahl uns Daimler-Benz dem Verteidigungsministerium bei der Entwicklung eines neuen Panzers.

Abgesehen vom sogenannten Kalten Krieg hatten nämlich unsere früheren Gegner sehr bald gemerkt, wie günstig es für den allgemeinen Wohlstand ist, wenn keine finanziellen Mittel für die Rüstung aufgewendet werden müssen. Diese Erkenntnis und die politische Lage führten schließlich dazu, dass die Bundesrepublik Deutschland eine Armee aufzustellen hatte. Diese Armee brauchte natürlich auch moderne Panzer. Leitende Herren von Daimler-Benz sagten deshalb den Verantwortlichen in Bonn: »*Porsche hat bereits einen Panzer konstruiert!*«

Bevor es jedoch zur Entwicklung eines Panzers für die Bundeswehr kam, beteiligten wir uns an der Ausschreibung für einen Kübelwagen für die neuen deutschen Streitkräfte. Wir entwickelten zu diesem Zweck den sogenannten Jagdwagen, der von unserem luftgekühlten 1,6-Liter-Vierzylindermotor angetrieben wurde und bei 4250 U/min eine Leistung von 50 PS abgab. Er war schwimmfähig, das heißt, er konnte Bäche ›durchwaten‹, und hatte einen zuschaltbaren Vierradantrieb. Zuständig für die Ausschreibung war das Bundesamt für

Wehrtechnik und Beschaffung, das auch, wie früher das Heeres-Waffenamt, die Erprobung der an der Ausschreibung beteiligten Fahrzeuge vornahm.

Selbstverständlich errechneten wir uns bei den großen Erfahrungen, die wir im letzten Krieg mit dem Kübel- und Schwimmwagen gesammelt hatten, gute Chancen aus, die Ausschreibung zu gewinnen. Wir bauten daher ohne Auftrag und auf eigene Kosten einen Prototyp. Als es dann zu der für die Auswahl entscheidenden Sitzung kam, bei der ich nicht anwesend war, erschien ein Mitglied der Regierungskommission zu spät. Die drei Fahrzeuge der Bewerber waren im Hof des Gebäudes aufgestellt, in dem die Sitzung stattfand. Das verspätet eingetroffene Kommissionsmitglied blieb nun bei den aufgestellten Fahrzeugen stehen und fragte einen dort anwesenden Feldwebel: *»Na, welches Fahrzeug ist den nun das beste?«* Worauf der Feldwebel auf unseren Jagdwagen deutete und meinte: *»Der da, der Porsche, aber wir hatten bei der Erprobung den Befehl, immer den Porsche einzusetzen, wenn einer der Konkurrenten im Dreck steckengeblieben ist und wir ihn rausziehen mussten. Dadurch wurde er stärker beansprucht als die anderen. Außerdem hatten wir den Befehl, beim Porsche immer den Motor laufen zu lassen, wenn wir im Quartier waren, damit der Benzinverbrauch hoch ging, denn die wollen den da haben!«* Und dabei deutete er auf den DKW-Jeep, der von einem Zweitaktmotor angetrieben wurde.

Dieses Mitglied der Regierungskommission, dessen Namen ich nicht nennen möchte, kam fairerweise später zu mir und erzählte mir den oben geschilderten Vorgang und sagte: *»Herr Porsche, Sie können von dieser Information Gebrauch machen, wenn Sie wollen. Natürlich müssen Sie dann aber auch den von mir zitierten Feldwebel hinterher einstellen!«*

Nachdem die Entscheidung gefallen war, fand eine Schlussbesprechung statt, zu der die Bewerber einzeln aufgerufen wurden. Zuerst kam die Auto Union, der Sieger, dran, dann die zur Borgward-Gruppe gehörende Firma Goliath und zum Schluss wir. Die Kommission erklärte mir, dass unser Fahrzeug zwar sehr gute Eigenschaften habe, aber noch nicht serienreif sei. Es wären Schäden aufgetreten, so sei zum Beispiel eine Stoßdämpferaufhängung gebrochen und der Auspufftopf beschädigt worden. Ich konnte darauf nur antworten: *»Meine Herren, ich verstehe nicht, dass Sie diese geringfügigen Beanstandungen zu einem derartigen Urteil veranlassen, zumal mir bekannt ist, dass bei den Konkurrenzfahrzeugen Motoren, Getriebe und Achsen zum Teil mehrmals ausgetauscht werden mussten, weil sie nicht funktioniert haben!«*

Die Kommission antwortete ausweichend. Der Zuschlag ging schließlich an die Auto Union mit ihrem DKW-Geländewagen. Wie ich später erfahren habe, brauchte diese Firma den Auftrag dringend für das Ingolstädter Werk, und einer der Hauptaktionäre hat Bonn wissen lassen, dass er in erheblichem Umfang Entlassungen vornehmen müsste, wenn er diesen Auftrag nicht erhielt.

Die ganze Geschichte hatte dann einen für uns nicht gerade erfreulichen Abschluss. Ich schickte nämlich meinen Finanzmann nach Bonn, um die Frage der Kostenerstattung für den von uns gelieferten Prototyp zu diskutieren. Wir forderten 1,8 Millionen, die effektiven Kosten, worauf mein Mann zur Antwort erhielt: *»Wir bieten Euch 1,2 Millionen, wenn Ihr das nicht akzeptiert, kriegt Ihr gar nichts!«*

Von diesem Zeitpunkt an habe ich mich entschlossen, auf diesem Sektor keinen Bleistiftstrich mehr zu machen, solange kein fester Auftrag vorliegt. Daran habe ich mich dann auch in Zukunft gehalten.

➜ OBEN Auch auf allen Gebieten des Motorsports bewährte sich unser 356 von Anfang an. Hier bei einer Rallye in Tasmanien beim ›Mercury Trial‹. Ein Wildgitter schützt bei Kollisionen. **➜ MITTE Mit diesem Leichtmetall-Coupé,** das zu guter Letzt bei einem Gewicht von 640 kg mit seinem Vierzylinder-Boxermotor von 1488 ccm 70 PS leistete, gelang uns 1951 der Einstieg in den Motorsport. Dieses sogenannte ›Gmünd-Coupé‹ war gut 162 km/h schnell. **➜ UNTEN Für die Bundeswehr-Ausschreibung bauten wir diesen Geländewagen, den Porsche Typ 597,** von dem wir dann als ›Jagdwagen‹ eine Vorserie von 71 Stück auflegten, doch für eine Produktionsserie reichte unsere Kapazität nicht mehr. Der schwimmfähige Allrad-Geländewagen hatte einen Vierzylindermotor von 50 PS.

Nach dieser ersten Bekanntschaft mit der in die Nato integrierten Bundeswehr begann die Zusammenarbeit mit Bonn auf dem Gebiet der Panzer-Entwicklung, für die uns bekanntlich Daimler-Benz als Partner vorgeschlagen hatte. Wir waren dann auch von Anfang an bei der Entwicklung des Leopard eingeschaltet.

Als uns das Lastenheft für den Leopard vorlag, stellten wir fest, dass es sehr extrem abgefasst war. Und zwar so extrem, dass es kaum einzuhalten war. Ich habe mich damals gefragt: *»Haben die noch nie einen Panzer gebaut?«*

Das, was wir auf Grund unserer Erfahrungen im Zweiten Weltkrieg für Indien entworfen hatten, davon blieb beim Leopard nicht mehr viel übrig, denn die Deutschen wollten alles anders. Der deutsche Panzer sollte eine stärkere Panzerung haben als der indische, aber gleichzeitig erheblich leichter sein als dieser. Das sind kaum zu vereinbarende Gegensätze, die ich meinte, als ich von Extremen im Lastenheft sprach. Das heißt, der deutsche Panzer wurde am Ende schwerer als unser 32-Tonnen-Entwurf für Indien.

Im Jahre 1957 hatten Frankreich, Italien und die Bundesrepublik Deutschland vereinbart, für ihre in der Nato integrierten Streitkräfte einen Standardpanzer zu bauen. Er sollte speziell den Bedürfnissen dieser Länder entsprechen. Der erste Leopard war das Ergebnis des in Deutschland entwickelten gemeinsamen Panzer-Entwurfs, wobei das Grundkonzept von uns kam. Frankreich schied dann aus der Gruppe aus und baute seinen eigenen Panzer, den AMX 30.

Inzwischen begannen sich auch die Amerikaner für das Leopard-Projekt zu interessieren, und bei der nächsten Stufe, dem Leopard II, kam es dann zur Mitarbeit der Amerikaner.

→ **OBEN Eine Ausschreibung der Bundeswehr** führte 1954 zur Entwicklung des Typs 597 ›Jagdwagen‹.

→ **»NACH DIESER ERSTEN BEKANNTSCHAFT MIT DER ... BUNDESWEHR BEGANN DIE ZUSAMMENARBEIT MIT BONN AUF DEM GEBIET DER PANZERENTWICKLUNG ... WIR WAREN DANN AUCH VON ANFANG AN BEI DER ENTWICKLUNG DES LEOPARD EINGESCHALTET.«**

Bei diesem Stand der Dinge wurden wieder von allen Beteiligten entsprechende Vorschläge eingebracht, auch von uns. Die weitere Entwicklung ist nun besonders interessant, denn unser Vorschlag wurde als Basis für die gemeinsame Arbeit ausgewählt mit der Folge, dass die Amerikaner die Teilnahme unserer Firma am Projekt Leopard II ablehnten. Sie begründeten ihre Ablehnung in etwa damit, dass wir ja eine halbe österreichische Firma wären, Österreich nicht zur Nato gehöre und wir also im Sinne einer strikten militärischen Beurteilung nicht ›sauber‹ wären. Das war natürlich eine Ausrede, denn Porsche ist ja eine deutsche Firma und ich selbst besitze einen deutschen Pass. Der wahre Grund war doch wohl ein anderer. Die Amerikaner werden sich wohl gesagt haben: *»Wenn der Porsche-Leopard kommt und Porsche mit dabei ist, dann werden wir in Zukunft in verschiedene Länder weniger Panzer eigenen Fabrikats verkaufen!«*

Es hat sich später dann ja auch herausgestellt, dass der Leopard II konkurrenzlos war und nur die deutsche Gesetzgebung einen großen Exporterfolg verhinderte, der sicher eingetreten wäre.

Natürlich wäre die beste Lösung gewesen, für alle Länder, die Mitglied der Nato sind, einen einzigen Standardpanzer zu bauen. Da dies jedoch auf Grund der nationalistischen Tendenzen in den einzelnen Ländern nicht zu realisieren ist, erfordern die Bereitstellung der entsprechenden Ersatzteile für die unterschiedlichen Typen und die Bewältigung der Nachschubprobleme einen sehr großen Aufwand.

An der Entwicklung des Panzers Leopard aber sind wir bis heute federführend beteiligt. Nun wird mir auch in diesem Zusammenhang heute oft die Frage gestellt: *»Müssen wir überhaupt im Rüstungsgeschäft tätig sein?«*

Ich sage ›Ja‹, denn wir wissen nie, in welcher Richtung sich die Politik entwickelt. Unsere Armee beruht nach dem Konzept, nach dem sie aufgebaut ist, auf dem Grundsatz der Verteidigung. Für diese Aufgabe müssen wir sie mit den besten verfügbaren Waffen ausrüsten. Wir können aber nicht mehr das Beste liefern, wenn wir uns aus der technischen Entwicklung verabschieden.

➜ OBEN Prototyp des Typs 597 ›Jagdwagen‹ (1955). **➜ UNTEN Der Typ 597** war ein echtes Amphibienfahrzeug.

S-M 2383

KAPITEL 17

ENTWICKLUNGEN FÜR DAS VOLKSWAGENWERK

Unsere Zusammenarbeit mit dem Volkswagen-Werk, die während des Krieges bestanden hatte, wurde bekanntlich 1948 neu beschlossen und vertraglich geregelt.

In der Vergangenheit waren ständig einige Herren unseres Hauses im Volkswagen-Werk für dringende Arbeiten eingesetzt gewesen. Einige von ihnen wurden nach dem Kriege von VW übernommen, andere kehrten zu uns zurück.

Nach Abschluss des Vertrages von 1948 erhielt unser Konstruktionsbüro, das damals noch in Gmünd beheimatet war, wieder laufend Aufträge von VW. Ende 1949 wurde dann das Konstruktionsbüro wieder nach Stuttgart verlegt. Arbeiten, die wir bereits in Gmünd begonnen hatten, wurden teilweise in Wolfsburg bei VW selbst fortgesetzt. Zu diesem Zweck arbeiteten zehn bis zwölf unserer Herren vorübergehend im Volkswagen-Werk.

Wir haben im Laufe der langjährigen Zusammenarbeit mit dem Volkswagen-Werk eine ganze Reihe von Entwicklungen betrieben und auch fertige Prototypen geliefert, von denen ich einige herausgreifen möchte.

Im Laufe dieser Zeit dachte Herr Nordhoff sogar daran, unsere Zusammenarbeit auf eine noch engere Basis zu stellen, die jedoch nicht meiner persönlichen Auffassung entsprach. Es war im Jahre 1954, als mich der frühere Rennleiter der Auto Union, Dr. Feuereissen, in Stuttgart aufsuchte. Er war inzwischen Verkaufs-Vorstand bei VW geworden und kam als Abgesandter von Nordhoff. Nordhoff und seine Herren hatten sich vorgestellt, das Vorwerk in Braunschweig zu einem Entwicklungszentrum für VW auszubauen. Das sogenannte Vorwerk war vor der Wolfsburger Fabrik errichtet worden und mit Vorbereitungsarbeiten für das Hauptwerk befasst. Vorrichtungen wurden dort gebaut, Montage- und Detailarbeiten ausgeführt. Später stellte man dort auch Werkzeuge für Wolfsburg her. Ich sollte die Leitung des neuen Entwicklungszentrums übernehmen, teilte mir Feuereissen im Auftrag von Nordhoff mit. Dieses Angebot war jedoch mit der Bedingung verbunden, mein Stuttgarter Unternehmen aufgeben zu müssen. Das kam für mich natürlich nicht in Frage. Davon abgesehen hatte ich meine eigenen Vorstellungen von einer derartigen Position in einem Großunternehmen. Ich brauchte meinen Freiraum, um arbeiten zu können. Unternehmerisch tätig zu sein bedeutete mir mehr als eine Vorstandsposition in einem Großunternehmen, wo Intrigen eigentlich im Gehalt mit einbegriffen sind.

Diese Episode änderte jedoch nichts an unserer Zusammenarbeit mit dem Volkswagen-Werk, für das wir bereits im Jahre 1949 einen Wagen untersucht hatten, der gegenüber dem Käfer kürzere Radstände unterschiedlicher Länge und einen selbsttragenden Aufbau aufwies. Zu jener Zeit beherrschten Kleinwagen einen nicht unerheblichen Teil des Automobilmarktes. Es handelte sich damals allerdings nur um Studien, an Hand derer die Zweckmäßigkeit der aktuellen Tendenz zum Kleinwagen geprüft werden sollte. Diese Studie (Typ 402) wurde noch in Gmünd begonnen.

In Gmünd hatten wir uns auch bereits mit den Möglichkeiten des elektrischen Antriebs für Personenwagen befasst. Wir bauten einen Volkswagen zu diesem Zweck um, und zwar wurde er an Stelle des Benzinmotors mit einem Elektromotor ausgestattet. Die Batterien wurden in den Kofferräumen vorn und im Fond hinten untergebracht. Bei dieser Lösung ging natürlich der Kofferraum verloren, aber es handelte sich ja zunächst um ein Versuchsobjekt. Die besondere Eigenart dieses Wagens war, dass der Elektromotor auch zum Bremsen mit herangezogen wurde und dabei bei jedem Bremsvorgang die Batterien wieder auflud. Der Wagen hatte einen Aktionsradius von 100 Kilometern und erreichte eine Höchstgeschwindigkeit von 60 km/h. Als dann das sogenannte Wirtschaftswunder kam, war niemand mehr daran interessiert, ein Fahrzeug ohne Benzinmotor zu fahren. Dieses Thema wurde erst wieder mit der Ölkrise aktuell.

Eine weitere interessante Aufgabe folgte 1952 und war ein VW mit kürzerem Radstand in selbsttragender Bauweise (Typ 534). Der Wagen wurde Generaldirektor Nordhoff im Herbst 1953 vorgeführt, ging aber nicht in Produktion, sondern diente als Studienobjekt für die selbsttragende Bauweise. Seine Karosserie wies Stilelemente des Porsche 356 auf, und zwar sah seine Frontpartie unserem Sportwagen sehr ähnlich. Eine praktische Anwendung in der laufenden Serie fand jedoch nicht statt.

Ende 1952 hatte VW beschlossen, eine neue Karosserie für das Fahrgestell des Volkswagens zu bauen. Wir entwickelten in den Jahren 1953 bis 1954 zwei Modelle (Typ 555) mit unterschiedlichen Karosserien. Das eine war eine Weiterentwicklung der Käfer-Karosserie, das

Frontansicht eines Käfer-Nachfolgers, bei Porsche als Typ 534 für VW entwickelt. Rechts der Käfer. Der 534 zeigt vorn Ähnlichkeit mit dem 356.

Der Porsche Typ 534 war eine Entwicklung für Volkswagen. Er wurde im Jahr 1958 gebaut.

Heckansicht des Prototyps Porsche 534, Karosserie-Variante, entwickelt ebenfalls 1958.

Frontansicht des Prototyps Porsche 534.

--➔ **Mit meinem Sohn Wolfgang** bei einer Versuchsfahrt (1954).

andere hatte ein Stufenheck. Beide Prototypen wurden im April 1954 dem Volkswagen-Werk mit den dazugehörigen technischen Unterlagen übergeben. Beide Modelle gingen nicht in Produktion.

Zu dieser Zeit erfreute sich der Käfer zunehmender Beliebtheit beim Kunden, und die Verkaufsziffern zeigten eine steigende Tendenz. Auch die Exporte nahmen zu, neue Märkte wurden erschlossen. Jede Änderung des bestehenden Programms musste deshalb sehr wohl überlegt werden. Dagegen wurden an den in Produktion befindlichen Modellen laufend Verbesserungen vorgenommen und flossen auch in die Serie ein.

Zu den Motoren, die wir untersuchten und zum Teil auch bis zum Prototyp entwickelten, gehörte in den Jahren 1954 bis 1956 der Typ 619. Hier handelte es sich um einen luftgekühlten Zweitakt-Dieselmotor von 600 cm^3, der bei 3000 U/min eine Leistung von 20 PS abgeben sollte. Es wurden zwei Entwürfe vorgelegt, und zwar ein Zweizylinder-Reihenmotor mit normalem Gebläse und ein Zweizylinder-Boxermotor.

Schließlich entschloss man sich für den Boxermotor, von dem drei Stück gebaut werden sollten. Der Zweitaktmotor mit Umkehrspülung hatte Direkteinspritzung durch eine Bosch-Pumpe. Die theoretisch errechnete Leistung konnte jedoch nicht bei rauchfreier Verbrennung erreicht werden. Ein Motor wurde geliefert, weitere Versuche wurden vorerst eingestellt. Untersucht wurde ferner ein V6-Zylindermotor mit 1,2 bzw. 1,5 Litern Hubraum.

Im Jahre 1955 befassten wir uns dann mit einer sehr interessanten Aufgabe für VW, mit dem Porsche Typ 672. Unter dieser Bezeichnung liefen Untersuchungen der verschiedenen Möglichkeiten eines Kleinwagens mit Unterflurmotor und unterschiedlichen Achskonstruktionen. Dabei war der Motor im Heck unter dem Kofferraum angeordnet.

Im Zuge dieser Studie wurden auch V6-Zylinder-Unterflurmotoren von 1,2 und 1,5 Litern Hubraum untersucht, bei denen die Zylinder in einem Winkel von 120° zueinander standen, und zwar mit nach unten offenem V. Schließlich entschlossen wir uns aber dann zu luftgekühlten Boxermotoren mit sechs Zylindern und 1,2 sowie 1,5 Litern Hubraum (Typ 673), die bei 4500 U/min 43 bzw. 54 PS Leistung entwickelten. Es sollte für spätere Entwicklungen für VW noch von Bedeutung sein. In den Jahren 1955 bis 1959 befassten wir uns zum Beispiel mit dem Entwurf und Bau eines Kleinwagens mit verschiedenen Motoren (Typ 675), abgeleitet von den Voruntersuchungen Porsche Typ 672 und 673.

Es wurden zwei Modelle ausgeführt, beide mit selbsttragender Karosserie und Pendelachse mit tiefgelegtem Drehpunkt und Schraubenfedern hinten. Wagen Nummer 1 wurde von einem Dreizylinder-Reihenmotor angetrieben, luftgekühlt und als Unterfluraggregat im Heck untergebracht, während Wagen Nummer 2 ebenfalls einen luftgekühlten Unterflurmotor im Heck besaß, der allerdings als Vierzylinder-Boxer ausgelegt war.

Die Anregung zu diesem Kleinwagen war vom italienischen Vertreter an VW herangetragen worden und sollte als Konkurrenz zum kleinsten Fiat auf den Markt kommen. Ich habe bei dieser Gelegenheit Nordhoff die Laufqualitäten eines Dreizylindermotors im Vergleich zum Zweizylinder vorgeführt. Der Dreizylinder lief viel runder als der Zweizylinder, Nordhoff war sichtlich beeindruckt. Das machten wir, indem wir bei unserem Sechszylinder einfach drei Zylinder stilllegten.

Auch dieser Kleinwagen wurde nicht produziert, da man anscheinend den italienischen Markt nicht so hoch eingeschätzt hat, um speziell dafür ein kleineres Fahrzeug als den Käfer zu bauen. Die Tendenz ging eher in Richtung auf ein größeres Auto.

Im März 1958 erhielten wir den Auftrag, zwei Karosserien zu bauen, die in den Abmessungen denen des Käfers ähnlich waren. Von VW wurden uns zu diesem Zweck zwei Käfer-Fahrgestelle mit um 80 mm nach vorn verschobenem Pedalwerk zur Verfügung gestellt. Dieses Auto sollte mit dem von uns gebauten Unterflurmotor (Typ 724) ausgerüstet werden. Dabei handelte es sich um einen luftgekühlten Vierzylinder-Boxer mit 40 PS Leistung. Bei diesem Auftrag standen wir in Konkurrenz zu dem italienischen Karosseriebauer Ghia und der Entwicklungsabteilung des Volkswagen-Werkes. Wir bauten einen Wagen mit Fließheck (Typ 726/1) und einen zweiten mit Stufenheck (726/2), dazu kam dann zusätzlich noch eine dritte Variante mit kürzerem Radstand (Typ 728), die mehr einem Kleinwagen entsprach.

Bei der Präsentation der Prototypen in Wolfsburg waren die unseren ganz eindeutig die schönsten. Nordhoff tat sich jedoch schwer, eine klare Entscheidung zu treffen. Er wollte niemanden weh tun und entschied deshalb: *»Alle drei Konkurrenten machen einen neuen gemeinsam, der wie der Porsche-Prototyp ausschauen soll!«*

Heraus kam dann der VW Typ 3 mit höher gelegter Gürtellinie als bei uns, um neben anderem auch die Scheinwerfer höher setzen zu können. Dies geschah mit Rücksicht auf den amerikanischen Markt, wo es eine entsprechende Vorschrift gab. Als dann der von Arkus-Duntov geschaffene Chevrolet Corvair einige Jahre später auf den Markt kam, hatte dieses Auto eine sehr tiefe Gürtellinie, ohne Rücksicht auf die bestehende Scheinwerfervorschrift.

Ich war schon immer der Meinung gewesen, man muss im Leben etwas riskieren. Mit dem von Nordhoff herbeigeführten Kompromissvorschlag war aus unserem doch sehr fortschrittlich konzipierten Auto eines geworden, wie es die anderen auch hatten. So geht es eben, wenn man glaubt, sich stur an Vorschriften halten zu müssen.

Typ 728 war praktisch eine Weiterentwicklung des Typs 675, also ein leichteres Fahrzeug als der Käfer mit kleinerem Motor und guten Raumverhältnissen, selbsttragender Karosserie und verschiedenen Außenformen. Im Laufe der Entwicklung (1957 bis 1961) wurde zunehmend größerer Komfort gefordert, was zu einer Verlängerung des Radstandes führte.

Bei den verschiedenen Karosserie-Varianten hatten wir einen Entwurf, den mein Sohn Ferdinand Alexander (›Butzi‹) im Styling schon sehr stark beeinflusst

→ »UNTERNEHMERISCH TÄTIG ZU SEIN BEDEUTETE MIR MEHR ALS EINE VORSTANDSPOSITION IN EINEM GROSSUNTERNEHMEN, WO INTRIGEN EIGENTLICH IM GEHALT MIT EINBEGRIFFEN SIND.«

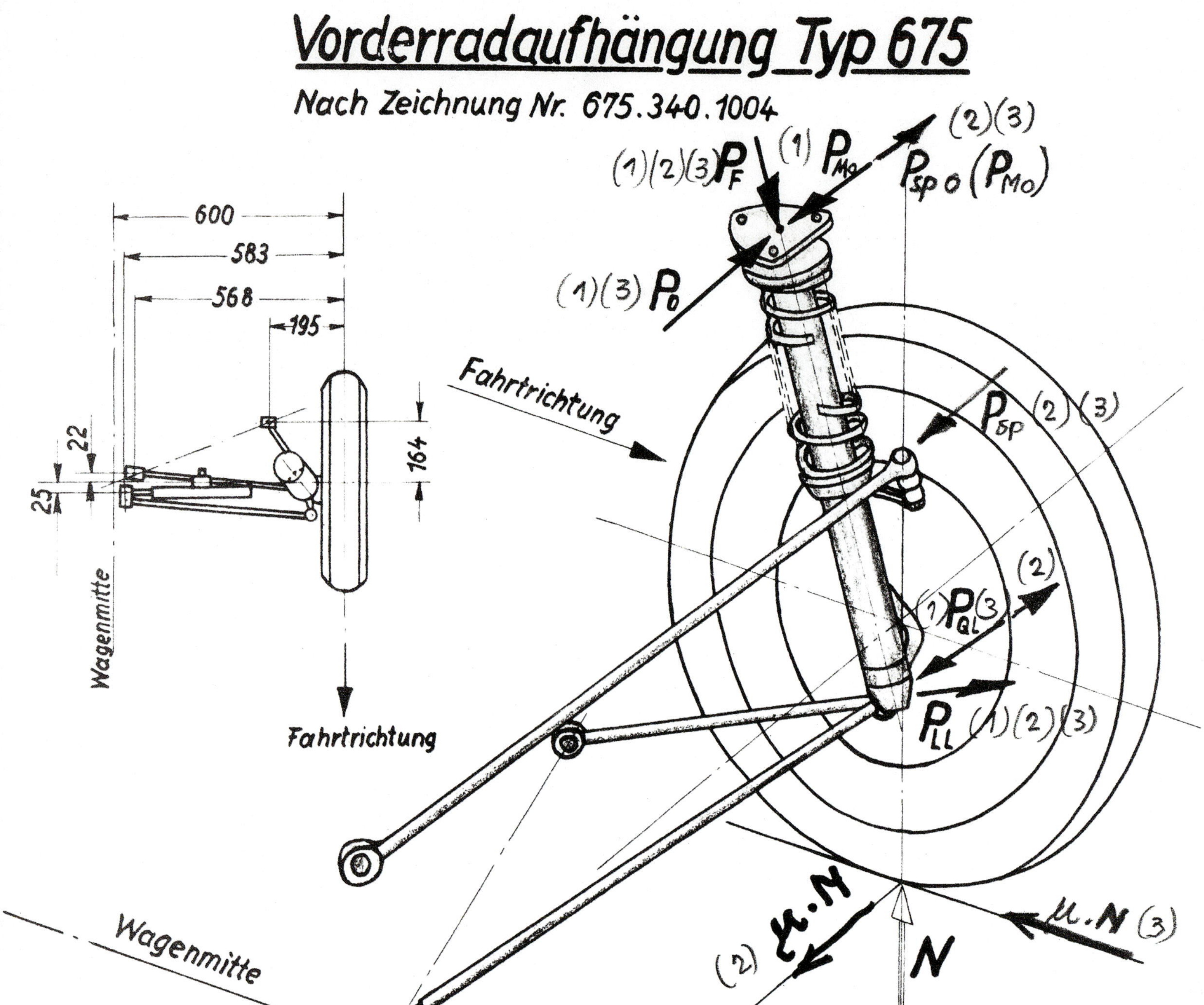

➝ LINKS Vorderradaufhängung für den Typ 675, den wir für das Volkswagen-Werk entwickelten. **➝ RECHTS Hinterradaufhängung für den Typ 675,** den Prototyp eines Kleinwagens für Volkswagen.

→ IN DEN JAHREN 1955 BIS 1959 BEFASSTEN WIR UNS ZUM BEISPIEL MIT DEM ENTWURF UND BAU EINES KLEINWAGENS MIT VERSCHIEDENEN MOTOREN (TYP 675), ABGELEITET VON DEN VORUNTERSUCHUNGEN PORSCHE TYP 672 UND 673. ES WURDEN ZWEI MODELLE AUSGEFÜHRT, BEIDE MIT SELBSTTRAGENDER KAROSSERIE UND PENDELACHSE MIT TIEFGELEGTEM DREHPUNKT UND SCHRAUBENFEDERN HINTEN.«

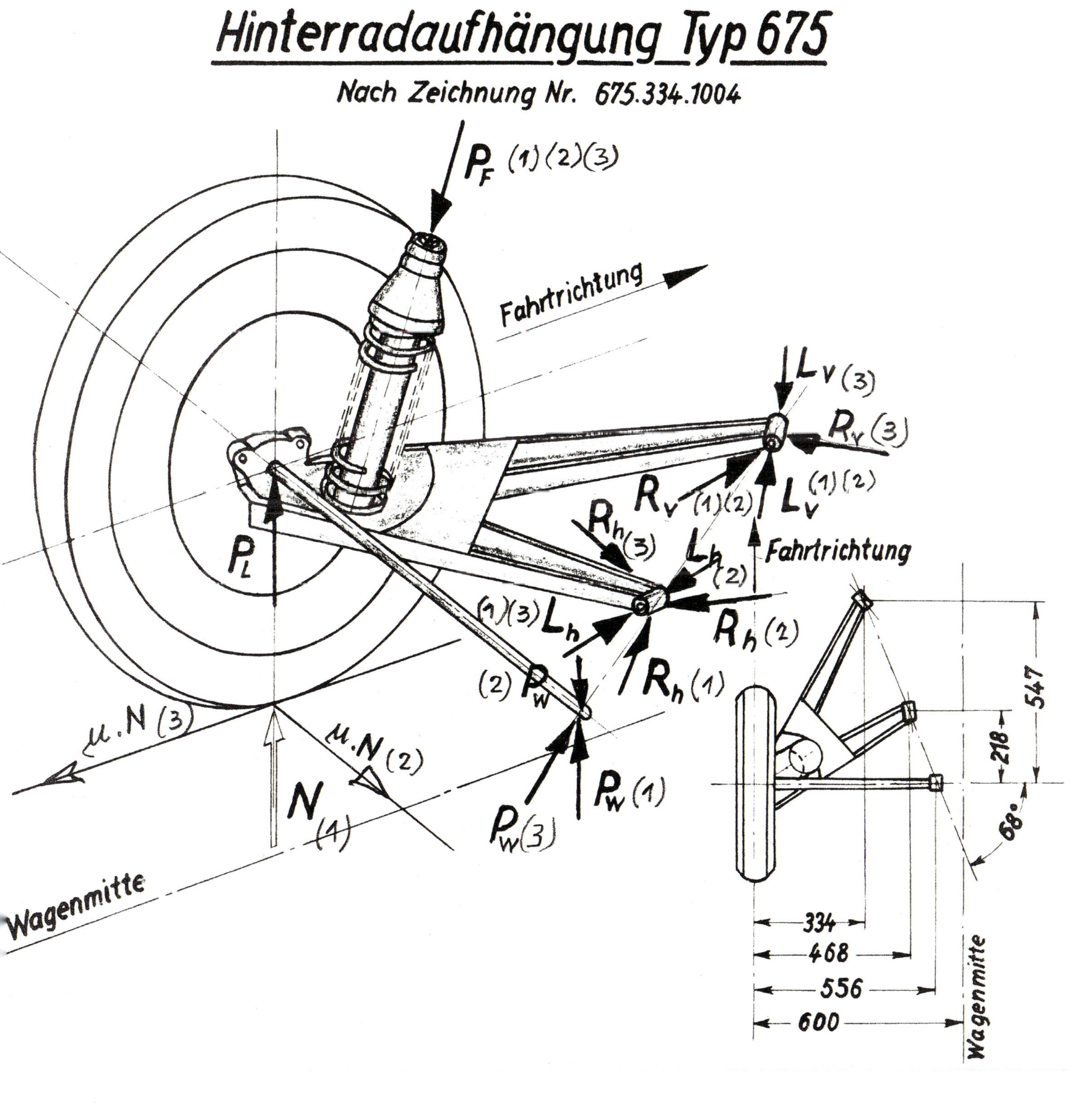

-➜ LINKS Auch diese Limousine schufen wir 1958 für Volkswagen. Der Porsche Typ 726/2 ging aber ebenso wie seine Vorgänger nicht in Produktion. **-➜ RECHTS Versuchsausführungen des Typs 728** im Zuffenhausener Porsche-Werk (1958).

UNTEN Prototypen des VW 726 Fließheck- und Stufenheck-Variante (1958).

Porsche Typ 728, Weiterentwicklung des Typs 675 für Volkswagen. Entwickelt in den Jahren 1957 bis 1961 mit Unterflurmotoren von 26, 31 und 32,5 PS.

hat. Es war ein Auto in Pontonform mit tiefer Gürtellinie und sehr viel Glas, das völlig von der traditionellen Volkswagenlinie abwich und sehr attraktiv wirkte. Es wurde von einem Unterflurmotor angetrieben und verfügte über eine große Heckklappe. Als Nordhoff diesen Prototyp sah, meinte er: *»Wenn wir den bauen, dann ist der Käfer tot!«* Worauf ich antwortete: *»Ich habe geglaubt, wir sollten einen Ersatz für den Käfer machen?«*

Man muss natürlich berücksichtigen, dass es für Nordhoff und seine Herren keine leichte Entscheidung war, den so erfolgreichen Käfer durch ein völlig neues Modell zu ersetzen. Die Werkzeuge waren bereits abgeschrieben, es wäre unmöglich gewesen, das neue Auto zum gleichen Preis wie den Käfer auf den Markt zu bringen, der, um es mit einem VW-Slogan zu sagen, ›lief und lief und lief!‹

Es wurde trotzdem langsam Zeit, sich für einen Käfer-Nachfolger zu entschließen. Nordhoff kam deshalb mit seinem Fertigungschef nach Stuttgart, und wir haben alle Möglichkeiten und Varianten durchgesprochen. Der Frontantrieb wurde ebenso diskutiert wie der Heckantrieb, wir legten die unterschiedlichsten Versionen auf den Tisch. Schließlich entschied man sich für die Variante mit dem Unterflurmotor, die bestens lief und zugleich die einzige Variante war, von der man sagen konnte, dass sie dem Volkswagen-Werk eine eigene unverkennbare Linie im Modellangebot gesichert hätte. Eine Linie also, wie sie ja durch den Käfer schon begründet worden war.

Es wurden dann Prototypen in Auftrag gegeben, die Erprobung schließlich in Afrika durchgeführt. Alles war schon sehr weit fortgeschritten und man hatte Millionen investiert. Dann starb überraschend am 12. April 1968 Professor Nordhoff, und alles wurde gestoppt.

VW übernahm dann von Daimler-Benz die Auto Union und dazu noch das NSU-Werk, das in der Audi AG aufging. Von Daimler-Benz kam Ludwig Kraus nach Ingolstadt, der sich dort einen Namen machte, indem er neue Wege ging und ein Baukasten-System schuf, mit

LINKS Seiner Zeit weit voraus war dieser Entwurf eines Großraum-Personenwagens mit fünf bis sechs Sitzen aus dem Jahr 1956, ein Wagentyp, der sich später wachsender Beliebtheit erfreuen und von vielen Firmen angeboten werden sollte. **RECHTS Der Typ Porsche 728** mit einer Karosserievariante, die mein ältester Sohn ›Butzi‹ entwarf und die eine elegante Linienführung mit niedriger Gürtellinie und viel Glas zeigt. **UNTEN Luftgekühlter Dreizylindermotor** von 597 ccm und 18,3 PS bei 4000 U/min als Unterfluraggregat für den Kleinwagen Typ 675, den wir für VW entwickelten.

dem er sich schließlich auch bei VW durchsetzen konnte. Leiding hatte inzwischen Dr. Lotz als Vorstandsvorsitzenden abgelöst. Und damit haben wir bei Volkswagen die heutige Modell-Palette. Hinzugefügt werden sollte aber noch, dass 1972 der fünfzehnmillionste Käfer vom Band lief und dieses von der Firma Porsche geschaffene Modell dann Fords Modell T in der Rangliste des bisher erfolgreichsten Auto-Modells ablöste.

Von den Arbeiten, die wir für VW ausgeführt haben, soll aber noch der Typ 700 erwähnt werden, hier handelte es sich um Studien für einen sogenannten Großraumwagen. Er wurde in den Jahren 1956 bis 1957 untersucht, und davon wurden auch Modelle im Maßstab 1:7,5 gefertigt. Also viele Jahre, bevor derartige Fahrzeuge über Japan wieder bei uns auf den Markt erschienen und wie wir sie heute auch im Renault Espace finden.

Wir fragten uns damals, was dem Kunden eigentlich nicht an einem solchen Kleinbus gefällt, und kamen zu folgendem Ergebnis: es gefällt ihm nicht, dass dieses

--➔ OBEN Wasserfahrt mit einem 914/6 (1970). **--➔ UNTEN Zusammen mit dem Volkswagenwerk entstand der Mittelmotor-Sportwagen 914** zuerst als Vierzylinder und danach auch als 914/6 (unser Foto) mit Sechszylindermotor. Unter Leiding wurde die Produktion eingestellt.

Fahrzeug wie ein Bus ausschaut und die Damen hoch hinaufsteigen müssen, wenn sie einsteigen wollen. Und was gefällt dem Kunden? Nun, er freut sich über den Raum, der ihm zur Verfügung steht und ihm bei der Ferienfahrt viele Annehmlichkeiten bietet. Er sitzt gerne hoch, so, dass er während der Fahrt etwas sieht. Der Kunde will also letzten Endes keinen Bus, sondern einen Personenwagen. Wir haben damals auf der Basis des VW 1200 gearbeitet und dessen Motor, Getriebe und Achsen verwendet. Es entstand dabei ein Fahrzeug, das seiner Zeit weit voraus war mit einem ›Pkw-Styling‹, einem komfortablen Innenraum und einem bequemen Einstieg. Es bot fünf bis sechs Personen Platz. Das Volkswagenwerk blieb aber dann beim VW Typ 2, der als Transporter und Kleinbus gebaut wird und auch wie ein solcher aussieht.

Der Volkswagen war in seiner Grundform bekanntlich mit einem nicht synchronisierten Getriebe ausgestattet. Dies konnte keinesfalls der Standard bleiben, sodass wir bereits 1948 Getriebesynchron-Versuche für das Volkswagenwerk durchführten, die sich bis 1951 hinzogen. Wir arbeiteten damals auf der Basis des Getriebes für den Cisitalia-Rennwagen, nämlich auf dem Prinzip kleiner Synchronringe und einer Durchzugschaltung, wie man sie auch im Motorradbau anwendet und dabei die Gänge durchschaltet. Diese Durchzugschaltung musste man nun bei einem Normalgetriebe in das H-Schema umsetzen.

Zur selben Zeit arbeiteten wir auch an einer Ausführung mit großen Synchronringen, die sich aber noch im Entwicklungsstadium befand. Sie war zu diesem Zeitpunkt noch nicht reif für eine Fertigung in Großserie. Das Volkswagen-Werk entschied sich aber dann für die Sperrsynchronisierung der amerikanischen Firma Borg-Warner und übernahm sie in die Serie. VW musste dafür allerdings Lizenzgebühren bezahlen.

In den Jahren 1955 und 1956 entwickelten wir dann noch zwei weitere Getriebe mit Porsche-Synchronisierung für das Volkswagen-Werk (Typ 671 und 677). Sie wurden in einem uns von VW zur Verfügung gestellten Wagen erprobt und danach an das Wolfsburger Werk abgeliefert. Aber auch diese Varianten wurden nicht in die Serie übernommen. Das Volkswagen-Werk hatte Borg-Warner den Vorzug mit der Begründung gegeben, dass unser Getriebe nicht genügend erprobt sei. Unser System wurde jedoch dann von vielen bedeutenden Kunden verwendet, wie zum Beispiel Alfa Romeo, BMW, Fiat und sogar Ferrari. Als dann Daimler-Benz 1954 wieder im Rennsport aktiv wurde, erhielt der Grand-Prix-Wagen W 196 ein Fünfganggetriebe, bei dem die vier oberen Gänge mit dem Synchronring von Porsche ausgestattet waren. Dieses Getriebe wurde auch in den W 196 S, den Rennsportwagen 300 SLR eingebaut. Auf dem W 196 gewann bekanntlich Juan Manuel Fangio die Automobilweltmeisterschaft 1954 und 1955. Der 300 SLR siegte mit Moss/Jenkinson in der schwierigen Mille Miglia von 1955 und beendete auch die Targa Florio und die Tourist Trophy im selben Jahr als Sieger. Für uns bedeutete das, dass die von uns entwickelte Synchronisierung schwersten Belastungen standhielt. Einer Vereinbarung mit Daimler-Benz entsprechend, haben wir mit diesen Erfolgen nicht geworben.

Wir führten das neue Getriebe mit Ringsynchronisation (Typ 519) bereits 1951 in unsere Fertigung ein. Produziert wurde es bei der Firma Getrag in Ludwigsburg bei Stuttgart, montiert haben wir es selbst - aus einem ganz simplen Grund. Damals musste für jedes gefertigte und gelieferte Bauteil Umsatzsteuer abgeführt werden, hätte also Getrag von den verschiedenen Zulieferern die einzelnen Teile übernommen und endmontiert, dann wäre die Umsatzsteuer mehrmals fällig gewesen und hätte das Endprodukt unnötig verteuert. Dies konnten wir verhindern, indem wir bei uns montierten.

Fasse ich zusammen, was wir an Entwicklungsarbeit für das Volkswagen-Werk geleistet haben, so trug diese nicht nur zur Verbesserung des Käfers bei, sondern umfasste auch serienreife Vorschläge für Modelle, die geeignet waren, den Käfer erfolgreich abzulösen. Dass es nicht dazu kam, liegt eben an der Schwierigkeit, die richtigen unternehmerischen Entscheidungen zu treffen, die manchmal zu vorher nicht überschaubaren Folgen führen können. Die Typen Ro 80 und K 70, die VW von NSU übernommen hat, sind gute Beispiele dafür.

Es kam jedoch im Laufe dieser Zeit noch einmal zu einer engeren Zusammenarbeit mit dem Volkswagenwerk, als wir uns entschlossen, einen billigeren Sportwagen als den 911 herauszubringen. Auf Grund unserer Untersuchungen konnte es nur ein Mittelmotor-Fahrzeug sein, wie damals überhaupt sich der Mittelmotorwagen nicht nur im Rennsport auf dem Vormarsch befand. Das Volkswagenwerk war zu ähnlichen Ergebnissen gekommen, sodass wir uns zu einer Entwicklungsgemeinschaft zusammenschlossen.

➜ Internationale Automobilausstellung Frankfurt 1969:
Im Gespräch mit Bundekanzler Kurt Georg Kiesinger und Volkswagenwerk-Chef Kurt Lotz an einem VW-Porsche 914.

Dabei brauche ich wohl gar nicht besonders darauf hinzuweisen, dass wir ja gerade beim Mittelmotorwagen über eine sehr große Erfahrung verfügten. So entstand der Typ 914 als Mittelmotor-Roadster mit Hardtop. Als Antriebsaggregat verwendeten wir den leistungsgesteigerten Vierzylinder-Einspritzmotor des VW 411 von 80 PS.

Zu dem 914/4 (›4‹ für Vierzylinder) kam dann später noch der 914/6 (›6‹ für Sechszylinder), wobei letzterer den Sechszylinder-Vergasermotor des Porsche 911 T erhielt, der 110 PS entwickelte. Beim 914/6 war allerdings die Preisdifferenz zum 911 relativ gering.

Im April 1969 gründeten wir dann in Stuttgart mit einem Betriebskapital von 5 Millionen DM gemeinsam mit dem Volkswagenwerk die ›Porsche-VW-Vertriebsgesellschaft mbH‹ (kurz VG genannt). Beide Parteien waren je zur Hälfte an der VG beteiligt, der der Vertrieb der Typen 914/4 und 914/6, aber auch des 911 oblag.

In einem Interview, das ich noch vor Jahresende 1969 dem französischen Journalisten Edouard Seidler gab, sagte ich zur Gründung der VG: *»Mit Ausnahme von Frankreich und Großbritannien werden Porsche-Automobile überall von der VW-Organisation verkauft. Die Gründung einer gemeinsamen Absatzorganisation ist nichts weiter als die Bestätigung einer Tatsache!«*

Im Zusammenhang mit der Gründung der gemeinsamen Vertriebsgesellschaft waren Gerüchte aufgekommen, die von einer beabsichtigten Fusion zwischen VW und Porsche wissen wollten. Das war natürlich Unsinn.

Die Karosserie für den 914 wurde bei Karmann in Osnabrück gefertigt. Während jedoch Karmann den 914/4 komplett montierte, wurde der 914/6 in Zuffenhausen bei uns zusammengebaut. Beide Typen wurden erstmals anlässlich der Frankfurter Automobilausstellung im Herbst 1969 der Öffentlichkeit vorgestellt. Der Vierzylinder war sofort lieferbar, der Sechszylinder folgte im Februar.

Als dann der damalige Generaldirektor Kurt Lotz VW verließ und sein Nachfolger, Rudolf Leiding, das Unternehmen mit roten Zahlen übernahm, entschied er sich – wie bekannt – für das Modellprogramm von Ludwig Kraus mit wassergekühlten Frontmotoren. Damit wurde auch die Produktion des 914 eingestellt.

Leiding hatte Lotz am 1. Oktober 1971 abgelöst. Bald darauf wurden die Arbeiten für den 924 aufgenommen, auf den ich noch zurückkommen werde.

Mit dem völligen Kurswechsel von VW in der Modellpolitik war natürlich auch die Existenz der gemeinsamen Vertriebsgesellschaft in Frage gestellt, deren Auflösung übrigens Mitglieder des Aufsichtsrates von VW schon empfohlen hatten. Am 8. Mai 1974 wurde schließlich ein entsprechender Vertrag unterzeichnet. Wir übernahmen den Anteil von VW, und in die Gebäude der VG in Ludwigsburg zog unser Vertrieb ein.

Im gleichen Monat desselben Jahres hatten wir noch die Fertigstellung des 100.000. 914 begehen können. Die Produktion wurde mit insgesamt 118.976 Exemplaren im Frühjahr des Jahres 1976 eingestellt.

Mit der Beendigung der Vertriebsgemeinschaft mit dem Volkswagenwerk liefen auch die bestehenden Entwicklungsverträge aus. Trotzdem hatten wir natürlich noch eine relativ enge Verbindung zum VW-Werk. Ich überlegte mir damals, wie wir uns bei Porsche ein zweites Bein schaffen konnten, und zwar dachte ich dabei an die Hilfe, die uns gemeinsame Entwicklungsprojekte mit VW leisten würden. Ich ließ deshalb bereits im Jahre 1974 untersuchen, ob der VW-Passat auf Vierradantrieb umgestellt werden konnte. Ich machte mir Gedanken darüber, wie unser Programm in etwa fünf Jahren aussehen könnte. Ein vierrad-getriebener Passat wäre sicher seiner Zeit weit voraus gewesen, wie ja heute die Erfolge der verschiedensten Vierrad-Fahrzeuge beweisen.

Solange die Familie im Haus das Sagen hatten – sie schied ja 1972 aus –, haben wir nicht unbedingt falsche Wege beschritten. 1971 zum Beispiel zeichneten wir als zweites Bein gewissermaßen neben dem 911 einen komfortablen, vierradgetriebenen Geländewagen in der Art des Range Rovers auf. Er sollte auf den Aggregaten des 911 basieren und damit im Verbund mit dem 911 hergestellt werden. Dadurch wäre eine kostengünstige Lösung möglich gewesen.

Beim Entwurf des Fahrzeugs gingen meine Herren Konstrukteure zunächst ein bisschen zu sehr ins Extrem. Ich hatte mir vorgestellt, wir bauen einen vierradgetriebenen Personenwagen, der über eine Niveauregulierung verfügt, aber auch straßentauglich ist, also vom Bodenabstand her beide Lösungen, nämlich Straße und Gelände, zulässt.

Ich bin mir der Konflikte durchaus bewusst, die bei den Konstrukteuren vierradgetriebener Automobile auftreten. Das heißt, es kommt dabei darauf an, welcher Bereich mit der Konstruktion beauftragt wird, der Lastwagen-Bereich oder die für Personenwagen zuständige Abteilung. Nehmen wir zum Beispiel Daimler-Benz, wo der G herkommt, dann stellen wir fest, der Range Rover ist kein G wie der G kein Range Rover ist. Der Lastwagen-Bereich baut nämlich ein Fahrzeug so, wie er es gewohnt ist und wie es seiner technischen Philosophie entspricht. Nicht anders ist es bei den Leuten, die die Personenwagen bauen. Dabei spielt bei den Konstrukteuren von Lastwagen oder Nutzfahrzeugen noch eine Rolle, dass sie auch die militärische Verwendbarkeit von Geländewagen im Auge haben, wenn sie sie entwickeln, denn auch das haben sie schon gemacht. Die Pkw-Abteilung dagegen will ein Auto bauen, das auch vom Durchschnittsbürger noch als ein normales Automobil angesehen wird.

Wir hatten bei unserem Geländewagen übrigens auch eine Variante mit vorn liegendem Motor gezeichnet, das heißt die 911-Aggregate einfach umgedreht.

Beim Passat mit vorn liegendem Motor und Frontantrieb wäre die Umwandlung zum Vierradantrieb relativ leicht gewesen, man hätte nur die Hinterachse mit einem Antrieb versehen müssen. Dr. Fuhrmann, damals im Vorstand der Porsche AG, hat in jener Zeit in meinem Auftrag noch mit dem Volkswagenwerk zwecks Lieferung von Passat verhandelt, die wir in vierradgetriebene Wagen umbauen wollten. Laut Dr. Fuhrmann war VW jedoch nicht bereit, unserem Wunsche zu entsprechen.

Ich saß einige Zeit später anlässlich eines Abendessens bei VW neben Herrn W. P. Schmidt vom Volkswagenwerk, der für die Lieferung der Passat zuständig gewesen wäre, und sagte ihm im Laufe des Abends: *»Eigentlich ist es sehr schade, dass sie uns damals verboten haben, einen Passat mit Vierradantrieb zu machen!«*

Worauf Herr Schmidt ganz überrascht fragte: *»Wie bitte?«*

»Nun«, erwiderte ich, *»Sie waren doch derjenige, der Herrn Fuhrmann gesagt hat, als er sie auf den Vierradantrieb ansprach, das kommt nicht in Frage!«*

»Herr Porsche«, sagte daraufhin Herr Schmidt, *»Herr Fuhrmann war nie bei mir wegen dieser Sache!«*

Mir war klar, dass meine Leute den Wagen nicht machen wollten. Es war auch ganz gleich, ob Fuhrmann mit Fiala oder Schmidt gesprochen hatte, jedenfalls wären wir mit dem Vierrad-Passat vor allem den Japanern um viele Jahre voraus gewesen. Herr Fuhrmann wollte jedoch unbedingt seinen 928 machen, aber davon wird noch zu reden sein.

→ **Am 10. Mai 1974** während der Feier zum Jubiläum »25 Jahre Porsche-Produktion«.

KAPITEL 18

AUFTRÄGE AUS AMERIKA

Vor meinem ersten Flug, der mich 1951 mit einem ›Stratocruiser‹ von PanAm nach Amerika führte. Ich war noch nie zuvor geflogen.

Im Spätherbst 1951 erreichte mich die Einladung einer amerikanischen Ingenieursgruppe, der Mid-American Research Corporation aus Kansas City, die sich an der Ausschreibung für einen leichten Jeep für Luftlandetruppen beteiligte. Für diese Konstruktion, die unter der Bezeichnung ›Mighty Mite‹ lief, was man frei auch als ›starker Wurm‹ übersetzen kann, sollte ein Porsche-Motor verwendet werden. In einem Gespräch vor Ort sollten nun einige Fragen geklärt werden, so zum Beispiel die, ob der Porsche-Motor in den USA gefertigt werden konnte.

Vierzehn Jahre nach meiner ersten USA-Reise würde ich nun zum zweiten Mal Gelegenheit erhalten, dieses interessante Land zu besuchen. Amerika war nach dem Zweiten Weltkrieg für viele Deutsche so eine Art Traum vom Paradies geworden, wo es alles gab, während Europa ja noch sehr stark unter den Nachwirkungen des Krieges litt. Da mich die Herren in den USA innerhalb von vierzehn Tagen erwarteten, blieb mir nichts anderes übrig, als das Flugzeug zu nehmen. Für mich war das durchaus keine leichte Entscheidung, so verwundert man darüber auch heute sein mag, denn ich war noch nie zuvor geflogen. In einem Verkehrsflugzeug schon gar nicht, aber auch nicht in einem Sportflugzeug.

Nun, dachte ich mir, daran ist eben nichts zu ändern, es ist dein Schicksal, dass du fliegen musst. Es wurde dann doch ein recht abenteuerlicher Flug, der nicht durch die Geschwindigkeit beeindruckte, mit der wir das Ziel erreichten, sondern durch seine Hüpferei von Ort zu Ort. Wir flogen in einer Boeing 377, die bei der PAA unter der Bezeichnung ›Stratocruiser‹ lief. Sie hatte zwei Decks, und zwar ein normales Passagierdeck und darunter noch einmal ein kleineres Abteil, in das man über eine Wendeltreppe hinabstieg. Dort konnten 14 Passagiere untergebracht werden. Bei der Pan American war dieses Deck als Luxusbar eingerichtet, in der es sehr gemütlich zuging. Man hatte von dort einen ungestörten Blick nach unten durch die Kabinenfenster.

Ich flog also doch etwas aufgeregt von Frankfurt ab und richtete mich auf einen langen Flug ein, der allerdings dann schon in Brüssel zu Ende war. Wir wurden dort zum Abendessen in die Stadt gefahren. Was war geschehen? Nun, der Londoner Flughafen konnte wegen Nebels nicht angeflogen werden, sodass man in Brüssel einen Zwischenaufenthalt einlegte, um zu warten, bis sich die Lage geklärt hatte. Es ging dann auch noch am selben Tag weiter, jedoch flogen wir in London einen Ausweichflughafen an, auf dem wir nicht aussteigen durften, da es ein Militär-Flugplatz war. Unser nächster Stop war Shannon an der Westküste Irlands. Von dort flogen wir weiter nach Reykjavik, der Hauptstadt Islands. Die nächste Etappe hieß Gander, Neufundland, wo noch nicht einmal mehr ein Frühstück aufzutreiben war. Schließlich landeten wir aber dann doch noch wohlbehalten in New York.

Wendell S. Fletcher baute einen Leichtmetall-Jeep für die Fallschirmtruppe, den er mit unserem 1,5-Liter-Motor von 55 PS ausstattete.

In New York versäumte ich natürlich nicht, mir die Ausstellungsräume von Max Hoffman anzusehen, die an der Park Avenue lagen und ihren Eindruck auf mich nicht verfehlten. Inzwischen waren die Herren der Mid-American Research Corp. aus Kansas City in New York eingetroffen, wo wir uns trafen, um über die Möglichkeiten einer zukünftigen Zusammenarbeit zu reden. Die Gespräche führten jedoch zu keinem positiven Resultat, da letztendlich eine andere Firma die Ausschreibung der US Army gewann.

Mit Max Hoffman im Dezember 1951 auf der Terrasse von Max Hoffmans Wohnung in der Park Avenue in New York.

→ »ALS WIR MITTEN IN DER ARBEIT WAREN, MELDETE SICH DAS MANAGEMENT VON STUDEBAKER UND LIESS UNS WISSEN: ›WIR HABEN DURCH UNSERE MARKETING-ABTEILUNG IHREN UND UNSEREN VORSCHLAG UNTERSUCHEN LASSEN. 75 PROZENT DER BEFRAGTEN WAREN FÜR IHRE LÖSUNG, ABER WIR HABEN KEIN GELD MEHR, UM MIT ETWAS NEUEM ANZUFANGEN!‹«

An Weihnachten war ich schon wieder zu Hause. Damit war aber das Thema Jeep für die Luftlandetruppen der amerikanischen Armee noch nicht erledigt, denn im Frühjahr 1952 suchte mich Wendell S. Fletcher in Stuttgart auf. Die den Gebrüdern Fletcher gehörende Fletcher Aviation Company in Pasadena, Kalifornien, beteiligte sich ebenfalls an der Ausschreibung der US Army, und zwar mit einer Leichtmetallkonstruktion, bei der nicht nur unser Motor verwendet wurde, sondern auch alle anderen Aggregate von Porsche stammten. Auch hier ging es um eine eventuelle Zusammenarbeit und die Vergabe von Lizenzen. Doch die US Army vergab den Auftrag nicht an Fletcher, sodass sich die Frage nach unserer Mitarbeit von selbst erledigte.

Inzwischen hatte sich eine weitere amerikanische Firma gemeldet, die Gyrodyne Company mit Firmensitz auf Long Island bei New York. Sie sollte im Auftrag der US Navy einen Hubschrauber mit gegenläufigen Rotoren bauen, sodass auf einen Drehmomentausgleich am Heck verzichtet werden konnte. Gyrodyne wollte für dieses Projekt einen unserer luftgekühlten Motoren verwenden. Wir entwickelten zu diesem Zweck aus dem Grundtyp 616 einen Flugmotor mit Doppelzündung (Typ 702). Dieser 1,6-Liter-Vierzylinder leistete 72 PS bei 4500 U/min und wog trocken 72 kg. Der einsitzige Hubschrauber war 250 kg schwer, erzielte eine Reisegeschwindigkeit von 96 km/h und erreichte eine Gipfelhöhe von 3780 m. Seine Flugdauer betrug zwei Stunden bei einem Kraftstoffverbrauch von 20 Litern pro Flugstunde. Dieses Projekt wurde in den Jahren 1956 bis 1961 durchgeführt.

Wir bauten zunächst sechs Prototypen und erhielten nach der Erprobung derselben einen Auftrag über 50 Motoren. Die letzten zehn wurden im März 1961 geliefert, und am 9. Juni 1961 fand auf dem Flughafen Stuttgart-Echterdingen eine Flugvorführung dieses leicht zu fliegenden Einmann-Hubschraubers, ›Rotorcycle‹ genannt, statt.

Bevor es jedoch zu diesem Projekt kam, waren Gespräche in den USA bei Gyrodyne erforderlich, sodass ich im August 1952 meine zweite Nachkriegsreise in die USA antrat. Max Hoffman, der in Österreich Urlaub gemacht hatte, war auf der Rückreise in Stuttgart gewesen und hatte mit mir die Reise durchgesprochen. Nach New York zurückgekehrt, organisierte er dann unser Programm, neben anderen auch Gespräche mit der Firma Studebaker in South Bend, Indiana. Diese hatte mit uns bereits am 16. Mai 1952 einen Vertrag abgeschlossen, nach dem wir Studebaker Vorschläge für ein Fahrzeug unterbreiten sollten, das gegenüber dem 1952er Studebaker Champion eine größere Leistung bei geringerem Gewicht aufwies und auch in der Fertigung noch Vorteile bringen sollte.

Diesmal reiste ich nicht allein, sondern in Begleitung meiner Frau und von Herrn Rabe. Wir wollten es diesmal etwas gemütlicher angehen lassen und hatten uns deshalb entschlossen, mit dem Schiff zu fahren. Am 27. August 1952 schifften wir uns in Cherbourg auf der *Queen Elizabeth* ein. Wir befanden uns bereits auf See, als uns am 29. August die telegrafische Nachricht erreichte, dass mein Schwager, Dr. Anton Piëch, im Alter von nur achtundfünfzig Jahren an einem Herzinfarkt verstorben war.

Am Vorabend unserer Abreise nach Cherbourg hatte uns Dr. Anton Piëch noch in Stuttgart besucht. Er befand sich auf der Rückreise von Wolfsburg nach Österreich. Als er sich von uns verabschiedete, sagte er noch: *»Ach, ich weiß nicht, ich fühle mich gar nicht wohl!«* Worauf meine Frau meinte: *»Toni, geh zum Arzt, denn wir*

OBEN Porsche Typ 542: Für die amerikanische Firma Studebaker in South Bend, Indiana, entwickelten wir eine moderne Limousine mit zwei verschiedenen Motoren, einmal in einer wassergekühlten Ausführung mit 106 PS Leistung, das andere Mal als luftgekühltes Aggregat mit 98 PS. Beide Motoren waren 120°-V6-Zylinder mit einem Hubraum von 3054 ccm. **LINKS Porsche Typ 542** (links), rechts daneben ein Studebaker ›Champion‹. **RECHTS Von vorn zeigt die Studebaker-Limousine** viel Ähnlichkeit mit unserem Porsche-Gesicht. Leider ging dieses Fahrzeug wegen Kapitalmangels nicht in die Serienfertigung.

UNTEN Bei einer Untersuchung der Marketing-Abteilung von Studebaker kam unsere viertürige Limousine, hier eine Heckansicht, sehr gut an.

brauchen Dich!« Seine Antwort war: *»Ach was, es geht auch ohne mich!«*

Dieses Gespräch kam uns in den Sinn, als wir auf hoher See die Nachricht von seinem Tode empfingen. Leider hatten wir keine Möglichkeit, an seiner Beisetzung teilzunehmen. Für einen Hubschrauber waren wir viel zu weit vom Land entfernt, und als wir schließlich New York erreichten, war er längst beigesetzt worden. So konnten wir nur in Gedanken von ihm Abschied nehmen.

In New York angekommen, fuhren wir gleich nach South Bend weiter. Max Hoffman, der die Verbindung zu Studebaker vermittelt hatte, chauffierte uns in seinem Cadillac-Cabriolet. Das Verdeck des Cadillac fing bei einer bestimmten Geschwindigkeit an, geräuschvoll zu flattern. Wir betrachteten dieses Übel zunächst als eine unwillkommene Warnung vor Überschreitung der vorgeschriebenen Geschwindigkeit, aber schließlich wurde es uns doch so lästig, dass ich eine Keksdose aus unserer Bordverpflegung nahm und das Verdeck stärker spannte. Daraufhin wurde es besser, obwohl sich Hoffman ohnehin nicht an die Geschwindigkeitsbegrenzung hielt.

Bei Studebaker empfingen uns Mr. H. S. Vance, der Präsident, Chefingenieur Jack Curchill und der Chef der Verkaufsabteilung, Richard Hutchinson. Gegenstand des Gespräches war das Auto, das wir für Studebaker bei Porsche konstruieren sollten. Die Herren fragten mich: *»Mr. Porsche, wie sieht das Auto aus, das Sie uns empfehlen, zu bauen?«* Ich hatte natürlich schon entsprechende Unterlagen mitgebracht, die ich den Herren zeigte. Es war eine Kompaktlimousine mit einem luftgekühlten Sechszylindermotor im Heck, die im Styling dem Chevrolet Corvair nicht unähnlich war, allerdings kam dieser erst mehrere Jahre später, ebenso wie die ähnlich aufgebauten Kompaktwagen, sodass wir mit unseren Vorschlägen der Zeit weit voraus waren. Die Herren von Studebaker konnten sich jedoch unserer Meinung nicht anschließen. Sie schauten sich die Zeichnungen an und sagten: *»Das ist es eigentlich nicht, was wir uns vorgestellt haben, denn wir wollen von unserem normalen Kurs nicht abweichen!«*

Dabei hätten wir eine Konstruktion vorlegen können, die noch fortschrittlicher war als das, was ich mitgebracht hatte. Der Grund, warum wir das nicht taten, lag in den begrenzten Fertigungsmöglichkeiten von Studebaker. Wir in Stuttgart waren eigentlich in hohem Maße auf die Verarbeitung von Leichtmetall eingestellt, eine wichtige Grundlage beim Bau luftgekühlter Motoren. Studebaker dagegen verfügte nur über eine eigene große Gießerei für Grauguss und nicht für Leichtmetall.

Außerdem zeichneten sich Schwierigkeiten bei der Endmontage des Fahrzeugs ab, da die Fertigung von Studebaker nur für ein konventionelles Auto ausgelegt war, nicht aber für einen Heckmotorwagen in selbsttragender Bauweise. Die Autos, die Studebaker produzierte, hatten einen Rahmen, auf den die Karosserie aufgesetzt wurde, wobei die Karosserie nur bis zur Spritzwand reichte. Für die in South Bend praktizierte Produktionstechnik war die Karosserie des von uns vorgeschlagenen Wagens nicht geeignet, denn sie durfte nicht länger sein als die bei Studebaker gefertigten Karossen. Das Förderband war nämlich auf die Länge der Studebaker-Karosserien ausgelegt und konnte nicht umgestellt werden. Wir fanden dann aber eine Lösung, indem wir das Vorderteil unseres Wagens so ausführten, dass es später an die Hauptkarosse angeschraubt werden konnte.

Nachdem Studebaker unsere Vorschläge überprüft hatte, erhielten wir den Auftrag, zwei Prototypen zu bauen, jedoch in konventioneller Bauweise, das heißt mit vorn liegendem Motor. Das war für uns weiter kein Problem, da der Wagen sonst in der von uns vorgeschlagenen Konzeption erhalten blieb. Studebaker wollte allerdings die beiden Prototypen mit verschiedenen Motoren haben, und zwar einmal in einer luftgekühlten Ausführung und das andere Mal mit Wasserkühlung. So entstand der Porsche (Typ 542) mit zwei Motorkonzepten. In beiden Fällen handelte es sich um einen 120°-V6-Zylinder mit 90 mm Bohrung und 80 mm Hub, was einen Hubraum von 3054 cm^3 ergab. Die luftgekühlte Version leistete 98 PS bei 3700 U/min, die wassergekühlte 106 PS bei 3500 U/min. Auch die selbsttragende Bauweise wurde beibehalten, wobei die Verschraubung des Vorderteils mit der Hauptkarosserie sogar isoliermäßig noch Vorteile brachte.

Unser Entwurf für Studebaker sah sehr elegant aus. Es gab ihn mit Fließheck und mit Stufenheck, wobei sich die klare Linienführung beider Typen angenehm vom amerikanischen Barockstil der damaligen Zeit abhob. Auch der c_W-Wert dürfte nicht schlecht gewesen sein.

Als wir mitten in der Arbeit waren, meldete sich das Management von Studebaker und ließ uns wissen: *»Wir haben durch unsere Marketing-Abteilung Ihren und unseren Vorschlag untersuchen lassen. 75 Prozent* *der Befragten waren für Ihre Lösung, aber wir haben kein Geld mehr, um mit etwas Neuem anzufangen!«*

Nun, Studebaker geriet bekanntlich in finanzielle Schwierigkeiten und musste schließlich mit Packard fusionieren. Die Folge davon war, dass Studebaker das Packard-Programm übernehmen musste und unsere Konstruktionen nicht mehr verwirklichen konnte. Wäre unser Auto zu einem früheren Zeitpunkt gekommen und in einer besseren Qualität produziert worden, als dies bei Studebaker damals üblich war, dann hätte man die Firma vielleicht noch retten können.

Für uns war das ein typisches Beispiel dafür, dass ein gutes Styling allein nicht genügt, um eine Firma am Leben zu erhalten, sondern dass auch die Qualität stimmen muss. Und das ist es auch, was ich meinem Sohn Ferdinand (Butzi) immer wieder sage: *»Du musst immer aufpassen, mit wem Du Designarbeiten machst, denn selbst die schönste Uhr nützt nichts, wenn sie nicht geht!«*

Das neue Modell, das damals Studebaker selbst auf den Markt gebracht hatte, war im Styling von Raymond Loewy entworfen worden, der sich dabei von unserem 356 hatte inspirieren lassen, was dessen abgesenktes Vorderteil deutlich erkennen ließ. Studebaker nahm damals auch in seiner Werbung Bezug auf den 356, was die Form betrifft. In den USA ist ja im Gegensatz zu Deutschland vergleichende Werbung erlaubt. Aber wie gesagt hielt die Qualität nicht, was das Styling versprach. Unser V6-Zylinder für Studebaker, den wir vom 25. Oktober 1952 bis in das Jahr 1954 hinein auslieferten, entsprach damals schon jenen sogenannten ›Compact Cars‹, wie sie während der Ölkrise plötzlich in Mode kamen.

Die zweijährige Zusammenarbeit mit Studebaker führte auch zu einem Austausch an Ingenieuren. Ich selbst musste wiederholt in die USA und machte bei dieser Gelegenheit auch einen Besuch in Detroit, um einen alten Bekannten wiederzusehen, nämlich Zora Arkus-Duntov. Er war in Russland geboren worden, hatte vor dem Krieg an der Technischen Hochschule in Berlin studiert und eine Berlinerin zur Frau. Zusammen mit seinem Bruder Yura war er dann in die USA gegangen und schließlich bei General Motors in der Chevrolet Division gelandet. Er hatte wesentlichen Anteil an der Entwicklung der Chevrolet Corvette und galt als Motorspezialist. Er war auch für uns schon Rennen gefahren und hatte 1954 mit dem 1,1-Liter-Porsche mit Viernockenwellenmotor in Le Mans überlegen seine Klasse gewonnen. Sein Teamkollege war damals der Franzose Olivier. 1955 konnte er diesen Erfolg auf Porsche wiederholen, damals zusammen mit dem Franzosen Veuillet.

Arkus-Duntov ermöglichte mir einen Besuch im Research and Development Center von General Motors.

Dort wurde ich Bill Mitchell vorgestellt, damals ein Star unter den Stylisten und weltberühmt. Bekannt wurde er weltweit nicht nur durch seine Position als Chef-Stylist von GM, sondern auch durch seine provokativen Kommentare zum Styling von Mercedes-Benz. Er äußerte diese wohl in erster Linie aus dem Grund, Publicity zu erlangen.

Bei diesem Besuch wurde mir einmal mehr deutlich, wie sehr sich die Denkweise eines Stylisten von der eines Ingenieurs unterscheidet. In Mitchells Büro sah ich eine ganze Reihe von Automodellen, es waren vornehmlich Styling-Studien. Er deutete auf eines dieser Modelle und sagte: *»Um eine schönere Frontpartie zu erhalten, benötigte ich einen niedrigeren Motor. Ich habe deshalb einige Änderungen am Motor vorgenommen, so zum Bei-*

Ferry Porsche im Jahr 1955.

Automobilweltmeister Juan Manuel Fangio testet bei Porsche-Diesel in Friedrichshafen einen unserer Traktoren mit luftgekühltem Dieselmotor. In der Mitte Professor Albert Prinzing.

spiel den Vergaser niedriger gebaut!« Schon während der Erklärung von Mitchell merkte ich, dass Arkus-Duntov ungeduldig wurde, schließlich fiel er Mitchell ins Wort und sagte: *»Das ist doch Unsinn, was Du hier erzählst, es ist nicht möglich, einen solchen Motor herzustellen, Bill!«*

Es dürfte also schwierig gewesen sein, beider Ideen unter einen Hut zu bringen. Ich hielt es für richtig, vorzuschlagen, einen Dritten einzuschalten, der in der Lage war, die Ideen beider zu einem realistischen Konzept zu koordinieren. Es musste ein Fachmann sein, der von beiden Sachgebieten etwas verstand.

Die Problematik des Stylings von Automobilen lässt sich am besten durch ein Gespräch darstellen, das ich einmal mit dem Chefingenieur einer amerikanischen Automobilfirma hatte. Es lässt sich übrigens auf alle amerikanischen Autofabriken anwenden und zeigt sehr eindrucksvoll, wie stark in diesen Unternehmen die Stellung jener Abteilung ist, die die Kosten kalkuliert.

Besagter Chefingenieur meinte: *»Ich habe ein vollkommen neues Automobil konstruiert. Es hat eine bessere Straßenlage, wirkungsvollere Bremsen und noch andere Änderungen, die ihn mehr dem Charakter eines, na sagen wir Mercedes, ähnlich machen. Als ich dann diese Konstruktion den Leuten von der Kostenkalkulation vorlegte, da waren sie nicht gerade begeistert. Sie wollten unbedingt die alte Vorderachse, ja möglichst viele Teile des gerade in Produktion befindlichen Modells verwenden. Dadurch würden die Kosten um einige Dollar gesenkt. Letzten Endes wurde auch ein entsprechender Beschluss gefasst, und was dabei herauskam, war das alte Auto mit einer neuen Karosserie!«*

Dieser Vorgang illustriert deutlich, welche Macht die Abteilung für Kostenkalkulation in der amerikanischen Automobilindustrie hat. Während des Gesprächs mit dem Chefingenieur in Detroit wurde auch die Anordnung des Motors angesprochen und darüber diskutiert, ob Frontantrieb oder Hinterradantrieb die bessere Lösung sei. Wir unterhielten uns auch über das Thema Luft- oder Wasserkühlung. Die Antwort des Chefingenieurs war verblüffend, denn er meinte: *»Für mich ist nur eine Frage von Bedeutung, nämlich: wie viele Autos kann ich verkaufen!«*

Da hatten wir bei Porsche eine andere Philosophie, denn ich war allein verantwortlich, wenn eine endgültige Entscheidung für oder gegen eine neue Konstruktion zu fällen war. Ganz gleich, ob es sich dabei um einen neuen Motor für die Serie oder den Rennsport handelte, aber auch, was die Arbeiten betrifft, die wir für das Volkswagen-Werk ausführten. Zu jener Zeit war ich noch täglich im Konstruktionsbüro oder in der Versuchswerkstatt zu finden. Diese Arbeit liebte ich, aber je größer unser Unternehmen wurde, desto weniger Zeit blieb mir dafür.

Inzwischen hatten wir für die Produktion ein neues Gebäude errichtet, da unser altes Werk von den Amerikanern immer noch nicht wieder freigegeben worden war. Da kam uns ein seltener Zufall zu Hilfe. In Stuttgart traten einige Cholera-Fälle auf, es kam zwar zu keiner Epidemie, jedoch war Vorsicht geboten. Die Stadt Stuttgart wollte deshalb eine Quarantäne-Station einrichten. In Bad Cannstatt gab es eine Kaserne mit Spital, die sich als Isolierstation eignete. Dort unterhielten aber auch die Amerikaner ein Spital, und bei deren Angst vor Infektionskrankheiten kann man sich gut vorstellen, dass aus der Absicht der städtischen Behörde nichts wurde. Die Amerikaner hatten jedoch einen Gegenvorschlag und meinten: *»Nehmt das Porsche-Werk in Zuffenhausen, wir geben es dafür frei!«*

Als nun die Stadtverwaltung daran ging, in unserem alten Porsche-Werk eine Isolierstation für die Cholera-Kranken einzurichten, erlosch die Krankheit. Was nun? Allein die Absicht, in Zuffenhausen ein Krankenhaus für Cholera-Kranke zu eröffnen, hielt die Amerikaner davon ab, das Werk wieder zu beziehen. Sie gaben es wirklich frei.

Wir erhielten die Nachricht von der Freigabe jenes Werkes, in dem wir von 1938 bis 1945 gearbeitet hatten, am 1. Dezember 1955, also 25 Jahre nach der Gründung der Firma Porsche. Es geschah zur selben Zeit, als das von Architekt Gutbrod entworfene und von uns dann doch noch errichtete Werk zum Einzug fertig war. Zu dieser Zeit belief sich unsere Belegschaft auf 616 Personen. Wir hatten nun genügend Raum für die Zukunft zur Verfügung.

Inzwischen war bei Friedrichshafen am Bodensee noch ein weiteres Werk entstanden, die ›Porsche-Diesel-Motorenbau GmbH‹, wo dieselgetriebene Schlepper und kleine Dieselaggregate für industrielle Verwendung produziert werden sollten. Bereits ein Jahr später konnten wir die ersten Schlepper, angetrieben von einem luftgekühlten Dieselmotor, zum Verkauf anbieten. Damals ging ein Foto durch die Fachpresse, das den mehrfachen Automobilweltmeister Juan Manuel Fangio am Steuer eines unserer Traktoren zeigte. Der Argentinier konnte bekanntlich 1957 auf Maserati seine fünfte Weltmeisterschaft gewinnen. Bis zu dem Zeitpunkt, da dieses Buch geschrieben wird, hat diesen Rekord noch keiner seiner Nachfolger gebrochen.

Nach wie vor war aber der Sportwagen der Gegenstand unseres Hauptinteresses.

→ »ZU JENER ZEIT WAR ICH NOCH TÄGLICH IM KONSTRUKTIONSBÜRO ODER IN DER VERSUCHSWERKSTATT ZU FINDEN. DIESE ARBEIT LIEBTE ICH, ABER JE GRÖSSER UNSER UNTERNEHMEN WURDE, DESTO WENIGER ZEIT BLIEB MIR DAFÜR.«

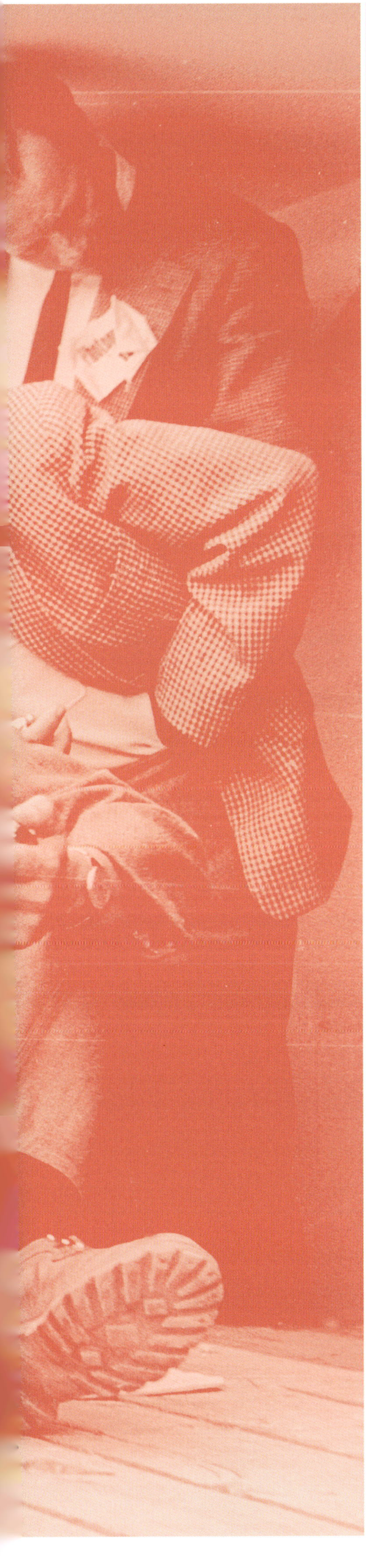

→ KAPITEL 19

DER 911 WIRD GEBOREN

--➔ **1968 mit dem Porsche 911.**

Die Einführung des neuen Servo-Synchrongetriebes mit Ring-Synchronisierung war für den 356 ein erheblicher Fortschritt. Wir hatten das neue Getriebe übrigens erstmals auf dem Pariser Salon von 1952 der Öffentlichkeit vorgestellt. Es brachte uns im Laufe der nächsten Jahre an die 10 Millionen Mark an Lizenzgebühren ein, und 70 Patente wurden uns darauf erteilt. Jeden noch so kleinen Fortschritt in der Weiterentwicklung des Getriebes ließen wir patentieren. Die Idee zur Ringsynchronisation stammte von einem älteren Patent von Leopold Schmid, allerdings in einem anderen Zusammenhang. Übrigens haben wir Schmid von Anfang an an den eingenommenen Lizenzgebühren beteiligt.

Im März 1956 begingen wir in festlichem Rahmen das 25-jährige Bestehen der Firma Dr. Ing. h.c. F. Porsche GmbH, die bekanntlich Ende 1930 in ihre neuen Räume in Stuttgart eingezogen war und deren Eintragung in das Handelsregister am 25. April 1931 erfolgte. Gleichzeitig konnten wir an diesem Tag die Fertigstellung des 10.000. Porsche-Wagens feiern. Diesen 356 A fuhr mein jüngster Sohn Wolfgang aus der Werkshalle.

Der 356, das Grundmodell dieser Baureihe, war sehr erfolgreich gewesen und zu 70 Prozent in den Export gegangen. Unser wichtigstes Exportland war damals schon Amerika, wo Max Hoffman eine bemerkenswerte Aktivität entwickelte. Er hatte es auch bewirkt, dass neben dem bekannten 356 ein neues Modell gefertigt wurde, nämlich der ›Speedster‹.

Hoffman war zur damaligen Zeit stets bestrebt, in seinen Ausstellungsräumen den billigsten Porsche zu zeigen. Sein Preis lag unter 3000 Dollar, wobei die ›Extras‹ gesondert berechnet wurden. Zu den ›Extras‹ gehörten sogar der Keilriemen, der Reifendruckprüfer, die Heizung usw., wobei es gar kein Auto ohne Heizung gab. Für die USA war dieses Geschäftsgebaren gar nicht so unüblich. Man wollte mit dem niedrigen Preis, mit dem das Auto ausgezeichnet war, den Kunden zuerst einmal in das Geschäft locken, dann konnte der Verkäufer sein Können beweisen. Ich erinnere mich dabei an die Erfahrung, die ich bei meinem ersten USA-Besuch im Jahr 1937 gemacht hatte. Damals kostete der kleine Achtzylinder-Ford genau 600 Dollar, aber für diese 600 Dollar fehlten die Stoßstangen, das Reserverad sowie das Bordwerkzeug. Mit diesen ›Extras‹ kam er dann auf 680 Dollar. Man sieht also, dass Hoffman bei seiner Praxis auf bedeutende Vorbilder zurückgriff.

Der Speedster hatte eine besondere sportliche Note. Es war eine Art Roadster mit einem voll versenkbaren Allwetterverdeck. Die Windschutzscheibe war stark gebogen. Das Verdeck war erheblich niedriger als beim Cabriolet, sodass größer gewachsene Personen Schwierigkeiten hatten, bei geschlossenem Verdeck aufrecht zu sitzen. Aber der Wagen machte einen sehr sportlichen Eindruck und wog nur 760 kg. Er wurde mit der 55- oder 70-PS-Maschine geliefert und kostete mit den Extras 3800 Dollar.

Der 356 A wurde mit fünf verschiedenen Motoren von 44, 60, 75 und 100 PS angeboten. Bei letzterem handelte es sich um den Typ 1500 GS Carrera, der den von Dr. Fuhrmann konstruierten Viernockenwellenmotor besaß. Dieser Motor war erstmals auf dem Pariser Salon des Jahres 1953 im Rennspyder, dem Typ 550, öffentlich vorgestellt worden, Premiere im Sport hatte er beim dritten Meisterschaftslauf für Rennsportwagen 1953 auf dem Nürburgring gehabt. Doch lassen wir H. U. Wieselmann, damals Chefredakteur der Fachzeitschrift *auto, motor und sport*, über den Carrera, wie er bald allgemein genannt werden sollte, berichten:

»Die große Überraschung jedoch ist der neue Typ ›Carrera‹ (er wurde auf der Frankfurter Ausstellung 1955 erstmals gezeigt). Mit ihm bringt Porsche den in unzähligen Rennen siegreichen Viernockenwellenmotor des Spyders, von 115 auf 100 PS gezähmt, in einem bequemen und luxuriösen Reisewagen. Die Verdichtung dieses inzwischen längst bewährten und narrensicheren Motors wurde von 9,5:1 auf 8,7:1 reduziert. Mit ihm läuft das Coupé rund 200 km/Std. Wichtiger aber ist die Beschleunigung, von der man sich ein ungefähres Bild machen kann, wenn man weiß, dass der Carrera im 2. Gang über 120 und im 3. rund 170 km/Std. erreicht. Dabei lässt er sich im Stadtverkehr willig mit 2000 U/min und weniger fahren. Seine Höchstleistung gibt er bei 6200 U/min, sein höchstes Drehmoment bei 5400 U/min ab, kurzzeitig lässt sich der Viernockenwellenmotor bis 7200 U/min ausdrehen.« Und zum Abschluss eines Fahrberichtes meint Wieselmann: *»Die Summe seiner Fahreigenschaften und sein wahrhaft großartiger Motor vermitteln dem, der das Gefühl dafür besitzt, ein Erlebnis reinen Fahrens, dem ich nichts annähernd Gleichwertiges zur Seite zu stellen wüsste ...!«*

Bis zu unserem Jubiläum im März 1956 wurden international insgesamt 400 Rennerfolge auf Porsche verzeichnet. Sicher eine eindrucksvolle Erfolgsbilanz, die deutlich zeigt, wie richtig wir lagen, als wir damit begannen, einen eigenen Sportwagen auf der Basis von Volkswagen-Bauteilen zu entwickeln.

Vergleicht man die Entwicklungs- und Versuchsphase der Anfangszeit mit heute, dann wird einem erst bewusst, mit welchem Enthusiasmus wir alle ans Werk gingen. So gab es damals noch keinen Windkanal. Wir versuchten, eine optimale Stromlinie zu erreichen, indem wir den Versuchswagen mit vielen Stofffetzen beklebten und den Wagen dann von einer Autobahnbrücke aus fotografierten, als er mit Höchstgeschwindigkeit unter uns vorbeifuhr. Die Fotos dienten uns als Information zur Entwicklung der Aerodynamik unserer Karosserie.

Es würde zu weit führen, hier die einzelnen Entwicklungsstufen des Typs 356 zu behandeln. Zusammengefasst will ich noch Folgendes berichten: Im Jahre 1958 wurde der Speedster durch den Typ Convertible D abgelöst. D für die Karosserie-Firma Drauz in Heilbronn, die nun für alle Convertible-Modelle die Karosserie fertigte, während Reutter die Karossen für das Coupé, den Hardtop und das Cabriolet herstellte. Das Convertible D wurde erstmals auf dem Pariser Salon 1958 ausgestellt. Den beliebten Carrera gab es nun als 105 PS de Luxe mit benzinelektrischer Heizung und als GT (Gran Turismo) mit 115 PS.

Im Jahre 1959 folgte der Umzug der Wagenauslieferung und des Ersatzteillagers in einen Neubau. Als wir in den Jahren 1950 und 51 produzierten, montierte jeweils ein Mann einen Motor. Neben die Motornummer schlug er sein Zeichen in den Motorblock ein. Dadurch konnte man später immer feststellen, wer diesen Motor montiert hatte. Natürlich konnten wir dieses Verfahren bei der stürmischen Aufwärtsentwicklung, die unser Unternehmen nahm, nicht beibehalten. Anfang des Jahres 1960 belief sich unsere Belegschaft auf 1250 Arbeiter und Angestellte.

Die Überwachung der Qualität wurde systematisch verbessert. Jeder fünfte in der Fertigung tätige Mitarbeiter hatte einen Auftrag in der Inspektion. Für jeden

OBEN Der Porsche 356 A 1600 Speedster von 1956 entstand auf Anregung von Maxie Hoffmann. **MITTE Der Porsche 356 Speedster** entstand auf Anregung unseres USA-Vertreters Max Hoffmann und kam 1955 als 356 A mit 60 PS und ab 1956 als 356 B auch mit dem 1600-Super-Motor von 75 PS auf den Markt. **UNTEN Porsche 356 A 1500 GS/GT Carrera von 1958** mit dem für Wettbewerbszwecke entwickelten luftgekühlten Vierzylinder-Boxermotor mit vier obenliegenden Nockenwellen. Als 1,5-Liter leistete er 100 bzw. 110 PS.

OBEN Testfahrt eines 550 Spyder 1954 auf der Autobahn nahe Stuttgart. **UNTEN 1956 mit Chefkonstrukteur Karl Rabe** (links) und dem Leiter der Karosserieentwicklung, Erwin Komenda (Mitte).

-→ LINKS Mit meinem ältesten Sohn Ferdinand Alexander am Heck eines Porsche 356 A Carrera Hardtop (1956). **-→ RECHTS Vor dem 24-Stunden-Rennen von Le Mans am 28. Juli 1956.**

-→ MITTE In der Montagehalle Werk II in Stuttgart-Zuffenhausen vor Fahrzeugen der Typenreihe 356 A Convertible D und 356 A Coupé (1958).
-→ UNTEN Hier verfolge ich (mit karierter Schirmmütze) mit unserem Mitarbeiter Hans Klauser und Wolfgang Porsche an der Box das 24-Stunden-Rennen in Le Mans 1956.

produzierten Wagen gibt es beim Kundendienst entsprechende Messkarten, den Motor, das Getriebe, die Fahrzeugprüfung und die Messdaten betreffend. Ende 1960 hatten wir insgesamt 39.747 Wagen an die Kunden ausgeliefert.

Zu Beginn der dreißiger Jahre waren wir ein reines Konstruktionsbüro gewesen, in dem nur Ingenieure arbeiteten. Als wir dann eine eigene Versuchsabteilung eingerichtet hatten, beschäftigten wir neben den Angestellten erstmals auch sogenannte Lohnempfänger. Allerdings gab es bei uns keinen Unterschied zwischen Gehalts- und Lohnempfängern. Alle Mitarbeiter wurden gleich behandelt und erhielten ihren Lohn bzw. ihr Gehalt monatlich gezahlt. Ebenso war die Vergütung für Feiertage für alle gleich. Diese soziale Grundhaltung, die ich stets vertreten habe, wollte ich nach dem Krieg in der gleichen Weise fortsetzen. Leider war mir dies aber nur teilweise möglich, da mein Spielraum durch die Gesetze, zum Beispiel für das Krankengeld, eingeschränkt war.

Meine Bemühungen, die Arbeiter den Angestellten gleichzustellen, verursachten einmal eine erstaunliche Diskussion. Nachdem ich es durchgesetzt hatte, dass auch meine Arbeiter vom ersten Tag an Krankengeld erhielten, erschien bei mir der Betriebsrat der Angestellten und wollte wissen, was nun die Angestellten zusätzlich bekämen. Meine Antwort auf diese Forderung lautete: »*Meine Herren, ich glaube, Sie haben nicht verstanden, dass es meine Absicht ist, alle meine Beschäftigten gleichzustellen, und zwar ohne Unterschied der Person und Tätigkeit!*«

Ich bekam auch einmal mit der Gewerkschaft Schwierigkeiten, als bei uns gestreikt wurde. Auf Grund des Streiks konnten wir nicht produzieren. Wir mussten alle Mitarbeiter nach Hause schicken. Ich ordnete an, dass die nicht in der Gewerkschaft organisierten Arbeitnehmer für die Streiktage in der gleichen Weise entlohnt wurden wie die organisierten Arbeiter. Dies führte zu einer Beschwerde der Gewerkschaft, die dagegen opponierte, dass ich alle Mitarbeiter gleich behandelte. Trotz dieser Beschwerde war ich nicht bereit, meine Anordnung zu widerrufen.

Im Jahre 1952 wurden auch die ersten Schritte zu einem Markenzeichen für Porsche-Wagen unternommen. Max Hoffman regte schon seit einiger Zeit an, so etwas zu machen. Er verwies dabei auf die Engländer und meinte, was für schöne Wappen die hätten, etwas Ähnliches könnten wir doch auch machen. Er hielt das gerade für den amerikanischen Markt für wichtig. Wir saßen dann in New York beim Essen zusammen, und da habe ich auf einer Serviette die ersten Vorschläge skizziert. Zu Hoffman sagte ich dabei: »*Wenn es sich nur um ein Wappen handelt, das können Sie von uns auch haben!*«

Ich zeichnete also das Wappen des Landes Württemberg auf die Serviette und setzte in die Mitte das Wappen der Stadt Stuttgart, das springende Pferd. Darüber habe ich den Namen Porsche geschrieben. Ich steckte dann die Serviette ein und übergab sie in Stuttgart Komenda mit der Bitte, diesen Entwurf sauber aufzuzeichnen. Er hat das getan, und mit diesem Entwurf sind wir dann an die Landesregierung und die Stadt Stuttgart herangetreten mit der Bitte, uns diesen Vorschlag als Markenzeichen zu genehmigen. Die Behörden hatten keine Einwände, und so erschien ab 1953 der Porsche zur allgemeinen Freude mit einem eigenen Markenzeichen.

Übrigens verwendet auch Ferrari das Stuttgarter Pferd als Zeichen für seine Marke, und das kam so: Ferrari hatte einen Freund, der war im I. Weltkrieg Jagdflieger gewesen. Bei einem Luftkampf hatte er einen deutschen Flieger abgeschossen, der auf seinem Flugzeug das Stuttgarter Wappen führte. Der Italiener nahm dieses Wappen als Trophäe an sich, und als Ferrari seine eigene Scuderia gründete, schlug er ihm vor, doch dieses Wappen als Markenzeichen zu verwenden. Ferrari nahm diesen Vorschlag dankend an, und so erscheint das Wappen der Stadt Stuttgart gleich zweimal als Markenzeichen für ein Automobil.

Am 1. November 1960 zogen wir in das unweit von Werk I gelegene Werk III ein, in dem wir die Verkaufsabteilung, den Kundendienst, das Zentralersatzteillager und die Wagenauslieferung unterbrachten. Im Jahre 1960 überschritten wir übrigens auch erstmals mit einem Umsatz von 108 Millionen D-Mark die 100-Millionen-Grenze.

Inzwischen hatte der 356 B den Typ A abgelöst. Es waren nur noch wenige Bauteile vorhanden, die vom Volkswagen stammten. Die Zusammenarbeit mit Drauz endete, dafür kamen zwei Firmen neu hinzu, die Karosserien für uns fertigten. Es waren dies die Wilhelm Karmann GmbH in Osnabrück, wo die Hardtop-Karosse mit aufgeschweißtem Dach hergestellt wurde, und die Firma ›Anciens Etablissement d'Ieteren Fréres S.A.‹ in Brüssel, die schon als Generalimporteur für Belgien für uns tätig war. D'Ieteren baute die Roadster-Karosserie für uns.

Ende des Jahres 1961 wurde der Carrera 2 mit Zweiliter-Viernockenwellen-Motor von 130 PS Leistung vorgestellt. Der Carrera 2 wurde ab 1962 ausgeliefert. Wir schlugen nun der Firma Ate vor, uns eine belüftete Scheibenbremse zu machen. Ate, inzwischen in amerikanische Hände übergegangen, lehnte das ab. Daraufhin sagte ich: *»Dann machen wir sie selbst!«* Die Antwort von Ate: *»Kommt überhaupt nicht in Frage, wenn Sie das tun, werden wir Sie verklagen!«* Man mag daraus ersehen, was manchmal in der Wirtschaft unternommen wird, um den Fortschritt zu bremsen. Nun, Ate erklärte sich schließlich doch bereit, die Scheibenbremse für uns zu produzieren.

Am 1. März 1964 übernahmen wir die Firma Reutter und deren Karosserie-Fertigung, wobei Reutter allerdings die Herstellung von Fahrzeugsitzen und Sitzbeschlägen in eine neue Firma einbrachte, Recaro genannt. Sie produzierte zunächst im alten Reutter-Werk in der Augustenstraße in Stuttgart und betreibt heute ein eigenes Werk in Kirchheim/Teck sowie in Bremen und liefert Sitze für die Automobilindustrie, u. a. für den Typ 190 von Daimler-Benz.

Im Jahre 1963 wurde der 356 B durch den Typ C abgelöst mit verbesserten Motoren und Scheibenbremsen von Ate für alle vier Räder.

Es war mir schon lange klar gewesen, dass wir nicht ewig auf dem 356 sitzen bleiben konnten. Wir mussten davon wegkommen, denn letzten Endes hatten wir mit diesem Auto auf der Grundlage von VW-Teilen begonnen und es mit gewissen Änderungen im Laufe der Jahre so weiter gebaut. Wir brachten zum Beispiel einen neuen Zylinderkopf mit V-förmig angeordneten Ventilen, Leichtmetallzylinder mit verchromten Laufflächen, zwei Vergaser auf jeder Seite und anderes mehr. Aber alle diese Dinge stellten im Grunde eine Behelfslösung dar, um auf mehr Leistung zu kommen, als sie beim VW-Motor angeboten wurde. Wir haben dann einen neuen Motor konstruiert und im 356 eingesetzt. Es war der Carrera, ein Vierzylinder mit vier obenliegenden Nockenwellen, anfangs mit 1,5 Litern Hubraum, den wir dann auf zwei Liter vergrößert haben. Entstanden ist dieser Motor eigentlich für den Renneinsatz, wir haben ihn dann aber in beträchtlichen Stückzahlen in den 356 eingebaut.

Was nun den Nachfolger für den 356 betrifft, so wurden im Hause die unterschiedlichsten Meinungen vertreten. Eine Partei sagte, wir brauchen einen Viersitzer.

→ **Die nächste Generation:** Mit Ferdinand Alexander Porsche im Porsche-Design-Studio (um 1959).

→ OBEN LINKS Im Oktober 1961 auf dem Titel des Magazins DER SPIEGEL. **→ OBEN RECHTS Porsche 356 B 1600 Coupé von 1963. → UNTEN Blick in die Produktion des Porsche 356** im Jahre 1961 in Stuttgart-Zuffenhausen. Ein guter Teil ist noch Handarbeit, weltweit anerkannt wurde die hervorragende Verarbeitung des Wagens.

ALLE BILDER SPALTE Einer der klassischen Porsche 356 war der Carrera 2, dessen Viernockenwellen-Motor aus zwei Litern Hubraum 130 PS Leistung entwickelte. Der Wagen kam 1962 auf den Markt und erfreute sich bei der sportlichen Kundschaft großer Beliebtheit. Die Rennversion des Motors wurde bereits im Jahr zuvor bei der Targa Florio eingesetzt, wo Moss/Hill nur knapp wegen eines undichten Getriebegehäuses in der letzten Runde geschlagen wurden und den zweiten Platz belegten.

Wir haben deshalb den 356 in einigen Varianten als Viersitzer ausgelegt, wir bauten eine Limousine, ein Cabriolet, ein Coupé, alle waren sie vernünftige Lösungen. Das Cabriolet zum Beispiel war nur 100 Kilogramm schwerer als der 356. Das konnte man akzeptieren. Auch das Coupé war ganz interessant. Ich habe aber dann entschieden: *»Schluss damit, jetzt machen wir einmal einen richtigen Nachfolger mit einem neuen Motor, und zwar einem Sechszylinder, denn das neue Auto soll besser sein als das alte!«*

Im Haus hat man dann philosophiert, die Menschen werden größer, und wir müssen uns davor hüten, zu kleine Autos zu bauen, und ähnlichen Unsinn. Die Folge war, das niedrige Gewicht der ersten Prototypen wurde nie mehr erreicht. Das neue Auto wurde immer schwerer. Nun gab es da einen Entwurf meines ältesten Sohnes Ferdinand Alexander, genannt ›Butzi‹. Er war 1957 in die Firma gekommen, und da er sich sehr für das Styling interessierte, arbeitete er bei Herrn Komenda, der für die Karosserie zuständig war. Butzi zeigte sehr bald ein beachtliches Talent für das Styling. Sein Nachfolger-Modell für den 356 war wirklich ein sehr schönes Auto, ein 2+2, also fast schon ein Viersitzer, als Typ 7 bezeichnet, der eigentlich allen Beteiligten sehr gut gefiel.

Wir ließen dann auf der Grundlage des Typs 7 bei Herrn Komenda einige Prototypen bauen, eine Variante 1, 2 und 3, und siehe da, die Autos wurden immer größer und schwerer. Da habe ich ein Machtwort gesprochen, den Radstand auf 2,20 Meter begrenzt und gewisse Vorgaben für Radaufhängung und Motor gemacht. Denn alles, was über 2,20 m hinausging, führte automatisch zu einem Viersitzer. Ich habe dann festgestellt, dass Herr Komenda auf meine Vorschläge nicht einging, sondern unbedingt seine Autos bauen wollte, die er und seine Herren entworfen hatten. Außerdem veränderte er stets die Styling-Entwürfe meines Sohnes in jene Geschmacksrichtung, die er und seine Herren vertraten.

Ich habe im Laufe dieser Auseinandersetzung beobachtet, dass ein Karosseriekonstrukteur nicht unbedingt ein Fachmann in Bezug auf das Styling ist und umgekehrt ein Stylingmann nicht unbedingt als ein Experte in Sachen Karosseriekonstruktion angesehen werden kann. Beide aber sind davon überzeugt, dass sie auf beiden Gebieten Experten darstellen. Ich sah mich nun mit der Frage konfrontiert, was zu tun war, damit ein Modell so erhalten blieb, wie es vom Stylingbereich entworfen wurde,

»DER 911 MIT SEINEM LUFTGEKÜHLTEN SECHSZYLINDER-BOXERMOTOR VON 130 PS UND ZWEI LITERN HUBRAUM WAR NICHT SOFORT EIN ERFOLG. AUF DER AUTOMOBIL-AUSSTELLUNG 1963 IN FRANKFURT FANDEN IHN DIE KUNDEN EIN ›BISSCHEN ZU ECKIG‹.«

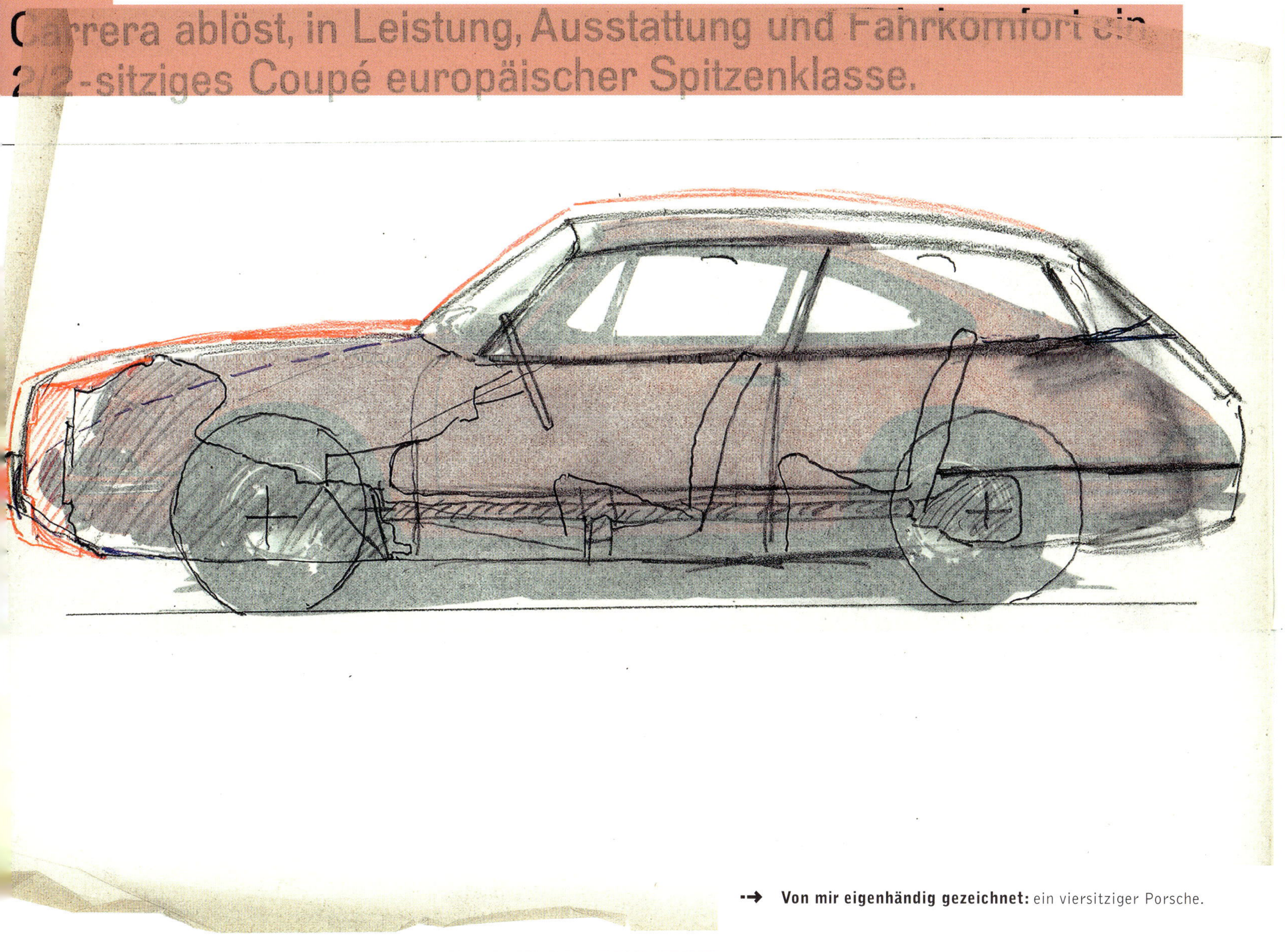

Von mir eigenhändig gezeichnet: ein viersitziger Porsche.

Die Porsche-Entwicklungsmannschaft des Typs 901 (1963).

wenn es in die Hände der Karosseriekonstrukteure geriet. Ich musste mir also etwas einfallen lassen. Nun hatten wir ja inzwischen die Firma Reutter übernommen, die über eine eigene Konstruktionsabteilung verfügte. Ich ging deshalb zu Herrn Beierbach, damals Geschäftsführer von Reutter, und sagte zu ihm: *»Herr Beierbach, hier ist das Modell meines Sohnes, können Sie das aufzeichnen lassen, so wie es ist?«*.

Herr Beierbach konnte das und ließ das Modell in Konstruktionszeichnungen umsetzen. Als Herr Komenda davon informiert wurde, fiel er zunächst aus allen Wolken, aber nach einigen Wochen war er überzeugt und zog nun in der gewünschten Richtung mit. Er und sein Bereich fingen nun auch an zu zeichnen. Was schließlich dabei herauskam, war das, was in der Stylingabteilung bereits als 1:1-Modell vorhanden war – der 901. Reutter hat dann die Form unverändert übernommen, mir aber einige Dinge ausgeredet, die damals aktuell waren. Sie wurden allerdings viel später dann doch noch alle realisiert, zum Beispiel ein großes Heckfenster beim 901, das man öffnen konnte, um die Koffer von dort aus einladen zu können. Weder Herr Beierbach noch Herr Komenda trauten sich damals, das zu machen, aber es wurde dann doch beim 928 und 944 verwirklicht.

Mich erinnerte das an die Zeit, als in Österreich der 356 entstanden ist und wir dann nach Deutschland umgezogen sind. In Österreich wurden die Karosserien in Ganzaluminium hergestellt und waren entsprechend leichter als die dann in Deutschland in Blech gefertigten. Die österreichischen Fahrzeuge hatten zwar eine geteilte, aber schon gebogene Windschutzscheibe. Ebenso waren die Ausstellfenster gebogen, sodass wir auf einen niedrigeren c_W-Wert kamen. In Deutschland war man noch nicht so weit, diese Scheiben in Serie zu fertigen. Wir haben uns bei den Seitenscheiben anfangs mit Plexiglas beholfen. Damals waren wir noch sehr stark von den Zulieferfirmen abhängig. Auch die Karosserie-Werkzeuge mussten wir von außerhalb beschaffen. Ein Neuanlauf war deshalb

-➔ **Mein Sohn Ferdinand Alexander** (rechts), genannt ›Butzi‹, und seine Mitarbeiter 1963 mit dem neuen Typ 901 (911), für den er die Karosserie entworfen hat.

-➔ **LINKS 1963** (auf dem Kotflügel des Porsche 904 sitzend) im Kreise von Porsche-Händlern aus den USA anlässlich einer Werksbesichtigung in Stuttgart-Zuffenhausen. -➔ **RECHTS Der 901**, dann in 911 umbenannt, löste den Typ 356 ab, von dem im Hintergrund die letzten Modelle zu sehen sind. Der 911 war der erste hundertprozentige Porsche und bildete die Grundlage für eine sehr erfolgreiche Baureihe.

-➔ **Der luftgekühlte Sechszylinder-Boxermotor des 911** war eine völlig neue Konstruktion, ein Viertakt-Vergasermotor mit zwei Ventilen pro Zylinder und 1991 ccm Hubraum, der in seiner ersten Version 130 PS bei 6100 U/min entwickelte.

zwangsläufig mit einem entsprechend langen Vorlauf zu planen.

Der 901 war erstmals in der Öffentlichkeit auf der Internationalen Automobilausstellung im Herbst 1963 in Frankfurt zu sehen, ein Jahr vor dem Anlauf der Produktion. Im Herbst 1964 teilte uns dann die französische Firma Peugeot mit, dass sie sich die Typenbezeichnung mit drei Zahlen und einer Null in der Mitte habe patentrechtlich schützen lassen. Daraufhin wurde der 901 in 911 umbenannt.

Der 911 mit seinem luftgekühlten Sechszylinder-Boxermotor von 130 PS und zwei Litern Hubraum war nicht sofort ein Erfolg. Auf der Automobil-Ausstellung 1963 in Frankfurt fanden ihn die Kunden ein ›bisschen zu eckig‹. Er hatte wesentlich größere Scheiben als sein Vorgänger. Alles das, was neu war, erschien den Kunden zunächst als ungewohnt und war ihnen deshalb fremd. Aber ich habe mir deswegen eigentlich keine Sorgen gemacht, und zwar einfach aus dem Grund, weil ich hier eine ganz spezielle Meinung vertrete. Ich meine, wenn einem sofort, auf Anhieb gewissermaßen, etwas unerhört gefällt, dann hält das nicht lange vor. Wird dagegen eine gewisse Kontinuität gewahrt, dann ist das von Dauer. Alles andere dagegen halte ich mehr für eine Modesache.

In Frankfurt stand der 911 neben dem 356, dessen Anblick die Kunden gewohnt waren, und sie meinten deshalb zum 911: *»Das ist kein Porsche mehr!«*

Die Fachpresse war da anderer Meinung. So schrieb Reinhard Seiffert am Ende seines Testberichts zusammenfassend in *auto, motor und sport*: *»Keine Frage: der neue Sportwagen, der ab Ende August in Zuffenhausen produziert wird, ist eines der interessantesten Autos der Welt. Er ist ausschließlich als Reisefahrzeug gedacht, nicht für den Gran-Turismo-Sport. Trotz seinem zivilen Verwendungszweck bekam aber der 901 den funktionellen Charakter, der ihm begeisterte Käufer sichern wird. In diesem Punkt unterscheidet er sich deutlich vom 230 SL und noch stärker von viersitzigen Sportfahrzeugen wie dem Fiat 2300 S oder dem Alfa Romeo 2600 Sprint, die beide in die gleiche Preisklasse gehören. In Preis und Leistung knüpft er an den Carrera 2 an, den er ablösen wird, und liegt klar über den Vierzylindermodellen. Aber man erwartet von ihm höhere Stückzahlen als vom Carrera und rechnet damit, dass viele Porsche-Käufer den Mehrpreis nicht scheuen werden, um in den Besitz dieses reizvollen Autos zu kommen. Vermutlich ist diese Rechnung richtig.«*

Nun, sie war richtig. Der 911 entwickelte sich im Laufe der Zeit zu einem großen Erfolg. Nachdem sich nun mein ältester Sohn, Ferdinand Alexander, erfolgreich in der väterlichen Firma betätigt hatte, stellt sich die Frage nach der Tätigkeit meiner anderen Söhne. Zunächst aber einige klärende Worte zu der Struktur unseres Familien-Unternehmens. Nach dem Tode meines Vaters und meines Schwagers Dr. Piëch gehörten die Unternehmen in der Bundesrepublik Deutschland und in Österreich je zur Hälfte meiner Schwester, Louise Piëch, und mir. Wir einigten uns, ohne groß Verträge abzuschließen, dass meine Schwester den österreichischen Betrieb und ich das deutsche Unternehmen führen sollten. Bei wichtigen Angelegenheiten wollten wir uns abstimmen. Hans Kern, unser Prokurist in Stuttgart, stand auch meiner Schwester in Salzburg für Finanzfragen zur Verfügung.

Um unsere Kinder an den Firmen zu interessieren und nicht zuletzt auch aus erbschaftssteuerlichen Gründen überlegten wir uns, wie wir sie an unseren Unternehmen beteiligen konnten. Im Falle meines ältesten Sohnes war die Entscheidung bereits gefallen. Er interessiert sich für Styling und begann seine Laufbahn bei dem Leiter unserer Karosserie-Entwicklung. Fast fünf Jahre lang arbeitete Ferdinand Alexander in verschiedenen Abteilungen unserer Firma, um so einen umfassenden Eindruck von unseren Aktivitäten zu erhalten. 1961 übernahm er dann die Leitung des Studios. Seine erste selbständige Aufgabe war die Formgestaltung der Karosserie des 911. Sie hat sich in ihrer Silhouette bei den Typen Turbo und Carrera bis heute nicht verändert. In meinem Büro steht heute noch ein maßstabgetreues Modell des 911, das mir mein Sohn schenkte, als er die Genehmigung zur Verwirklichung seines Vorschlags erhielt. Ferdinand Alexander blieb bis März 1972 in der Firma und schied dann aus, um seine eigene, in Zell am See ansässige Design-Firma zu gründen.

Der älteste Sohn meiner Schwester, Ernst Piëch, arbeitet in der Importfirma in Österreich. Mit unseren Kindern, meine Schwester hat vier ebenso wie ich, schlossen wir Rentenverträge ab, und zwar in einer Form, dass jedes Familienmitglied zehn Prozent der Firma erhielt.

Gerhard Anton, mein zweiter Sohn, liebt die Natur und die Landwirtschaft. Er bewirtschaftet in Zell am See sein eigenes Gut, interessiert sich aber nicht für die Firma, obwohl er auch gerne Auto fährt.

➔ **OBEN 1968 mit meinem Sohn Ferdinand Alexander** an einem Porsche 911 im Fabrikhof Werk II in Stuttgart-Zuffenhausen. ➔ **UNTEN LINKS Anlässlich meines 65. Geburtstages versammelte sich die ganze Familie:** meine Frau ›Dodo‹ (Dorothea) mit unseren Söhnen (von links): Gerhard, Peter, Wolfgang und Ferdinand. ➔ **UNTEN RECHTS Meine Mutter, Frau Aloisia Porsche,** anlässlich ihres 80. Geburtstages auf dem Schüttgut in Zell am See. Neben mir meine Schwester Louise Piëch.

Peter, mein dritter Sohn, absolvierte in Salzburg eine Ausbildung als Ingenieur und trat im August 1963 in unsere Firma ein. Auch er arbeitete in verschiedenen Abteilungen unseres Unternehmens, um sich einen Überblick über unsere Tätigkeit zu verschaffen. Im Dezember 1965 übernahm er die Leitung der Produktion und hatte damit die Verantwortung für die Qualität unseres Produkts, die wesentlich zu unserem internationalen Image beitrug. Im Frühjahr 1971 schied er bei uns aus, um sich anderen Aufgaben zu widmen.

Wolfgang Heinz, mein jüngster Sohn, studierte in Wien Welthandel, promovierte dort und arbeitete fünf Jahre bei Daimler-Benz. Inzwischen ist er selbständiger Unternehmer in Österreich, wo er den Import von Yamaha-Motorrädern übernommen hat. Außerdem ist er im Aufsichtsrat der Porsche AG und der Firma Fischer Technik. Der zweite Sohn meiner Schwester, Ferdinand Piëch, studierte an der ETH Zürich und schloss sein Studium dort mit dem Ingenieurdiplom ab. Er kam im April 1963 zu uns und befasste sich sehr bald mit der Erprobung des neuen Sechszylindermotors für den 911, den er schließlich serienreif machte. Besonders interessierte er sich für die Rennsportwagen, die wir bei den Läufen für die Europa-Bergmeisterschaft und die Sportwagen-Weltmeisterschaft unter anderem bei den 24 Stunden von Le Mans so erfolgreich einsetzten. Wir gewannen im Jahre 1966 die Sportwagen-Weltmeisterschaft, neben anderen Titeln, verteidigten das Sportwagen-Weltchampionat im darauffolgenden Jahr erfolgreich und holten uns noch die Europa-Bergmeisterschaft, die Rallye-Europameisterschaft und wurden Trans-Am-Sieger.

Von 1968 an wurde Ferdinand Piëch die gesamte Entwicklung unterstellt. Wir siegten im selben Jahr in der GT-Weltmeisterschaft, wiederum in der Europa-Bergmeisterschaft, der Rallye-Europameisterschaft und der Trans-Am.

In den darauf folgenden Jahren 1969, 1970 und 1971 gewannen wir die sehr wichtige Marken-Weltmeisterschaft, neben einer ganzen Reihe von anderen internationalen Titeln. Dr. Piëch verließ unsere Firma im März 1972, arbeitete dann einige Zeit als beratender Ingenieur, bevor er bei Audi die Entwicklungsabteilung übernahm.

Der jüngste Sohn meiner Schwester Louise, Dr. Michael Piëch, studierte in Wien Rechtswissenschaften und trat im April 1971 in unsere Firma ein. Bis zu seinem Ausscheiden im März 1972 arbeitete er in der Verwaltung.

Es war damals die Zeit, als wir uns im Sport erst richtig engagierten. In der ersten Phase hatten wir klein angefangen. Unser Instrument war der 356 gewesen, besonders die Leichtmetall-Ausführung aus Gmünd. Zahlreiche Kunden hatten sich bereits sportlich mit dem Porsche betätigt, und zwar auf internationaler Ebene. Ich erinnere hier nur an Fürst Metternich und Graf Berckheim, die beide im Herbst 1952 mit dem 356 bei der sehr schwierigen Carrera Panamericana Mexico starteten. Berckheim fiel dort leider wegen Getriebeschadens vorzeitig aus, doch Fürst Metternich wurde mit dem 1,5-Liter-Porsche Achter im Gesamtklassement. Vor ihm lagen nur Mercedes-Benz 300 SL, Ferrari und ein Lancia Aurelia Gran Turismo mit Kompressormotor. Sieger wurden bekanntlich Kling/Klenk auf einem Werks-Mercedes 300 SL.

Dann kam der Porsche 911, mit dem die Anzahl der Erfolge weiter wuchs. Wir begannen schließlich, mit vollem Einsatz um die Spitze zu kämpfen. Hier war bereits in starkem Maße der Einfluss der nächsten Generation zu spüren. Dies brachte uns beides ein, zunächst die Anerkennung des internationalen Publikums, aber auch Kritik, weil wir uns eben mit großem Engagement beteiligten, wie man das sonst eigentlich nur von Daimler-Benz gewohnt war. Das geschah, als wir mit sechs Autos bei den 24 Stunden von Le Mans an den Start gingen. Damit Porsche Stuttgart dort nicht zu massiv in Erscheinung trat, haben wir drei Autos aus Stuttgart gemeldet und drei aus Salzburg. In Wirklichkeit kamen sie aber alle aus Stuttgart.

-→ OBEN Familienrat am 911 S 2.0 Targa (v.l.n.r.): Ferdinand Piëch, Ferry Porsche, Hans-Peter Porsche und Ferdinand Alexander Porsche (1968). **-→ UNTEN Hier überreiche ich dem Stuttgarter Oberbürgermeister Arnulf Klett** (rechts) 1969 die Schlüssel für seinen neuen Porsche 911 E 2.2. Rechts neben mir im Bild steht Huschke von Hanstein.

-→ KAPITEL 20

RÜCKKEHR ZUM GRAND PRIX

Wir befassten uns dann auch mit Rennwagen. Erstmals startete ein entsprechend modifizierter Spyder RS 1957 im Formel-2-Rennen auf dem Nürburgring, gefahren von Edgar Barth, der dieses Rennen dann auch gewann. 1958 fuhr der Franzose Jean Behra in Reims in der Formel 2 einen sogenannten Mittellenker von uns. Das heißt, der Wagen war so ausgelegt, dass der Fahrer in der Mitte saß, im Gegensatz zum zweisitzig ausgelegten Spyder mit der Lenkung auf der linken Seite.

Auch in Reims siegten wir, was uns veranlasste, im darauffolgenden Winter einen richtigen Monoposto, einen Einsitzer, zu bauen. Er sollte mit Graf Berghe von Trips als Fahrer beim Großen Preis von Monaco 1959 starten. Was daraus wurde, darüber berichtete die Fachzeitschrift *auto, motor und sport* in ihrer Ausgabe vom 23. Mai 1959 unter der Überschrift ›Hoffnung und Enttäuschung von Porsche in Monte-Carlo‹: »*Wir sind um eine große Hoffnung ärmer. Der erste Start des neuen Porsche-Rennwagens endete an einer Mauer der Sainte-Dévote von Monte-Carlo, bevor der Grand Prix des monegassischen Fürstentums überhaupt erst richtig in Gang gekommen war. Ein halbes Jahr lang hatten die Männer von Porsche diesen Monoposto aus dem erfolgreichen 1,5-Liter-Werks-Rennsportwagen entwickelt und gebaut. Er war erst eine Woche vor dem Rennen fertig geworden und hatte in Versuchsfahrten auf dem Nürburgring den letzten Schliff erhalten. Nur wenige Eingeweihte wussten davon, dass nach vierjähriger Pause zum ersten Mal wieder ein deutscher Rennwagen an einem der Grandes Epreuves teilnehmen würde, vorausgesetzt, dass es seinem Fahrer gelang, ihn innerhalb der 16 für Monte-Carlo zugelassenen Formelwagen zu qualifizieren. Diese Tatsache ist von ganz besonderer Bedeutung, da sich Ferry Porsche gerade in einem Augenblick entschloss, wieder einen Rennwagen zu bauen, in dem der Rennwagensport in erster Linie in Deutschland immer wieder wüsten und fast durchweg unsachlichen Angriffen ausgesetzt ist. Man kann dies dem kleinen Zuffenhausener Werk, das es gewiss nicht mehr notwendig hat, durch sportliche*

→ Im Jahre 1958 fuhr der Franzose Jean Behra in Reims einen als Mittellenker ausgelegten Spyder und siegte. Davon ausgehend, bauten wir im darauffolgenden Winter einen richtigen Monoposto. Das Bild zeigt Behra in Reims.

Erfolge für die Qualität seiner Erzeugnisse zu werben, nicht hoch genug anrechnen. Wir sind uns darüber hinaus bewusst, dass die Konstrukteure, Ingenieure und Mechaniker des Hauses Porsche sehr viel Begeisterung für die Sache aufbringen mussten, damit der Monoposto überhaupt noch rechtzeitig fertig wurde. Sie alle waren sich sicher klar darüber, dass es mehr als nur ein Rennwagen war, was da entstand: es war ein neuer Anfang schlechthin, ein Vorläufer und Versuchsträger für die neue, ab 1961 gültige Formel.« So weit Günther Molter in *auto, motor und sport.*

Graf Trips hatte sich mit dem neuen Monoposto für das Rennen qualifiziert, und zwar nahm er im Trainingsergebnis den zwölften Platz ein. Das war ein gutes Ergebnis in einem Feld, in dem sich immerhin Grand-Prix-Wagen mit 2,5-Liter-Motoren befanden. Im Rennen schied dann Trips leider in der zweiten Runde aus, als er in der Rechtskurve am Ende der Gegengeraden, Sainte-Dévote genannt, eine Mauer touchierte, ins Schleudern kam und noch zwei weitere Wagen aus dem Rennen warf. Nun, das kann in einem Rennen immer passieren, wenn auch die Enttäuschung für uns groß war.

Wir bauten den Monoposto dann wieder auf. Er wurde gerade für den französischen Grand Prix in Reims fertig, bei dem ein Formel-2-Lauf veranstaltet wurde. Dort startete Joakim Bonnier auf dem Porsche und wurde Dritter. Den ersten Platz belegte ein Cooper mit einem Borgward-Motor, gefahren von Stirling Moss, Zweiter wurde Hans Herrmann auf einem Porsche-Monoposto, den der Italiener Colotti im Auftrag von Jean Behra auf der Basis von RSK-Aggregaten gebaut hatte.

Stirling Moss fuhr dann auf dem Kurs von Goodwood unseren Monoposto probeweise und war davon sehr angetan. Er lobte besonders Straßenlage und Bremsen, obwohl unser Monoposto noch mit Trommelbremsen ausgerüstet war, und das zu einer Zeit, als die Scheibenbremse gerade im Rennsport immer stärker aufkam. Moss fuhr damals in dem privaten Rennstall seines Landsmannes Rob Walker in der Formel 1 einen Cooper mit Coventry-Climax-Motor. 1960 stieg er dann auf ei-

-→ Huschke von Hanstein, Joakim Bonnier und ich beim Formel-1-Rennen auf der Solitude.

-→ »GRAF TRIPS GEWANN MIT DEM LEISTUNGSSTÄRKEREN FERRARI DIE SOLITUDE, ABER MIT HERRMANN, BONNIER, G. HILL UND GURNEY BELEGTEN PORSCHE DIE NÄCHSTEN VIER PLÄTZE.«

nen Lotus-Climax von Rob Walker um. Wir boten Walker und Moss an, 1960 für ein Jahr in der Formel 2 unseren neuen Wagen zu fahren. Unser Angebot wurde angenommen. In den ersten vier Rennen dieses Jahres in Syrakus (Sizilien), Brüssel, Goodwood und Pau hinterließ der Porsche-Monoposto zwar einen sehr guten Eindruck, aber zum Sieg reichte es noch nicht. Für das fünfte Rennen setzten wir vom Werk noch Joakim Bonnier und Graham Hill ein, die neben Moss den Formel-2-Porsche fuhren.

Dieses fünfte Rennen fand auf dem Rundkurs von Aintree statt. Dieser 4,8 km lange Kurs liegt inmitten einer Pferderennbahn, auf der alljährlich das berühmte ›Grand National Liverpool Steeplechase‹, das schwierigste Hindernisrennen der Welt, ausgetragen wird. Und in Aintree gelang der große Durchbruch, denn Moss siegte, Bonnier wurde Zweiter und Graham Hill Dritter. Damit lagen drei Porsche vorn. Ein ähnlicher Erfolg war fünf Jahre zuvor, 1955, nur noch Daimler-Benz geglückt, als beim britischen Grand Prix in Aintree Moss, Fangio, Kling und Taruffi auf dem Mercedes W 196 die ersten vier Plätze belegten. Der Mercedes besaß bekanntlich ein Getriebe mit unserer Ringsynchronisation. Moss verunglückte leider beim belgischen Grand Prix in Spa-Francorchamps schwer, war aber schon sechs Wochen später wieder am Start.

Da der Große Preis von Deutschland für die Formel 2 ausgeschrieben war, erhielt der Große Preis der Solitude, der vorher in Stuttgart fast vor unserer Haustüre stattfand, als Generalprobe besondere Bedeutung. Insgesamt fünf Porsche-Monopostos waren dort am Start. Zu Hans Herrmann, Bonnier und Hill gesellte sich noch der Amerikaner Dan Gurney. Er fuhr einen Monoposto neueren Datums, dessen Karosserie in aerodynamischer Hinsicht von meinem Sohn Ferdinand Alexander verbessert worden war.

Wie wichtig die Konkurrenz dieses Rennen nahm, zeigte, dass Ferrari einen neuen Formel-2-Heckmotor-Rennwagen an den Start brachte, den Graf Berghe von Trips fuhr. Ferrari hatte ja 1960 erstmals einen Rennwagen mit dem Motor vor der Hinterachse an den Start gebracht, den er im Hinblick auf die ab 1961 gültige neue Formel 1 entwickelte.

Rob Walker hatte den Moss-Porsche dem Engländer John Surtees anvertraut. Nun, Graf Trips gewann mit dem leistungsstärkeren Ferrari die Solitude, aber mit Herrmann, Bonnier, G. Hill und Gurney belegten Porsche die nächsten vier Plätze.

Während der Ferrari, die Lotus und Cooper Scheibenbremsen hatten, erwiesen sich die Trommelbremsen, mit denen alle Porsche ausgerüstet waren, diesen in jeder Weise als ebenbürtig.

Der deutsche Grand Prix wurde 1960 auf der 7,7 km langen Südschleife des Nürburgrings ausgefahren und nicht wie in den Vorjahren auf der 22,8 km langen Nordschleife. Das Rennen ging über 32 Runden gleich 250,2 km. Nachdem sich Ferrari entschlossen hatte, auf dem Ring nicht zu fahren, war Graf Trips ohne Engagement. Wir stellten ihm deshalb den Wagen von Gurney zur Verfügung. Hans Herrmann fuhr den Wagen von Moss, da Surtees nicht startete. Edgar Barth und Graham Hill übernahmen unsere Werkswagen.

Das Wetter am Ring war denkbar schlecht, sodass die Rennleitung den Start um eine Viertelstunde verschob. Das Rennen wurde dann ein Start-Ziel-Sieg für Bonnier vor Graf Trips, Hill wurde Vierter, Herrmann Fünfter und Barth Sechster.

Dieser Sieg brachte uns auch den ›Coup des Constructeurs‹ in der Formel 2 ein. Das war für uns zweifellos ein großer Erfolg, der mit dazu beitrug, dass wir uns entschlossen, ab 1961 in der neuen Formel 1 mitzumachen. Sie war von 1961 bis 65 gültig und schrieb Motoren bis zu 1,5 Liter Hubraum vor. Auch ein Mindestgewicht von 450 kg für das komplette Fahrzeug mit Reifen, Öl und Kühlwasser wurde gefordert, um dem extremen Leichtbau einen Riegel vorzuschieben, der zu einigen schweren Unfällen geführt hatte. Die Motoren mussten mit handelsüblichem Kraftstoff von höchstens 100 ROZ betrieben werden. Eine Aufladung des Motors war nicht mehr zugelassen.

Am 2. Oktober fand dann auf der Hausstrecke von Ferrari in Modena ein Formel-2-Rennen statt. Auf diesem 2,36 km langen Rundkurs im Aerodrom von Modena führte Ferrari die Versuchsfahrten für seine Rennfahrzeuge durch. Fahrer und Techniker von Ferrari kannten also diese Strecke sehr gut. Das hinderte uns nicht, uns dieser Herausforderung zu stellen. Bonnier fuhr in diesem 100-Runden-Rennen denselben Porsche, mit dem er schon auf dem Nürburgring gewonnen hatte. Ferner starteten Herrmann und Barth auf unserem Monoposto. Graf Trips fuhr den Formel-2-Heckmotor-Ferrari, Richie Ginther den Frontmotor-Ferrari.

Das Rennen entwickelte sich vom Start weg zu einem Zweikampf zwischen Bonnier und Trips. Der Kurs in Modena beanspruchte sehr stark die Bremsen. Unse-

OBEN Wolfgang Graf Berghe von Trips im Mai 1959 mit dem neuen Monoposto beim Grand Prix von Monaco in Monte Carlo. Graf Trips verunglückte im September 1961 beim Grand Prix in Monza auf Ferrari leider tödlich. Er war auf dem besten Wege, Weltmeister zu werden. **UNTEN Der Schwede Joakim Bonnier** auf dem Vierzylinder-Monoposto, den wir 1960 einsetzten.

--➜ **Der luftgekühlte Achtzylindermotor** mit vier Weber-Doppelvergasern, zwei Ventilen pro Zylinder und vier obenliegenden Nockenwellen mit Königswellenantrieb. Der 1,5-Liter-Motor leistete 180 PS bei 9200 U/min.

re Wagen besaßen nach wie vor Trommelbremsen, der Ferrari war dagegen mit Scheibenbremsen ausgestattet. Während jedoch Bonniers Bremsen der Belastung standhielten, zeigten die Bremsen des Ferrari von Trips am Ende Fading, sodass er seinen Markengefährten Ginther vorbeilassen musste. Bonnier siegte, Ginther wurde Zweiter, von Trips Dritter, Herrmann Vierter und Barth Fünfter.

Modena bestätigte mir, dass bei den erzielten Durchschnittsgeschwindigkeiten praktisch keine Unterschiede zwischen Frontmotor- und Heckmotorwagen bestehen. Aber man durfte annehmen, dass sich der Heckmotor- oder Mittelmotorwagen im Grand Prix allmählich durchsetzen würde, weil er doch so manche Vorteile bietet. Zur Frage steht lediglich, welche Konzeption die wirtschaftlichere ist, um das gleiche Resultat zu erhalten. Im Übrigen hat Modena gezeigt, dass die Trommelbremsen des Porsche immerhin noch besser waren als die Scheibenbremsen des Ferrari.

Nachdem wir vorhatten, 1961 in den Grand-Prix-Sport einzusteigen, hing die Entscheidung, welches Fahrzeug wir einzusetzen beabsichtigen, davon ab, was unsere Konkurrenz zu tun vorhatte. Sollten Lotus, Cooper und Ferrari ihre Formel-2-Wagen von 1960, natürlich in weiterentwickelter Form, einsetzen, dann würden wir ähnlich handeln. Sollten sie jedoch neue, leistungsstärkere Motoren bringen, dann waren auch wir gerüstet. Bei uns befand sich nämlich ein luftgekühlter Achtzylinder-Boxermotor mit 1,5 Litern Hubraum in Entwicklung, der natürlich so ausgelegt war, dass er mit größerem Hubraum auch im Sportwagen verwendet werden konnte.

Stirling Moss wollte 1961 nicht mehr für uns fahren, er startete aber noch im Dezember 1960 für uns in Südafrika in zwei Rennen und gewann sie beide. Für unser Werksteam engagierten wir für das Jahr 1961 wieder Bonnier, Gurney, Barth und Herrmann. Wir mussten aber den Formel 2 von 1960 einsetzen, da der neue Wagen noch nicht fertig war. Unser 1960er-Fahrzeug wurde zwar im Details verbessert, doch reichte seine Leistung nicht aus, um die Konkurrenz schlagen zu können, besonders Ferrari war mit seinem neuen Heckmotor-V6 überlegen. Die Weltmeisterschaft für 1961 wurde dann auch innerhalb des Ferrari-Stalles zwischen dem Amerikaner Phil Hill und Wolfgang Graf Berghe von Trips entschieden. Von Trips lag knapp in Führung, als er beim italienischen Grand Prix Anfang September in Monza leider tödlich verunglückte. Hill gewann dann die Weltmeisterschaft.

Unser neuer Achtzylinder-Motor lief erstmals im Dezember 1960 auf dem Prüfstand. Der Vierzylinder war, wie schon gesagt, motorisch der Konkurrenz unterlegen, wir mussten deshalb in dieser Hinsicht etwas tun. Ich engagierte zu diesem Zweck den jungen Schweizer Ingenieur Michael May, der den Vierzylinder auf Direkteinspritzung umstellte und die Leistung um 20 PS, allerdings in einem sehr schmalen Drehzahlbereich, steigerte. Der neue Achtzylinder-Motor, eingebaut in einem völlig neuen Fahrwerk und mit einer neu gestalteten Karosserie mit wesentlich kleinerer Stirnfläche als beim Vierzylinder, wurde erstmals im März 1962 in Hockenheim ausprobiert. Bei dieser Gelegenheit wurde auch der Vierzylinder mit Direkteinspritzung getestet.

Seine Rennpremiere mit Gurney und Bonnier als Fahrer erlebte der Achtzylinder schon im Mai beim Großen Preis von Holland in Zandvoort. Den Vierzylinder-Einspritzer liehen wir für dieses Rennen an den jungen Ben Pon aus, den Sohn unseres niederländischen Importeurs. Er war schon einige Sportwagenrennen gefahren, aber neu in der Formel 1. Pon drehte sich dann in der vierten Runde, wobei das Heck des Wagens beschädigt wurde, und schied aus.

Im Achtzylinder hielt sich Gurney zunächst ganz gut auf dem dritten Platz, hatte dann aber Schwierigkeiten mit dem Schaltgestänge, verlor viel Zeit an den Boxen, fiel schließlich hoffnungslos zurück und gab auf. Bonniers Motor erreichte nie die volle Leistung, der Schwede wurde mit mehreren Runden Rückstand Siebter.

Wir nahmen uns daraufhin Zeit, die Probleme zu lösen, und nur Gurney, der direkt von Indianapolis kam, startete beim Grand Prix von Monaco. Wir scheinen aber dort das Pech gepachtet zu haben, denn Gurney wurde gleich zu Beginn des Rennens in eine von Mairesse ausgelöste Karambolage verwickelt und von Trevor Taylor angefahren. Dabei wurde der Porsche so stark beschädigt, dass Gurney aufgeben musste. Bonnier belegte mit dem Vierzylinder noch den fünften Platz.

Für uns brachte das natürlich noch mehr Arbeit. Wir verzichteten deshalb auf einen Start beim belgischen Grand Prix in Spa und konzentrierten uns ganz auf den Grand Prix des Automobilclubs von Frankreich auf der Rundstrecke von Rouen-les-Essarts am 8. Juli. Gurney und Bonnier waren mit Achtzylindern am Start. Gurney fuhr trotz einer fiebrigen Angina, was bei den vorherrschenden sommerlichen Temperaturen für ihn eine große Anstrengung war. Trotzdem glückte ihm eine großartige Leistung, denn er gewann diesen 48. Grand Prix des ACF und absolvierte die 352,26-km-Distanz mit einem Durchschnitt von 163,98 km/h. Bonnier fiel leider wegen Motorschadens vorzeitig aus.

Es gelang uns dann auf der Stuttgarter Solitude mit Gurney und Bonnier auf dem ersten bzw. zweiten Platz noch ein Doppelerfolg, allerdings war dieses Rennen kein Weltmeisterschaftslauf. Bei den folgenden Wertungsläufen für die Weltmeisterschaft konnten wir zwar teilweise gute Platzierungen erzielen, der Sieg blieb uns jedoch versagt. In technischer Hinsicht befanden wir uns allerdings auf dem richtigen Weg.

Man sollte aber bei unseren Anstrengungen nicht übersehen, dass der Formel-1-Sport eine sehr kostspielige Angelegenheit ist. Wir übernahmen im Jahre 1962 die Firma Reutter, für uns war das eine sehr wichtige Investition, und so schaute ich mir im Herbst 1962 einmal die Kosten für den Renneinsatz in der Formel 1 an. Nach gründlichem Studium der Situation und reiflichen

→ Ben Pon auf dem Vierzylinder-Einspritzer 1962 beim holländischen Grand Prix in Zandvoort. Er schied schon in der vierten Runde aus.

Überlegungen kam ich dann zu dem Schluss, dass wir uns den Grand-Prix-Sport finanziell eigentlich gar nicht leisten konnten, sodass ich schließlich entscheiden musste: »*Wir hören damit auf!*«. Nach dem Grand Prix von Amerika in Watkins Glen zogen wir uns von der Formel 1 zurück.

Für mich gab es auch keinen Zweifel daran, dass die Sportwagen-Rennen für uns und unsere Kunden wichtiger waren. Sie sind nun einmal dem Produkt, das wir herstellen, enger verwandt als der reine Rennwagen. Die Erfahrungen, die wir mit dem Grand-Prix-Wagen gesammelt hatten, konnten wir allerdings auch bei unserem Sportwagen-Engagement anwenden.

-➔ **OBEN Der Amerikaner Dan Gurney** mit unserem Formel-1-Rennwagen beim französischen Grand Prix 1962 auf der Rundstrecke von Rouen-les-Essarts, den er gewann, obwohl ihn eine fiebrige Halsentzündung plagte. -➔ **UNTEN Der Porsche Typ 804 / Formel 1, wie wir ihn im Jahre 1962 einsetzten.** Er hatte einen luftgekühlten Achtzylinder-Boxermotor von 1494 ccm, der 180 PS leistete. Auf dem Foto ist deutlich das Lüfterrad für die Luftkühlung zu sehen. Vorn die Kraftstofftanks und der Öltank.

INLOP
SHELL
INLOP

→ KAPITEL 21

WELTBERÜHMT MIT DEM SPORTWAGEN

Der Motorsport dient bei Porsche nicht nur der Imagebildung. Das war schon seit jeher so. Technische Erkenntnisse, die in den Wettbewerben gewonnen werden, fließen unverändert in die Serie ein. Der sportliche Einsatz bei Rennen und Rallyes hilft der Technik unseres Serienprodukts. Die mit den sportlichen Einsätzen befassten Techniker sammeln unschätzbare arbeitstechnische Erfahrungen, die ihnen im Alltagsbetrieb zugute kommen. Nicht zuletzt aber stärkt der Motorsport die Motivation der Porsche-Ingenieure in einem Maß, das anderweitig nicht erzielbar ist. Nach wenigen Monaten, oft aber schon nach Wochen oder Tagen, gibt das Rennen die Antwort, ob die getroffenen technischen Maßnahmen richtig sind.

Die Vielseitigkeit der Erfahrungen ist auch einer der Gründe für das breite Spektrum, das sich Porsche seit jeher für sportliche Einsätze ausgewählt hat. Unsere endlos langen Siegerlisten in den Markenweltmeisterschaften, den Rallye-Europameisterschaften, den vielen nationalen wie internationalen Bergmeisterschaften bezeugen dies ebenso wie die Erfolge bei den 24 Stunden von Le Mans, der legendären Targa Florio, auf der schwierigen Nordschleife des Nürburgrings oder bei der Rallye Monte-Carlo. Auch bei den Rennen außerhalb Europas haben wir unsere Leistungsfähigkeit eindrucksvoll demonstriert. Ich erinnere hier nur an die CanAm-Serie mit ihren PS-starken Rennsportwagen. Dies alles belegt die Vielseitigkeit des Porsche-Sports, der unserer Marke weltweit hohes Ansehen eingetragen hat.

Ich bin der Meinung, dass der Sportwagen eigentlich der Vorreiter für neue Dinge ist und es auch schon in der Vergangenheit war. Er wird es auch in Zukunft bleiben. Sportwagen werden bekanntlich nie in Großserien gebaut. Daher ergibt es sich ganz automatisch, hier neue Ideen zu verwirklichen, sie zu erproben und dann erst damit in die Großserie zu gehen. Und ein Liebhaber von Sportwagen, also von spritzigen, zweisitzigen Autos, zu sein, das hat nichts damit zu tun, dass diese Automobile eine Höchstgeschwindigkeit von 200 oder gar 300 Stundenkilometer haben. Die Höchstgeschwindigkeit ist eigentlich das Ergebnis von Leistungsgewicht und Luftwiderstand und unterliegt somit zwangsläufig einer Automatik. Dass man diese Höchstgeschwindigkeiten fährt, das wird allerdings gar nicht verlangt. Natürlich kann man sie fahren, wenn man will, und das ist wahrscheinlich die Ursache dafür, dass manche Leute einen Sportwagen als ein Automobil ansehen, das sie für überflüssig halten.

Auf der Autobahn fahren heute die verschiedensten Typen, darunter befinden sich auch viele Limousinen, die schneller als 200 km/h sind. Trotzdem haben wir auf der Autobahn eine Geschwindigkeit, die im Mittelwert bei 112 km/h liegt. Das ist doch ein Zeichen dafür, dass die meisten Autofahrer gar nicht so schnell fahren. Ich zum Beispiel, der mit dem Auto aufgewachsen ist, fahre auf einer stark frequentierten Autobahn keine 240 Stundenkilometer, ich fahre 140, vielleicht auch 150, und wenn es notwendig ist, auch nur 100 km/h. Es ist ja nicht gesagt, dass man, wenn man ein Auto besitzt, das hohe Geschwindigkeiten erreicht, diese auch fahren muss.

Unsere Kunden hatten bereits mit ihren Serien-Porsche sportliche Erfolge bei Rennen und Rallyes erzielt, bevor wir im Werk die Entwicklung von Rennsportwagen aufnahmen. Der Anstoß zum Bau von reinen Wettbewerbs-Fahrzeugen kam nach dem Krieg eigentlich von unserem Frankfurter Händler Walter Glöckler. Er ist Anfang des Jahres 1988 verstorben.

Zusammen mit seinem Betriebsleiter, Ingenieur Ramelow, schuf er einen leichten Spyder, den er mit unserem 1,1-Liter-Motor ausrüstete, der auf eine Leistung von 58 PS gebracht worden war. Mit diesem Fahrzeug gewann Walter Glöckler 1950 die Deutsche Meisterschaft. Inspiriert vom Glöckler-Spyder entstand dann bei uns unter der Leitung von Ingenieur Wilhelm Hild der Typ 550, ebenfalls ein Spyder. Die Leichtmetallkarosserie des Zweisitzers schuf die Firma Weidenhausen in Frankfurt, die schon Glöcklers Spyder karossiert hatte.

Der 550 erhielt den 1,5-Liter-Motor in getunter Ausführung und auf Alkoholbetrieb umgestellt, der über 75 PS abgab. Zwei dieser in der Saison von 1953 eingesetzten Wagen erhielten dann ein Coupé-Dach und starteten bei den 24 Stunden von Le Mans, wo sie in der 1,5-Liter-Klasse siegten. Im Herbst 1953 wurden zwei 550 nach einer sehr erfolgreichen Saison in Europa noch in der berühmten Carrera Panamericana Mexico eingesetzt. Ein Wagen fiel aus, nachdem er sich als schnellstes 1,5-Liter-Fahrzeug erwiesen hatte, der andere siegte in seiner Klasse.

Für 1954 setzten wir den Spyder, dem ich die Typenbezeichnung 1500 RS gegeben hatte, mit dem neuen, von Dr. Fuhrmann konstruierten Viernockenwellenmotor ein. Damit war die Grundlage für eine überaus erfolg-

OBEN Mit den Werksfahrern während der Targa Florio 1969.

LINKS Le Mans 1981: Derek Bell (links), Jacky Ickx (Mitte) und ich (rechts).
RECHTS 1984 am Nürburgring.

-→ **Bei den 24 Stunden von Le Mans 1960** (ich bin vorne rechts im Bild zu sehen).

OBEN Nach der Rückkehr von der 21. Mille Miglia 1954: Herbert Linge, Richard von Frankenberg, ich und Hans Herrmann (von links). **UNTEN Bei der Übergabe eines Porsche 550 Spyder an seinen Besitzer Kurt Ahrens senior** im Januar 1955 in Stuttgart-Zuffenhausen.

reiche Beteiligung von Porsche-Werks-Rennsportwagen bei den bedeutendsten internationalen Rennen gelegt.

Nach dem Achtzylinder-1,5-Liter-Motor für die Formel 1 bauten wir ein Zweiliter-Aggregat für den Sportwagen, dessen Hubraum später auf drei Liter gesteigert wurde. Davon abgeleitet kam dann noch ein Zwölfzylindermotor. Schließlich bauten wir auf dieser Basis noch einen Sechzehnzylindermotor, der aber nicht zum Einsatz kam.

Ein besonders interessantes sportliches Auto, das dazu noch einen Abschnitt in der technischen Geschichte unserer Sportwagenentwicklung einleitete, war der Typ 904 Carrera GTS. Es war ein Mittelmotorwagen mit einem Kastenprofilrahmen aus Stahlblech und hatte als erster Porsche überhaupt eine Karosserie aus Kunststoff. Für das Styling war mein Sohn Butzi verantwortlich, der eine besonders enge Bindung zu diesem Auto hat, da ihm diesmal niemand bei der Formgebung hineinredete. Wir hatten uns für die Fertigstellung dieses Gran-Turismo-Wagens so kurze Termine gesetzt, dass für große Diskussionen über das Styling einfach keine Zeit mehr vorhanden war. Der 904 wurde mit dem 160-PS-Carrera-Motor bereits im Februar 1964 beim 12-Stunden-Rennen von Sebring in Florida eingesetzt, wo die Amerikaner Cunningham und Underwood überlegen ihre Klasse gewannen.

Wir bauten dann über 100 Einheiten von diesem Fahrzeug, denn eine Serie von mindestens 100 musste erstellt werden, wenn der Wagen in der Gran Turismo-Klasse homologiert werden sollte. Der 904 wurde einer ganzen Reihe von Kunden verkauft, die ihn mit großem Erfolg bei Rennen und Rallyes einsetzten. In dieser Ausführung hatte er den Vierzylinder-Viernockenwellen-Motor, dessen Leistung auf 185 PS gesteigert worden war.

Werksseitig setzten wir den 904 dann noch als 906 mit Sechszylinder- bzw. als 908 mit Achtzylinder-Triebwerk ein. Er bildete außerdem die Grundlage für sehr leichte, wendige Spezialwagen für Bergrennen und hatte auch in diesem Metier große Erfolge zu verzeichnen. Ich möchte hier besonders den Typ 910 Bergspyder hervorheben.

Die internationale Sportbehörde der FIA änderte 1967 die Hubraumbegrenzung für die Markenweltmeisterschaft und erhöhte sie von bisher drei auf fünf Liter ab 1. Januar 1968. Zunächst glaubten wir, mit unserem Dreiliter-Achtzylinder-Motor auskommen zu können, als wir jedoch erfuhren, dass die Konkurrenz mit Fünfliter-Motoren antreten würde, entschlossen auch wir uns zu einem leistungsstärkeren Triebwerk. So entstand der Typ 917 mit einem Zwölfzylindermotor von zunächst 4,5 Litern, der im Laufe der Einsatzzeit des 917 auf 4,9, 5 und 5,4 Liter vergrößert wurde.

Ich erwähne den 917 deshalb, weil es uns mit diesem Fahrzeug erstmals nach neunzehn Jahren eindrucksvoller Klassensiege gelang, bei den 24 Stunden von Le Mans den Gesamtsieg zu erringen, und zwar siegten dort im Jahre 1970 der Brite Attwood und der Stuttgarter Hans Herrmann auf einem 917 mit einem Gesamtschnitt von 192,0 km/h. Darüber hinaus holten wir uns erste Plätze in der Indexwertung, der Verbrauchswertung, in der Klasse Rennsportwagen und in der Kategorie Gran Turismo.

In diesem Jahr unseres größten Erfolges auf der Sarthe-Rundstrecke hatten mich die Veranstalter der 24 Stunden von Le Mans, der Automobile Club de l'Ouest, zum Ehrenstarter des Rennens ernannt. Ein Jahr zuvor war ich bereits vom Veranstalter der berühmten Targa Florio auf Sizilien mit dem Titel eines Ehrenpräsidenten ausgezeichnet worden. Wir hatten damals den begehrten Wanderpreis der Targa endgültig gewonnen. Daraufhin stiftete ich einen neuen Wanderpreis.

Mich hat die Ehrung in Sizilien ganz besonders bewegt, war doch dieses Rennen eng mit dem Namen Porsche verbunden, denn schon mein Vater hatte sich in die Geschichte der Targa eingeschrieben. Ich erinnere hier nur an den Start des Sascha 1922 und den Sieg des Mercedes-Kompressorwagens 1924, zu dem mein Vater wesentlich beigetragen hat. Barth/Seidel gewannen dann 1959 erstmals für Porsche das Gesamtklassement.

Aber auch der Gesamtsieg in Le Mans war für Porsche ein Ereignis von außergewöhnlicher Bedeutung und Anlass genug für die ganze Familie, sich am Ort des Geschehens zu versammeln. Die Rennabteilung war wieder in unserem alten Quartier in der Nähe von Teloché untergebracht, die Familie logierte in einem Schloss in der Nähe, deren Besitzer große Autosportenthusiasten waren. Ihre Begeisterung für das Rennen ging so weit, dass sie mir selbst während der kurzen Ruhepausen, die ich im Laufe des 24-stündigen Rennens einlegte, alle halbe Stunde einen Zettel mit dem Stand des Rennens unter der Tür meines Gästezimmers durchschoben und diese Nachricht durch ein dezentes Klopfen ankündigten.

LINKS Porsche 917 Kurzheck-Coupé von 1970 mit Zwölfzylindermotor von 4,5 Litern und 580 PS.
RECHTS Porsche 910/8 Bergspyder von 1967, extrem leichter Spyder mit Gitterrohrrahmen aus Aluminium und Kunststoffkarosserie. Sein luftgekühlter 2-Liter-Achtzylinder-Boxermotor leistete 270 PS.

Am Abend des Renntages versammelten wir uns dann zusammen mit den Fahrern und Ingenieuren zu einer Siegesfeier im Schloss. Bereits am Vorabend war mir eine weitere Ehrung in Le Mans zuteil geworden, und zwar wurde ich feierlich zum ›Chevalier de la Compagnie des Mousquetaires d'Armagnac‹ geschlagen. Die gleiche Ehrung widerfuhr dabei übrigens meinem Freund Auguste Veuillet, der ja bekanntlich bei unserem ersten Le-Mans-Start im Jahre 1951 zusammen mit seinem Landsmann Edmond Mouche seine Klasse gewonnen hatte.

Dreimal hintereinander gewannen wir die Marken-Weltmeisterschaft, dann zogen wir uns von diesem Wettbewerb zurück, da das Reglement erneut geändert wurde. Nun wurde der Hubraum wieder auf drei Liter begrenzt. Inzwischen hatten wir uns auch erfolgreich an den Rennen der CanAm-Serie beteiligt, die in den USA und in Kanada durchgeführt wurden. Dieser Erfolg war für uns besonders wichtig, da die USA ja nach wie vor unser wichtigstes Exportland waren. 1972 setzten wir bei diesem Wettbewerb erstmals den Typ 917-10 ein, der mit einem Turboladermotor ausgestattet war, der 1000 PS leistete.

Der Abgasturbolader ist aber nicht nur in der Lage, beträchtliche Leistungssteigerungen zu erzielen, sondern mit ihm kann man auch den Wirkungsgrad des Motors verbessern und damit eine Kraftstoffeinsparung erreichen.

Die Technik mit dem vom Abgas getriebenen Turbolader war übrigens für uns nicht neu, als wir sie im Rennsportwagen anwendeten, wir hatten sie bereits bei un-

ICH BIN DER MEINUNG, DASS DER SPORTWAGEN EIGENTLICH DER VORREITER FÜR NEUE DINGE IST ... ER WIRD ES AUCH IN ZUKUNFT BLEIBEN.

OBEN Hier stehe ich 1969 vor einem Porsche Typ 917. Im Hintergrund (v.l.n.r.) Ferdinand Piëch, Hans-Peter Porsche und Ferdinand Alexander Porsche.
UNTEN Le Mans 1970 mit Jo Siffert.

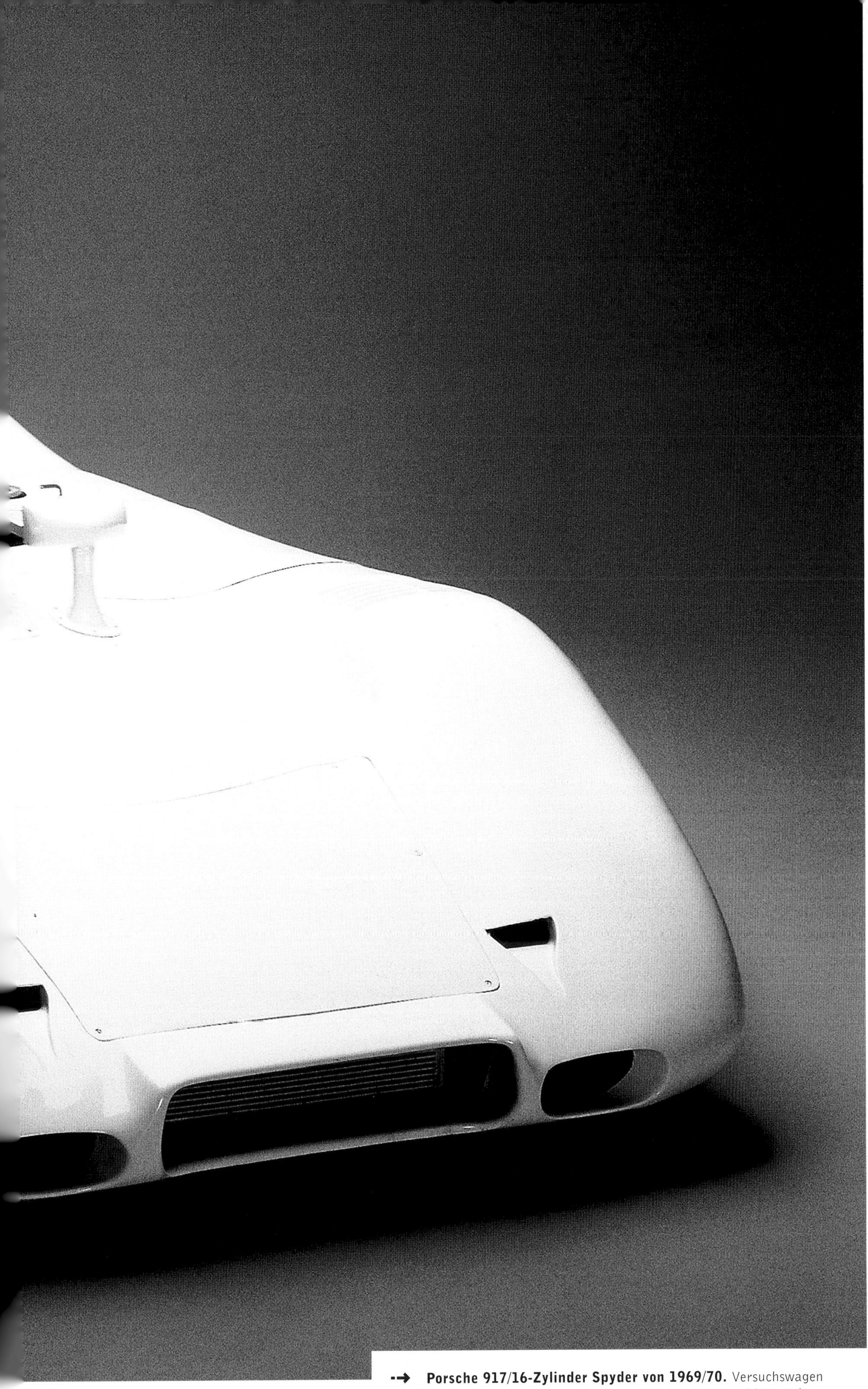

-→ **Porsche 917/16-Zylinder Spyder von 1969/70.** Versuchswagen mit 16-Zylindermotor unterschiedlicher Hubräume von 6 Liter und 770 PS bis 7,2 Liter und 880 PS. Ein Wagen, der nie zum Einsatz kam.

Die ›Krönung‹ des Typs 911 war der erstmals auf dem Pariser Salon 1974 vorgestellte 911 Turbo, der bei unserer Kundschaft großen Anklang fand und im Verkauf unsere Erwartungen übertraf. 1977 wurde er dann auf dem Frankfurter Autosalon mit einem auf 3,3 Liter vergrößerten Turbomotor mit 300 PS vorgestellt.

seren luftgekühlten Dieselmotoren für Panzer während des Krieges verwendet. Über den Rennsport, wo sie einer harten Erprobung unterzogen wurde, gelangte sie nun auch in unsere Serienwagen. Genau so, wie unsere Firma den luftgekühlten Motor zu einer hohen Reife entwickelt hat, bewährt und getestet in unzähligen Rallyes und Rennen.

Die erste Anwendung in der Serie fand der Turbolader im Typ ›911 turbo‹, den wir erstmals auf dem Pariser Salon 1974 der Öffentlichkeit vorstellten. Es war Deutschlands schnellster Sportwagen und gleichzeitig die Krönung des 911. Die Fachpresse war von diesem Auto begeistert. Die Kommentare hatten einen geradezu enthusiastischen Tenor, der britische *The Motor*, ein führendes Fachblatt in England, sprach zum Beispiel von der ›feinsten Fahrmaschine‹. Der Turbo beschleunigte von 0 auf 100 km/h in 6,3 Sekunden, ein Wert, der zum Beispiel gerade im Hinblick auf die Verkehrssicherheit eine wichtige Rolle spielt. Es war aber nicht nur die Leistung, die die Fachjournalisten beeindruckte, sondern auch der Fahrkomfort und ganz besonders die Fahrfreude oder das ›Fahren in seiner schönsten Form‹, wie wir bei Porsche stets zu sagen pflegten. Fahren in seiner schönsten Form war und ist auch die Philosophie, die die Grundlage unserer Arbeit bildet.

In den USA boten wir den Wagen als Porsche Turbo Carrera zum Preis von 25.850 Dollar an. Die Nachfrage für dieses Fahrzeug übertraf unsere Erwartungen, denn im Mai des Jahres 1976 hatten wir mit 1000 Wagen bereits doppelt so viel verkauft, wie wir erwartet hatten.

Es versteht sich von selbst, dass dieses Fahrzeug auch in entsprechenden Versionen im Sport zum Einsatz kam und dort ebenso erfolgreich war wie seine Vorgänger.

Ich werde manchmal gefragt, welche Überlegungen unserem ständigen Engagement im Sport zu Grunde liegen. Nun, es ist für unsere Ingenieure jedes Mal ein Ansporn, auf diesem Gebiet mitarbeiten zu können, und deshalb setzen wir auch immer wieder junge Ingenieure hier ein. Gleichzeitig ist es aber auch eine gute Schulung für die jungen Leute. Für Rennen und Rallyes nämlich muss der Wagen zu einem bestimmten Termin, und das ist meistens der kommende Sonntag, fertig sein. Dabei kann man nicht sagen, *»machen wir eben am Montag weiter«*, sondern exakt am Sonntag muss der Wagen laufen. Und dabei lernt ein Ingenieur sehr viel. Er findet heraus, wie man Zeit sparen kann und manchmal auch improvisieren muss, um eben das wirklich darstellen zu können, was von ihm verlangt wird.

Manche Leute wundern sich auch, warum gerade Amerika so viele Porsche-Kunden aufweist, wo dort doch eine allgemeine Geschwindigkeitsbegrenzung von 55 Meilen (88,5 km/h) herrscht, die inzwischen für Überlandstraßen auf 60 Meilen pro Stunde (96,5 km/h) angehoben wurde. Nun, wir haben in Amerika einen Porsche-Club mit 30.000 Mitgliedern. Von denen möchte ich eigentlich nicht sagen, dass sie einen Porsche nur als Schmuckstück oder Statussymbol kaufen, sondern sie kaufen ihn, weil es für sie eine Freude ist, mit diesem Auto zu fahren. Für Amerika mag eine Geschwindigkeitsbegrenzung von 96,5 km/h, aus welchen Gründen auch immer, wichtig sein, aber es ist meines Erachtens völlig unmöglich, ein so großes Land wie die Vereinigten Staaten so unter Kontrolle zu halten, dass nicht der eine oder andere einmal irgendwann und irgendwo seinem ›Gaul‹ die ›Sporen‹ gibt.

→ OBEN Autogrammstunde: Beim Signieren eines Porsche 944 Turbo (1986). **→ UNTEN 1997 beim Blick in den 911 GT1.** Kunden konnten eine Kleinserie von 20 Exemplaren des Porsches 911 GT1 mit Straßenzulassung ordern.

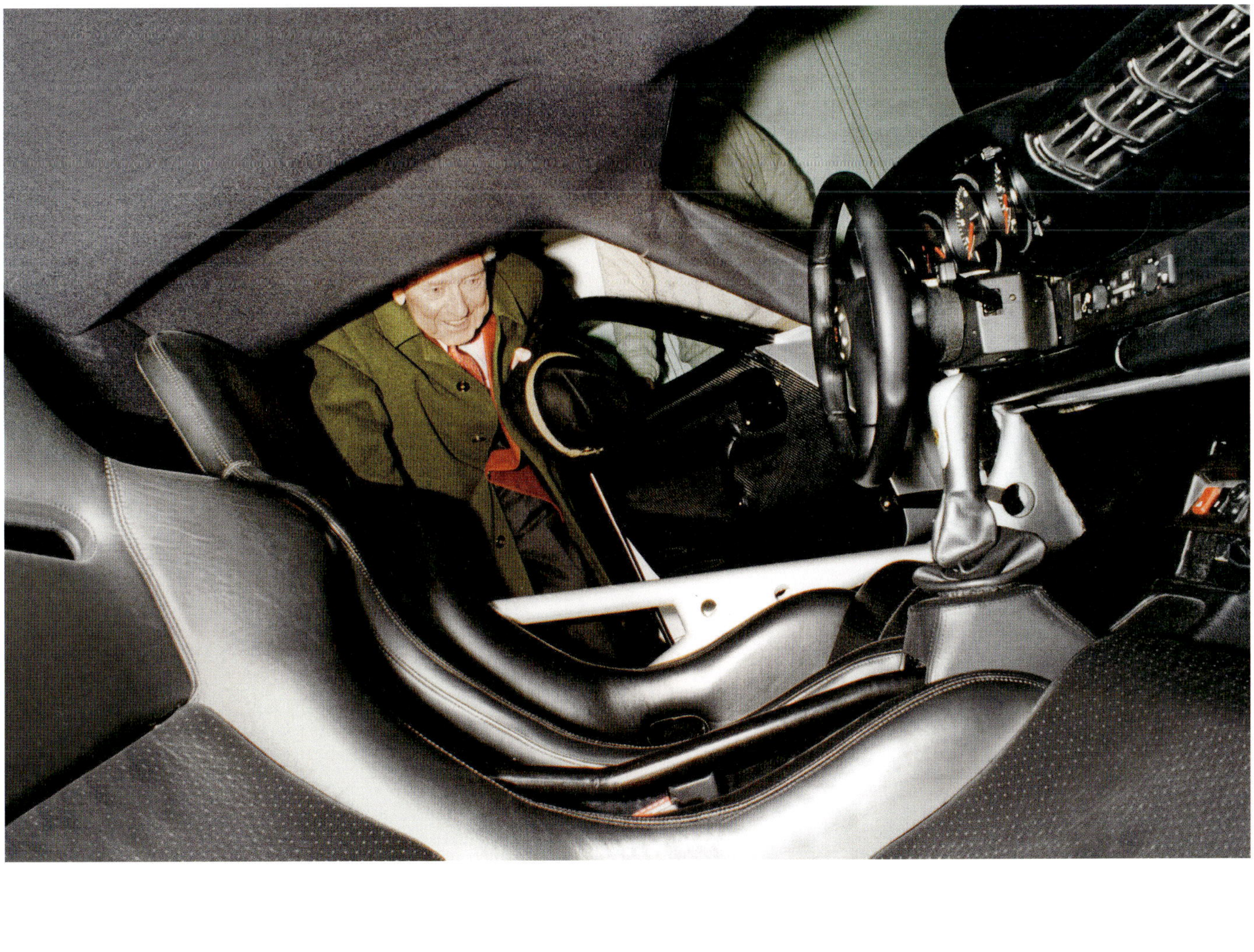

PORSCHE
europa
berg
meister
'66

Targa Florio
über 700 internationale Erfol
Dreifacher
auf
Europa
Berg
meist
196
1000
Kilometer
Rennen
Nürburgri
1969
1. Siffert Redman
2. Stommelen Herrmann
3. Elford Ahrens
4. Lins Attwood
5. Kauhsen von Wendt
alle Porsche 908
Sport-Prototypen
bis 2000 ccm
1. Moser Nicodemi Porsche
GranTurismo-Wagen
bis 2000 ccm
1. Neuhaus Fröhlich Porsche
Shell Cibié Bosch
Deutschland
Österreich
Schweiz
Frankreich
Holland
1/4 MILE STANDING:
11,892 sec. 121,97
500 METER STAND
13,557 sec. 132
CAR: PORSCHE
DRIVER: HUSC
PLACE: MOTO
908
2. ELF
ATTW
PORS
908
3. LINS
BUZZ
PORS
908
1963

SCHAFT GT bis 2000 c
1963
BP, Dunlop, Bosch
1000 KMS
Sport: Edgar Ba
Deutschland
Grand Tourisme:
H. Müller, Schweiz
1958 1959 1960
BP, Dunlop, Bo
CAN-A
Mark Donohue
SE GELIN PO
Shell
RALLY
MONT
CAR
BOSCH
Nationale Meistersch
UE PORSCH
McLAREN
RSCHE AUD
Firestone
BP DUNLO
ÖSTERREICH 2
00 c.c.

→ OBEN LINKS Rennplakat »Porsche Gagne« (Strenger, 1951) **→ OBEN RECHTS Rennplakat** »Porsche meldet neue Erfolge« (Strenger, 1951) **→ UNTEN Rennplakat** »Dreifacher Porsche-Sieg auf dem Nürburgring« (Hannig, 1953)

→ OBEN LINKS Rennplakat »Targa Florio« (Strenger, 1956) **→ OBEN RECHTS Rennplakat** »Porsche Erfolge 1956« (Strenger, 1956) **→ UNTEN Rennplakat** »Porsche – Über 700 internationale Erfolge« (Strenger, 1957)

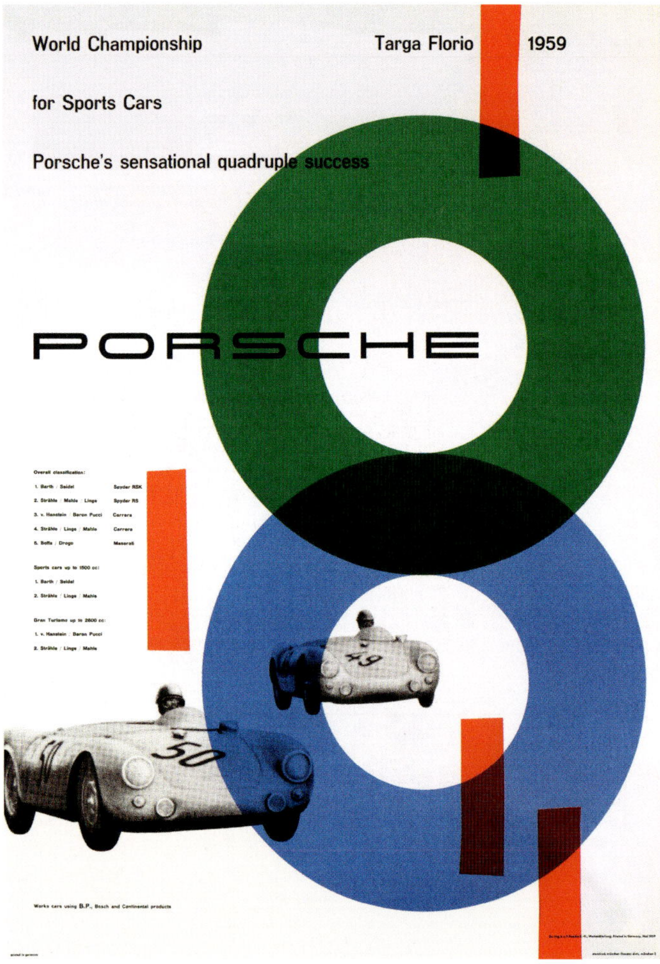

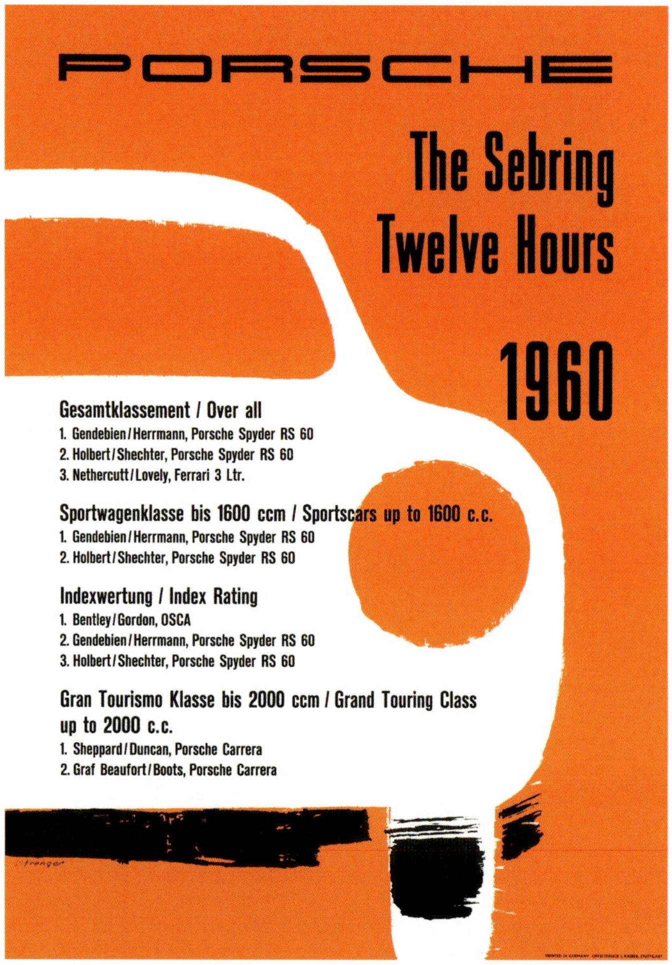

➜ OBEN LINKS Rennplakat »Targa Florio 1959« **➜ OBEN RECHTS Rennplakat** »The Sebring 12 Hours 1960« **➜ UNTEN Rennplakat** »Weltmeisterschaft GT bis 2000 ccm«

--➔ OBEN LINKS Rennplakat »Porsche – Europa-Bergmeister 1963« **--➔ OBEN RECHTS Rennplakat** »Porsche – 2 neue Weltrekorde« **--➔ UNTEN Rennplakat** »Porsche – Europa-Bergmeister '66«

➔ OBEN LINKS Rennplakat »1000 kms de Spa« **➔ OBEN RECHTS Rennplakat** »Porsche wins Mid Ohio Can-Am« **➔ UNTEN Rennplakat** »Sebring '66«

→ OBEN Rennplakat »1000-Kilometer-Rennen Nürburgring 1969« **→ UNTEN LINKS Rennplakat** »Südwestpokal Hockenheim Interserie 1972« **→ UNTEN RECHTS Rennplakat** »Porsche-Cup '73«

➔ OBEN LINKS Werbeanzeige »For carefree country life« (Lohrer, 1961) **➔ OBEN RECHTS Plakat** »Porsche offers you a world of pleasure« (Lohrer, 1963) **➔ UNTEN Werbeanzeige** »the perfect sporting partner« (Lohrer, 1961)

--➔ OBEN Poster »6/5/130/210/911« (Strenger, 02/1965)
--➔ UNTEN Poster »1960 über 1500 Sporterfolge« (Lohrer, 1960)

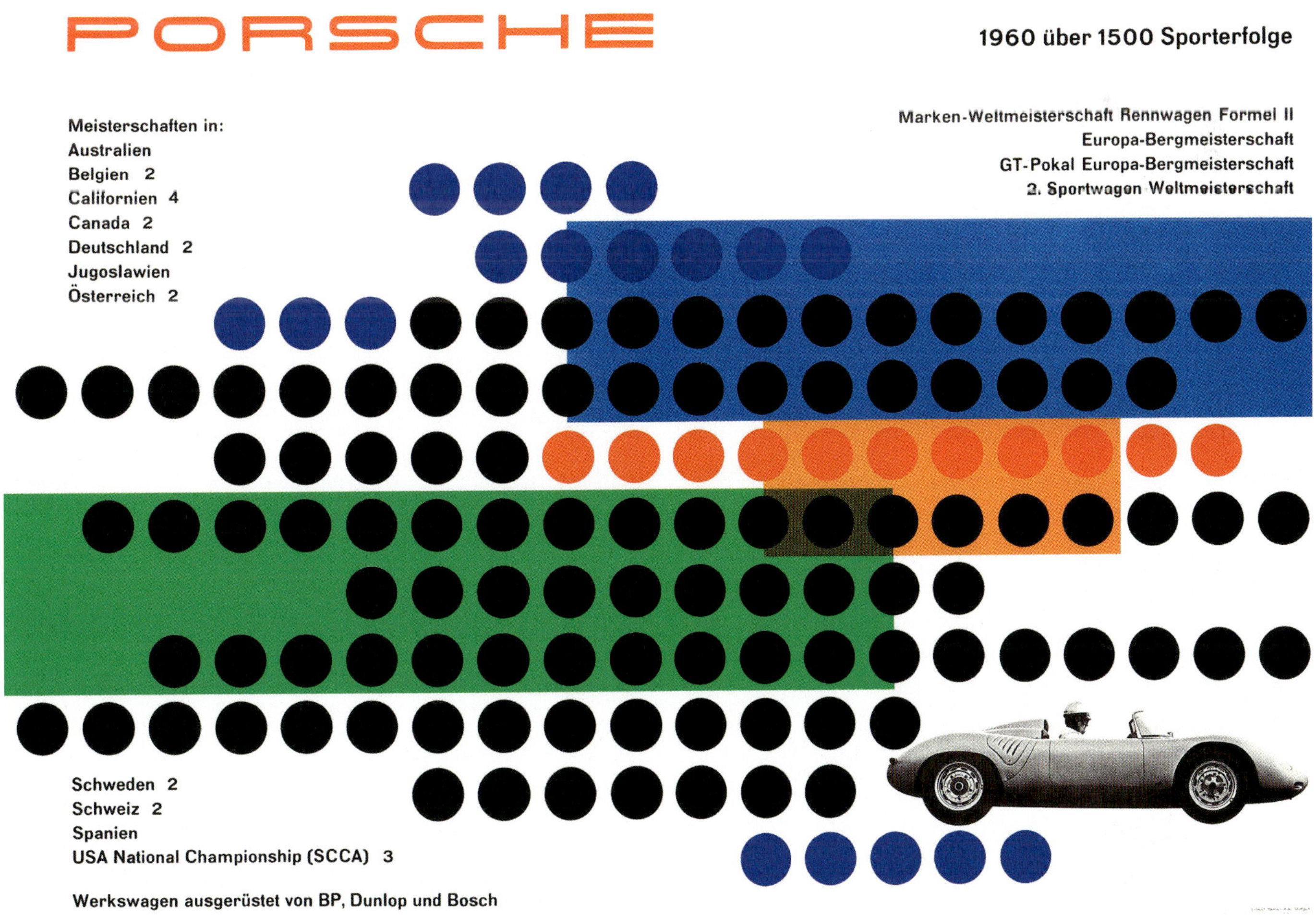

-➔ **OBEN LINKS Rennplakat** »Sebring« (Strenger, 1957)
-➔ **OBEN RECHTS Rennplakat** »Europa Rallye Meisterschaft 1961« (Strenger, 1961) -➔ **UNTEN Erfolgs-Poster** Der Porsche 911 dominierte die Rallye Monte Carlo in der zweiten Hälfte der 1960er-Jahre. (Strenger, 1966)

ALLE Erfolgs-Poster Der Porsche 911 dominierte die Rallye Monte Carlo in der zweiten Hälfte der 1960er-Jahre. (Strenger, 1965–1970)

➜ OBEN Rennplakat »Porsche 911 – Victorieuse en categorie GT 1966«(Strenger, 1966) **➜ UNTEN LINKS Rennplakat** »Porsche Sportomatic – 84 Stunden Nürburgring«(Strenger, 1967) **➜ UNTEN RECHTS Rennplakat** »Wie gut ist ein Porsche?«(Strenger)

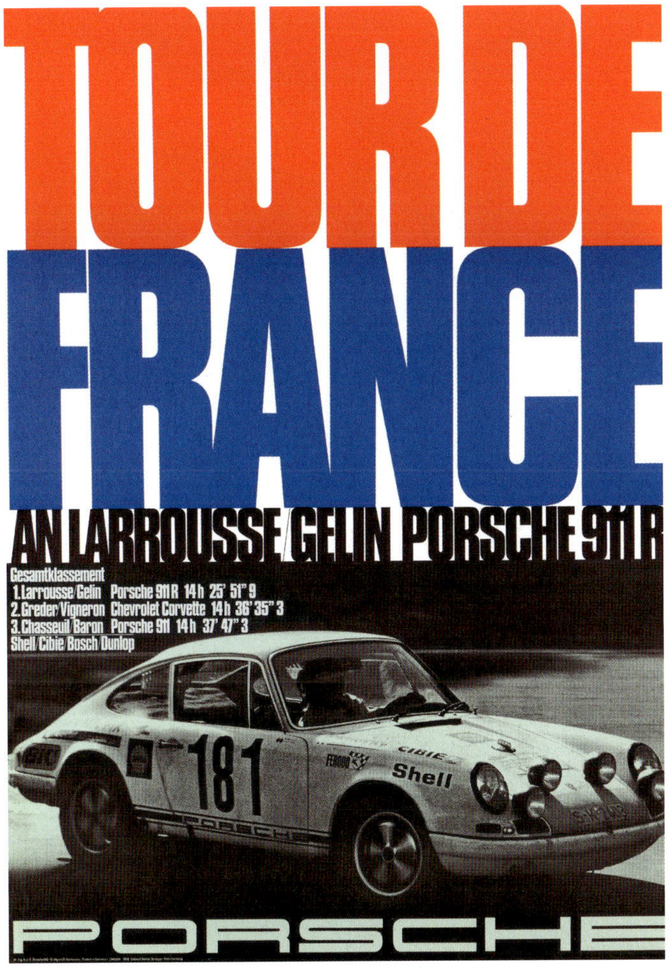

--> OBEN LINKS Rennplakat »Porsche – 1968«, (Erich Strenger) **--> OBEN RECHTS Rennplakat** »Tour de France«, (Erich Strenger) **--> UNTEN Rennplakat** »Porsche en Corse«, (Erich Strenger)

→ OBEN Rennplakat »Porsche – Trans-Am-Champion« (Atelier Strenger, 1973) **→ UNTEN LINKS Rennplakat** »Klaus Ludwig – Deutscher Rennsportmeister auf Porsche« (Atelier Strenger, 1979) **→ UNTEN RECHTS Rennplakat** »24 Stunden Le Mans '79« (Atelier Strenger, 1979)

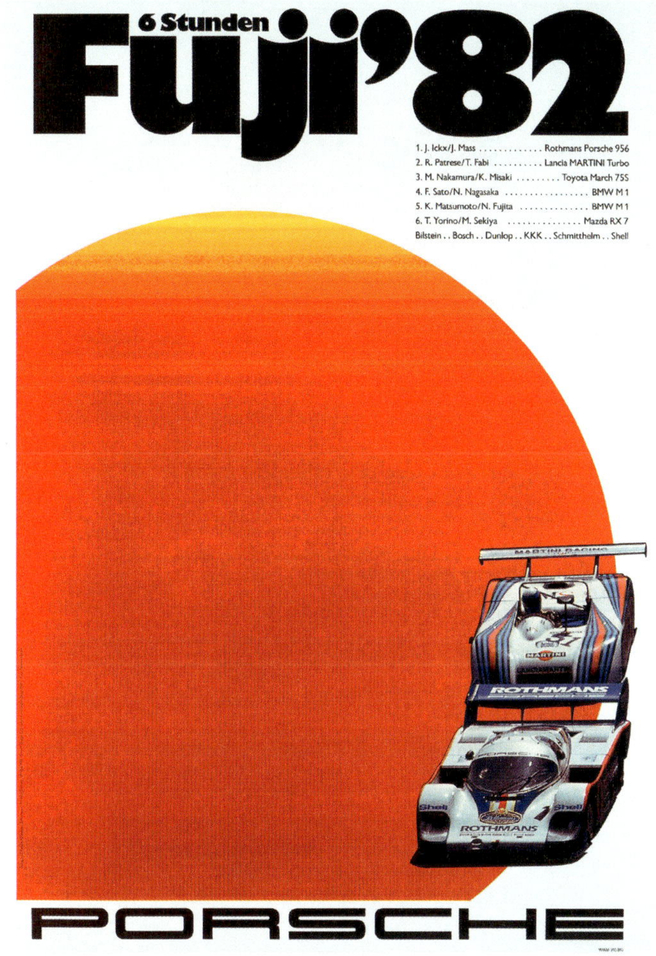

➜ OBEN LINKS Rennplakat »Interscope '80 – Indianapolis 500« (Atelier Strenger, 1980) **➜ OBEN RECHTS Rennplakat** »6 Stunden Fuji '82« (Atelier Strenger, 1982) **➜ UNTEN RECHTS Rennplakat** »1000 km Fuji'84« (Entwurf Gruppe C, 1984)

S EJ 4214
10000

→ KAPITEL 22

ENTSCHEIDUNG FÜR DIE ZUKUNFT

→ **Entwicklungsleiter Helmuth Bott (1971).**

Am 1. März 1972 erhielt die Firma Porsche eine neue Organisationsform. Ich hatte dabei das Ziel, das Unternehmen für die nächste Generation vorzubereiten. Dazu gehörte aber auch, dass die nächste Generation sich bereitfand, mitzutun. Und zwar in einer Form sich zu engagieren, bei der nicht jeder Einzelne glaubte, er allein sei der Chef. Das bedeutete, entweder war diese Generation fähig, miteinander zu arbeiten, oder nicht. Nachdem ich festgestellt hatte, dass die erforderliche Harmonie in der Zusammenarbeit nicht herzustellen war, zog ich die Konsequenzen und sagte: *»Dann kommt eben keiner an die Spitze!«*

Denn keiner der Vertreter der nächsten Generation war damals so weit, dass ich ihm zugetraut hätte, die vor ihm liegende Aufgabe zu lösen. Allerdings hatte jeder der jungen Leute bis zu einem gewissen Grad den Nachweis erbracht, dass er etwas konnte, aber das allein genügte eben nicht, ein Unternehmen wie das unsere zu führen. Dazu sind eben vielerlei Fähigkeiten erforderlich. So muss ich zum Beispiel ein Gefühl dafür haben, ob sich die getroffenen Entscheidungen am Ende auszahlen. Ich kann als Techniker nicht einfach irrealen Ideen nachhängen oder spintisieren, wie ich es auszudrücken pflege, mir also Spielereien erlauben, die dann später nichts bringen. Davon kann eine Firma nicht leben.

So predige ich bis heute: *»Die schönsten Rennerfolge lassen sich nur dann realisieren, wenn die Produktion verkäuflich ist und uns keine roten Zahlen beschert. In den roten Zahlen kann ich mir die Rennerei nicht erlauben, denn dann ginge ich am Ende pleite, selbst wenn ich jedes Rennen gewänne!«*

Das hatte damals eben auch Ferdinand Piëch nicht verstanden. Und was meinen Sohn Ferdinand Alexander betrifft, der den 911 gestylt hat und damit seine Fähigkeiten in Bezug auf die Formgebung eines Automobils bewies, so war dieser andrerseits zur damaligen Zeit nicht in der Lage, eine Firma zu führen. Heute hat er nun seinen eigenen, sehr erfolgreichen Betrieb. Aber so war das damals mit der dritten Generation von Porsche.

Es gibt nun einmal die unterschiedlichsten Auffassungen in der Welt. Ein Amerikaner zum Beispiel baut eine Firma auf, und wenn sie gut geht, also den höchsten materiellen Wert erreicht hat, dann verkauft er sie und fängt mit dem Geld etwas Neues an. Und mit der neuen Firma macht er dann das Gleiche wie vorher.

Bei uns geht das nicht. Nicht mit dem Namen Porsche. Wäre es meine Absicht gewesen, eine Firma zu Spekulationszwecken zu gründen, dann hätte man ihr von Anfang an einen Phantasienamen geben müssen, denn ich verkaufe mich selbst nun einmal nicht gerne. Folglich hatte von mir schon von Anfang an etwas falsch programmiert sein müssen, weil es für mich ganz selbstverständlich gewesen war, das weiterzuführen, was mein Vater einst angefangen hatte.

Die nun eingeleitete Umstrukturierung in eine Aktiengesellschaft war doch wohl schon mit dem Hintergedanken verlangt worden, sich aus dem Unternehmen verabschieden zu können, wann immer das opportun erschien. Nach meiner rein persönlichen Meinung kann ich mich nicht als Unternehmer bezeichnen, wenn ich nur deshalb ein Unternehmen aufbaue, um es dann sofort wieder zu verkaufen, wenn es den höchsten Wert erreicht hat.

Ich habe bei meinem Vater mit der Arbeit angefangen, die ich bis heute ausübe, und war von Anfang an von ihr eingenommen. Ich hatte, wie man zu sagen pflegt, bei der Arbeit mit meinem Vater ›Blut geleckt‹ und bin von dieser engen Bindung an das väterliche Erbe nie mehr losgekommen.

Nun, Anfang des Jahres 1972 schieden alle Familienmitglieder aus der Firma Porsche aus. Am 1. März 1972 gaben wir unseren Unternehmungen eine neue Organisationsform. Die ›Dr. Ing. h.c. F. Porsche KG‹ in Stuttgart-Zuffenhausen, die ›VW-Porsche Vertriebsgesellschaft mbH‹ in Ludwigsburg bei Stuttgart und die ›Porsche Konstruktionen KG‹ in Salzburg, deren Inhaber zu gleichen Teilen meine Schwester Louise Piëch

→ **Der Porsche 928,** ein elegantes Coupé, das auf der Transaxle-Technik basiert, hat eine wassergekühlten V8-Zylinder-Motor und repräsentiert eine neue technische Philosophie für das Haus Porsche

und ich waren, wurden durch eine Holdinggesellschaft, die ›Porsche GmbH‹ mit Sitz in Stuttgart, verwaltet. Als Geschäftsführer fungierten meine Schwester und ich. Für das technische Ressort war Dr. Fuhrmann zuständig, der bei uns von 1947 bis 1956 bereits als Konstrukteur gearbeitet hatte und bis 1971 dann Vorstandsvorsitzender bei der Firma Goetze in Burscheid gewesen war, bevor er wieder zu uns zurückkehrte. Für die Finanzen war Heinz Branitzki verantwortlich, der im Jahre 1965 von der Firma Carl Zeiss in Oberkochen zu uns gekommen war. Der Verkauf unterstand L. Schmidt, die Entwicklung Helmuth Bott, die Produktion H. Kurtz und das Personalwesen K. Kalkbrenner.

Die Neuorganisation unseres Unternehmens wurde schließlich mit der Umwandlung in eine Aktiengesellschaft abgeschlossen. Aus der ›Dr. Ing. h.c. F. Porsche GmbH‹ wurde die ›Dr. Ing. h.c. F. Porsche AG‹. Es handelt sich dabei um eine reine Familien-Aktiengesellschaft mit zunächst zehn, später dann zwölf Aktionären.

Den Vorsitz im Aufsichtsrat übernahm ich, mit meiner Schwester Louise Piëch in der Stellvertreterfunktion. Dazu ist festzustellen, dass die dritte Generation mit aller Macht darum gekämpft hatte, den beiden Senioren, also meiner Schwester und mir, keine Vorrangstellung einzuräumen.

Mit der Einführung der Aktiengesellschaft wurde der Aufsichtsrat erweitert. Er umfasst heute, nachdem die Mitbestimmung Gesetz wurde, zwölf Mitglieder, und zwar sechs von der Eignerseite und sechs von der Arbeitnehmerseite. Von letzterer kommen vier aus dem Unternehmen und zwei von der Gewerkschaft. Mit der Umstrukturierung in eine Aktiengesellschaft erhielt unser Unternehmen einen Vorstand, der von den oben angeführten Herren gebildet wurde.

Ich habe diesem neuen Management völlige Freiheit gelassen. Dies einfach aus dem Grund, weil ich mir nichts davon verspreche, wenn man vom Vorstand in den Aufsichtsrat wechselt und dann vom Aufsichtsrat aus regieren will. Das geht nun einmal nicht.

Ich hatte schon früher nach einem ganz bestimmten Prinzip geführt. Damals ging ich zum Beispiel regelmäßig durch das Konstruktionsbüro, manchmal habe ich dabei auf dem Reißbrett eines Konstrukteurs etwas entdeckt, das mir nicht gefiel. Ich bin nun nicht zu dem Mann hingegangen und habe kraft meiner Stellung gesagt: *»Ändern Sie das!«*, sondern ich habe meine Kritik so angebracht, dass der betreffende Herr nachher geglaubt hat, die bessere Idee sei ihm selbst eingefallen. Auf diese Weise war ich sicher, dass mein Vorschlag auch ausgeführt wurde. Zwingt man dagegen einem Konstrukteur als sein Vorgesetzter etwas auf, dann nimmt man ihm im Grunde die Freude an seiner Arbeit und der Betreffende ist nicht mehr motiviert.

Mit dem neuen Management trat nun auch ein Richtungswechsel innerhalb der Firma ein. Ich habe viele Jahre eng mit meinem Vater zusammengearbeitet und bin so stark von seinen Vorstellungen und seiner Philosophie geprägt, dass ich auch nach seinem Tode in der Technik seinen Ideen folge. Das bedeutet, ich schreibe seine Handschrift. Ich schreibe sie aus einem tiefen Gefühl angelernter, ja geradezu angeborener Dazugehörigkeit. Als dann im Jahre 1972 alle Familien-Mitglieder aus dem Unternehmen ausgeschieden waren, griffen die Entscheidungen, die vom neuen Management getroffen wurden, so weit in die ganze Philosophie des Hauses ein, dass sich diese grundlegend änderte. Das ist nun einmal eine Tatsache und es erübrigt sich jede Diskussion darüber, ob der nun eingeschlagene Weg richtig war oder nicht. Es gibt bekanntlich viele Wege nach Rom, und wir haben mit der neuen Philosophie und den daraus entstandenen verschiedenen Varianten unseren Kundenkreis gefunden.

Das Programm, das uns das neue Management vorlegte, basierte auf dem Transaxle-Prinzip, bei dem der Motor vorn liegt und das Getriebe mit der hinten liegenden Antriebsachse kombiniert ist. Für mich war dieses Prinzip nicht neu, denn mein Vater hatte dieses Konzept bereits angewendet, als er während seiner Zeit bei Daimler einen Rennwagen entwarf, der später zum erfolgreichen W25 führte, dem das Transaxle-Prinzip zugrunde lag. Bei Porsche bedeutete es jedoch eine Abkehr vom bisher praktizierten Prinzip. Es war nicht mehr meine eigene Handschrift.

Das neue Programm enthielt verschiedene Varianten mit ähnlichem Styling. Es befand sich auch eine neue Karosserie für den 911 darunter, und in der Grundidee der heutige Typ 928 als viersitziges Coupé mit Rücksitzen, die in den Abmessungen in etwa denen des Mercedes-Coupés entsprachen. Wir waren eigentlich mit dem, was uns da vorgestellt wurde, recht zufrieden. Und Dr. Fuhrmann und die verantwortlichen Herren der Entwicklung schlugen aus Zeit- und Preisgründen die Variante 928 als die zu wählende Lösung vor.

Vorserienmodell des Porsche 924 (ca. 1975).

LINKS Porsche 924 vor dem Verkaufsraum (Modelljahr 1976).
RECHTS 1978 auf der Motorhaube eines Porsche 928.

250 000

--➔ 1977 während der Feier anlässlich des 250.000. Porsche-Sportwagens, eines 911 2.7 Coupés.

1981 mit dem 100.000. Porsche 924, der längst zu einem Bestseller geworden war.

Sie rechneten uns vor, dass der wassergekühlte Motor des 928 billiger werden würde als der bisher verwendete luftgekühlte Motor. Sie rechneten uns weiter vor, dass die Karosserie billiger werden würde, weil der Motor vorn liegt und damit die ganze Abdichtung für den Heckmotor wegfalle und so weiter und so weiter. Am Ende stimmte der Aufsichtsrat der Variante 928 zu. Es wurden dann die ersten Sitzmodelle und Prototypen gebaut, und bei diesen Sitzmodellen war der Raum im Fond so groß wie beim Mercedes-Coupé. Im Laufe der weiteren Entwicklung wurde aber dann der hintere Sitzraum von Mal zu Mal kleiner.

So war das automatische Getriebe größer als vorgesehen, und wieder wurde ein Stück vom Sitzraum weggenommen. Es kamen die Vorschriften, nach denen die hinteren Sitze mit Anschnallgurten ausgerüstet werden mussten, und erneut fehlte ein Stück. Und so verkümmerten die hinteren Sitze am Ende, statt dass man das Auto verlängert oder eine Lösung in anderer Form gesucht hätte, und man entfernte sich damit vom 911.

Gleichzeitig hatte man aber darauf verzichtet, beim 911 Modellpflege zu betreiben, da man sich sagte, *»der läuft ja ohnehin aus«*. Die Herren hatten eben keine innere Beziehung zum 911. Er war nicht ihr Auto. Erst später sollte sich dann herausstellen, dass eben der 928 nicht das richtige Fahrzeug war, um den 911er ablösen zu können. Das konnte man drehen und wenden, wie man wollte.

Ich hatte ja zu dieser Zeit einen vierradgetriebenen Wagen in der Art des Range Rover aufzeichnen lassen. Und bei dem lag der Motor auch vorn. Mit der Transaxle-Lösung konnte ich mich nun einmal nicht anfreunden, denn mit dem Motor vorn und dem Getriebe hinten dürfte es fast unmöglich sein, einen Vierradantrieb zu machen. Auch der Passat mit Vierradantrieb wurde zu jener Zeit aufgezeichnet.

Auf der anderen Seite läuft auch heute noch die Auseinandersetzung weiter, inwieweit ein Dauervierradantrieb überhaupt allgemein wünschenswert ist. In manchen Gegenden brauche ich ihn überhaupt nicht, und er verteuert das Auto dazu noch. Mir kommt das ganze Thema manchmal vor, als diskutiere man darüber, ob man Eisschränke an die Eskimos liefern sollte.

Nun gut, aber beim Vierradantrieb verfügten wir nun einmal durch den VW-Schwimmwagen und andere Modelle über eine sehr große Erfahrung. Mit den von mir vorgeschlagenen Lösungen komfortabler Geländewagen mit voller Straßentauglichkeit und einem Passat

LINKS Bereits der 924 ist ein Transaxle-Konzept, wir entwickelten ihn zuerst für das Volkswagenwerk und nahmen ihn zurück, als VW ihn nicht produzierte. **RECHTS Eine große Stütze war für unsere Arbeit Senator Karl Rabe,** stets ein loyaler Mitarbeiter, ja, ein Freund unserer Familie, mit dem ich hier ein technisches Problem diskutiere.

mit Vierradantrieb wären wir lange vor den Japanern auf den Markt gekommen, die heute auf diesem Sektor das große Geschäft machen.

Ich bin auch sicher, dass sich der 928 noch besser verkauft hätte, wenn er länger geworden wäre und dann im Komfort dem Mercedes entsprochen hätte. Wie wir ja mit dem 928 auch eine völlig andere Kundschaft als beim 911 ansprechen mussten, nämlich Kunden, die Jaguar oder Mercedes fahren.

Wir nahmen dann als erstes Transaxle-Fahrzeug den 924 in unser Programm auf, der als ein billigerer Nachfolger für den 914 für das Volkswagenwerk entwickelt worden war. VW entschied dann, ihn nicht zu bauen, im Grunde kam die Energiekrise dazwischen, und wir nahmen ihn zurück. Die Zusammenarbeit mit VW gestaltete sich schon damals recht schwierig, und man hat uns dann in den 924 einen Motor einbauen lassen, von dem man annehmen musste, dass er nicht mehr sehr lange in Serie gefertigt werden würde. Wäre der Fünfzylinder von Audi damals schon verfügbar gewesen, dann hätten wir den nehmen können. So mussten wir dann aber einen eigenen Vierzylinder bauen, und da das neue Management vorschlug, wir gehen nach dem Baukastenprinzip vor, machen einen Vierzylinder und einen Achtzylinder, da wurde das dann auch so entschieden.

Als Piëch schließlich bei Audi war, schlug er vor, den Fünfzylinder für den 924 zu nehmen und aus zwei Fünfzylindern einen Zehnzylinder für den 928 zu bauen. Aber die Verbindung zu Audi war nicht so eng, als dass man sich völlig auf diesen Vorschlag hätte einlassen sollen. Hätten wir es getan, dann wären wir von der VW-Organisation noch stärker abhängig gewesen.

Der 928 erhielt dann einen V8-Zylinder-Motor eigener Konstruktion mit einem Hubraum von 4,5 Litern und einer Leistung von 240 PS, wahlweise mit Fünfganggetriebe oder Viergang-Automatik von Daimler-Benz lieferbar. Er wurde Ende Februar 1977 in Südfrankreich erstmals der Presse vorgestellt und positiv aufgenommen. Das neue Management hat dann noch einige Journalisten zu Vergleichsfahrten auf den Nürburgring eingeladen. Dabei wurde auf der Nordschleife der 928 mit dem 911 verglichen. Da gab es nun kaum etwas zu vergleichen, denn die beiden Autos repräsentieren eine unterschiedliche Philosophie. Deshalb musste man für den 928 auch einen völlig neuen Typ von Kunden finden. Wir haben ihn ja – wie schon erwähnt – inzwischen gefunden. Im übrigen war der neue 928 auf dem Nürburgring nicht schneller als der doch wesentlich ältere 911, beide waren vielmehr gleichschnell.

Der 928 und der 928 S, das sind heute hervorragende Automobile mit einer besseren Straßenlage und stärkeren Bremsen als beim 911. Sie werden noch lange die Grundlage unseres Programms bleiben, da sie zweifellos noch ein großes Entwicklungspotenzial aufweisen. Dieses Potenzial ist in Karosserie-Varianten und verschiedenen Motorversionen gegeben. Der V8-Zylinder des 928 bietet eine Entwicklungsmöglichkeit bis hin zu einem Hubraum von sechs Litern, denn wenn ich aus dem Vierzylinder ein Dreiliter-Aggregat mache, warum sollte ich dann aus dem Achtzylinder keine Sechsliter-Variante bauen können?

Was den 924, also unseren Vierzylinder angeht, so möchte ich den eigentlich nicht mehr bauen, dagegen sollte man den 944 noch so lange wie möglich im Programm lassen. Über die Entstehungsgeschichte des 924 habe ich bereits berichtet. So, wie ihn VW für uns kalkulierte, war er zu teuer. Hätten wir ihn um zwanzig Prozent billiger anbieten können, dann wäre er im Angebot richtig platziert gewesen. Außerdem bin ich der

→ Abgeleitet vom 924 wurde der 944 mit neuem 2,5-Liter-Motor, auch als 944 Turbo mit 220 PS lieferbar.

Meinung, dass wir als exklusive Marke unterhalb des Sechszylinders nichts mehr ansiedeln sollten. Der 944 mit Abgasturbolader ist da eine Ausnahme. Dieses Modell sollte auch im Programm bleiben.

Man hat mir in der Presse einmal nachgesagt, ich müsse eben alle paar Jahre einen neuen Vorstand haben. Ja, Anfang der siebziger Jahre schrieb sogar ein Journalist, ich würde meine Chefkonstrukteure einen nach dem anderen hinauswerfen. Das stimmt natürlich so überhaupt nicht. Nehmen wir unseren Chefkonstrukteur, Herrn Senator Karl Rabe, der war von Anfang an bei uns und hat, solange er im Beruf tätig war, bei der Firma Porsche gearbeitet. Von einem ständigen Wechsel konnte da gar keine Rede sein. Oder nehmen wir unseren späteren technischen Vorstand, Professor Bott, der war mehr als 35 Jahre bei uns.

Und was die Vorstandsvorsitzenden betrifft, so habe ich in fünfzehn Jahren nur zwei gehabt, nämlich Herrn Professor Fuhrmann und Herrn Peter Schutz. Im gleichen Zeitraum haben andere Automobilfabriken ihre Vorsitzenden fünf- bis sechsmal gewechselt.

Ich habe im Laufe meines Lebens immer nach Mitarbeitern gesucht, die fähig waren, Teamwork zu praktizieren. Ich habe zu diesem Zweck Leute aus Amerika geholt, meistens waren es Deutsche, die schon einige Zeit in den Vereinigten Staaten gearbeitet hatten. Eigenartigerweise haben diese Leute bereits auf der Rückreise vergessen, dass es so etwas wie Teamwork wirklich gibt. Ich war deshalb auch glücklich, als ich Herrn Schutz gefunden hatte. Die Zusammenarbeit mit ihm hat sich in den ersten Jahren dann auch bestens angelassen, aber anscheinend verlernt auch ein Amerikaner im Laufe seiner Tätigkeit in Europa, auf der Grundlage von Teamwork zu arbeiten.

In diesen ersten Jahren sprach Schutz immer wieder davon, dass man über alle Angelegenheiten diskutieren können muss und dabei in der Lage sein sollte, zueinander zu finden. Sicher ist das ein guter Vorsatz, um ein Unternehmen zu führen, aber im Laufe der Zeit ist er immer weiter davon abgerückt. Schutz arbeitete zweifellos erfolgreich, aber mit wachsendem Erfolg nahm die Bereitwilligkeit ab, auf andere zu hören. Und im weiteren Verlauf seiner Arbeit hat sich dann das Ganze einfach umgekehrt. Es kam der Punkt, von dem an er nicht mehr hören wollte, was seine Vorstandskollegen zu sagen hatten, wenn sie anderer Meinung waren als er. Anscheinend können große Erfolge einen Menschen dazu verleiten, von der Richtigkeit seines Handelns so sehr überzeugt zu sein, dass er zum Diktator wird.

Ich will aber dabei das Menschliche nicht übersehen, das vielleicht zu dieser Entwicklung mit beigetragen hat, denn ich hatte in der letzten Zeit das Gefühl, dass jede Amerika-Reise, die Schutz unternahm, für ihn eine Art Heimkehr war. Ich vermute, er hatte ganz einfach Heimweh. Sicher eine sehr menschliche Seite von Herrn Schutz und sehr verständlich. Als dann der Sturm kam und dunkle Wolken aufzogen, da hat er sich anscheinend bei uns nicht mehr wohlgefühlt und war vielleicht innerlich nicht mehr darauf eingestellt, die Verantwortung zu tragen. Wäre er bereit gewesen, in einer härteren Zeit weiterhin die Verantwortung zu übernehmen, dann vielleicht eher in einer amerikanischen Richtung. Über diese Art habe ich am Anfang dieses Kapitels gesprochen.

Natürlich hat sich auch Herr Schutz um das Unternehmen verdient gemacht. So hat er zum Beispiel den Untergang des 911 verhindert, indem er ein Cabriolet bau-

--➜ 1991 mit dem Porsche 968 Coupé in der Zuffenhausener Produktion.

te und sich einen klaren Blick dafür bewahrte, dass der 911 einfach nicht sterben durfte. Und ich sage es ganz offen, wir wären heute sehr schlecht dran, wenn es den 911 nicht mehr gäbe. Das ist für mich ein völlig klarer Fall.

Auf der anderen Seite hat er aber auch kein Zukunftsprogramm gemacht, sondern sich ganz auf die Typen 911 und 928 verlassen. Mit Amerika ging das bei einem hohen Dollarkurs gut, also bestand für ihn gar kein Anlass, das zu ändern. Wir hatten aber schon vorher Zeiten gehabt, in denen wir den Amerika-Export gedrosselt haben, um von diesem Markt nicht zu abhängig zu werden. Zum Zeitpunkt des Börsenkrachs im Oktober 1987 exportierten wir 62 Prozent unseres Programms in die USA. Normalerweise hatten wir stets angestrebt, unter 50 Prozent zu bleiben.

Wir werden gemeinsam auch diese Lage meistern, nachdenklich stimmt mich dagegen die Betrachtung unserer heutigen allgemeinen Lage. Die Unternehmer, die nach dem Krieg mit seinem totalen Zusammenbruch alle Risiken auf sich nahmen, werden von manchen Medien als ›Ausbeuter‹ hingestellt. Dies, obwohl der Staat den weitaus größten Teil ihrer Gewinne über die Steuer abschöpft. Auf andere Weise hätte er wohl auch kaum die sozialen Maßnahmen finanzieren können, die nach dem Krieg geschaffen wurden und die wir begrüßen. Wir haben heute für breite Kreise der Bevölkerung einen Wohlstand, wie er in der Geschichte unseres Landes noch niemals zuvor existierte. Aus diesem Grund habe ich auch keinerlei Verständnis für jene Demagogen und politische Gruppen, die bewusst Unzufriedenheit schüren, Unwahrheit verbreiten und völlig überflüssigerweise unter falschen Voraussetzungen Spannungen erzeugen.

Wir haben im Aufsichtsrat die paritätische Mitbestimmung, das heißt, die Verantwortung liegt hier zu gleichen Teilen bei den Kapitaleignern und der Arbeitnehmerseite. Das ist gut so, aber es bedeutet gleichzeitig, dass wir gemeinsam, Eigner wie Arbeitnehmer, für die Existenz und die Zukunft des Unternehmens Verantwortung tragen.

Die moderne Technik liefert uns Informationen aus allen Teilen der Erde. Wir erfahren so, dass immer noch Millionen von Menschen unter ärmlichsten Verhältnissen leben und hungern. Wo ist aber – so frage ich mich manchmal – in den westlichen Industrienationen, die im Wohlstand leben, die Bereitschaft, eigene Wünsche zugunsten dieser Millionen zurückzustellen? Im Grunde genommen wäre unsere Wirtschaftsordnung im Westen allein in der Lage, durch ihre Organisation und die moderne Technik so viel zu erzeugen, dass den Millionen von Hungernden wirklich geholfen werden könnte. Bei uns hat jedoch noch das Streben nach mehr Wohlstand und weniger Arbeit den größten Stellenwert. Liegt allein darin unsere Zukunft?

Für mich war bis heute die größte Herausforderung, nach dem verlorenen Krieg, als alles in Trümmern lag, neu anzufangen und gemeinsam mit meinen Mitarbeitern eine Automobilfabrik aufzubauen, denn bis dahin waren wir ja nur Entwicklungsingenieure gewesen.

→ KAPITEL 23

WEISSACH – INGENIEURSERVICE VOM PROJEKT ZUM PRODUKT

→ OBEN Hier bin ich bei der Eröffnung des Skid-Pads im Jahr 1962 zu sehen. **→ UNTEN Unser Entwicklungszentrum Weissach** war für mich die Verwirklichung eines Traumes und bietet Ingenieurservice vom Projekt bis zum Produkt. In Weissach werden Fahrzeuge und Aggregate unter Einsatz hoher Technologie entwickelt. Die Aufnahme zeigt im Vordergrund das Entwicklungszentrum und dahinter die Teststrecke, die Erprobungen in vielfältiger Weise ermöglicht.

OBEN Der Porsche 911 Targa war das erste Cabriolet mit für diese Fahrzeugkategorie ungewöhnlichen Sicherheitseinrichtungen. Er besaß z. B. einen Überrollbügel und konnte auch geschlossen mit einem Hardtop gefahren werden.

Was ist Weissach? Für mich persönlich ganz einfach die Verwirklichung eines Traumes, warum, darauf werde ich noch kommen. In der modernen Terminologie wird Weissach als Entwicklungszentrum wie folgt beschrieben:

»Die schnellen Rennwagen auf den berühmten Pisten der Welt und der schlagkräftige Kampfpanzer Leopard beweisen die breite Skala der Porsche-Entwicklungsarbeiten. Im Entwicklungszentrum Weissach werden Fahrzeuge und Aggregate unter Einsatz hoher Technologie entwickelt. Leichtbau mit modernen Materialien, Magnesium, Titan und faserverstärkten Kunststoffen, sowie Planung und Entwicklung komplexer Systeme sind Aufgaben unserer Ingenieure und Techniker. Hier entstand unter anderem das System Leopard, das nicht nur Träger für Waffen, sondern auch für Bergegerät und Brückenlege-Einrichtungen ist.

Innovationsfreude, unkonventionelles Angehen von Entwicklungsprojekten, gut funktionierende Informationssysteme sowie kosten- und termingerechte Projektleitung sind die Grundlagen. Sie werden sinnvoll ergänzt durch die Einrichtungen für Berechnungen, CAD, Prototypenbau, Erprobung mit computergesteuerten Prüfsystemen, durch ein Zentrum für Umweltschutz und einen großen Windkanal. Das eigene Prüfgelände erlaubt Dauerläufe auf Piste und Geländestrecke.

Mit diesen vielfältigen Leistungen kann das Entwicklungszentrum Porsche Planungs- und Entwicklungsaufgaben zukunftsgerecht anpacken!«

So weit die Beschreibung der Aufgaben von Weissach.

Angefangen hat das alles ja im Jahre 1930 in der Kronenstraße in Stuttgart mit einem der ersten, auch in Amerika bekannten sogenannten ›Consulting Engineering‹-Unternehmen, worunter man die technische Beratung für Automobilfirmen versteht. Nun ist das aber so, dass eine reine Beratung nicht als der Idealfall zu bezeichnen ist. In der Praxis sieht das nämlich dann ganz anders aus. Erscheint man in einer Automobilfirma im Auftrag eines Büros für Consulting Engineering und legt den Technikern entsprechende Zeichnungen vor, dann lehnen diese sie von vornherein ab, weil sie ohnehin glauben, dass sie es besser können als jene, für die man Geld ausgibt. Mit Zeichnungen können sie bei den Kaufleuten noch weniger erreichen, da diese ihnen gleich sagen: *»Davon verstehen wir nichts!«*

Will man also richtig Consulting Engineering betreiben, dann geht das nur, wenn man in der Lage ist, das fertige Produkt hinzustellen. Das begreift dann jeder, und beide Parteien wissen etwas damit anzufangen, der Techniker ebenso wie der Kaufmann. Das ist der Grund, warum ich schon damals in der Stuttgarter Kronenstraße von einem Entwicklungszentrum, wie wir es heute in Weissach haben, träumte.

Wie Sie ja bereits in diesem Buch gelesen haben, versuchten wir schon in den dreißiger Jahren die Idealform des Consulting Engineering anzustreben, als wir in der Garage unseres Hauses am Feuerbacher Weg in Stuttgart die ersten Autos zu bauen begannen und dann in Stuttgart-Zuffenhausen ein Entwicklungszentrum eingerichtet haben.

Aber zwischen Zuffenhausen und Weissach ist ein gewaltiger Unterschied. Weissach in seiner ganzen Komplexität gibt ein Bild von der Automobilindustrie, wie sie sich heute darstellt. Das fängt mit den Konstruktionszeichnungen an, die heute viel kompletter und detaillierter sein müssen als in der Zeit vor dem Krieg. Früher waren die Zeichnungen nicht so vollkommen wie heute. Trotzdem war ein Kraftfahrzeughandwerker in der Lage,

Ab Oktober 1962 wurden Fahrwerksuntersuchungen auf dem Weissacher Skid-Pad durchgeführt.

sie in ein Werkstück umzusetzen. Seine Fähigkeiten waren dabei sehr vielfältig. Er konnte drehen, fräsen, hobeln, schweißen, kurz, ein Handwerker konnte ganz allein das Werkstück herstellen. Heute brauchen sie dazu mehrere Leute, einen, der an der Drehbank arbeitet, einen anderen, der fräst. Alles zusammen von einem einzigen Handwerker ausführen zu lassen, das geht heute nur noch sehr selten.

Trotz computerunterstütztem Design heute haben wir Anfang der dreißiger Jahre auch nicht länger für die Konstruktion eines Autos gebraucht. Für den Sechszylinder-Wanderer zum Beispiel begannen wir mit den Zeichnungen kurz vor Weihnachten und haben die fertige Konstruktion mit den Stücklisten am 1. April abgeliefert. Natürlich haben wir teilweise fertige Aggregate verwendet, so zum Beispiel eine ZF-Lenkung, was die ganze Angelegenheit vereinfacht hat.

Nach dem Krieg haben wir in Gmünd, allerdings aufbauend auf der Käferkonstruktion, einen Sportwagen, den 356, entwickelt, für dessen Entwicklung man heute ein Zentrum wie Weissach benötigt. Natürlich gab es schon vor dem Krieg Windkanal-Einrichtungen, die wurden aber im Krieg zerstört und waren zu der Zeit, als der 356 entstand, noch nicht wieder aufgebaut. Wir haben uns damals – wie bereits geschildert – mit Wollfäden und Fotos von der Autobahnbrücke aus geholfen. Auf diese Weise stellten wir fest, wo die Strömung abriss. Schauen Sie sich dagegen heute einmal unseren Windkanal in Weissach an, da haben wir einen für Modelle und einen für richtige Autos, die dort mit laufenden oder stehenden Rädern gemessen werden können.

Ob die Autos damit nun um so vieles besser geworden sind? Ich vermag es nicht zu sagen. Vor dem Krieg war es geradezu eine Sensation, als wir mit dem Volkswagen ein Auto geschaffen hatten, das auf der Autobahn stundenlang mit Vollgas gefahren werden konnte, ohne festzugehen. Dabei erinnere ich mich an den Bericht des bekannten britischen Fachjournalisten Gordon Wilkins, der als Vertreter der Fachzeitschrift The Motor zusammen mit seinem nicht weniger bekannten Kollegen Laurence Pomeroy als erster ausländischer Journalist gelegentlich eines Besuches des im Bau befindlichen Werkes in Wolfsburg im Jahre 1938 einen der 30 von Daimler-Benz gefertigten Volkswagen fahren durfte. Er schrieb damals: *»Die Stromlinienform ist für die heutige Zeit fortschrittlich, aber wir waren überrascht von der Einfachheit der Innenausstattung mit ihren billigen Stoffpolstern und nackten Metallflächen nur mit einem Tacho, neben dem sich eine große runde Darstellung des Schaltschemas befindet. Es gibt nicht einmal eine Benzinuhr, sondern nur ein Stück gebogenes Rohr, um auf den Reserve-Benzintank umschalten zu können. Die Fahrt über schlechte Straßen war sicher angenehmer als mit den britischen Kleinwagen jener Zeit, von denen die meisten Starrachsen und Blattfedern haben. Die Beschleunigung ist, begleitet von einem wilden Heulen im Heck (hauptsächlich vom Kühlgebläserad), eher gemächlich. Aber als wir auf der Autobahn mit Vollgas fuhren, begannen wir die Autobahnfestigkeit des Wagens zu schätzen, nämlich die Fähigkeit, ihn den ganzen Tag lang voll ausfahren zu können, ohne eine Panne befürchten zu müssen. Die britischen Wagen sind auf Beschleunigung hin übersetzt und neigen dazu, Schwierigkeiten zu machen, wenn sie längere Zeit mit Vollgas gefahren werden!« So weit Gordon Wilkins.*

Aber es gab auch gegenteilige Meinungen. Als nach dem Krieg einige britische Offiziere eine VW-Limousine nach England schickten und vorschlugen, sich das herrenlose Werk in Wolfsburg anzueignen, erhielten sie von der Kommission, die den VW untersuchte, folgenden Bescheid: »Dieser deutsche Wagen ist hässlich, zu laut, sein Heckmotor stellt ein zweifelhaftes Novum dar, wie überhaupt die ganze Konstruktion als eine Spielerei bezeichnet werden kann, die nicht im mindesten rechtfertigt, dass man die Fabrik in der britischen Besatzungszone übernimmt, womöglich Geld hineinsteckt und eine große Sache aufzieht!«

Wie wir inzwischen wissen, hielten sich der britische Major Hirst und seine Kollegen nicht an diese Empfehlung und beschlossen, einige wenige Wagen zu bauen. Was daraus dann wurde, ist bekannt.

Sicher sind die Autos fortschrittlicher geworden. Aber für das, was früher ein Ingenieur aufgezeichnet und ausgeführt hat, braucht es heute mehrere; da kommt der Stylist, der eine Idee hat, dann erscheinen die Techniker, die prüfen, was der Stylist vorgeschlagen hat. Und zum Schluss kommt dann etwas ganz anderes heraus als das, was einer erfunden hat, weil im Windkanal oder wegen der Belüftung oder aus Einbaugründen andere Ergebnisse erzielt werden.

Insgesamt hat sich die Automobiltechnik in Richtung auf eine wesentlich höhere Spezialisierung der einzelnen Ingenieure entwickelt. Der Wirkungsgrad des

--➔ OBEN Porsche 928 auf dem Prüfstand im ›MZU‹, dem Messzentrum für Umweltschutz (1983).
--➔ UNTEN 928 S4 im neuen Windkanal in Weissach (1986).

--➔ OBEN Das Messzentrum für Umweltschutz in Weissach im Jahr 1986.
--➔ UNTEN Windkanalgebäude des Messzentrums für Aerodynamik im Porsche-Entwicklungszentrum in Weissach (1988).

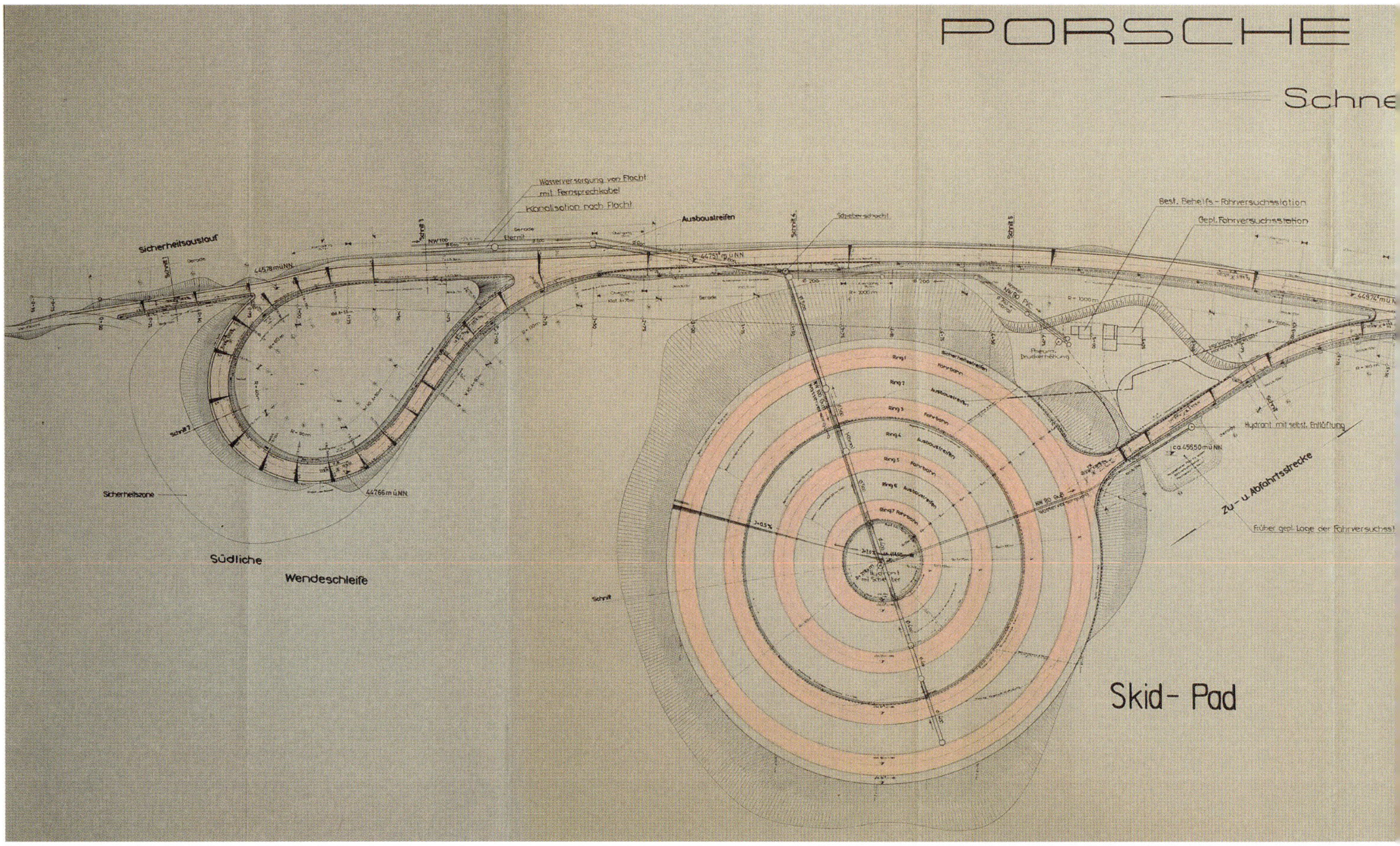

LINKS Bau des Skid-Pads im Jahr 1962. **RECHTS Das Prüfgelände** in Weissach um 1972.

→ **Lageplan Skid-Pad** und Teststrecke.

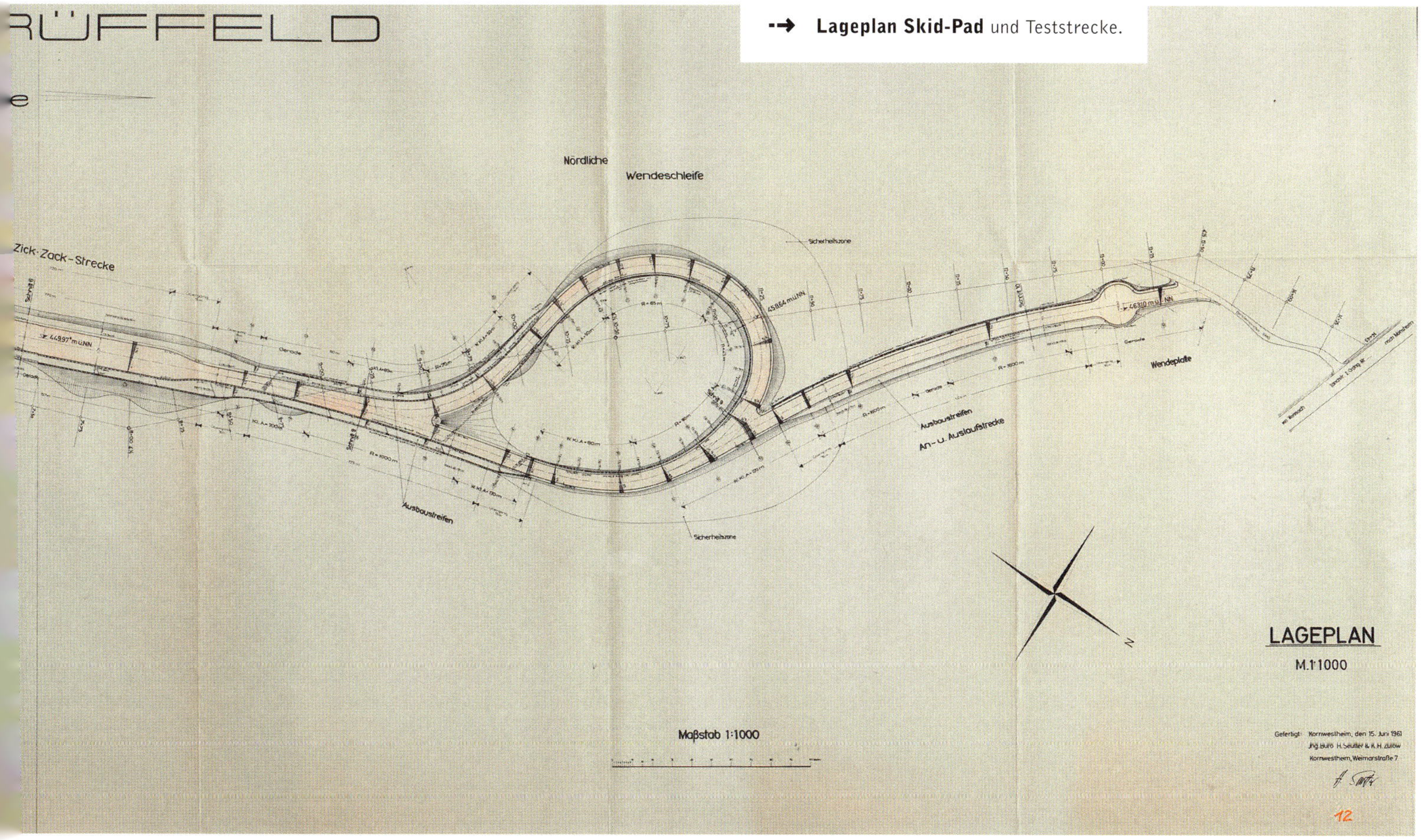

»WAS IST WEISSACH? FÜR MICH PERSÖNLICH GANZ EINFACH DIE VERWIRKLICHUNG EINES TRAUMES ...«

Lada Samara: Nicht nur Sportwagen werden in Weissach entwickelt.

Einzelnen ist dabei geringer geworden, da es die Universalgenies kaum mehr gibt, die von allem etwas verstehen.

Der Fairness halber muss ich aber feststellen, dass sich Weissach nicht nur mit dem Automobil befasst. Hier ist die Welt unser Kunde, und das Arbeitsspektrum reicht vom Hubschrauber bis zum Spezialfahrzeug für die Brandbekämpfung. Es gibt kaum ein Industrieland in der Welt, für das wir nicht gearbeitet haben, einschließlich der Sowjetunion.

Am besten zitierte ich *auto, motor und sport*, das unter der Überschrift ›Von Alfa bis VW: Die Auto-Welt zu Gast in Weissach‹ folgendes zu berichten weiß: »*Das Weissach-Denkzentrum ist Anlaufstelle für die Automobilindustrie aus aller Welt. Fremdprojektleiter Horst Marchart von Porsche: ›Es ist beinahe einfacher zu beschreiben, welche Automobilmarken noch nicht in Kontakt mit uns getreten sind!‹*

Die kleinen und großen Sorgen der Kundschaft werden in Weissach natürlich diskret behandelt, ein Stillhalteabkommen, das bei Vertragsabschluss gar in Paragraphen festgelegt wird, sorgt dafür. Dennoch ist der Automobilwelt bekannt, wer im Weissach-Gästebuch vertreten ist. Das größte Einzelprojekt, das bis dato in Weissach behandelt wurde, leistete sich der russische Staatsbetrieb Lada. Zwischen 1980 und 1983 arbeitete Porsche an der Entwicklung eines neuen Fronttrieblers (Code-Bezeichnung Gamma) mit quer eingebautem Vierzylindermotor. Bei diesem Fahrzeug war die Außenhaut vorgegeben, für den Rest hatte Weissach freie Hand.

Ein weiterer, wenn auch kleinerer Auftragsbrocken war die Fertigstellung von Drei- und Vierzylindermotoren für Spaniens Seat. Für den ehemaligen Exklusivkunden VW denkt Porsche natürlich besonders intensiv nach. Ob es sich um die Serienbereifung des Golf II handelt oder um die Erstellung des Syncro-Allradantriebs – schwäbische Tüftler schauen besonders intensiv unters Wolfsburger Blech. Das Weissach-Wissen in der Allrad-Technik macht sich auch BMW zunutze.

Dass sich das Weissacher Kundenbuch wie ein Who's Who des internationalen Autogeschäfts liest, belegen übrigens willkürlich gewählte Entwicklungsaufträge: Für Renault arbeitet Weissach zur Zeit an Einspritzversionen bekannter Motoren; für Ford laboriert Porsche an einer digitalen Motorelektronik für Vierzylinder-Triebwerke; für Alfa Romeo fertigte man einen Katalysator-Motor mit Lambda-Steuerung auf Alfasud-Basis; Lancia klopfte wegen eines Turbo-Boxermotors an; Volvo lässt gerade in die Siebener-Baureihe Vierventilmotoren verpflanzen; Peugeot übertrug die Entwicklung des 505-Turbo-Motors Porsche-Ingenieuren; und selbst Rolls-Royce war nicht zu vornehm, Porsche um Beistand anzugehen – für die ehrwürdigen Briten liefen Porsche-Prüfstände zur Abstimmung von Einspritzmotoren.« So weit das Zitat aus *ams*.

Wir entgiften Motoren für italienische, französische, deutsche und amerikanische Firmen. Wir machen Untersuchungen auf dem Gebiet der Kunststoffanwendung und im Windkanal. Wir brauchen alle diese Einrichtungen, die wir in Weissach betreiben, für die Weiterentwicklung des Automobils, denn wir sind ja mit dem Automobil und seiner Umweltfreundlichkeit nicht schon am Ende angelangt, sondern wir befinden uns erst am Anfang. Aber wir sind stolz darauf, dass wir viele Dinge gebracht haben, bevor sie der Gesetzgeber gefordert hat. Wir haben zum Beispiel zu einem Zeitpunkt, als es ein entsprechendes Gesetz noch nicht gab, unsere Lenksäulen so gebaut, dass bei einem Unfall der Fahrer nicht mehr durchbohrt werden konnte. Und so sind wir eigentlich stets dem Gesetz um einige Schritte voraus. Das ist

Lada Samara bei der Erprobung in Weissach (1982).

mit der Grund, warum wir, weltweit betrachtet, sehr prominente Kunden in Weissach haben. Ich selbst möchte da keine Namen nennen, sondern sage immer: »*Alle sind meine Kunden!*«, denn ich möchte ja nicht den Eindruck erwecken, dass die einzelnen Firmen nicht auch etwas könnten. Aber es ist natürlich unter Umständen billiger, wenn einer dieselbe Sache für drei oder vier Kunden untersucht, als wenn jede Firma sie selbst macht.

Für einen Automobilkonstrukteur ist es eine Sternstunde, wenn er beauftragt wird, ein von Grund auf neues Fahrzeug zu schaffen, ohne auf bereits vorhandene Einrichtungen Rücksicht nehmen zu müssen. Dies war zum Beispiel der Fall, als wir den Volkswagen schufen. Der eindrucksvolle Erfolg stellte sich dann auch nach dem Krieg trotz vorhandener Zweifel ein, und zwar in einem bis dahin weltweit noch nie erlebten Maße.

Wir haben bei Porsche auf dieser Grundlage aufgebaut, als wir unsere Automobilfabrik gründeten. Erst beim Übergang vom Typ 356 zum 911 wurde dann eine völlige Neukonstruktion geschaffen. Auch dieses Auto war und ist sehr erfolgreich. Man mag dies als Beispiele dafür nehmen, dass die Technik zu außergewöhnlichen Leistungen fähig ist, wenn man ihr einen entsprechenden Freiraum lässt. Natürlich setzt die kaufmännische Seite gewisse Grenzen, die stets zu beachten sind, will man erfolgreich unternehmerisch tätig sein.

Gelegentlich ist dem Techniker jedoch auch die Verwirklichung von Träumen in begrenztem Umfange gestattet. Der Typ 959 ist ein gutes Beispiel dafür. Hier wurde ein Auto geschaffen, in das die Technik alles das hineingepackt hat, was nach dem Stand der Dinge möglich war. Hierbei ließ der Preis nur eine begrenzte Stückzahl zu, aber die Tatsache, dass dieses Auto überhaupt verwirklicht und auch verkauft werden konnte, ermöglichte dem Techniker wiederum, auch Neues anzuwenden, das später dann einmal in größere Serien einfließen kann. Auch das ist ein Stück Weissach.

Ich persönlich bin allerdings der Meinung, dass ein Techniker grundsätzlich versuchen sollte, eine Aufgabe auf die einfachste Weise zu lösen. Für mich ist das immer der Grundsatz meines Handelns als Techniker gewesen. Auf keinen Fall sollte ein Techniker danach streben, etwas beweisen zu wollen, zum Beispiel, dass er auch in der Lage wäre, einen Lift auf den Mount Everest zu bauen. Theoretisch mag das wohl möglich sein, aber es ist doch wenig sinnvoll, es zu tun. Die einfache Lösung eines Problems ist für mich gefragt, und der Volkswagen ist ein gutes Beispiel dafür.

Technologieträger: Porsche 959 vor einem mit dem Porsche-Flugmotor PFM 3200 ausgerüsteten Kleinflugzeug.

Carrera
R 288

→ KAPITEL 24

HUNDERT JAHRE AUTOMOBIL

→ »DIE MENSCHEN IN UNSERER ZEIT HABEN EINE SEHR ENGE BEZIEHUNG ZU IHREM AUTO, DENN ES VERMITTELT IHNEN EIN GEFÜHL DER FREIHEIT. BESITZT DER MENSCH EIN AUTO, SO KANN ER DIESE FREIHEIT JEDERZEIT IN ANSPRUCH NEHMEN ... UND ... MIT SEINEM AUTO HINFAHREN, WOHIN ER WILL.«

Das Automobil wurde 1986 hundert Jahre alt. Als Kind erlebte ich noch den Beginn des Automobil-Zeitalters. Leider wurde ich jedoch nicht mit dem Auto in die Schule gebracht, sondern mit der Pferdekutsche. Ich kam nämlich im Kriegsjahr 1915 in die Schule, und da stand für Privatfahrten Benzin nicht mehr zur Verfügung.

In der Anfangszeit bot das Automobil nur einigen wenigen Privilegierten die Möglichkeit, mobiler zu werden. Im Laufe der hundert Jahre schufen dann die technische und industrielle Entwicklung die Voraussetzung, das Auto kostengünstiger zu produzieren, sodass es heute praktisch ein Vehikel für jedermann geworden ist.

Die Menschen in unserer Zeit haben eine sehr enge Beziehung zu ihrem Auto, denn es vermittelt ihnen ein Gefühl der Freiheit. Besitzt der Mensch ein Auto, so kann er diese Freiheit jederzeit in Anspruch nehmen, denn er braucht nur Benzin in den Tank zu füllen und kann dann mit seinem Auto hinfahren, wohin er will. Das gab es bis dahin noch nicht.

Die Eisenbahn existierte zwar schon, und ihre Einführung bedeutete auch einen beträchtlichen Fortschritt, aber sie brachte dem Reisenden eben doch nicht das Ausmaß an Freiheit wie das Automobil. Wer mit der Eisenbahn reisen will, muss sich an den Fahrplan halten und seinen Wagen mit vielen anderen, ihm meistens fremden Fahrgästen teilen. Mit dem Auto dagegen wurde der Mensch wirklich frei, und diese Freiheit hat den Menschen meines Erachtens verändert. Er konnte seinen unmittelbaren Lebensraum viel leichter verlassen als bisher und andere Länder und ihre Bewohner kennenlernen.

Gleichzeitig brachte das Auto auch in sozialer Hinsicht einen großen Fortschritt. Ein Familienvater mit Kindern und geringerem Einkommen konnte sich nun plötzlich mit seiner Familie eine Ferienreise leisten. Der Volkswagen hat neben der wirtschaftlichen Entwicklung einen wesentlichen Beitrag dazu geleistet.

Wo war es zum Beispiel in den zwanziger Jahren möglich, dass eine Arbeiterfamilie nach Italien oder Österreich fahren konnte, bevor es das preiswerte Auto gab? Nur Henry Ford bot mit seinem T-Modell in den USA auch Leuten mit niedrigerem Einkommen die Chance, ein Auto zu erwerben und aufgrund seiner niedrigen Betriebskosten auch damit größere Strecken zurückzulegen.

Natürlich übersehe ich dabei nicht, dass das Automobil auch Probleme gebracht hat, mit denen wir fertig werden müssen. Es ist nun einmal den Menschen trotz großer Anstrengungen bis heute nicht gelungen, etwas wirklich Vollkommenes, Perfektes zu schaffen, aber wir haben sehr große Fortschritte in unseren Bemühungen erzielt, das Auto sicherer zu machen. Wir entwickeln Methoden, den Verkehrsfluss so zu lenken, dass auch der Verkehr sicherer wird. Und es ist uns technisch gelungen, die Belastung der Umwelt durch das Automobil erheblich zu reduzieren.

Dabei sollte man nicht übersehen, dass das Auto heute ja nicht nur dem Vergnügen dient, sondern viele wichtige Aufgaben zu erfüllen hat, wie ja auch unsere moderne Welt heute ohne die Technik kaum mehr existieren könnte. Es ist im Grunde genommen ja auch nur ein kleiner Kreis, der der großen Masse das Auto ›vermiesen‹ will, wie ich es ausdrücke, ohne allerdings dabei zu bedenken, was er anrichtet, wenn aufgrund seiner Aktionen heute die Automobilproduktion limitiert oder gar ganz eingestellt werden sollte. Ich habe auch das Gefühl, dass die Menschen, die das Auto verdammen, nicht viel dafür übrig haben, wenn der Mensch wirklich frei ist und sich auch frei fühlt.

Davon abgesehen sollte man die volkswirtschaftliche Bedeutung der Automobilindustrie nicht übersehen, und es wird in der Öffentlichkeit ja auch immer wieder auf diese Tatsache hingewiesen. Außerdem ist die Automobilindustrie, wie wir wissen, sehr exportintensiv und leistet einen erheblichen Beitrag zu unserer Handelsbilanz.

Die deutsche Automobilindustrie gehört zu den führenden Unternehmen dieser Art in der Welt, und ihre Produkte weisen den wohl höchsten technischen Standard auf. Sie liefert jedoch auf andere Märkte als zum Beispiel die amerikanische Automobilindustrie, und sie hat dementsprechend andere Größenordnungen.

Die japanische Automobilindustrie, die weltweit für alle eine große Konkurrenz darstellt, fängt langsam an, sich auch in der Preispolitik vorsichtiger zu verhalten, weil natürlich auch in Japan die Löhne steigen und neue Forderungen der Arbeitnehmerseite zu erfüllen sind. Und das ist eigentlich ein Vorgang, der auch uns Sorge bereitet. Vielleicht betrifft er weniger die Firma Porsche mit ihren Spitzenprodukten, aber der laufenden Steigerung der Kosten kann ja nur begegnet werden durch modernere, billigere Produktionsmethoden.

Größere Stückzahlen zu erzeugen, um dadurch zu niedrigeren Preisen zu gelangen, ist auch nicht mehr der richtige Weg, denn das führt zu Überkapazitäten, und die produzierten Fahrzeuge sind auf einmal nicht mehr abzusetzen. Die Folge davon ist Arbeitslosigkeit, die auf der anderen Seite den Staat zu einem höheren finanziellen Aufwand zwingt. Die dafür erforderlichen Mittel müssen ja dann auch irgendwie aufgebracht werden, aber von wem? Natürlich vom Steuerzahler, dem dann wiederum dieses Geld für den Konsum fehlt.

Man mag es drehen und wenden wie man will, es ist nun einmal ein teuflischer Kreislauf, den zu durchbrechen nicht einfach ist. Entschließen wir uns, größere Stückzahlen zu produzieren, um den Preis drücken zu können, dann sehen wir uns eines Tages mit einem weiteren Problem konfrontiert, nämlich mit der Tatsache, dass die Grenze der Motorisierung erreicht ist und der Markt nichts mehr aufnehmen kann.

Man sieht das zum Beispiel in Los Angeles, wo diese Grenze eigentlich schon zu sehen ist, denn dort gibt es mehr Autos als Menschen. Das heißt, dort findet man viele Leute, die zwei, drei, ja sogar vier Autos ihr eigen nennen. Fahren kann der Betreffende natürlich immer nur eines, aber damit fährt praktisch jeder Führerscheininhaber Auto, und dadurch ist die obere Grenze der Motorisierung erreicht. Lastwagen und Motorräder sind dabei gar nicht berücksichtigt.

Porsche Tennis Grand Prix 1986: Ich überreiche der Siegerin Martina Navratilova ein 911 Carrera 3.2 Cabriolet.

Nun haben sich die Amerikaner bemüht, mit dieser Entwicklung Schritt zu halten, und ein entsprechendes Straßennetz geschaffen. Bei uns hat man eigentlich erst Mitte der dreißiger Jahre angefangen, das Straßennetz zu modernisieren. Komplett ist es aber immer noch nicht. Wir finden heute noch große Gebiete in Europa, wo es keine Autobahnen oder ähnliche Straßen gibt. Und in jenen Ländern, in denen Autobahnen vorhanden sind, dort sind diese Straßen zum Beispiel während der Urlaubszeit völlig überfordert. Man merkt diesen Unterschied deutlich, wenn man von Los Angeles nach Frankfurt fliegt. In Kalifornien haben wir ein modernes Straßennetz, und in Frankfurt gibt es nur in der Nähe des Flughafens eine vierbahnige Strecke, meines Wissens die einzige längere Strecke dieser Art im Jahre 1988 in Deutschland, und nach wenigen Kilometern mündet sie wieder in eine zweibahnige Strecke. Dies führt zu Engpässen, die immer wieder Probleme schaffen.

Von Los Angeles nach San Diego hat man zum Beispiel vierspurige Autobahnen gebaut, entsprechend dem Verkehrsaufkommen. In der Umgebung von Frankfurt jedoch, immerhin einem sehr wichtigen Knotenpunkt des internationalen Verkehrs, entspricht die verfügbare Verkehrsfläche nicht dem Verkehrsaufkommen.

Anscheinend ist man nicht bereit, die existierenden Engpässe, diese »Nadelöhre«, zu beseitigen. Immer wieder werden Argumente dagegen vorgebracht, das heißt, bei uns kann man das Gefühl haben, dass man nicht darüber nachdenkt, die Schwierigkeiten im Verkehrsfluss durch entsprechende Maßnahmen zu beseitigen, sondern sie zu vergrößern. Anscheinend will man auf diese Weise den Bürger in die Resignation treiben, sodass er jede Lust am Autofahren verliert. Es gibt unzählige Beispiele dafür. Ich habe nichts gegen Fußgängerzonen dort, wo ausreichend Verkehrsraum zur Verfügung steht, wo das aber nicht der Fall ist, da sind sie nun einmal fehl am Platze. Jedenfalls kann es keine Lösung sein, wenn man Hauptverkehrsstraßen zu Fußgängerzonen macht.

Stuttgart zum Beispiel, eine Stadt, die doch weitgehend von der Automobilindustrie und verschiedenen Zulieferern lebt, und sicher für die von diesen Unternehmen aufgebrachten Steuern dankbar ist, trägt in seiner Verkehrsplanung dem Auto nicht die erforderliche Rechnung. Man kann sogar feststellen, dass die praktizierte Verkehrspolitik nicht gerade autofahrerfreundlich ist. Es gibt hierfür viele Beispiele, so ist man bemüht, den Verkehrsraum nicht zu erweitern, sondern einzuschränken.

Die Automobilindustrie ist in Deutschland nun einmal ein sehr wichtiger Industriezweig, der Hunderttausenden von Menschen Arbeit und Brot gibt. Ich frage mich deshalb manchmal, was die verantwortlichen Politiker wohl tun, wenn es einmal der Automobilindustrie schlecht gehen sollte oder gar einzelne Firmen Konkurs anmelden müssen. Natürlich schafft der dichter werdende Individualverkehr Probleme, über deren Lösung man sich Gedanken machen muss, die Einschränkung des vorhandenen Verkehrsraumes ist allerdings nicht der richtige Weg.

Man hat manchmal den Eindruck, als sei es den Politikern oder gar dem Staat gleichgültig, ob ein Arbeitnehmer eine halbe oder eine Stunde braucht, bis er seinen Arbeitsplatz erreicht hat, obwohl damit Arbeitskraft und schließlich Volksvermögen verloren gehen. Vieles, was zum Beispiel die Grünen wollen, führt ja doch zum Verlust von Volksvermögen.

Man strebt einen höheren Lebensstandard an, gut so, aber man ist nicht bereit, die Grundlagen dafür zu schaffen. Dabei wäre dem Arbeitnehmer viel mehr gedient und es würde seiner Gesundheit nützen, wenn er eine halbe Stunde für Frühsport oder Gartenarbeit gewänne, anstatt im Auto zu sitzen und in einer Kolonne langsam dahinzuzuckeln.

In Amerika denkt man da anders. Dem Bau einer Autobahn von Ort zu Ort geht die Überlegung voraus, das spart soundso vielen Leuten soundso viel Zeit ein. Zeit ist Geld. Aber wenn man bei uns das Gleiche plant, dann ist die erste Frage: *»Was kostet das?«* und nicht: *»Was bringt es uns ein?«* Da redet man bei uns gar nicht darüber.

Es besteht die Gefahr, dass durch dirigistische Maßnahmen das Autofahren uninteressant wird, und zwar in einem Ausmaß, das natürlich zu negativen wirtschaftlichen Folgen führt.

Im Grunde sind wir Europäer doch gar nicht so unterschiedlich. Nehmen wir zum Beispiel Paris, heute noch ein ungelöstes Verkehrsproblem, aber was hat man dort in den letzten zwanzig Jahren an Verkehrsstraßen gebaut, und nun überlegt man, Autostraßen unter der Stadt hindurch zu führen. Wo gibt es in Deutschland eine Stadt, in der in ähnlichem Umfang Autostraßen gebaut wurden? Ich kenne keine.

Bei uns überlegen sich heute schon viele Menschen, ob es im Sommer während der Urlaubszeit nicht besser ist, mit dem Flugzeug in den Urlaub zu fliegen, anstatt mit dem Auto zu fahren. Die Medien reden ja auch schon seit geraumer Zeit spöttisch von den ›Blechlawinen‹. Das ist natürlich kein optimistisches Bild für die Zukunft der Automobilindustrie. Die kilometerlangen Schlangen entstehen ja, weil Verkehrsraum fehlt und damit die Geschwindigkeit stark gedrosselt wird. Hier sei ein Vergleich erlaubt, denn letzten Endes ist ja der Verkehr nichts anderes, als ob ich eine Flüssigkeit durch ein Rohr schicke, wenn diese Flüssigkeit schnell fließt, geht viel hindurch, wenn sie langsam fließt, entsprechend weniger.

Nun wird ja von Politikern empfohlen, auf die Bahn auszuweichen oder/und die Nahverkehrssysteme in Anspruch zu nehmen. Wieder möchte ich hier Amerika als Beispiel anführen. In Amerika ist der Parkplatz in den großen Städten genauso rar und teuer wie bei uns. Aus diesem Grund nehmen viele Leute, die in New York arbeiten, aber außerhalb wohnen, die Bahn, um zu ihrem Arbeitsplatz zu gelangen. Aber sie kombinieren hierbei das Auto mit der Bahn nach dem bekannten Park-and-Ride-System. Sie fahren mit dem Auto zum nächsten Bahnhof, parken dort ihr Auto, fahren mit der Bahn nach New York und nach Arbeitsschluss wieder zurück. Die Freiheit, die ihnen das Auto bietet, bleibt dabei erhalten.

Nun besitzen auch wir moderne Nahverkehrssysteme, S-Bahnen, die die Vororte mit dem Zentrum verbinden, aber gibt es auch einen entsprechend großen Parkplatz an den Bahnhöfen, damit der Arbeitnehmer dort sein Auto tagsüber abstellen kann? Nein, es gibt ihn nicht, und irgendwie mangelt es hier an einer entsprechenden Planung. Solange wir nicht in der Lage sind, eine vernünftige Kombination von Auto und Nahverkehrssystemen anzubieten, werden die letzteren nur in begrenztem Umfang angenommen.

Und wir werden die Probleme auf den Fahrstrecken nicht im Sinne eines flüssigen Verkehrsablaufes lö-

An meinem 85. Geburtstag am 19. September 1994 auf dem Schüttgut in Zell am See.

sen können, wenn wir nicht die Engpässe beseitigen. Wir sollten dies allein schon mit Rücksicht auf unsere Volkswirtschaft tun, der der Stop-and-Go-Verkehr an bestimmten Schwerpunkten riesige Verluste zufügt. Gleichzeitig ist aber auch ein flüssiger Verkehr umweltschonend, das sollten auch jene Bürgeraktionen begreifen lernen, die jede vernünftige Erweiterung unseres Straßennetzes verhindern wollen.

Führt man Amerika als positives Beispiel an, dann hört man immer wieder als Gegenargument und als Begründung einer ablehnenden Einstellung, Europa sei eben zu dicht besiedelt, und das, was sich Amerika leisten könne, sei eben in Europa nicht möglich. Ich bin nicht dieser Ansicht, sondern meine, dass man gerade dort, wo der Raum Mangelware ist, sehr genau planen muss. Was nützt mir eine großzügig angelegte Autobahn-Ausfahrt, wenn der abfließende Verkehr schon nach wenigen hundert Metern in einem Engpass stecken bleibt und zu einem Rückstau führt? Man kennt ja die neuralgischen Punkte, und es genügt eigentlich bei der Verkehrsdurchsage, wenn man ein Tonband ablaufen lässt, denn es sind ja fast immer die gleichen Stellen, an denen es zu einem Stau kommt.

Eigentlich müssten wir uns bei der Konzeption unserer Autobahn die Natur zum Vorbild nehmen und sie vielleicht ähnlich anlegen wie unsere großen Flüsse, das heißt mit jedem Bach, der hinzufließt, wird der Hauptfluss größer, um sich dann aber wieder zu teilen, wo der »Strom« schwächer wird. Nehmen wir als Beispiel die Autobahn München-Salzburg, die bis zur Abzweigung nach Innsbruck mehrere Bahnen benötigt, sich aber dann teilt und nun weniger Fahrbahnen braucht.

Man kann heute in der politischen Öffentlichkeit eine Tendenz feststellen, sich einzelne Personen als Angriffsobjekt vorzunehmen, denn diese können sich viel schlechter wehren als große Verbände oder Organisationen. Ein gutes Beispiel ist der Besitzer eines Autos, eine Einzelperson, die politisch nicht in einem machtvollen Verband organisiert ist. Und nachdem das Auto zum Umweltfeind Nummer eins erklärt wird, wer wehrt sich mit entsprechendem Nachdruck für den Autofahrer? Die Automobilclubs? Kaum, denn die haben neben dem Auto noch andere Interessen.

Verfolgt man die öffentliche Diskussion oder die Aktionen von Bürgerinitiativen in Sachen Umweltschutz, dann fragt man sich, wer befasst sich eigentlich einmal mit der Umweltbelastung durch das Flugzeug? Ich meine hier nicht die Belästigung durch Lärm, sondern die Umweltbelastung durch die Abgase. Zurzeit befasst sich wohl kaum jemand damit. Vielleicht auch deshalb, weil sich die meisten Luftverkehrsgesellschaften im Besitz des Staates befinden?

Ich mache mir sehr oft Gedanken darüber, was man zur Verringerung der Umweltbelastung tun kann. Welche Möglichkeiten gibt es, zum Beispiel die Luft in den Erholungsgebieten zu verbessern und den Schadstoffgehalt weiter zu reduzieren?

Vorausgesetzt, das elektrisch betriebene Automobil hat einen Entwicklungsstand erreicht, der seinen Einsatz auf einer kostengünstigen Basis ermöglicht, dann könnte man in den Kurorten Elektroautos für den Stadtverkehr einsetzen. Baden-Baden zum Beispiel müsste dann am Stadtrand an den Hauptverkehrsstraßen entsprechende Parkplätze für die mit dem Auto anreisenden Besucher einrichten, die dort auf zu mietende, elektrisch betriebene Autos umsteigen würden und auf diese Weise völlig schadstofffrei den Kurort besuchen könnten. Die Stadtväter von Baden-Baden hätten dann ein weiteres Argument, für ihre gute Luft zu werben.

Zusammenfassend kann man sagen, dass die Amerikaner besser mit dem dichter gewordenen Verkehr zurechtkommen als die Europäer. Nun mag man einwenden, die Amerikaner hätten auch eine sehr strenge Verkehrspolizei, die rigoros vorgehe. Ich bin der Meinung, die amerikanische Verkehrspolizei geht nicht strenger vor als die deutsche, sondern es ist der Fahrer, der bis jetzt sein Verhalten besser den Verkehrsverhältnissen angepasst hat als der Europäer. Außerdem haben die Amerikaner viel früher die auf sie zukommende Problematik erkannt und ihre Planung für den Straßenbau entsprechend darauf ausgerichtet. Bei uns war es eine Diktatur, die den Bau von großzügigen Autostraßen ebenso wie in Italien in Angriff genommen hat. Aus welchen Gründen auch immer, das sei dahingestellt.

In der Bundesrepublik Deutschland wurden im Jahre 1987 28,3 Millionen Kraftfahrzeuge gezählt, im Jahre 2000 sollen es über 40 Millionen sein, nehmen wir die Shell-Prognose als Grundlage unserer Betrachtung. Es wird dann eine gewisse Sättigung auf hohem Niveau erreicht sein und eine Stabilisierung eintreten. Die Neuzulassungen werden dann in sehr hohem Maße Ersatzbedarf sein.

Der Konkurrenzkampf in der Automobilindustrie wird härter werden und uns zwingen, noch stärker zu rationalisieren. Die Japaner drängen jetzt auch in wachsendem Umfang in die Klasse der höherwertigen Fahrzeuge, die Koreaner übernehmen nun jene Klassen, mit denen die Japaner ihre Erfolge auf dem Weltmarkt begründeten. Andere Nationen werden den Koreanern folgen. Der hochwertige Sportwagen aber wird seinen Platz behaupten. Von sehr großer Bedeutung für die gesamte europäische Automobilindustrie aber wird sein, dass es gelingt, die Attraktivität des Automobils zu erhalten.

Selbst wenn sich die Abwanderung zum Flugzeug als Transportmittel für die Ferienreise verstärken sollte, ist doch sicher, dass der Urlauber vor Ort ein Auto zur freien Verfügung haben will, um das Land kennenzulernen. Liegt sein Urlaubsziel in südlichen Regionen, dann wird er sogar überlegen, ein Cabriolet oder einen offenen Sportwagen zu mieten. Nachdem die Fernreisen zunehmen, wird auch der Trend, nach einer langen Flugreise am Urlaubsort mit Hilfe eines Autos mobil zu sein, wachsen.

Auch die großen Parteien haben inzwischen gemerkt, dass Autofahrer Wähler sind und sie an Stimmen verlieren, wenn sie sich nicht um die Probleme dieser Wählergruppe kümmern.

Das Automobil hat jedenfalls dem Menschen eine neue Lebensqualität gebracht, und es ist kaum damit zu rechnen, dass er bereit sein wird, darauf zu verzichten. Vernunft und die Bereitschaft, Lösungen für die anstehenden Probleme zu finden, sind dabei eher geeignet, die Attraktivität des Autos zu erhalten, als überzogene dirigistische Maßnahmen.

OBEN Das Sondermodell ›30 Jahre 911‹ (1993). **UNTEN »30 Jahre 911«:** Mit meinem ältesten Sohn Ferdinand Alexander (1993).

→ KAPITEL 25

WAS BRINGT DIE ZUKUNFT?

In den letzten hundert Jahren hat sich sehr viel verändert, mehr als je zuvor. Wir haben eine Entwicklung der Technik erlebt, von der wir zu Beginn dieses Jahrhunderts noch nicht einmal zu träumen wagten. Wer hätte sich in jener Zeit vorstellen können, dass wir einmal die Erde umkreisen oder Menschen auf dem Mond landen werden? Das sind Ereignisse, die von einer unerhört großen wissenschaftlichen Leistung zeugen. Sie haben unser Leben beeinflusst und sich auf vielen Gebieten ausgewirkt. Auch auf das Automobil. Dabei ist es interessant zu beobachten, in welche Richtung das Automobil auf Grund äußerer Einflüsse seinen Weg nimmt.

Mineralölkrisen, die den Kraftstoff verteuern, wirken sich positiv auf die Weiterentwicklung des Dieselmotors aus. Andere Anstrengungen werden unternommen, um die Wirtschaftlichkeit des Automobils zu verbessern. Der Wirkungsgrad der Motoren wird verbessert, der c_W-mal-F-Wert wird plötzlich zu einem wichtigen Maßstab, um den Brennstoffverbrauch zu senken. Zur selben Zeit entstehen aber auch Fahrzeuge der Sonderklasse, bei denen c_W mal F überhaupt keine Rolle spielt und die von Leuten gekauft werden, die sie eigentlich gar nicht brauchen. Ich meine den Trend zum vierradgetriebenen Geländewagen, den man nur einmal anzuschauen braucht, um zu erkennen, was er mit den Anstrengungen, den c_W-mal-F-Wert zu verbessern, zu tun hat, nämlich überhaupt nichts.

Beide Entwicklungen laufen nebeneinander her. Auf der einen Seite wird viel Geld für die Werbung mit einem möglichst niedrigen, tollen c_W-Wert ausgegeben, und auf der anderen Seite preist man den Geländewagen, ebenfalls in der Werbung, als ein vernünftiges Auto an. Vernunftauto deshalb, weil man überall damit hinfahren kann. Viele, die ein solches Auto kaufen, brauchen es eigentlich gar nicht, denn sie haben weder eine Jagd noch betreiben sie eine Landwirtschaft. Vielleicht benötigen sie es im Winter einmal, wenn sie bei hohem Schnee nach St. Moritz fahren. Aber für diesen Verwendungszweck kann man ja nicht ein bestimmtes Konzept fördern, das dem allgemein als notwendig erachteten und erkannten Trend zuwiderläuft. Man sieht aber dabei auch, von welchen Zufällen bestimmte Entwicklungen abhängig sein können.

Bei der Entwicklung einer optimalen Stromlinie wiederum kann es in dem Bestreben, eine möglichst günstige Form zu finden, dazu kommen, dass praktische Dinge vernachlässigt werden. Zum Beispiel lässt man die Regenrinne, die früher beim Auto eigentlich selbstverständlich war, weg, weil sie den c_W-Wert negativ beeinflusst. Die Folge davon ist, dass es auf den Sitz tropft, wenn man bei Regen die Tür öffnet, oder es den Insassen gar dabei auf den Kopf regnet. Nun werfe man mir bitte nicht vor, das sei doch sehr übertrieben, was ich da sage, denn es ist alles schon dagewesen. Im übrigen will ich damit nur feststellen, dass es auch beim Auto die perfekte Lösung nicht gibt, sondern man muss auch beim Auto Kompromisse eingehen.

In Zukunft wird beim Automobil der Kompromiss stärker in Richtung auf kleinere Fahrzeuge gehen. Der zunehmende Raummangel auf den Verkehrsflächen wird diesen Kompromiss fordern.

Eigentlich befinden wir – die Firma Porsche – uns mit dem Produkt, das wir herstellen, dem Sportwagen, auf dem richtigen Weg. Das wird zwar meistens von der Allgemeinheit nicht anerkannt, ja, teilweise wird der Sportwagen sogar als ein überflüssiges Vehikel bezeichnet, aber es ist nun einmal eine Tatsache, dass laut Statistik der Sportwagen das am besten genutzte Fahrzeug überhaupt ist. Die Statistik besagt nämlich, dass 90 Prozent aller Personenwagen nur mit zwei Personen besetzt sind. Folglich fahren mit Ausnahme des zweisitzigen Sportwagens alle anderen mit einem Fahrzeug herum, das sie eigentlich gar nicht immer benötigen. Ich bin deshalb der Meinung, dass das kleine Auto, eventuell mit zwei Notsitzen im Fond, im Verkehrsgeschehen in Zukunft stärker in Erscheinung treten wird als in der Vergangenheit.

Das Umweltbewusstsein wird weiter zunehmen, und durch die Erschwernisse, die der Einzelne, sei es bei seiner Urlaubsfahrt oder im täglichen Verkehr, erfährt, wird das Automobil weiterhin und in stärkerem Maße der Gegenstand von kontroversen Diskussionen sein. Dabei ist das Automobil in einer besonders schwierigen Position, da es außer in der Schweiz noch keine Partei gibt, die die Interessen des Autofahrers mit Nachdruck vertritt.

Die Rohstoffe und Energiereserven der Erde sind endlich. Der Verbrauch auf diesem Gebiet hat erheblich zugenommen. Wir müssen uns deshalb überlegen, wie wir die Autos haltbarer, widerstandsfähiger gegen Korrosion machen können, um so wertvolles Wirtschaftsgut zu erhalten. Vieles ist in dieser Hinsicht schon geschehen. Die Verwendung verzinkter Bleche, von Leichtme-

Produktionsjubiläum: Am 15. Juli 1996 lief der 1.000.000. Porsche-Sportwagen vom Band. Das Jubiläumsauto erhielt die baden-württembergische Autobahnpolizei.

tallegierungen und Kunststoffen bedeutet einen gewaltigen Schritt vorwärts.

Durch verbesserte Konstruktionen und den Einsatz neuartiger Werkstoffe können wir die Autos leichter bauen und erreichen auch damit eine Reduzierung des Kraftstoffverbrauchs.

Gleichzeitig bringt uns der Einsatz neuer Materialien neue Konflikte. Konflikte, wie wir sie täglich erleben und bei denen es sich um die Entsorgung handelt. Eisen ist kein Problem, es kann dem Recycling zugeführt werden oder es rostet. Ähnlich verhält es sich mit Leichtmetall und seinen Verbindungen, aber mit Kunststoffen ist das schon anders. Kunststoffe können wir gar nicht mehr beseitigen. Sie verrotten nicht, Recycling geht noch nicht in dem erforderlichen Umfang.

Gewiss, wir arbeiten an einer Lösung dieses Problems, aber dieses Beispiel zeigt uns auch deutlich, dass wir uns schon bei der Verwendung neuer Werkstoffe Gedanken darüber machen müssen, wie wir sie wieder beseitigen können. Wie beseitigen wir den Kunststoff, wenn er nicht mehr gebraucht wird? Was tun wir mit dem zunehmenden Kunststoffanteil, wenn das Auto verschrottet wird? Oder gar mit ganzen Kunststoffkarosserien, die wir nicht beseitigen können?

Wir haben ein gutes, sehr aktuelles Beispiel für die hier angesprochene Problematik, nämlich die Atomtechnik.

Hier waren wir schneller dabei, sie anzuwenden, zuerst im Krieg und dann für friedliche Zwecke, und wir wissen heute noch nicht, wo wir mit dem Abfall, der dabei anfällt, hinsollen! Wir haben bis jetzt noch keine Lösung,

-→ **OBEN An meinem 85. Geburtstag** im Porsche Typ 356 ›Nr. 1‹. -→ **UNTEN 1994 an meinem 85. Geburtstag.**

→ »IRGENDWIE SCHEINT ES ABER IM ZUG DER ZEIT ZU LIEGEN, DIE WICHTIGSTEN ANGELEGENHEITEN ERST AN ZWEITER STELLE IN ANGRIFF ZU NEHMEN. ES IST JA NICHT NEU, ... AN EINEM SEE EINEN HOTELKOMPLEX ZU ERRICHTEN, DIE ABWÄSSER IN DIESEN SEE ZU LEITEN, UND WENN ER UMGEKIPPT IST, SICH GEDANKEN ZU MACHEN, WIE MAN IHN WIEDER RETTEN KANN.«

die als eine endgültige angesehen werden könnte. Für mich ist das keine endgültige Lösung, in den Tiefen des Erdballes riesige Lager von Materialien anzulegen oder Abfälle aufzubewahren, die tödlich sein können.

Irgendwie scheint es aber im Zug der Zeit zu liegen, die wichtigsten Angelegenheiten erst an zweiter Stelle in Angriff zu nehmen. Es ist ja nicht neu, ganze Stadtteile hinzustellen und erst hinterher die Kanalisation zu bauen. Oder an einem See einen Hotelkomplex zu errichten, die Abwässer in diesen See zu leiten, und wenn er umgekippt ist, sich Gedanken zu machen, wie man ihn wieder retten kann. Genau umgekehrt muss der Verfahrensweg sein. Unsere Technik hat einen sehr hohen Standard erreicht, zweifellos zum Nutzen der Menschen, aber wir müssen dabei die Risiken erkennen und sie beherrschen lernen.

Weder der Diesel- noch der Ottomotor sind am Ende ihrer Entwicklung angelangt. Dabei ist es für mich ganz besonders interessant, dass der luftgekühlte Motor näher an der Zukunftslösung ist als der flüssigkeitsgekühlte. Ich habe ja die Entwicklung des luftgekühlten Motors in vielen Anwendungsbereichen von Anfang an bis heute selbst miterlebt. Wir können beim luftgekühlten Aggregat mit höheren Temperaturen arbeiten und erreichen damit einen besseren Wirkungsgrad als der wassergekühlte Motor.

Die Triebwerk-Forschung befasst sich mit dem Einsatz von Werkstoffen im Motor, die höhere Temperaturen als bisher vertragen, wie zum Beispiel Keramik, um damit den Wirkungsgrad verbessern zu können.

Wir haben bereits im Kriege uns mit diesen Dingen im Zusammenhang mit der Turbine befasst, bei der der Wirkungsgrad ja sehr stark von der Betriebstemperatur abhängig ist. Turbinen kommen heute in Straßenfahrzeugen in erster Linie wohl deshalb noch nicht zum Einsatz, weil ihr Brennstoffverbrauch noch zu hoch liegt. Eine höhere Arbeitstemperatur in der Brennkammer würde uns hier einer Lösung des Problems einen erheblichen Schritt näher bringen. Dazu brauchen wir aber geeignete Werkstoffe, die zu schaffen heute eine wichtige Aufgabe darstellt.

Je höher man bei der Turbine mit den Temperaturen gehen kann, desto größer wird ihr Wirkungsgrad, sodass mit der Entwicklung neuer Materialien durchaus die Möglichkeit besteht, mit der Turbine eine echte Alternative zum herkömmlichen Kolbenmotor zu schaffen.

Natürlich ist das Einsatzspektrum bei einem Straßenfahrzeug ein anderes als beim Flugzeug. Beim Flugzeug, wo die Turbine schon lange echte Vorteile bringt, sei es über den Propeller oder durch den Rückstoß einer Düse, ist das Regulierverhalten relativ einfach und erfolgt in einem Zyklus, der ziemlich gleichbleibend ist. So zum Beispiel beim Start mit Volllast, im Reiseflug mit reduzierter Drehzahl und beim Landeanflug ebenfalls mit reduzierter Drehzahl. Ganz anders verhält es sich beim Automobil, wo der Zyklus sich ständig ändert. Das bedeutet, dass im Straßenverkehr fast andauernd reguliert werden muss.

Man hat sich darüber schon vielerlei Gedanken gemacht und Entwicklungen betrieben, diese sich ständig ändernden Anforderungen an die Turbine durch einen elektrischen Antrieb zu kompensieren. Auf diese Weise könnte die Turbine bei einer gleichbleibenden Drehzahl elektrischen Strom erzeugen und die Regulierung würde über den elektrischen Teil des Mischantriebes vorgenommen. Eine Methode, bei der wir bereits über eine große Erfahrung verfügen, zwar weniger mit der Turbine als Stromerzeuger, aber mit Otto- und Dieselmotoren

Am 24. Mai 1985 ernannte mich die Universität Stuttgart zum Ehrensenator.
Der Rektor der Universität, Professor Dr. Hartmut Zwicker, überreicht mir die Urkunde.

zum Beispiel beim Panzer Maus. Die Turbine ist dabei als Antrieb zur Stromerzeugung nicht das Problem, sondern es ist – wie oben schon beschrieben – die Verbesserung ihres Wirkungsgrades.

Ein anderes Problem ist der Dieselmotor, der in der letzten Zeit wegen der Feststoffpartikel in seinen Abgasen stark in die Diskussion geraten ist. Hierzu ist etwas Grundsätzliches zu sagen, das bei der auch hier stark kontrovers geführten Diskussion oft übersehen wird. Nämlich die Tatsache, dass wir erst in der Nachkriegszeit, sogar erst vor gut zehn Jahren, damit angefangen haben zu forschen, welche Auswirkungen die Schadstoffe auf die Umwelt und den Menschen haben. Was schadet dem Menschen eigentlich wirklich?

Beim Diesel gibt es eine relativ sehr große Gruppe, die dieses Antriebsaggregat befürwortet, da es wenig Schadstoffe im Abgas ausstößt. Eine andere, auch nicht gerade kleine Gruppe wiederum ist der Meinung, dass die Abgase des Diesels, besonders aber die darin enthaltenen Feststoff- oder Rußpartikel, Krebs erregen. Wozu man aber bemerken muss, dass bei den modernen Pkw-Dieselmotoren der Anteil an Rußpartikeln im Abgas sehr gering ist. Bisher wurde nur behauptet, dass die Rußpartikel in einer sehr starken Konzentration, wie sie im Verkehr praktisch gar nicht vorkommt, krebsfördernd sein können. Hier steht also Meinung gegen Meinung. Solange aber diese Ungewissheit herrscht, kann es passieren, dass die Techniker irgendein wunderbares Aggregat entwickeln, das viele aktuelle Fragen positiv beantwortet, es am Ende aber gar nicht bauen können, weil irgendwer der Meinung ist, dass es Krebs errege.

Ich erinnere mich dabei an ein gutes Beispiel in der Vergangenheit zu einer Zeit, als wir den Volkswagen entwickelten. Die Heizung des VW funktionierte, indem wir die Luft über die Auspuffrohre führten, wo sie erwärmt wurde, und dann in das Wageninnere leiteten.

Es kam zu einer Diskussion, wohl in erster Linie von unseren Konkurrenten ausgelöst, bei der behauptet wurde, dass dies doch ein sehr gefährliches Verfahren sei, denn schließlich könnten die Insassen vergiftet werden, wenn zwischen Heizung und Auspuff eine undichte Stelle entstehe. Wir haben dann ein Loch von zwei Millimetern in die Auspuffrohre gebohrt und die Abgase gemessen, die sich im Fahrgastraum bildeten. Der Gehalt an Giftstoffen war dabei noch niedriger, als wenn zwei Personen im Wagen Zigaretten rauchten.

Man mag daraus ersehen, dass das Thema Schadstoffe in der öffentlichen Diskussion nicht neu ist, aber heute ganz besonders intensiv geführt wird. Eine seriöse, umfassende Forschung kann deshalb hier aufklärend wirken und letzten Endes den Weg zur Lösung von Problemen weisen.

Zu den herkömmlichen Verbrennungsmotoren werden viele Alternativen untersucht, ebenso wie Kraftstoffe. Nehmen wir zum Beispiel den Elektroantrieb. Hier liegt das Problem, wie allgemein bekannt, darin, einen geeigneten Energiespeicher zu entwickeln, der ein erheblich geringeres Gewicht als die konventionellen Batterien aufweist und auch eine ausreichende Menge Elektrizität speichern kann, um mit einer »Füllung« Entfernungen wie beim Otto- oder Dieselmotor zurücklegen zu können. Außerdem müssen die Kosten für einen derartigen Speicher in volkswirtschaftlich vertretbaren Grenzen liegen.

Ich erinnere mich dabei an eine Ausschreibung im Dritten Reich, bei der für die Erfindung einer Batterie, die bei gleichem Gewicht ein Vielfaches von dem an Energie speichern konnte, was herkömmlichen Batterien zu speichern in der Lage waren, ein Preis von 20.000 Reichsmark ausgesetzt worden war. 20.000 Mark waren in jener Zeit viel Geld, ich habe aber zu den Leuten, die diese Ausschreibung veranstalteten, damals gesagt: *»Wenn ich so eine Batterie erfinde, dann komme ich nicht zu Euch mit Euren 20.000 Mark, denn dann bin ich mehrfacher Millionär!«* Diese Episode sagt eigentlich das Wesentliche zum Thema Elektroantrieb aus.

Wir haben uns auch schon mit dem Thema Wasserstoffmotor befasst, allerdings nicht für das Automobil, sondern im Zusammenhang mit Windkraftanlagen, die wir entwickelten. Hierbei traten die gleichen Probleme auf wie beim Elektroantrieb für Automobile, nämlich wie speichert man die erzeugte elektrische Energie, um sie dann zur Verfügung zu haben, wenn man sie benötigt. Hier gibt es einen Weg, indem man nämlich mit der gewonnenen Elektrizität Wasserstoff erzeugt, diesen in Behältern speichert und ihn dann jederzeit verfügbar hat, um Aggregate zur Stromerzeugung anzutreiben.

Dies ist im Prinzip ein ähnlicher Weg, wie er bei Wasserkraftanlagen in den Alpen heute praktiziert wird. Dort wird während der Nacht, wenn die meisten Industrie-Unternehmen nicht arbeiten, das zur Energieerzeugung verwendete Wasser wieder in die Speicher hinaufgepumpt, um es am Tag, wenn die Industrie arbeitet, zur Stromerzeugung wieder zur Verfügung zu haben. Auf diese Weise stellt man einen Kreislauf her, mit dessen Hilfe wie bei den Windkraftanlagen in Verbindung mit dem Wasserstoff Strom dann erzeugt werden kann, wenn er gebraucht wird.

Was das Automobil betrifft, so bin ich nach wie vor der Meinung, dass wir leider auch heute noch nicht so weit sind, das Auto in seiner idealen Form konzipieren zu können. Für mich bedeutet das, einen Standard erreicht zu haben, bei dem der Kunde nicht mehr fragt: *»Wo ist der Motor?«* Es sollte eigentlich völlig gleichgültig sein, wo der Motor liegt, vorn oder hinten.

Ich denke dabei immer noch an das Auto mit Unterflurmotor, das wir für das Volkswagen-Werk entwickelt haben. Es kam der Idealform schon sehr nahe, und wenn der Motor in Zukunft noch kleiner wird, sollte er dorthin verlegt werden, wo er am wenigsten vom Fahrgastraum wegnimmt.

In unserer Diskussion um die Konzeption des Autos spielt die Position des Motors immer noch eine sehr wichtige Rolle, und diese Diskussion, die für das Auto der Zukunft eigentlich gar nicht mehr im Mittelpunkt stehen sollte, kommt mir immer wieder vor wie eine alte Dampf-Lokomotive, bei der der Schornstein stets an der gleichen Stelle liegen musste, damit man wusste, wo vorn war. Beim Auto werden heute noch viele Dinge zu wichtig genommen, die den Laien eigentlich gar nicht interessieren, wie zum Beispiel Zugänglichkeit oder Reparaturfähigkeit, da er sich auf diesem Gebiet ohnehin nicht auskennt. Wer will heute noch wissen, wie ein Uhrwerk funktioniert? Die Mehrzahl der Verbraucher interessiert das doch überhaupt nicht. Deshalb halte ich auch die bei der Führerscheinprüfung noch üblichen Fragen: *»Wie funktioniert dies oder das?«* für überholt und völlig überflüssig.

Besonders am Beispiel der Atomenergie sehen wir, dass alle großen Erfindungen, die die Technik hervorbringt, eine gewisse Gefahr in sich bergen in der Form, dass sie zum Nutzen der Menschheit verwendet werden können, aber auch zu ihrem Schaden. Sie sind also in gleichem Maße gut wie schlecht. Es ist deshalb verständlich, dass es Menschen gibt, die die Atomtechnik grundsätzlich ablehnen, weil sie letztendlich doch einmal einen verantwortungslosen Staatsmann dazu verleiten könnte, sie zur Erpressung eines Nachbarstaates zu benutzen.

Zieht man das Fazit eines langen Lebens, dann erkennt man, dass die Menschheit zwar reiche Erfahrungen gemacht hat, aber letzten Endes dabei doch nicht gescheiter geworden ist, denn sonst könnte die Welt nicht so ausschauen, wie sie heute sich uns darstellt.

Die Menschen müssen sich darüber klar werden, was sie wollen, ob sie eine funktionierende Wirtschaftsform erhalten und weiterentwickeln oder endlose Lohnforderungen erfüllt sehen wollen, die von einem gewissen Punkt an unsere Wettbewerbsfähigkeit auf dem Weltmarkt in Frage stellen und so die Grundlage unseres Wohlstandes und damit unseres Lebensstandards gefährden.

Wir haben heute einen wachsenden Egoismus zu verzeichnen, denn jeder denkt nur noch an sich. Ich halte das für eine Fehlinterpretation der Demokratie, bei der man nicht in erster Linie an sich selbst, sondern an das Ganze denken sollte. So sollte man sich zum Beispiel fragen, ob ein Flugplatz für die Gemeinschaft notwendig ist, und ihn nicht verhindern wollen, weil man zufällig in seiner Nähe wohnt. Und diese Betrachtungsweise müsste uns eigentlich bei allen wichtigen Entscheidungen leiten. Es ist meine Meinung, dass viele Politiker heute in erster Linie ihre Wiederwahl in den Vordergrund ihres Handelns stellen, auch wenn sie Zugeständnisse machen müssen, die eigentlich nicht zu verantworten sind.

Im Grunde bin ich aber ein optimistischer Mensch, und was nun die Zukunft betrifft, so folge ich hier meiner Frau, die auf die Frage nach der Zukunft zu sagen pflegte: *»Es wird nie so schlecht, wie man fürchtet, aber auch nicht so gut, wie man hofft!«*

Leider verstarb meine Frau Dodo am 27. Juli 1985. Sie hatte mit ihrer realistischen Einschätzung der Dinge, aber auch mit einem unerschütterlichen Optimismus meinen Weg fast mein ganzes Leben lang begleitet und mich stets dazu ermuntert, unbeirrt meinen Weg zu gehen. Wir haben sie in der Kapelle auf dem Schüttgut zur letzten Ruhe gebettet.

Im Jahre 1988 feierten wir das 25-jährige Jubiläum unseres Porsche 911, der wie kein anderes Modell unseres Hauses den Spruch *»Fahren in seiner schönsten Form«* verkörpert. Wir haben dieses Jubiläum mit der Vorstellung eines neuen Modells der Baureihe 911 begangen, und zwar mit dem Typ 911 Carrera 4, wobei die 4 für Allradantrieb steht. In der Haus-Typologie wird er als Porsche 964 bezeichnet.

Mit dynamisch gesteuertem Allradantrieb, neuem Fahrwerk, optimierter Aerodynamik und teilgekapseltem 250-PS-Motor erweitert diese Allradversion des 911 ab dem Jahre 1989 das Modellprogramm von Porsche.

Die Allradtechnik wurde von Porsche schon zu Zeiten praktiziert, als mein Vater noch die Verantwortung trug. Was die Allrad-Geschichte des 911 betrifft, so haben wir bereits im Jahre 1981 auf der Internationalen Automobilausstellung in Frankfurt eine Allradstudie auf der Basis des 911 Cabriolet vorgestellt. 1984 setzten wir einen Carrera mit Allradantrieb als ersten Sportwagen dieser Art bei der berühmten Rallye Paris–Dakar ein, die dann auch René Metge mit diesem Fahrzeug gewann. Im selben Jahr folgte bei der Pharaonen-Rallye in Ägypten der erste erfolgreiche Einsatz des Porsche 959 mit variabel geregeltem Allradantrieb. Im Jahre 1986 belegten die drei bei der Rallye Paris–Dakar eingesetzten Porsche 959 den ersten, zweiten und sechsten Platz, und 1987 lief die Fertigung der begrenzten, exklusiven Serie des Porsche 959 in Straßenausführung an, auf den im Jahre 1988 der Produktionsanlauf des Porsche 911 Carrera 4 mit dem weiterentwickelten Allradantrieb folgte.

→ LINKS Der Porsche Boxster, ein Mittelmotor-Sportwagen, 1996 erschienen, wird von einem 2,5-Liter-Sechszylinder angetrieben, der 204 PS leistet. Ein Sport-Roadster, der auf Anhieb zum Erfolg wurde. **→ RECHTS Erprobung der Windkraftanlage Typ 135 auf dem Porsche-Werksgelände.** V.l.n.r.: Herr Tschentscher, Bodo Lafferentz, Josef Mickl, mein Vater Ferdinand und ich.

LINKS Unser Jubiläumsmodell zum 25. Geburtstag des 911 ist der 911 Carrera 4 mit Allradantrieb, die bis dahin stärkste Saugmotorversion des 911. Die Allrad-Technik des Carrera 4 ist das Ergebnis langjähriger Erfahrungen meines Hauses mit dynamisch gesteuertem Allrad-Antrieb bei Straßen-, Gelände- und Rennfahrzeugen. Sein 3,6-Liter-Motor entwickelt bei 6100 U/min eine Leistung von 250 PS. Der Carrera 4 eröffnete dem Sportwagen eine neue Dimension.

RECHTS Der 911 Carrera 4 hat einen Heckspoiler, der geschwindigkeitsabhängig ausfährt. Der Motor mit Doppelzündung ist von unten teilweise verkapselt und hat eine Katalysator-Abgasanlage mit neuen, hochwirksamen Wärmetauschern.

Der Carrera 4 ist eigentlich eine Variante des Typs 959, der als eine Art Entwicklungsträger in einer kleinen Stückzahl gebaut wurde. In der Straßenausführung des 959 wurden dann die für den Straßenbetrieb wertvollen Erkenntnisse angewandt, aber wir haben dabei nicht all das verwertet, was der Entwicklungsträger enthielt. Aus dieser Arbeit hat sich schließlich der für den Verkauf an den Kunden vorgesehene Typ mit Vierradantrieb herauskristallisiert. Er bringt verschiedene Erfahrungen mit, die beim Entwicklungsträger vorher erprobt worden waren.

Der Carrera 4 enthält also nicht die komplette komplizierte Mechanik, wie sie im Typ 959 enthalten ist. Es handelte sich bei diesem Fahrzeug um die stärkste Saugmotorversion der Baureihe 911. Acht Jahre technischer Entwicklung und rennsportlicher Erprobung gingen der Einführung des Carrera 4 voraus.

Schon bei unserer Cabrio-Allradstudie von 1981 hatten wir bei einem Straßen-Sportwagen den Allradantrieb mit dem Heckantriebskonzept kombiniert. Hierbei führt vom Getriebe an der Hinterachse eine zusätzliche Antriebswelle zur Vorderachse. Diese Welle wird durch ein Rohr geführt, das eine feste Verbindung zwischen Vorder- und Hinterachse herstellt und auf das Transaxle-Prinzip zurückgeht. Diese Anordnung wurde bei allen auf der Grundlage des 911 entwickelten Allradfahrzeugen beibehalten.

Blicke ich noch einmal auf die Entwicklung unseres Porsche 911 zurück, so stellt dieser Typ zweifellos ein umstrittenes Konzept dar, das von vielen Leuten auch heute noch nicht als eine optimale Lösung angesehen wird. Die lange, geradezu ungewöhnliche Lebensdauer dieses Modells und die Tatsache, dass es auch in Zukunft in Form von Varianten mit einigen Neuerungen weiterleben wird, machen aber auch mich, als den unbeirrten Verteidiger dieses Konzepts, doch stolz darauf, am Ende mit meiner Meinung recht behalten zu haben.

-➔ **Der neue Porsche 911 Carrera,** Modelljahr 1998, mit dem der Stand der Technik neu definiert wurde. Er ist ein echter Nachfolger des 911, den Paul Frère als den wohl besten Sportwagen der Neuzeit bezeichnet.

⇢ »DAS LETZTE AUTO, DAS GEBAUT WERDEN WIRD, WIRD EIN SPORTWAGEN SEIN.«

Einbandgestaltung: Wolfgang Seidl

Bildnachweis: Werkfotos Dr. Ing. h.c. F. Porsche AG, Günther Molter, Werkfotos Daimler AG, Werkfotos Volkswagen AG

Eine Haftung des Autors oder des Verlages und seiner Beauftragten für Personen-, Sach- und Vermögensschäden ist ausgeschlossen.

ISBN 978-3-613-03501-0

1. AUFLAGE 2013
Copyright © by Motorbuch Verlag,
Postfach 103743, 70032 Stuttgart
Ein Unternehmen der
Paul Pietsch Verlage GmbH & Co. KG

Sie finden uns im Internet unter:
www.motorbuch-verlag.de

Nachdruck, auch einzelner Teile, ist verboten. Das Urheberrecht und sämtliche weiteren Rechte sind dem Verlag vorbehalten. Übersetzung, Speicherung, Vervielfältigung und Verbreitung einschließlich Übernahme auf elektronische Datenträger wie DVD, CD-ROM, Bildplatte usw. sowie Einspeicherung in elektronische Medien wie Bildschirmtext, Internet usw. ist ohne vorherige schriftliche Genehmigung des Verlages unzulässig und strafbar.

Lektorat: Martin Gollnick
Buchgestaltung: SEIDLDESIGN, Stuttgart
Druck und Bindung: Bechtel-Druck GmbH & Co. KG,
73061 Ebersbach/Fils
Printed in Germany